21 世纪高职高专环境类专业新编系列教材

固体废物处理与处置技术

（新 2 版）

主　编　余良谋　王金霞　吕　霜
副主编　谢磊磊　李　曼　谭艳霞

武汉理工大学出版社
·武 汉·

内 容 简 介

全书共10章，分别介绍固体废物的来源、危害、控制措施、管理的政策法规；固体废物的预处理技术；固体废物的监测；固体废物的化学处理、生物处理、热处理和固化处理等资源化技术；城市生活垃圾、城市污泥和有机固体废物、电子废物的资源化回收利用；矿业固体废物、黑色和有色冶金废渣、粉煤灰、化工废渣等典型工业固体废物处理利用的原理、技术方法和工艺过程；农业固体废弃物的资源化回收利用；危险废物等特种固体废物处理处置与利用的原理及方法；固体废物的最终处置技术；实训项目内容。重点介绍了固体废物的资源化回收利用和危险废物的处理与处置。为方便学习，书中配有大量的思考题和课后练习题。

本书充分体现基础理论与工程相结合的特点，力求将最新的前沿技术呈现给读者，既可供高职高专环境类专业师生教学使用，也可供相关行业在职员工培训和从事相关工作的技术人员参考。

图书在版编目(CIP)数据

固体废物处理与处置技术/余良谋，王金霞，吕霜主编. —2版. —武汉：武汉理工大学出版社，2022.12
ISBN 978-7-5629-6686-9

Ⅰ.①固… Ⅱ.①余… ②王… ③吕… Ⅲ.①固体废物处理 Ⅳ.①X705

中国版本图书馆CIP数据核字(2022)第213445号

项目负责人：彭佳佳　陈军东　徐　扬　　**责任编辑**：陈　硕
责任校对：赵星星　　**排版设计**：芳华时代
出版发行：武汉理工大学出版社
地　　址：武汉市洪山区珞狮路122号
邮　　编：430070
网　　址：http://www.wutp.com.cn
经　　销：各地新华书店
印　　刷：荆州市精彩印刷有限公司
开　　本：787×1092　1/16
印　　张：23.25
字　　数：551千字
版　　次：2014年11月第1版　2022年12月第2版
印　　次：2022年12月第1次印刷　总第7次印刷
定　　价：49.00元

凡购本书，如有缺页、倒页、脱页等印装质量问题，请向出版社发行部调换。
本社购书热线：027-87384729　87391631　87165708(传真)

21世纪环境类专业新编系列教材

编审委员会

出版说明

早在2002年我社就组织了全国十多所院校参与编写本套教材，时任教育部高等学校环境工程专业教学指导委员会秘书长、清华大学张晓健教授担任系列教材编审委员会名誉主任。全套教材各门课程的教学大纲、具体内容均由教学指导委员会审订，并将此系列教材确定为教学指导委员会向全国推荐的重点教材。

本套系列教材正式出版后，已被众多学校选用，同时也得到了广大师生的一致好评。其中有6种教材被列为普通高等教育“十一五”国家级规划教材，它们是《大气污染控制工程》、《环境工程微生物学》、《环境工程基础》、《噪声控制工程》、《环境监测》、《水污染控制工程》；还有多种教材荣获教育部全国高等学校优秀教材奖或优秀畅销书奖。这充分说明了教材编审委员会关于教材的定位、内容、结构和编写宗旨是符合专业教学需要和专业建设需要的。但整套教材仍然存在缺点和不足，于是我社于2008年进行了第二次修订。第二次修订后，本套教材更加符合高职高专的教学特色要求，更加完善，同样获得了广大师生的好评。

随着时代的发展、科技的进步、教学的改革和知识的更新，自2008年到目前，该系列教材部分内容也渐渐稍显陈旧，亟待再次修订。于是我社自2013年开始重新进行大规模调研，并整合相关资源后，组织长沙环境保护职业技术学院、广东环境保护工程职业学院、中国环境管理干部学院、昆明冶金高等专科学校、广东轻工职业技术学院、扬州市职业大学、江西环境工程职业学院、甘肃林业职业技术学院、广西生态工程职业技术学院、安徽职业技术学院、湖北工业职业技术学院、平顶山工业职业技术学院、河南水利与环境职业学院、郧阳师范高等专科学校等高职高专院校的一些知名教授、教学名师，重新根据当前高职高专院校的最新教学改革要求，参考国家最新标准进行了一次较大的、全面的修订。

2014年年底，该套教材总计13本全部出齐，其中有部分教材已经真正实现了适合高职高专的“项目化”教学的要求，剩下的部分教材因时机尚未成熟，教学实际尚未满足“项目化”教学的条件，故仍然采用传统的编写方式，待时机成熟、条件满足后再研讨采用“项目化”的编写方式。

此次修订依据最新教学模式和教学方法，牢牢把握住了理论够用、实践为重的原则，并吸收了近年来国内外环境治理工程的最新技术、最新方法；更加强调了依据培养目标培养一线从事生产、服务和管理的应用型、技能型人才。

我们将切实做好为教学服务、为科研事业服务的工作，加强与行业的联系，使系列教材能及时地反映国家环保政策的变化、学术界最新的理论成果、行业应用的新设备及工艺流程，以达到提高专业人才培养质量的目的。

我们诚挚地希望使用本教材的师生在教学实践中对教材提出批评和建议，以便我们不断修订、改善、精益求精！

武汉理工大学出版社

2014年8月

新 2 版前言

随着我国经济的高速发展，城市化进程速度不断加快，在人民生活水平不断提高的同时，国民对于生活质量的关注度也越来越高，尤其是对于环境质量的改善更成为关注的焦点。固体废物作为传统“三废”之一，由“白色污染”造成的影响导致了《中华人民共和国固体废物污染环境防治法》的出台。固体废物，尤其是城市垃圾、危险固体废物的处理处置问题已成为政府有关部门、环境保护和环境卫生管理部门、设计单位、科研院所、大专院校和产业界等所密切关心的热点，并迫切需要了解国内外有效的固体废物管理经验和先进适用的无害化、减量化和资源化技术。

本书是 21 世纪高职高专环境类专业新编系列教材，在教材编写过程中充分考虑到高等职业教育的教学要求，以学生为本，注重对职业素质和职业能力的培养，在保证专业教学内容科学合理的基础上，注重学生工程应用能力和技能的培养。为突出高等职业教育培养高素质技能型人才的特点，我们在编写教材过程中，重点突出几种典型固体废物的处理处置技术。教材总体以典型固体废物的资源化回收利用与危险废物的处理处置为主，适当弱化前期的预处理技术（主要是指固体废物的收集、运输和贮存），充分体现了可持续发展、物质循环再利用的思想。教学内容包括矿业、工业、城市垃圾、危险废物等的处理、利用和处置，跨行业、宽口径，拓宽了学生的知识面。

为方便学生或在职的从业员工学习，本书在每一章开篇明确了学习目标，并采用兴趣导入的方式来激发学生的学习兴趣，并采用编排课前思考题、课后练习题的方式，将在实际生活和工作中经常碰到、容易模糊的问题以习题的方式提醒，加强巩固相应的知识点。

本书由昆明冶金高等专科学校余良谋、重庆工程职业技术学院王金霞、平顶山工业职业技术学院吕霜任主编，昆明冶金高等专科学校谢磊磊、谭艳霞和河南水利与环境职业学院李曼任副主编。具体编写分工如下：第 1、7 章由余良谋编写；第 2、3 章由谢磊磊编写；第 4、10 章由吕霜编写；第 5、6 章由王金霞编写；第 8、9 章由李曼编写；本书课后实验部分由谭艳霞统筹整理，全书由余良谋统稿。

本书在编写中引用了大量同行的教学及科研成果，在此谨向各位专家及参考文献资料的原创作者表示感谢！

鉴于本书内容涉及面广，相关政策、标准、技术等发展迅速，加之编者水平和能力有限，书中定有疏漏及不妥之处，恳请专家、读者批评指正，以便进一步修改完善。

编　者

2021 年 7 月于十堰

目　　录

第1章 概　论

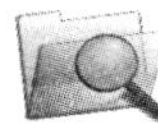

学习目标

掌握固体废物的定义、来源及产生现状与固体废物的分类；熟悉固体废物对环境的影响；理解并掌握固体废物污染控制方法；熟悉我国固体废物管理体制；树立固体废物资源化的理念，熟悉资源化途径。

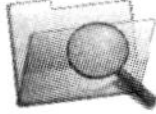

必备知识

《中华人民共和国固体废物污染环境防治法》及相关法律；固体废物的法律定义、分类及固体废物污染控制方法等；固体废物的资源化利用。

选修知识

《巴塞尔公约》；我国固体废物管理体系及管理制度。

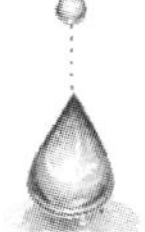

2021年1月1日起，我国禁止以任何方式进口固体废物
——“洋垃圾”禁入将有效减轻生态压力

节选自2020-12-03经济日报

继生态环境部会同相关部门联合发布禁止固体废物进口的公告后，近日生态环境部固体废物与化学品司司长邱启文再次明确，自2021年1月1日起，我国禁止以任何方式进口固体废物。

进口固体废物俗称“洋垃圾”。很多人可能不理解，既然是垃圾，我国为何还要进口？这得追溯到改革开放初期。当时，我国工商业快速发展，为了缓解原料不足，开始从境外进口可用作原料的固体废物。依据《固体废物进口管理办法》规定，我国进口较多的固体废物主要包括废塑料、废纸、有色金属、废钢铁、废五金、冶炼渣、废纺织原料、废船舶等。

进口固体废物最大的优点就是成本低，可以获得大量再生资源。以 2015 年为例，通过进口固体废物，我国可获得再生纸约 2335 万 t，再生塑料约 749 万 t，钢铁约 482 万 t，再生铝约 166 万 t，再生铜约 167 万 t。折算下来，在源头上可以节约原木 2102 万 t，石油 1498 万 t 至 2247 万 t，铁矿石 820 万 t，铝土矿 789 万 t，铜精矿 833 万 t。

但是，固体废物终究是环境污染源，除了直接污染，还经常以水、大气和土壤为媒介污染环境。在补充低价原料的同时，进口固体废物也给我国生态环境带来了不小压力。

早在 2017 年 4 月份，中央深改组会议就审议通过了《关于禁止洋垃圾入境推进固体废物进口管理制度改革实施方案》（简称《方案》），国务院办公厅于同年 7 月份正式印发。此后，相关主管部门也多次发文要求严禁洋垃圾入境，打击洋垃圾走私。党的十九届五中全会通过的《中共中央关于制定国民经济和社会发展第十四个五年规划和二〇三五年远景目标的建议》中，也对固体废物尤其是危险废物、医疗废物污染防治、新污染物治理等提出明确要求。

……

近年来，我国固体废物进口量逐年大幅减少。2017 年、2018 年和 2019 年，全国固体废物进口量分别为 4227 万 t、2263 万 t 和 1348 万 t，与改革前 2016 年的 4655 万 t 相比，分别减少 9.2%、51.4%和 71%。截至 2020 年 11 月 15 日，2020 年全国固体废物进口总量为 718 万 t，同比减少 41%。

如今，进口固体废物即将成为历史。生态环境部固体废物与化学品司有关负责人表示，对于违反相关规定，将境外固体废物输入境内的，根据固废法等法律法规，由海关责令退运，并处以罚款；构成犯罪的，依法追究刑事责任。同时，承运人对固体废物的退运、处置，与进口者承担连带责任。

课前思考题

1. 你所了解的固体废物是指什么？包括哪些种类？

2. 你所在城市的城市生活垃圾是如何收集的？你所知道的收集方式有几种？试举 1～2 个例子。

3. 你知道什么是危险废物吗？你所知道的固体废物哪些属于危险废物？

4. 固体废物对环境的危害表现有哪些？试结合身边实际举例说明。

1.1 固体废物的概念、来源和分类

1.1.1 固体废物的概念

固体废物是指在生产、生活和其他活动中产生的，丧失原有利用价值或者虽未丧失利用价值但被抛弃或者放弃的固态、半固态和置于容器中的气态物品、物质以及法律、行

政法规规定纳入固体废物管理的物品、物质。

这一定义是我国于2020年4月29日修订通过的《中华人民共和国固体废物污染环境防治法》(本书中简称《固废法》,下同)中给出的法律定义。应当指出的是,这一定义更多的是基于表述或管理的需要,而在学术上很难对固体废物的内涵和范畴给出确切的界定,原因在于对"固体"与"废物"这两个词的诠释。

首先,从广义上讲,根据物质的形态划分,废物包括固态、液态和气态废物。在液态和气态废物中,大部分为废弃的污染物质混掺在水和空气中,直接或经处理后排入水体和大气。在我国,它们被习惯地称为废水和废气,因而纳入水环境和大气环境管理体系管理。其中不能排入水体的液态废物和不能排入大气的置于容器中的气态废物,由于多具有较大的危害性,在我国归入固体废物管理体系。如水处理污泥、除尘器截留的飞灰,甚至包括排放废水中的悬浮物以及排放气体中的残余飘尘;而通常作为典型固体废物的城市生活垃圾和工业固体废物中,也常常含有半流体和装有液体、气体的废容器等。因此在固体废物的定义中,明确规定将"半固态"包含在内,在有关危险废物的条文中还包括了液态和气态的部分物质。

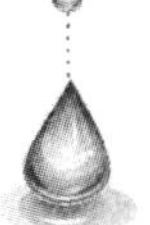

其次,固体废物一词中的"废"字具有相对性或二重性。它具有鲜明的时间和空间特征。从时间方面讲,它仅仅相对于目前的科学技术和经济条件,随着科学技术的飞速发展,矿物资源的日趋枯竭,生物资源滞后于人类需求,昨天的废物势必又将成为明天的资源;从空间角度看,废物仅仅相对于某一过程或某一方面没有使用价值,而并非在一切过程和一切方面都没有使用价值,某一过程的废物,往往是另一过程的原料,所以固体废物又有二次资源、再生资源和放错地方的资源之称。

1.1.2 固体废物的来源

固体废物的来源大致可分为两类:一是生产过程中所产生的固体废物,称为生产废物;另一类是在产品进入市场后在流通过程中使用和消费后产生的固体废物,称为生活废物。固体废物主要来源于人类的生产和消费活动,人们在开发资源和制造产品的过程中,必然产生废物;任何产品经过使用和消耗后,最终将变成废物。物质和能源消耗量越多,废物产生量就越大。进入经济体系中的物质,仅有10%～15%以建筑物、工厂、装置、器具等形式积累起来,其余都变成了废物。

人类社会的物流运动是一种特殊的循环过程,人类从自然中取用一部分资源,经过加工和使用后再将其重新返回到自然。人类生产活动所使用的原料的来源可以分为三个途径:从地球直接开发的自然资源、产品制造中产生的废料以及使用过的产品的回收利用。这些废物的处理处置也存在三种途径:利用废物生产能源或作为原料返回生产过程、对使用过的产品直接回收利用、作为废物加以最终处置。

1.1.3 固体废物的分类

固体废物是一个极其复杂的非均质体系,为了便于管理和对不同废物实施相应的处理处置方法,需要对废物进行分类。固体废物分类的方法有很多,按照化学成分可分为有机废物和无机废物,按照其对环境与人类健康的危害程度可分为一般废物、生活垃圾、

危险废物及其他废物等。

我国的《固废法》将固体废物分为城市生活垃圾、工业固体废物、建筑垃圾、农业固体废物和危险废物五类进行管理。

1.1.3.1 生活垃圾

《固废法》将生活垃圾定义为“在日常生活或者为日常生活提供服务的活动中产生的固体废物以及法律、行政法规规定视为生活垃圾的固体废物”。根据目前我国环卫部门的工作范围，城市生活垃圾应该包括：居民城市生活垃圾、园林废物、机关单位排放的办公垃圾等。此外，在实际收集到的城市生活垃圾中，还可能包括部分小型企业产生的工业固体废物和少量危险废物（如废打火机、废油漆、废电池、废日光灯管，甚至还有小诊所丢弃的带菌医疗垃圾等）。城市生活垃圾的主要特点是成分复杂，有机物含量高。影响城市生活垃圾成分的主要因素有居民生活水平、生活习惯、季节、气候等。还应该指出的是，随着人们生活水平的提高，越来越多的废弃家用电器如电冰箱、洗衣机、电视机、电脑等亦作为居民城市生活垃圾而被丢弃，但基于它们的特殊性质、处理方法和资源化要求，实际上应归入工业固体废物类别中。

1.1.3.2 工业固体废物

《固废法》将工业固体废物定义为“在工业生产活动中产生的固体废物”。工业固体废物是来自各个工业生产部门的生产和加工过程及流通中所产生的粉尘、碎屑、污泥等。废物产生的主要行业有冶金、化工、煤炭、电力、交通、轻工、石油、机械加工等，其范围包括冶炼渣、化工渣、燃煤灰渣、采矿废石、尾矿、建筑废料和其他工业固体废物。有些国家将来自矿业开采和矿石洗选过程中所产生的废石和尾砂单独列为矿山废物，而我国的《固废法》则明确将矿山废物纳入工业固体废物类加以管理。表1.1列出了工业固体废物的来源和种类，表1.2列举了某些重要工业固体废物的发生量。

表1.1 工业固体废物的来源和种类

发生源	产生的主要固体废物
采矿、选矿业	废石、尾矿、金属、废木、砖瓦、水泥、混凝土等建筑材料
冶金、机械、金属结构、交通工业	金属、废渣、砂石、废模型、陶瓷、涂料、管道、黏合剂、绝热绝缘材料、污垢、废木、塑料、橡胶、布、纤维、填料、建筑材料、纸、烟尘、废汽车、废机床、废仪器、构架、废电器等
建筑材料工业	金属、水泥、黏土、陶瓷、石膏、石棉、砂、石、纸、纤维等
食品工业	蔬菜、水果、谷物、硬果壳、金属、塑料、玻璃、烟草、玻璃瓶、罐头盒等
橡胶、皮革、塑料工业	橡胶、皮革、塑料、线、布、纤维、染料、金属、废渣等
石油、化学工业	无机和有机化学药品、金属、塑料、橡胶、玻璃、陶瓷、沥青、毡、石棉、纸、布、纤维、烟尘、污泥等
电器、仪器、仪表工业	金属、玻璃、废木、塑料、橡胶、化学药品、研磨废料、纤维、电器、仪器、仪表、机械等
核工业、核动力及放射性同位素应用	旧金属、放射性废渣、粉尘、污泥、器具等

表 1.2 某些重要工业固体废物的发生量

行业类别	固体废物种类及数量
矿山开采	废石：各种金属和非金属矿山在开采过程中剥离的围岩和废矿石，每吨矿石产生废石 2000～3000kg 尾矿：在选矿、洗选过程中排出的尾矿，每吨铁矿约排出 3000kg 煤矸石：采煤巷道掘进中排出的废石，每吨煤约排出 2000kg；洗煤时约排出650～700kg
冶金工业	高炉渣：高炉在冶炼过程中排出的废渣，每吨铁产生 250～1000kg 钢渣：转炉钢渣每吨产品产生 200kg；电炉钢渣每吨产品约产生 150kg 铁合金钢渣：硅铁合金每吨产品产生 2500～3500kg；硅锰合金每吨产品产生 1500～2000kg；钒铁合金每吨产品产生 3000～4000kg 碳素铬铁渣：每吨产品产生 1000～1800kg 高炉锰铁渣：每吨产品产生 2800～3200kg
有色金属工业	赤泥：生产氧化铝时所排出的泥渣，生产每吨氧化铝排出赤泥量 800～2000kg 炼铜渣：生产每吨铜排出 600～800kg 炼铅渣：生产每吨铅排出 300～400kg 炼锌渣：生产每吨锌排出 300～400kg 炼镍渣：生产每吨镍排出 4000kg

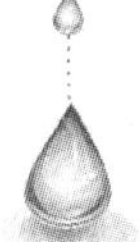

1.1.3.3 危险废物

我国的《固废法》定义危险废物为"列入国家危险废物名录或者根据国家规定的危险废物鉴别标准和鉴定方法认定的具有危险特性的废物"，"危险废物是固体废物，由于不适当的处理、贮存、运输、处置或其他管理方面，它能引起或明显地影响各种疾病和死亡，或对人体健康或环境造成显著的威胁"。

危险废物种类繁多、来源复杂，如医院诊所产生的带有病菌病毒的医疗垃圾、化工制药业排出的含有有毒元素的有机无机废渣、有色金属冶炼厂排出的含有大量重金属元素的废渣、工业废物处置作业中产生的残余物等。

危险废物虽然一般只占固体废物总量的 10%左右，但由于危险废物特殊的危害特性，它和一般的城市生活垃圾及工业固体废物无论在管理方法还是在处理处置上都有较大的差异，大部分国家都对其制定了特殊的鉴别标准、管理方法和处理处置规范。危险废物的主要特征并不在于它们的相态，而是在于它们的危险特性，即毒性、易燃性、易爆性、腐蚀性、反应性、浸出毒性和感染性。所以危险废物可以包括固态、油状、液体废物及具有外包装的气体等。

1.1.3.4 建筑垃圾

我国的《固废法》定义建筑垃圾"是指建设单位、施工单位新建、改建、扩建和拆除各类建筑物、构筑物、管网等，以及居民装饰装修房屋过程中产生的弃土、弃料和其他固体废物"。

国家要求建立建筑垃圾分类处理制度及制定包括源头减量、分类处理、消纳设施和场所布局及建设等在内的建筑垃圾污染环境防治工作规划，鼓励采用先进技术、工艺、设

备和管理措施，推进建筑垃圾源头减量，建立建筑垃圾回收利用体系。环境卫生主管部门负责建筑垃圾污染环境防治工作，工程施工单位应当编制建筑垃圾处理方案，采取污染防治措施，及时清运工程施工过程中产生的建筑垃圾等固体废物，并按照环境卫生主管部门的规定进行利用或者处置。

1.1.3.5　农业固体废物

农业固体废物，是指在农业生产活动中产生的固体废物。主要来自农业生产、畜禽饲养、农副产品加工所产生的废物，如农作物秸秆、废弃农用薄膜、农药包装废弃物、畜禽排泄物等农林业固体废物。这些废物多产于城市郊区和农村，一般多就地加以综合利用，或作沤肥处理，或作燃料焚化。

此外，由于放射性废物在管理方法和处置技术等方面与其他废物有着明显的差异，大多数国家都不将其包含在危险废物范围内。我国的《固废法》也没有涉及放射性废物的污染控制问题。关于放射性废物的管理，在国家设有专门的法律《中华人民共和国放射性污染防治法》并由国务院环境保护行政主管部门对全国放射性污染防治工作依法实施统一监督管理。该法定义了放射性废物概念，即是指含有放射性核素或者被放射性核素污染，其浓度或者比活度大于国家确定的清洁解控水平，预期不再使用的废弃物。从处理和处置的角度，按比放射性活度和半衰期将放射性废物分为高放长寿命、中放长寿命、低放长寿命、中放短寿命和低放短寿命五类。

1.2　固体废物污染的现状

固体废物处理的问题从人类社会形成之初就已经存在。只不过在早期由于人口少、资源消耗低、环境的自净能力远远大于废物的污染负荷，其所造成的环境污染问题并没有呈现出来。到了近代，随着社会经济和工业生产的迅速发展，人们生活水平的提高，固体废物的环境污染问题日益突出、愈加严重，固体废物污染的控制问题已经成为我国环境保护领域面临的突出问题之一。

1.2.1　数量与日俱增

我国固体废物目前年产生总量超过 100 亿 t，固废合理处置及再生利用迫在眉睫，是我国实现经济可持续发展的重要战略。

1.2.1.1　工业固体废物

随着我国国民经济的迅速发展，工业生产规模的不断扩大，工业固体废物的产量与日俱增，图 1.1 是我国一般工业固体废物产生量、综合利用量及处置量(2016—2020 年)变化图。

如图 1.1 所示，近年来一般工业固体废物产生量都在 35 亿 t 以上，其中以 2019 年我国工业固体废物产生量最多，为 44 亿多 t，比 1999 年的 7.8 亿 t 翻了两番多，增长迅速。1999—2004 年全国工业固体废物产生情况见表 1.3。

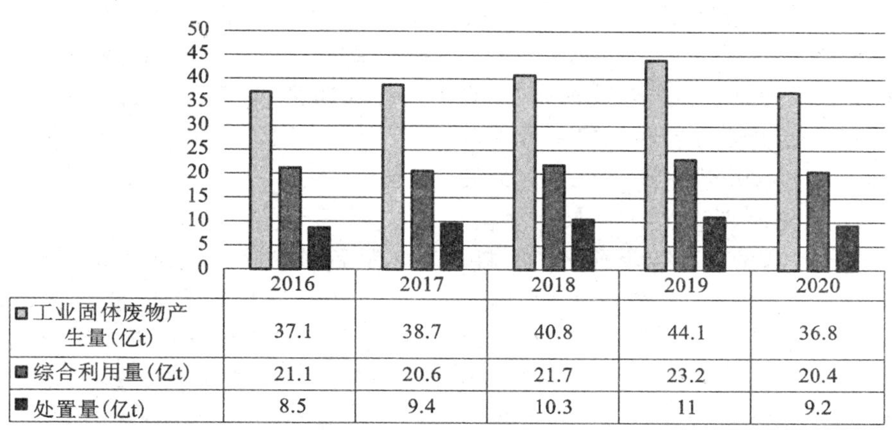

图 1.1 2016—2020 年我国一般工业固体废物产生量、综合利用量及处置量变化图(单位:亿 t)

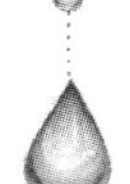

表 1.3 1999—2004 年全国工业固体废物产生情况表 单位:万 t

年度	产生量		排放量		综合利用量		贮存量		处置量	
	合计	危险废物	合计	危险废物	合计	危险废物	合计	危险废物	合计	危险废物
1999	78442	1015	38880	36.0	35756	465	26295	397	10764	132
2000	81608	830	3186	26	34751	400	28921	276	9152	179
2001	88746	952	2894	21	47290	442	30183	307	14491	229
2002	94509	1000	2635	1.7	50061	392	30040	383	16618	242
2003	100428	1171	1941	0.3	56040	425	27667	423	17751	375
2004	120000	963	1792	—	68000	—	—	—	—	—
年度增减率(%)	20.0	−17.8	−7.7	—	21	—	—	—	—	—

注:1."综合利用量"和"处置量"中含有综合利用和处置的往年量。

2."—"表示尚未公布。

据国家生态环境部相关统计数据,2020 年一般工业固体废物产生量排名前五的地区依次为山西、内蒙古、河北、辽宁和山东,分别占全国一般工业固体废物产生量的 11.6%、9.6%、9.3%、6.9%和 6.8%。一般工业固体废物综合利用量排名前五的地区依次为山东、河北、山西、内蒙古和安徽,分别占全国一般工业固体废物综合利用量的 9.6%、9.3%、8.4%、6.1%和 5.9%。一般工业固体废物处置量排名前五的地区依次为山西、内蒙古、河北、辽宁和陕西,分别占全国一般工业固体废物处置量的 21.3%、14.9%、12.4%、8.7%和 5.3%。一般工业固体废物产生量超过 1 亿 t 的行业有 7 个,居前五的行业依次为电力、热力生产和供应业,黑色金属冶炼和压延加工业,黑色金属矿采选业,煤炭开采和洗选业,有色金属矿采选业,分别占全国一般工业固体废物产生量的 20.7%、15.3%、14.6%、13.2%和 12.6%。一般工业固体废物综合利用量超过 1 亿 t 的行业有 6 个,居前五的依次为电力、热力生产和供应业,黑色金属冶炼和压延加工业,煤炭开采和

洗选业，化学原料和化学制品制造业，黑色金属矿采选业，分别占全国一般工业固体废物综合利用量的27.1%、23.0%、14.1%、9.7%和7.2%。一般工业固体废物处置量排名前五的行业依次为黑色金属矿采选业，煤炭开采和洗选业，电力、热力生产和供应业，有色金属矿采选业，化学原料和化学制品制造业，分别占全国工业企业一般工业固体废物处置量的21.3%、19.8%、16.9%、13.0%和7.9%。

1.2.1.2 危险废物

产生危险废物的主要行业有化学原料及化学制品制造业、有色金属矿采选业、有色金属冶炼及延压加工业、造纸及纸制品业和电器机械及器材制造业，所占比例分别为40.1%、16.3%、8.6%、6.4%和3.5%。我国危险废物处理设施建设近年来出现突破性进展，从1995年在深圳建成第一座符合国际通行标准的危险废物填埋场起，全国各地开始认识到危险废物的潜在威胁，危险废物处理处置设施的建设提到日程上来，一批危险废物安全处理设施陆续立项、设计、建设并投入使用。

对危险废物的统计从1995年才开始，1995年产生危险废物2618.4万t，其中45.4%得到综合利用，9.8%得到安全处置，28.9%处于贮存状态，15.8%被排放至环境中。产生量最大的危险废物为废碱溶液或固态碱、废酸或固体酸、无机氟化合物、含铜废物和无机氰化合物废物，所占比例分别为17.20%、13.25%、12.33%、8.11%和7.69%。2019年，全国工业危险废物产生量为8126.0万t，全国工业危险废物利用处置量为7539.3万t；2020年，全国工业危险废物产生量为7281.8万t，全国工业危险废物利用处置量为7630.5万t。2020年，工业危险废物产生量排名前五的地区依次是山东、内蒙古、江苏、四川和浙江，分别占全国工业危险废物产生量的12.8%、7.4%、7.2%、6.3%和6.1%。工业危险废物利用处置量排名前五的地区依次为山东、云南、江苏、内蒙古和浙江，分别占全国工业危险废物利用处置量的13.2%、11.6%、6.9%、6.3%和6.1%。工业危险废物产生量排名前五的行业依次为化学原料和化学制品制造业，有色金属冶炼和压延加工业，石油、煤炭及其他燃料加工业，黑色金属冶炼和压延加工业，电力、热力生产和供应业，五个行业的工业危险废物产生量占工业危险废物产生量的69.6%。工业危险废物利用处置量排名前五的行业依次为有色金属冶炼和压延加工业，化学原料和化学制品制造业，石油、煤炭及其他燃料加工业，黑色金属冶炼和压延加工业，电力、热力生产和供应业，五个行业的工业危险废物利用处置量占全国工业危险废物利用处置量的75.5%。

1.2.1.3 生活垃圾

截至2020年，我国城市生活垃圾清运量达到23512万t，较“十二五”末新增22.7%，生活垃圾处理量23492.68万t，较“十二五”新增25.3%，其中无害化处理量23452.33万t，城市生活垃圾无害化处理率超99.8%，较“十二五”增长30.19%。无害化处理能力达到963460t/d，其中卫生填埋能力达到337848.11t/d，垃圾焚烧处理能力达到567804.44t/d。2020年全国城市范围内拥有无害化处理场(厂)1287座，较“十二五”末新增397座，增幅44.6%，其中包括垃圾填埋场644座，填埋场数量与2015年末基本持平，垃圾填埋设施处于相对饱和阶段；垃圾焚烧厂463座，较“十二五”末新增240座，增幅超110%，“十三五”是垃圾焚烧建设高峰期；其他无害化处理设施180座，较“十二五”新增5倍。从无害化处理量上来看，截至2020年，在两亿多吨无害化处理总量中，垃圾焚烧处理生活垃圾 14607.64 万 t，占处理总量的 62%，卫生填埋处理生活垃圾 7771.54 万 t，占比约 33%。其他无害处理方式处理生活垃圾 1073 万 t，占比约 4.6%。

1.2.2　种类日益繁多，性质日趋复杂

随着科学技术的发展和人们生活水平的提高，各种新的工业产品层出不穷，越来越多的电子产品和家用电器进入到普通的百姓家庭。国家发改委的数据显示，我国家电保有量已超过 21 亿台，部分家庭正在使用的家电产品，是在 2009 年至 2013 年间开展“家电以旧换新”和“家电下乡”等消费刺激活动时购买的。根据大家电 8～12 年的安全使用年限，这部分家电即将或者已经进入了淘汰期。仅 2020 年中国电视机拆除数量约为 4350.8万台，报废电冰箱拆除数量约为 1315.5 万台，洗衣机拆除数量约为 1705.4 万台，房间空调器拆除数量约为 783 万台，微型计算机拆除数量约为 620.2 万台。另外，制造这些电器的材料多种多样。例如制造一台家用电脑需要 700 余种材料；电冰箱的制冷剂、发泡剂分别由 CFC-12 和 CFC-11 制成，而这两种物质是破坏臭氧层的重要因素。此外，构成电脑核心部件的线路板则由 30% 的塑料、30% 的惰性氧化物和 40% 的金属构成，在诸多品种的金属中，含有会导致土壤和水质严重污染的重金属；荧光屏则含有金属汞。近年来，世界的线路板产量年均递增 8%～9%，我国线路板的年递增则高达14.4%。这些物品在经过一段时间的使用后必然会报废或被淘汰，导致固体废物的品种和数量不断增加；而这些物品由于结构复杂、材料多种多样，难以按一般固体废物加以回收利用或无害化处理。这无疑会增加固体废物的处理难度。

综上所述，固体废物的现状是总量及品种不断上升，其中部分可通过工艺、技术的改进而减少，但必须指出的是，大多数则随着经济发展、人类需求提高而不断增加。

1.3　固体废物对环境的危害

1.3.1　固体废物的污染途径

(1)工业固体废物所含化学成分形成化学物质型污染，固体废物中化学物质污染环境和致人疾病的途径如图 1.2 所示。

(2)城市生活垃圾能形成病原体型污染，它是多种病原体微生物的滋生地，其污染环境和传播疾病途径如图 1.3 所示。

1.3.2　固体废物的危害

固体废物对人类环境的危害主要表现在以下几个方面：

1.3.2.1　侵占土地

固体废物产生以后，需占地堆放，堆积量越大，占地越多。据估算，每堆积 1 万 t 废渣，需占地 1 亩。

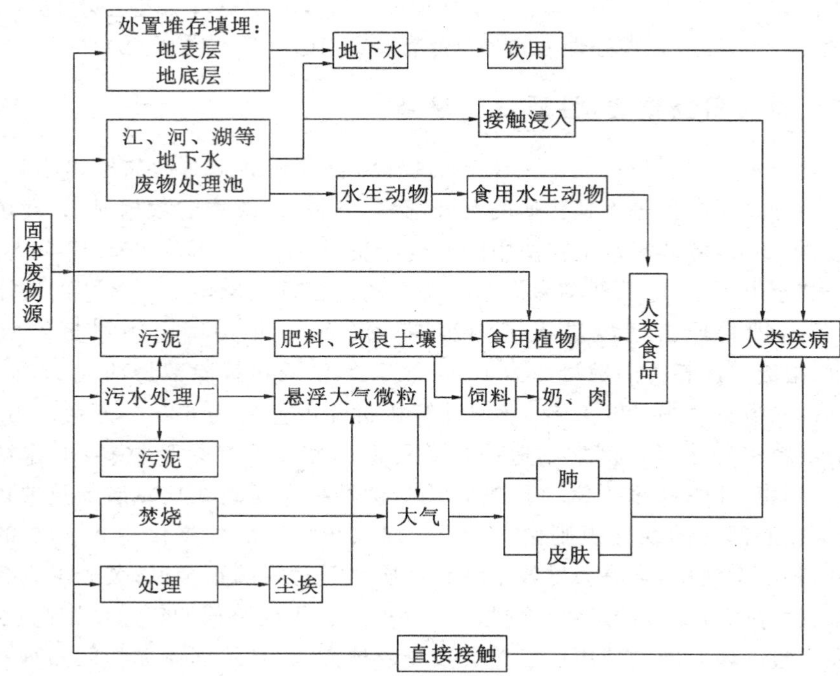

图 1.2　固体废物中化学物质致人疾病的途径

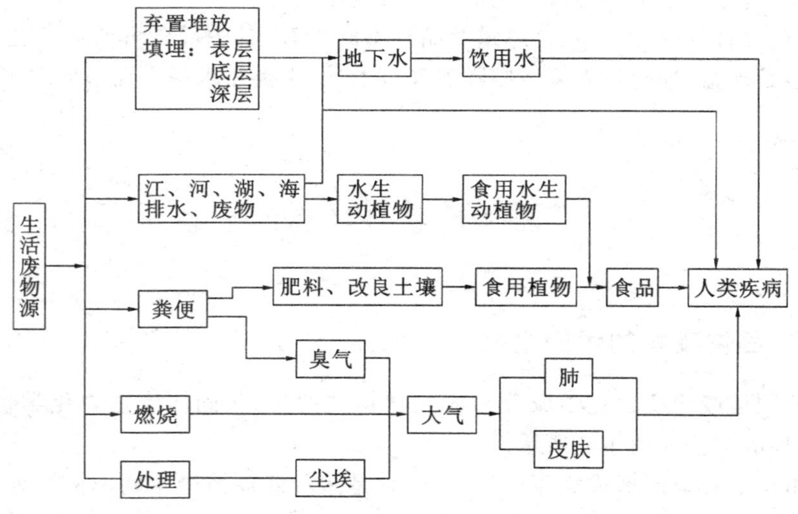

图 1.3　固体废物中病原体型微生物传播疾病的途径

目前我国尾矿、废石、煤矸石等矿业固废堆存量约 146 亿 t，且以每年 20 多亿 t 的速度增长。由此造成直接侵占、破坏土地面积达 1.7 万～2.3 万 km^2，并以每年 $200km^2$ 的速度增加，近年来更是达到每年 $340km^2$ 的增加速度。根据生态环境部 2018 年 12 月公布的《2018 年全国大、中城市固体废物污染环境防治年报》，2017 年，202 个大、中城市生活垃圾产生量为 2.02 亿 t，较 2016 年均有所提高。2013—2017 年，我国城市生活垃圾产生量的复合增长率为 5.75%，我国已有 2/3 的城市处于垃圾包围之中，垃圾堆存占地累计达100万亩以上。

随着生产的发展和消费的增长，垃圾占地的矛盾日益尖锐。按传统的增长方式，固体废物的产生量会越来越大，如不妥善加以解决，固体废物侵占土地的问题会变得更加严重。

1.3.2.2 污染土壤

废物堆置，其中的有害成分容易污染土壤，如果直接利用来自医院、肉类制品厂、生物制品厂的废渣作为肥料施入农田，其中的病菌、寄生虫等就会污染土壤。人与污染的土壤直接接触，或生吃此类土壤种植的蔬菜、瓜果就会致病。当污染土壤中的病原体微生物和其他有害物质随天然降水、径流或渗流进入水体后，就可能进一步危害人类健康。

工业固体废物还会破坏土壤内的生态平衡。土壤是许多细菌、真菌等微生物聚集的场所。这些微生物形成的生态系统，在大自然的物质循环中担负着碳循环和氮循环的一部分重要任务。工业固体废物，特别是有害固体废物，经过风化、雨雪淋溶、地表径流的侵蚀，产生高温和毒水或其他反应，能杀灭土壤中的微生物，使土壤丧失腐解能力，导致草木不生。例如，我国内蒙古某尾矿的堆积量已达1500万t，使尾矿坝下游的一个乡的大片土地遭受污染，居民被迫搬迁。固体废物中的有害物质进入土壤后，还可能在土壤中产生积累，我国西南某市郊，因农田长期施用垃圾肥，土壤中的汞浓度已超过本底值8倍，铜、铅分别增加87%和55%，从而对作物的生长带来危害。据1992年统计，我国受工业废渣污染的农田已超过90万公顷。

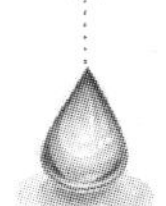

农用地膜的使用为农业生产带来了较大的发展，但地膜使用后的破碎乱丢也对土壤造成了很大的危害，薄膜碎片对土壤形成阻隔层，使耕地劣化，阻碍植物根系发育和对水分、养分的吸收，毒化土壤。

1.3.2.3 污染水体

固体废物对水体的污染途径有直接污染和间接污染两种。直接污染是把水体作为固体废物的接纳体，向水体直接倾倒废物，从而导致水体的直接污染；间接污染是固体废物在堆积过程中，经过自身分解和雨水浸淋产生的渗滤液注入河流、湖泊和渗入地下水，导致地表和地下水的污染。

在世界范围内，不少国家直接将固体废物倾倒于河流、湖泊、海洋，甚至把它们当作处置固体废物的场所之一。

美国的拉芙运河(Love Canal)事件是典型的固体废物污染地下水事件。1930—1953年，美国胡克化学工业公司在纽约州尼亚加拉瀑布附近的拉芙运河长达6km的河谷填埋了2800多吨桶装的有害废物，1953年填平覆土，在上面兴建了学校和住宅，1978年大雨和融化的雪水造成有害废物外溢，之后就陆续发现该地区井水变臭，婴儿畸形，居民身患怪异疾病，大气中有害物质浓度超标500多倍，测出有毒物质82种，致癌物质11种，其中包括二噁英。1978年，美国总统颁布法令，封闭了住宅，关闭了学校，710多户居民迁出避难，并拨出2700万美元进行补救治理。

在我国也有类似事件发生，锦州某铁合金厂在20世纪50年代露天堆放的含有六价铬的废渣，由于自然降水的长期淋溶、渗沥，到了20世纪70年代方圆5km内的地下水受到严重污染，1000多眼井的水无法饮用，给当地居民的生活和生产带来严重威胁。

城市生活垃圾未经无害化处理任意堆放，也已造成许多城市地下水污染。哈尔滨市韩家洼子垃圾填埋场的地下水浓度、色度和锰、铁、酚、汞含量及细菌总数、大肠杆菌数等都大大超标，锰含量超标3倍多，汞超标20多倍，细菌总数超标4.3倍，大肠杆菌超标11倍以上。此外，由于一些国家把大量的固体废物投入海洋，海洋也正面临着固体废物潜在的污染威胁。

即使无害的固体废物排入河流、湖泊，也会造成河床淤塞、水面减小、水体污染，甚至导致水利工程设施的效益减少或废弃。我国沿河流、湖泊、海岸建立的许多企业，每年向附近水域排放大量灰渣。仅燃煤电厂每年向长江、黄河水系排放的灰渣就达500万吨以上，有些电厂的排污口外的灰渣滩已延伸到航道中心。灰渣在航道中大量堆积，从长远看，对其下游的大型水利工程是一种潜在的威胁。

1.3.2.4 污染大气

固体废物在堆存和处理处置过程中会产生有害气体，如不加以妥善处理，将对大气环境造成不同程度的影响。堆放的固体废物中的细微颗粒、粉尘等可随风飞扬，从而对大气环境造成污染。据研究表明：当风力在4级以上时，在粉煤灰或尾矿堆表层的1～1.5cm以上的粉末将出现剥离，其飘扬的高度可达20～50m以上。而堆积在废物中的某些物质的分解和化学反应，可在不同程度上产生毒气或恶臭，例如一些有机固体废物在适宜的温度和湿度下被微生物分解，能释放出有害气体。煤矸石自燃会散发大量的二氧化硫。据调查，部分省份的112座煤矸石堆中，自燃起火的有42座，某市由于煤矸石自燃产生的二氧化硫量，每天达37t。

采用焚烧法处理固体废物已成为有些国家大气污染的主要污染源之一。据报道，美国的几千座固体废物焚烧炉中有2/3由于缺乏烟气净化装置而污染大气。固体废物在运输和处理过程中，也能产生有害气体和粉尘。在我国的某些企业，采用焚烧法处理塑料，排出大量的黑灰、氯化氢和粉尘，也造成了严重的大气污染。我国的一些钢铁企业在水淬处理高炉渣的过程中，产生的渣棉飘逸到空中，造成大气污染。此外，废物填埋场中逸出的沼气也会给大气环境造成影响，它在一定程度上消耗上层空间的氧，从而使动植物衰败。

1.3.2.5 影响环境卫生

我国工业固体废物的利用率较低，城市生活垃圾、粪便清运能力不高，很大一部分工业废渣、垃圾堆放在城市的一些死角或周边，造成垃圾围城，严重影响市容市貌和环境卫生，对人类的健康构成潜在威胁。

1.3.2.6 影响人体健康

在图1.2和图1.3中，我们可以知道固体废物中化学物质以及病原体微生物都会对人体健康造成直接或间接的影响。

1.3.2.7 其他危害

除上述对环境的污染外，固体废物的长期堆放还会造成一些意外的污染事故。20世纪60年代，英国阿伯方一座被遗弃的矿渣山倒塌，淹没山下一所小学，导致近150人遇难。2000年，在菲律宾首都马尼拉发生震惊世界的“垃圾山”倾塌事件，造成205人死亡，并将一个被称为“保留地”的贫民窟彻底埋葬。此外，由于垃圾堆场排气不畅，造成沼气爆炸等伤人事件，每年亦多有发生。

1.3.3 固体废物污染的特点

1.3.3.1 污染的"源头"与"终态"

从上述分析中,我们可以看到,固体废物能够污染水体、大气和土壤,是水体、大气和土壤的污染"源头"之一。同时,固体废物又是废水处理(污泥)、废气处理(粉尘)、固体废物焚烧处理(灰烬)后,蕴含许多成分的"终极状态物"。如果未对这些终极状态的固体废物进行妥善处置,它们会重返水体、大气和土壤中,对其造成新的污染。

1.3.3.2 呆滞性大、扩散性小

除侵占土地外,固体废物的污染需要通过某种媒介,如水、大气或土壤,没有这些媒介,固体废物不会自行扩散,亦不会产生污染作用。

1.3.3.3 危害发生的即时性、潜在性和迟缓性

固体废物的危害从时间上来看,具有即时性、潜在性和迟缓性。固体废物由于利用、处置以及排放不当,有的会很快对环境和人类健康造成危害,此为即时性。但更多地以固相形式存在的有害物质,由于向环境扩散的速率相对比较缓慢,容易造成人们的忽视,其危害要经过很长时间才能被发现,此即潜在性或迟缓性。例如,美国拉芙运河污染事件和我国锦州某铁合金厂的污染事件,都是在经过数十年之后才爆发的。

1.3.3.4 危害作用的持久性与不可稀释性

与水污染和大气污染不同,固体废物的污染具有显著的持久性和不可稀释性。一旦发生了固体废物导致的污染,大多数情况下,不仅依靠自然过程无法缓解,而且具有不可稀释性,因而造成持久的危害,甚至无法治理。

1.3.3.5 污染的全方位性

通过对固体废物污染环境途径的分析,不难看出固体废物不仅对自然环境,如大气、水体和土壤等造成严重污染,而且对人类及地球上的其他生物亦造成严重污染。这种污染的全方位性远远超过水污染和大气污染。

综上所述,固体废物与废水、废气同样会对环境造成严重的污染。同时由于其污染的特点,一方面,它容易被人们所忽视;另一方面,由于固体废物的相对性、难于管理等原因,防治固体废物污染的难度往往更大,因此,必须引起人们的高度重视。否则,正如一位美国环境学者所言:"不是我们把固体废物处理掉,就是我们终究会被它所埋葬。"

1.4 固体废物的污染控制

1.4.1 防治固体废物污染的基本对策

1.4.1.1 防治固体废物污染的战略

树立以可持续发展理念为核心的科学发展观,推行循环经济发展模式,构建节约型社会,实施"3C战略":避免产生(Clean)、综合利用(Cycle)、妥善处置(Control)。

循环经济是以可持续发展理念为核心并在其指导下，按照清洁生产的方式，对能源及其废物实行综合利用的生产活动过程。它要求把经济活动组成一个"资源—产品—再生资源"的反馈式流程。与传统经济相比，循环经济的不同之处在于：传统经济是一种由"资源—产品—污染排放"所构成的物质单向流动的经济。在这种经济中，人们以越来越高的强度把地球上的物质和能源开发出来，在生产加工和消费过程中又把污染和废物大量地排放到环境中去，对资源的利用常常是粗放的和一次性的，通过把资源持续不断地变成废物来实现经济的数量型增长，导致了许多自然资源的短缺与枯竭，并酿成了灾难性的环境污染。与此不同，循环经济倡导的是一种建立在物质不断循环利用基础上的经济发展模式。它要求把经济活动按照自然生态系统的模式组织成一个"资源—产品—再生资源"的物质反复循环流动的过程，使得整个经济系统以及生产和消费的过程基本上不产生或者只产生很少的废物，实现自然资源的低投入、高利用和废物的低排放，从而从根本上消解了长期以来环境与发展之间所形成的尖锐冲突。

简言之，循环经济是按照生态规律利用自然资源和环境容量，实现经济活动的生态化转向。它是遵循科学发展观、实施可持续发展战略的必然选择和重要保证。实施这一战略，防治和消除固体废物对环境的污染已是我国当务之急。

面对包括固体废物污染在内的严重环境危机，我们必须从可持续发展的战略高度，传承"人与自然和谐共生"这一中国传统文明的核心内涵，把防治和消除包括固体废物污染在内的环境问题不仅仅作为一个亟待解决的专业技术问题，而且上升到一个政治问题的高度。习近平总书记指出："党的十八大以来，我们坚持绿水青山就是金山银山的理念，全面加强生态文明建设，推进国土绿化，改善城乡人居环境，美丽中国正在不断变为现实。"

除宏观和政策层面的因素外，还必须强调的是防治固体废物的污染不单单是技术范畴的问题，而且在相当大的程度上取决于人们的观念、认识和态度。因此，更新观念、增强人们的环保意识，树立"构建节约型社会、人人有责"的风尚，是从思想观念上确保防治固体废物污染战略实施的关键所在。

1.4.1.2 战略基本点

(1)改变污染控制战略，由末端控制转向前端控制

彻底摈弃"先污染后治理"的传统防治理念。尽最大努力避免或减少固体废物的产生；而对已产生的固体废物则尽最大可能综合利用；对那些无法利用的废物进行无害化处理处置，使其最终合理地还原于自然之中。

(2)实施污染防治"三化"

我国的技术政策主要是"三化"，即资源化、无害化、减量化，并在相当长的时间内以无害化为主。我国技术政策的发展趋势是：从无害化走向资源化，资源化是以无害化为前提的，无害化和减量化则应以资源化为条件。

① 减量化。减量化是指采取措施减少固体废物的产生量和排放量。由减量化的概念可以看出减量化分为两个层次：一是减少产生量，二是减少排放量。减量化技术的目标是对已产生的废物进行处理。其目的是减少最终处置的数量和体积，减轻对于处理所需场地的巨大压力和对环境的潜在污染威胁。图 1.4 为固体废物减量化的途径。

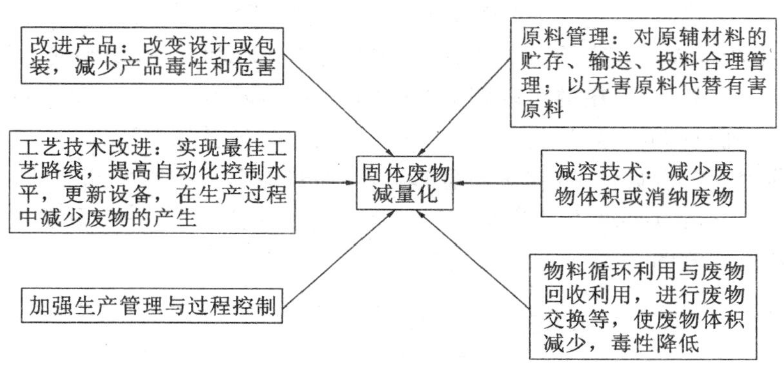

图 1.4 固体废物减量化途径

a. 城市生活垃圾的减量化。对城市生活垃圾，主要通过提倡绿色消费来实现减少其产生量。对于已经产生的城市生活垃圾，则主要采用焚烧、堆肥等方法来达到减少其排放量的目的。

b. 工业固体废物的减量化。减少工业固体废物产生量主要通过清洁生产来实现，已经产生的工业固体废物，绝大部分是废渣，基本上可以采取较好的减量措施，得到较好的综合利用。工业固体废物减量化技术主要是分选、破碎、压实、浓缩、脱水等工艺。

c. 危险废物的减量化。危险废物和工业固体废物相似，减少其产生量的方法是清洁生产。清洁生产是随着技术的进步而发展的，对产生的危险废物进行处理的传统的分选、破碎、压实、浓缩、脱水等方法也已经成熟，但危险废物减量化效果最好的焚烧技术，目前依然是薄弱环节，亟待改进。此外，焚烧亦是实现固体废物减量化、资源化和无害化最有效和最重要的方法之一。

② 无害化。无害化是指对已产生但无法或暂时尚不能进行综合利用的固体废物，进行消除和降低环境危害的安全处理处置，以减轻这些固体废物的污染影响。无害化技术主要包括稳定化/固化技术和填埋处置技术。无害化技术主要针对危险废物而言，其中也包括城市生活垃圾中的特殊危险废物，危险废物不能或暂时不能资源化综合利用或减量化处置时，就要使用无害化技术使其稳定化并进行安全填埋，以保证环境和人类健康的安全。

③ 资源化。资源化是指对已经产生的固体废物进行回收、加工、循环利用和其他再利用。大部分固体废物实际上是“被放错地方的资源”，具有资源和能源利用的价值。以冶金工业废渣为例，它是冶炼过程的必然产物，它富集了炉料经冶炼提取某种金属后剩余的多种有价元素。这些元素对冶金产品可能是有害的，但对另外一种产品则可能是重要的原料（资源）。因此在使固体废物得到无害化处理的同时，努力实现其资源的再生利用已经成为当代废物处理的方向。尤其是实施循环经济发展模式更需如此。资源化利用是实现固体废物资源化、减量化的最重要手段之一，在废物进入环境之前，对其加以回收、利用，可以大大减轻后续处理的负荷。因此，在固体废物处理处置技术体系的建立过程中，应该把资源化原则放在首要的位置，并按照资源化要求设计和采取必要的工艺、处理措施，千方百计地去实现固体废物的资源化。

a. 城市生活垃圾的资源化。城市生活垃圾中可以回收、再利用的废物较多，如废纸、废塑料、废玻璃、废橡胶、废电池、废旧金属等。我国物资回收部门设置了大量的废品回收网点，城市生活垃圾中绝大部分的有用物质得到了回收和利用，有效地控制了城市生活垃圾的增长。此外，垃圾中的可降解有机废物，包括厨房废物、庭院废物和农贸市场废物等，是生产有机肥料的上好原料。回收、利用垃圾中的这些废弃资源，不但可以减少最终需要无害化处置的垃圾量，减轻对环境的污染，而且能够节约资源和能源，并减少垃圾的处理处置费用。所以垃圾资源化是解决城市生活垃圾问题的一个重要途径。图 1.5 为城市生活垃圾物流图。

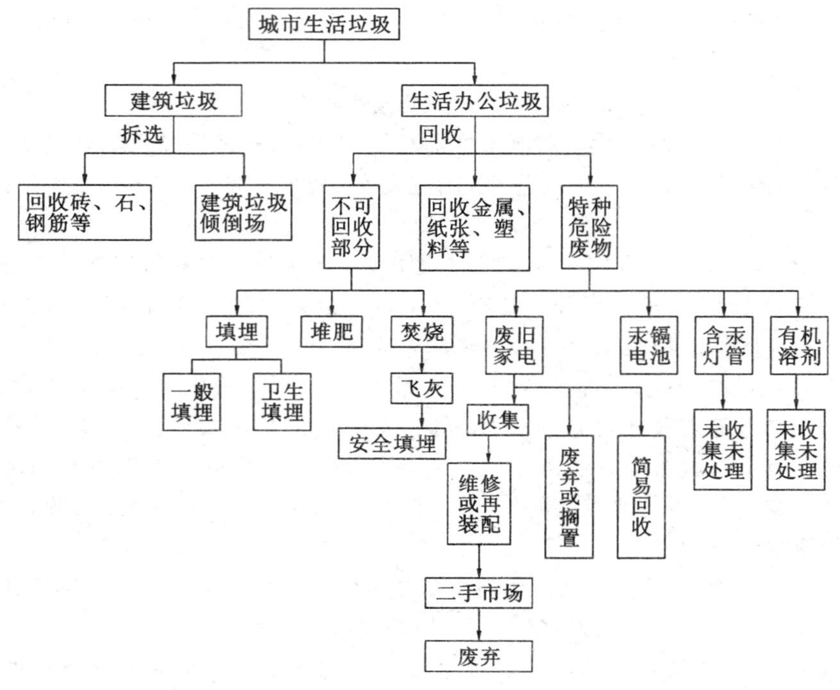

图 1.5　城市生活垃圾物流图

b. 工业固体废物的资源化。工业固体废物绝大部分是废渣，我国目前工业固体废物资源化综合利用的途径和应用技术，大部分停留在回填、农用、生产建筑材料、筑路材料等较低层次，在科技进步和产业发展进程中，对于量大面广的废物，如粉煤灰、煤矸石、高炉渣、钢渣等高附加值深加工的资源化技术和产品，开始出现并得到较好的推广。

c. 危险废物的资源化。危险废物的资源化一是通过新的清洁生产工艺，尽可能在工艺中利用；二是通过现代技术手段实现废物资源化和能源的回收；三是通过分散收集，集中处置，利用其中的有用成分，如化学工业中的铬渣，在经过回收利用后已经能够生产铬渣砖、铬渣铸石、钙镁磷肥、彩色水泥、钙铁粉等多种产品。

1.4.2　固体废物的管理体系

1.4.2.1　固体废物管理体系

该体系以环境保护主管部门为主，结合有关的工业主管部门以及城市建设主管部门，共同对固体废物实行全过程管理。固体废物的管理包括固体废物的产生、收集、运

输、贮存、处理和最终处置等全过程的管理，即在每一个环节都将其当作污染源进行严格的控制。图 1.6 表示的是固体废物管理过程。

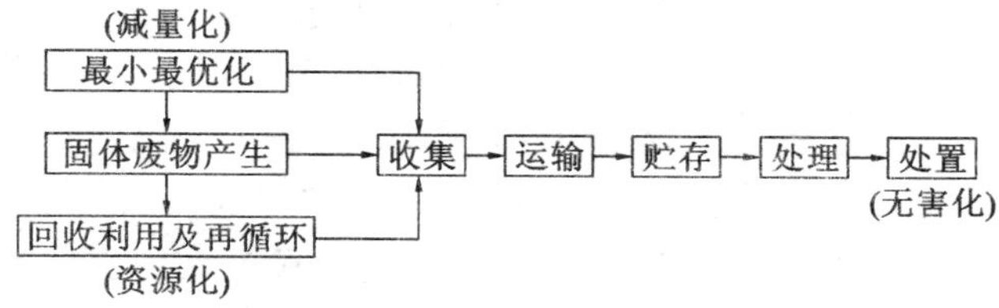

图 1.6 固体废物管理过程

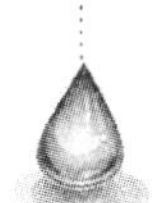

1.4.2.2 固体废物管理程序及管理内容

(1)产生。对固体废物的产生者，要求其按照有关规定将所产生的废物分类，并用符合法定标准的容器包装，做好标记，进行登记，建立废物清单，待收集运输者运出。

(2)容器。对不同的固体废物要求采用不同容器包装。为了防止暂存过程中产生污染，容器的质量、材质、形状应能满足所装废物的标准要求。

(3)贮存。贮存是指将固体废物临时置于特定设施或者场所中的活动。贮存管理是指对固体废物进行处理处置前的贮存过程实行严格控制。

(4)收集运输。收集管理是指对各厂家的收集实行管理。运输管理是指对收集过程中的运输和收集后运送到中间贮存处或处理处置场(厂)的过程实行控制。

(5)综合利用。综合利用是指从固体废物中提取物质作为原材料或者燃料的活动。综合利用管理包括农业、建材工业、回收资源和能源过程中对于废物污染的控制。

(6)处理处置。处理处置是指将固体废物焚烧和用其他改变固体废物的物理、化学、生物特性的方法，达到减少已产生的固体废物数量、缩小固体废物体积、减少或者消除其危险成分的活动，或者将固体废物最终置于符合环境保护规定要求的填埋场的活动。处理处置管理包括有控堆放、卫生填埋、安全填埋、深地层处置、海洋投弃、焚烧、生化解毒和物化解毒等。

1.4.2.3 固体废物管理的基本原则：谁污染，谁治理

在经历了众多污染事故与沉痛教训之后，人们越来越意识到对固体废物实行严格管理的重要性，于是出现了“从摇篮到坟墓”(Cradle to Grave)的固体废物管理全过程的新概念。

这里必须指出的是，固体废物的管理是十分复杂的，实现比较完善的管理任务还是十分艰巨的。其原因有三：一是固体废物的种类繁多、性质复杂，而且数量还在不断增加。不管是发达国家还是发展中国家，都难以通过比较完善的分类管理方式实现固体废物的管理。二是不断产生的新类别固体废物，有的难以通过经济和技术手段来达到资源化、减量化和无害化的目的；有的则是以现有的科学技术水平，还难以掌握和了解其危害的潜在性和持久性，其处理处置行为更无从谈起。三是固体废物来源广泛，产生于人类活动的各个方面，难以用传统分类管理的方法实现比较完善的管理。

1.4.3 固体废物的管理方法

我国固体废物的管理至少应包括以下两个方面：一是划分有害固体废物和非有害固体废物的种类和范围；二是完善《固废法》和加大执法力度。

1.4.3.1 建章立制，依法管理

(1)我国的相关法律

我国全面开展环境立法的工作始于20世纪70年代末期。在1978年的宪法中，首次提出“国家保护环境和自然资源，防治污染和其他公害”的规定。1979年公布了《中华人民共和国环境保护法》，这是我国环境保护的基本法，对我国环境保护工作起着重要的指导作用。此后，继《中华人民共和国水污染防治法》、《中华人民共和国大气污染防治法》等相继颁布，我国于1985年开始组织人力制定《中华人民共和国固体废物污染环境防治法》，历时10年，终于于1995年10月3日颁布，并于1996年4月1日正式实施。上述环境立法，对促进和加强我国固体废物的管理工作起着重要的作用。需要指出的是，由于我国对防治固体废物污染的立法起步较晚，法规、标准的数量有限，目前尚没有形成完整的法规体系，远远不能满足固体废物环境管理的需要，也限制了其他有关标准的制定。为此，该法先后于2004年12月29日第十届全国人民代表大会常务委员会第十三次会议第一次修订，2015年4月24日第十二届全国人民代表大会常务委员会第十四次会议进行了第二次修正，2016年11月7日第十二届全国人民代表大会常务委员会第二十四次会议进行了第三次修正，2020年4月29日第十三届全国人民代表大会常务委员会第十七次会议进行了第二次修订，并于2020年9月1日起施行。新修订的《固废法》确立了生产者延伸责任制度和固体废物污染损害赔偿的举证责任倒置制度等，并对产生工业固体废物设备的限期淘汰、危险废物利用的经营许可、农村固体废物污染防治等内容进行了修订。尽管如此，在固体废物污染防治法律法规的建设方面，还有大量的工作要做，任重而道远。

(2)国际相关规定——《巴塞尔公约》

近年来，危险废物的越境转移和处置已成为国际重大环境问题之一。为此，1989年3月，在瑞士巴塞尔召开了“控制危险废物越境转移及其处置全球公约”外交大会，并一致通过《控制危险废物越境转移及其处置巴塞尔公约》(简称《巴塞尔公约》)。公约由序言、二十九项条款和六个附件组成，内容包括公约的管理对象和范围、定义、一般义务、缔约国主管部门和联络的指定、缔约国之间危险废物越境转移的管理、非法运输的管制、缔约方的合作、秘书处的职能、解决争端的办法和公约本身的管理程序等。

(3)我国的固体废物管理制度

根据我国国情，并借鉴国外的经验和教训，《固废法》制定了一些行之有效的管理制度。

①分类管理体制。固体废物具有量多面广、成分复杂的特点，因此《固废法》确立了对城市生活垃圾、工业固体废物和危险废物分别管理的原则，明确规定了主管部门和处置原则。

②工业固体废物申报登记制度。为了使环境保护主管部门掌握工业固体废物和危险废物的种类、产生量、流向以及对环境的影响等情况，进而有效地防治工业固体废物和危险废物对环境的污染，《固废法》要求实施工业固体废物和危险废物申报登记制度。

③固体废物污染环境影响评价制度及其防治设施的“三同时”制度。环境影响评价制度和“三同时”制度是我国环境保护的基本制度，《固废法》进一步重申了这一制度。

④排污收费制度。排污收费制度也是我国环境保护的基本制度。但是，固体废物的排放与废水、废气的排放有着本质不同。废水、废气排放进入环境后，可以在自然中通过物理、化学、生物等多种途径进行稀释、降解，并有着明确的环境容量。而固体废物进入环境后，并没有被其形态相同的环境体接纳。固体废物对环境的污染是通过释放出的水和大气污染物进行的，而这一过程是长期和复杂的，并且难以控制。因此，严格意义上讲，固体废物是严禁不经任何处置排入环境当中的。还应说明的是，任何单位都被禁止向环境排放固体废物。而固体废物排污费的缴纳，则是对那些在按照规定和环境保护标准建成工业固体废物贮存或者处置设施、场所，或者经过改造这些设施、场所达到环境保护标准之前的工业固体废物而言的。

⑤限期治理制度。《固废法》规定，没有建设工业固体废物贮存或者处置设施、场所，或者已建设但不符合环境保护规定的单位，必须限期建成或者改造。实行限期治理制度是为了解决重点污染源污染环境问题。对于排放或者处理不当的固体废物造成环境污染的企业和责任者，实行限期治理，是有效地防治固体废物污染环境的措施。限期治理就是抓住重点污染源，集中有限人力、财力和物力，解决最突出的问题。如果限期内不能达到标准，就要采取经济手段以至停产。

⑥进口废物审批制度。按《固废法》规定，"禁止中国境外的固体废物进境倾倒、堆放、处置"、"禁止经中华人民共和国过境转移危险废物"、"国家禁止进口不能用作原料的固体废物、限制进口可以用作原料的固体废物"，为此，国家环保局与相关管理部门联合颁布了《废物进口环境保护管理暂行规定》以及《国家限制进口的可以用作原料的废物名录》。

⑦危险废物行政代执行制度。因危险废物的有害特性，其产生后如不进行适当的处置而任由产生者向环境排放，则可能造成严重危害。因此，必须采取一切措施保障危险废物得到妥善的处理处置。为此，《固废法》规定"产生危险废物的单位，必须按照国家有关规定处置；不处置的，由所在的县级以上地方人民政府环境保护行政主管部门责令限期改正；逾期不处置或者处置不符合国家有关规定的，由所在的县级以上地方人民政府环境保护主管部门指定单位按照国家有关规定代为处置，处置费由产生危险废物的单位承担"。

⑧危险废物经营单位许可证制度。危险废物的危险特性决定并非任何单位和个人都能从事危险废物的收集、贮存、处理、处置等活动。从事危险废物的收集、贮存、处理、处置活动，必须既具备达到一定要求的设施、设备，又有相应的专业技术能力等条件。必须对从事这方面工作的企业和个人进行审批和技术培训，建立专门的管理机制和配套的管理程序。因此对从事这一行业的单位的资质进行审查是非常必要的。

⑨危险废物转移报告单制度。危险废物转移报告单制度的建立是为了保障危险废物运输安全以及防止危险废物的非法转移和非法处置，保证危险废物的安全监控，防止危险废物污染事故的发生。

我国固体废物环境管理法律法规体系如图1.7所示。

1.4.3.2 危险废物特殊管理

(1)特殊管理的必要性

危险废物在整个固体废物中，虽然占的比例较小(一般只占4%左右)，但危害巨大。

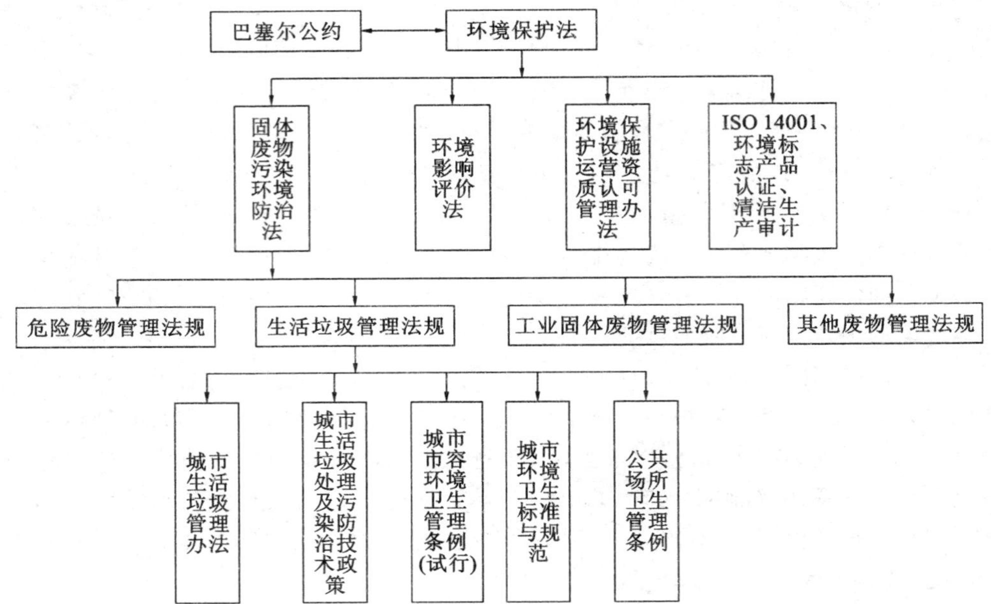

图 1.7　我国固体废物环境管理法律法规体系

危险废物在工业生产、医疗、科学研究和生活办公过程中均有产生。工业生产中的危险废物,其成分比较简单且容易回收利用的,一般都得到了资源化利用。应该指出的是,相当部分的危险废物由于其中还有可利用成分,被企业非法售卖,售卖后经简单处理用于农业和其他工业生产,实际上属于间接向环境排放;也有一些部门企业直接向环境排放危险废物。因此,必须强化对危险废物的管理。我国危险废物管理法规体系如图 1.8 所示。

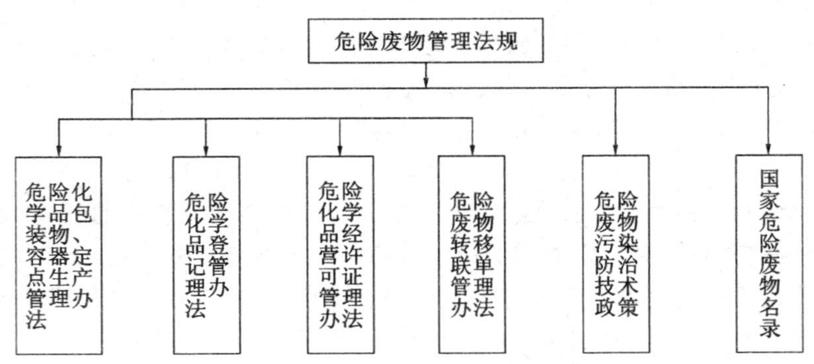

图 1.8　我国危险废物管理法规体系

(2)危险废物的鉴别

①名录法。名录法是根据经验与实验,将危险固体废物的品名列成一览表,将非危险固体废物列成排除表,用以表明某种固体废物属于危险固体废物或非危险固体废物,再由国家管理部门以立法形式予以公布。

②鉴别法。鉴别法是在专门的立法中对危险废物的特性及其鉴别分析方法以"标准"的形式予以规定。依据鉴别分析方法,测定废物的特性,如易燃性、腐蚀性、反应性、

放射性、浸出毒性以及其他毒性等，进而判定其属于危险固体废物或非危险固体废物，再由国家管理部门以立法形式予以公布。

根据1998年1月4日由国家环境保护局、国家经济贸易委员会、对外贸易经济合作部和公安部联合颁布，1998年7月1日实施的《国家危险废物名录》，我国危险废物共分为47类，2021年新修订的《国家危险废物名录》中将我国危险废物分为50类。同时国家制定了《危险废物鉴别标准》。国家规定："凡《名录》所列废物类别高于鉴别标准的属危险废物，列入国家危险废物管理范围；低于鉴别标准的，不列入国家危险废物管理范围。"目前我国已制定的危险废物鉴别标准体系中包括通则、腐蚀性鉴别、急性毒性初筛、浸出毒性鉴别、易燃性鉴别、反应性鉴别、毒性物质含量鉴别等七个标准内容。

新版名录还增加了豁免管理办法和名录。列入本名录附录《危险废物豁免管理清单》中的危险废物，在所列的豁免环节，且满足相应的豁免条件时，可以按照豁免内容的规定实行豁免管理。

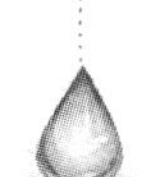

小 结

本章简要介绍固体废物的概念、来源、分类及其特性，说明了固体废物通过多种途径给人类生存环境带来的危害；介绍了我国固体废物管理体系和管理制度，提出了防治固体废物污染的基本对策，指出固体废物资源化是控制污染的最好途径。

思考题与习题

一、名词解释

固体废物、处理、处置、无害化、减量化、资源化

二、思考题

1. 与大气污染、水污染相比较，固体废物污染有何特点？

2. 以防治固体废物污染为例，如何理解习近平总书记提出的"绿水青山就是金山银山"？

3. 联系自己的生活实际，应如何理解"从摇篮到坟墓"固体废物管理全过程的新理念？

4. 我国固体废物的管理制度有哪些？为什么要做出这些规定？

第2章　固体废物的预处理技术

学习目标

了解常见的固体废物收集方法及其优缺点，能初步进行城市生活垃圾收集系统分析，能够设计简单的垃圾收集路线；熟悉压实、破碎、分选等预处理技术的特点及应用范围，能根据固体废物的性质与处理目的选择合适的预处理方法与设备。

必备知识

掌握固体废物压实、破碎、分选等预处理技术方法，能根据固体废物的性质与处理目的选择合适的预处理方法与设备。

选修知识

了解常见的固体废物收集方法及其优缺点，能初步进行城市生活垃圾收集系统分析。

“最美”环卫工　手刨2t垃圾帮老人找回钱

——央视《焦点访谈》节目聚焦南充“最美”环卫工

南充市蓬安县兴旺镇垃圾压缩站工人唐启俊，6小时手刨2t垃圾，为88岁老人邓建业找回误丢的3500元，经《华西城市读本》记者报道后，在社会上产生强烈反响。6月2日晚，中央电视台《焦点访谈》栏目播出《垃圾堆里的寻找》，用5分25秒时间，将这位深受大家称赞的“最美”环卫工人最朴实的一面展现在了全国观众面前。面对称赞，唐启俊只说：“我是一个普通的环卫工人，只是做了一件应该做的小事。”

回顾　环卫工人手刨垃圾　6个小时后找到钱

2014年4月5日早上，邓建业老人将不穿的衣裤用红色塑料口袋打包后扔进了垃圾桶。当天，老人随子女去镇卫生院输液，交钱时发现钱不在身上。据了解，邓建业素来节

俭，平时儿女们给的钱，他都舍不得花，几年来存下 3500 元，但钱全部遗忘在早上扔掉的裤子口袋里。此时距老人扔垃圾已过去 2 个多小时，垃圾已转移到了兴旺镇垃圾压缩站。

垃圾压缩站的值班环卫工唐启俊，在得知情况后，跳进垃圾池，和老人的家人在茫茫垃圾之中开始寻找红色塑料袋。而这几乎是大海捞针，2t 多的垃圾在重压之下已严重变形，各种垃圾都紧紧粘在一起，要想找一个小小的塑料袋，只能靠双手一点点剥离。

"有玻璃、有渣滓，手指甲都抠翻出血了。"女婿唐国安想要放弃，可唐启俊却坚持要帮老人找回钱。

在垃圾堆中刨了 6 个多小时，下午 5 点多，唐启俊终于找到包着老人裤子的红色塑料袋，从里面找出了压成饼状的 3500 元。老人一家掏出 500 元感谢唐启俊，却被他婉言谢绝。随后，他又继续开始工作了。他将刨开的垃圾重新装进垃圾池，压缩，一直忙到了晚上 9 点多。

力挺　央视高度评价　网友留言点赞

节目最后，主持人劳春燕这样评价唐启俊："当好人，做好事，感谢你唐启俊，我们要感谢包括唐启俊在内的所有好人，既感谢他们愿意帮助别人，更感谢他们能够温暖社会。因为我们每个人都可能是那个需要帮助的人，因为我们都生活在共同的家园。"

课前思考题

1. 你了解你所在城市的垃圾是如何收集的吗？收集容器是什么？
2. 你观察过你所居住的小区垃圾清运时间在一年四季有什么区别吗？有什么规律？
3. 你了解如何回收废旧电器(如旧冰箱)里的金属材料吗？

2.1　固体废物的收集和运输

固体废物复杂多样，其形状、大小、结构及性质千变万化。为了使其适合于运输、资源化处理或最终处置的形式，往往需要对它进行预先加工。固体废物的预处理主要包括收运、压实、破碎、分选等工艺过程，目的就是使固体废物单体分离或分成适当的级别，便于资源化处理。

固体废物的收集和运输是固体废物处理过程中的第一环节，是连接发生源和处理处置设施的重要环节，在固体废物管理体系中占有非常重要的地位。此工作不仅能简化后续处理的程序，减少处理设备的耗损(如焚烧处理的焚烧炉寿命)，还能同时完成资源回收工作。但是固体废物收集和运输工作的成本往往是整个处理工作成本中最高的，对于处理城市生活垃圾，占了 60%～80%，因此这些工作的管理优劣成为决定废物处理处置成本高低的关键。因此，如何提高固体废物的收运效率，对于降低固体废物处理处置成本、提高综合利用效率、减少最终处置的废物量都具有重要意义。本节将从工业固体废

物和城市生活垃圾两方面讨论固体废物的收集和运输问题。

2.1.1 工业固体废物的收集和运输

工业固体废物是指在工业生产活动中产生的固体废物，是工业生产过程中排入环境的各种废渣、粉尘及其他废物，如高炉渣、钢渣、赤泥、有色金属渣、粉煤灰、煤渣、硫酸渣、废石膏、脱硫灰、电石渣、盐泥等。

近些年，我国工业发展取得了举世瞩目的成就，已成为世界工业生产大国，然而也是一个工业固体废物的产生大国。随着城市化和工业化进程的进一步加快，工业固体废物的产生量也迅速增长。2015 年，全国工业固体废物产生量为 32.7 亿 t，同比增加0.4%，工业固体废物综合利用量达 19.9 亿 t，综合利用量仅占产生量的 60.8%，其余大都堆存在城市工业区和河滩荒地上，风吹雨淋使之成为严重的污染源，并使污染事件不断发生，破坏当地生态环境，威胁人类健康，造成严重后果。

我国工业固体废物处理的原则是“谁污染，谁治理”。《固废法》第三十三条规定：企业事业单位应当根据经济、技术条件对其产生的工业固体废物加以利用；对暂时不利用或者不能利用的，必须按照国务院环境保护行政主管部门的规定建设贮存设施、场所，安全分类存放，或者采取无害化处置措施。此法明确规定了由企业事业单位负责处理和处置其所产生的工业固体废物，有效地解决了工业固体废物的最终归属问题，是控制工业固体废物污染环境的法律基础和关键。

工业固体废物的收集容器种类较多，但主要使用废物桶和集装箱。一般地，产生废物较多的工厂在厂内都建有自己的堆场，收集、运输工作由工厂负责；零星、分散的固体废物(工业下脚废料及居民废弃的日常生活用品)则由商业部所属废旧物资系统负责收集；此外，有关部门还组织和鼓励城市居民、农村基层收购站以收购的方式收集废旧物资。对大型工厂，回收公司到厂内回收，中型工厂则定人定期回收，小型工厂划片包干巡回回收。

随着我国有关环境保护法律法规的出台和完善以及国家政策的引导和支持，大批致力于回收处置工业废弃物的新兴公司应运而生。例如，江苏某公司是致力于发展循环经济、绿色经济、可再生资源回收、加工和再利用的民营企业，承担大型厂房、桥梁、烟囱等的爆破，大型高技术含量机械设备拆除，大型建筑、桥梁拆除等复杂施工，目前是全国最大的专业拆除公司，具有国家级拆除资质，并在全国十多个省市陆续设立了回收再加工基地和拆迁公司，进行房屋拆除及各类废旧设备和金属、橡胶、塑料、电子产品等的回收、加工、再利用。这些类似的企业对工业固体废物的收集、运输及处理利用、实现资源循环起着非常重要的作用。

2.1.2 城市生活垃圾的收集和运输

城市生活垃圾包括商业垃圾、建筑垃圾、居民生活垃圾、粪便以及污水处理厂的污泥等，它们的收集工作也是分开进行的。

例如，北京根据新版《北京市生活垃圾管理条例》(2020 年 5 月 1 日实施)，对城市生活垃圾实行分类投放(如分为：厨余垃圾、可回收物、有害垃圾、其他垃圾)、分类收集、分

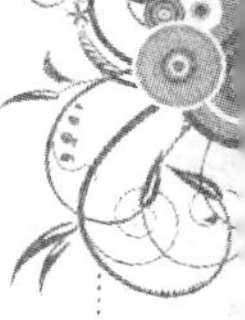

类运输、分类处理。

上海根据《上海市生活垃圾管理条例》(2019 年 7 月 1 日实施)，将城市生活垃圾按照以下标准进行分类：(一)可回收物，是指废纸张、废塑料、废玻璃制品、废金属、废织物等适宜回收、可循环利用的生活废弃物；(二)有害垃圾，是指废电池、废灯管、废药品、废油漆及其容器等对人体健康或者自然环境造成直接或者潜在危害的生活废弃物；(三)湿垃圾，即易腐垃圾，是指食材废料、剩菜剩饭、过期食品、瓜皮果核、花卉绿植、中药药渣等易腐的生物质生活废弃物；(四)干垃圾，即其他垃圾，是指除可回收物、有害垃圾、湿垃圾以外的其他生活废弃物。生活垃圾的具体分类标准，可以根据经济社会发展水平、生活垃圾特性和处置利用需要予以调整。同时对城市生活垃圾实行分类投放、分类收集、分类运输、分类处理。

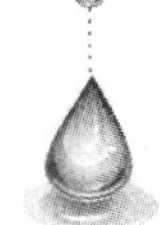

粪便的收集按其住宅有无卫生设施分成两种情况：具有卫生设施的住宅，居民粪便的小部分直接进入污水厂做净化处理，大部分先排入化粪池再进入污水厂做净化处理；没有卫生设施的，利用公厕或倒粪站进行收集，并由环卫部门使用真空吸粪车清除运输，一般每天收集一次，当天运至农村经密封发酵后作肥料使用。

商业垃圾和建筑垃圾原则上都是由单位自行清除。我国《固废法》和《城市生活垃圾管理办法》(2007 年建设部令第 157 号)均明确规定：工程施工单位应当及时清运工程施工过程中产生的固体废物，并按照环境卫生行政主管部门的规定进行利用或者处置；从事公共交通运输的经营单位应当按照国家有关规定，清扫、收集运输过程中产生的城市生活垃圾；从事城市新区开发、旧区改建和住宅小区开发建设的单位以及机场、码头、车站、公园、商店等公共设施、场所的经营管理单位，应当按照国家有关环境卫生的规定配套建设城市生活垃圾收集设施。

城市生活垃圾的收集是指把各贮存点暂存的城市生活垃圾集装到垃圾收集车上的操作过程；运输是指收集车辆把收集到的城市生活垃圾运至终点、卸料和返回的全过程。城市生活垃圾的收集和运输(简称收运)是垃圾处理系统中的第一环节，其耗资最大，操作过程亦最复杂。城市生活垃圾收运并非单一阶段操作过程，通常包括三个阶段，构成一个收运系统。第一阶段是垃圾的搬运，是指由垃圾产生者(住户或单位)或环卫系统从垃圾产生源头将垃圾收集，然后送至收集容器或集装点的过程。第二阶段是收集与运输，通常指垃圾的近距离运输。一般是指用垃圾收集车辆沿一定路线清除收集容器或其他收集设施中的垃圾，并运至垃圾中转站的操作过程，有时也可就近直接送至垃圾处理厂或处置场。第三阶段为转运，是指垃圾的远途运输，即在中转站将垃圾转载至大容量的运输工具(如轮船、火车)上运往远处的处理处置场。下面着重介绍城市生活垃圾的收集和运输。

2.1.2.1　城市生活垃圾的搬运

在垃圾收集运输前，垃圾的产生者必须将各自所产生的垃圾进行短距离搬运加以收集，这是整个垃圾收运的第一步。从改善垃圾收运的整体效益考虑，有必要对垃圾搬运和收集进行科学的管理，以利于居民的健康，并能改善城市环境卫生及城市容貌，也为后续阶段操作打下好的基础。

(1)居民住宅区垃圾的搬运

由居民负责将各自产生的城市生活垃圾搬运至楼下公共贮存容器，再由收集工人负

责从住宅区将公共收集容器内的垃圾搬运至集装点或收集车。近年来，我国某些城市正逐步推广使用小型家用垃圾磨碎机，专门处理厨房食品垃圾，可将其卫生而迅速地磨碎后随水流排入下水道系统，减少了家庭垃圾的搬运量。

(2)商业区与企业单位城市生活垃圾的搬运

商业区与企业单位的城市生活垃圾一般由各单位自行负责，环境卫生管理部门进行监督管理。当委托环卫部门收运时，各单位使用的收集容器应与环卫部门的运输车辆相配套，收运地点和时间也应和环卫部门协商而定。

2.1.2.2 城市生活垃圾的收集与运输

(1)城市生活垃圾的收集方式

按收集的内容分，有两种收集方式，即混合收集和分类收集。目前我国分类收集还不够普遍，混合收集是主要的收集方式。按照收集的程序和所使用工具的不同，混合收集方式又可分为定点收集、定时收集两种方式。

①定点收集。定点收集方式指的是收集容器放置于固定的地点，一天中的全部或大部分时间为居民服务。采用这种收集方式要求占用一定的空间设立收集点，收集点要求便于车辆通过，以便收集到的垃圾能被及时清运。从收集的卫生要求来看，收集容器应有较好的密封隔离效果，以避免收集过程中产生公共卫生问题。另一方面，采用该收集方法既要找到合适的收集点位置，又要求具有一定的居住密度，否则会造成收集容器的容积效率得不到充分利用。由于城市的居住区基本上都可以达到这些要求，故该收集方式是最普遍的垃圾收集方式。这种收集方式按所使用的收集工具的不同可分为容器式和构筑物式。

a. 容器式：该方式因使用可移动的垃圾容器作为收集工具而得名。收集容器多半是桶式的，有圆形和方形两种，金属或塑料材料制成的。这种容器具有密封性能，有一定的外接构件与清运车上的自动倾倒设备配合，使收运过程实现机械化。

b. 构筑物式：该容器为固定构筑物，一般为砖、水泥结构，样式各异，容积为 5～10m^3，不密封，该容器使用寿命长，费用低，但在高峰季节会发生垃圾满溢的情况，与周围环境敞开接触，易造成周围环境卫生状况的恶化；另外，清运时难度较大，不利于机械化作业。

②定时收集。定时垃圾收集方式不设置固定的垃圾收集点，直接用垃圾清运车收集居民区垃圾。具体做法是，收运车以固定的时间与路线行驶于居民区中并收集路旁的居民垃圾。其收集容器可分为专用容器与普通容器。

a. 专用容器：专用容器是配合高级住宅区独家独院式的生活方式而设置的，是一种小型移动式垃圾桶或者是一次性袋式垃圾容器。

b. 普通容器：普通容器一般为小型的垃圾收集车(1t 以下的汽车或人力拖车)。每天定时定线路巡回于收集路线上(一般一天 1～2 次)，居民将垃圾定时定点倒入车内完成收运过程。由于车容量小，故一般都配有小型的转运站，集中到一定数量时作进一步运输。

③特殊的垃圾收集方式。世界上的各个城市的背景和现状各异，居民区垃圾收集方式除以上两种外，还有一些为特殊区服务的收集方式，如大楼型居住区的垃圾楼道式收集方式和气动垃圾收集输送方式。

a. 垃圾楼道式收集方式是定点垃圾收集方式的一种，垃圾楼道是高层建筑物中的一条垂直通道，每层都开一个倾倒口，底部配有垃圾储存室，每个储存室均看成一个垃圾收集点。这种收集方式大大节约了居民的家务劳动量，实现了容量化。

b. 气动垃圾收集输送装置是 20 世纪 70 年代在瑞典斯德哥尔摩首先得到应用的一种垃圾收运方法，从目前的使用情况来看，它主要服务于高层居民区。它由建筑物中的垃圾通道、垃圾吸送阀门和输送管道、吸送站、垃圾贮存转运站等功能设备组成。居民通过垃圾通道倾倒的垃圾在垃圾吸送阀门的控制下一日数次被垃圾吸送站巨大的气体抽吸机的气流动力所带动，通过输送管道集中于垃圾贮存站之中，并进一步转运处理。这种收集运输方法的整个系统都在负压下工作，卫生程度高，管道一般都埋在地下不占地面空间，操作控制完全自动化，但其投资和操作费用昂贵，设施复杂，维护工作量大。

④分类收集。按垃圾成分不同分类收集是垃圾收集方法的一个新发展。由于从垃圾的发生源考虑，提高了垃圾的资源利用价值和减少了垃圾的处理工作量。垃圾的分类收集可适用于几乎所有的城市，而由于该方法带来的收集成本增加问题可以通过资源利用产品的出售来解决，所以我国现在虽然还没有强制性地采取分类收集方法，但已在北京等大城市试行。目前我国分类收集的废物主要有纸、塑料、橡胶、金属、玻璃、破布等。

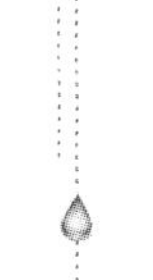

垃圾分类收集应先根据本地区的垃圾组成情况，将垃圾分成几个分类组，一般以可回收废品、大型垃圾、易腐性有机物和一般无机物为主要分类组，其中可回收废品组尚可根据需要分成玻璃、磁性或非磁性金属、塑料等以提高资源利用价值。使用的分类收集工具为特别塑料垃圾袋，居民应把垃圾分类收集放入有明显标志的不同垃圾袋内，然后再送到收集点放入对应的容器中，而收集人员也将其分类运输，并按不同性质回收和处理，最后完成垃圾清运过程。一般的垃圾收集方式很容易改造而适合分类收集的要求，以定点容器为例，只要在收集点增加一定数量的收集容器即可满足要求。由于类别增加而需要增加的收运次数可以通过延长对非易腐性垃圾的收运周期而压缩到最低程度。总之，垃圾分类收集既提高了垃圾资源化利用效率，又减少了处理、处置的工作量，且它对收运系统所产生的压力也是可以解决的，因而垃圾分类收集是城市生活垃圾收集的必然趋向。

(2)收集系统

①收集系统类型。收集系统根据其操作模式被分为两种类型：一是拖曳容器系统；二是固定容器系统。前者的废物存放容器被拖曳到处理地点，倒空，然后回拖到原来的地方或者其他地方。而后者的废物存放容器除非要被移到路边或者其他地方进行倾倒，否则将被固定在垃圾产生处。

拖曳容器系统可分为简便模式和交换模式。简便模式如图 2.1 所示，是从收集点将装满垃圾的容器用牵引车拖曳到处置场或转运站，倒空后再送回原收集点，车子再开到第二个垃圾容器放置点。如此重复直至一天工作结束。交换模式如图 2.2 所示，方法是当开牵引车去第一个垃圾容器放置点时，同时带去一只空垃圾容器，以替换装满垃圾的垃圾容器，待拖到处置场出空后，又将此空垃圾容器送到第二个垃圾容器放置点，重复至收集线路的最后一个垃圾容器被拖到处置场出空为止，牵引车带着这只空垃圾容器回到调度站。

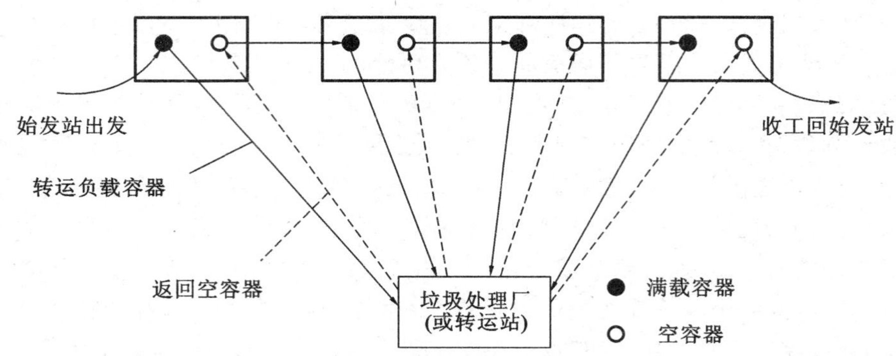

图 2.1　拖曳容器系统——简便模式

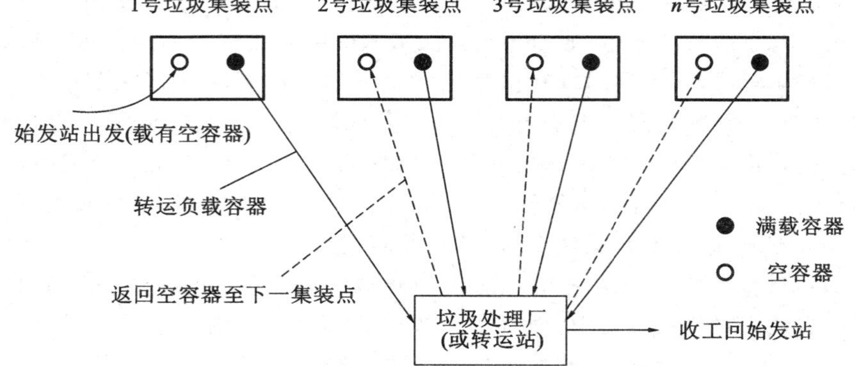

图 2.2　拖曳容器系统——交换模式

固定容器系统是在垃圾收集点放置若干个小型垃圾桶，垃圾车沿一定的路线到各收集点，将垃圾桶中的垃圾倒进车斗内，垃圾桶放回原处，直至垃圾车装满或工作日结束，将车子开到处置场倒空垃圾车。图 2.3 是固定容器系统示意图。

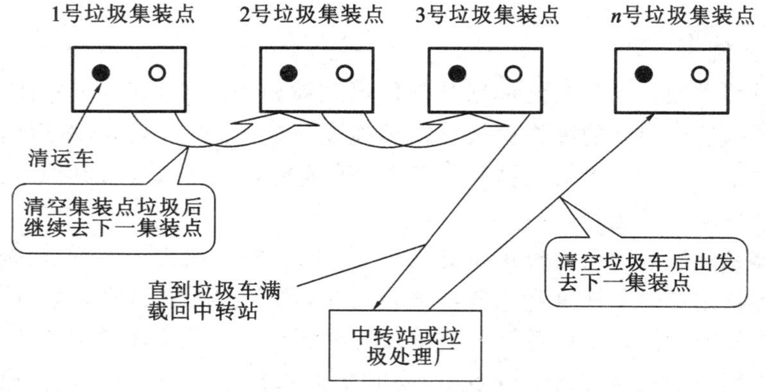

图 2.3　固定容器系统示意图

②收集系统分析。收集过程耗用时间长短直接影响收集的效率和成本，收集系统所耗费的时间一般包括“拾取”时间、运输时间、在处置场所花费的时间和非生产性时间四

部分。

a.“拾取”时间:“拾取”垃圾所耗用的时间,与收集类型有关。在拖曳系统简便模式中,“拾取”耗用的时间包括三个部分:牵引车从放置点开到下一个放置点所需的时间、提起装满垃圾的垃圾桶的时间和放下空垃圾桶的时间。在拖曳系统的交换模式中,“拾取”耗用的时间包括提起装满垃圾的垃圾桶的时间和在另一个放置点放下空垃圾桶的时间。在固定容器系统中,“拾取”花费的时间是指在收集线路上将一个空垃圾车收集满垃圾所需要的时间,包括收集过程中将所有垃圾桶中的垃圾倒入垃圾车里所花费的时间和垃圾车在收集点之间运行的时间两部分。

b.运输时间:运输时间也与收集系统的类型有关。拖曳容器系统的运输时间是指牵引车将装满垃圾的垃圾桶从放置点拖到处置场和将空垃圾桶从处置场拖到垃圾桶放置点所需时间。在固定容器系统中,运输时间是指垃圾车装满后从收集线路的最后一个放置点开车到处置场,倒空垃圾后再从处置场开车到下一个收集路线的第一个放置点所需的时间。但应注意,它们只考虑在路途中的运行时间,不包括在处置场的时间。

c.在处置场所花费的时间:在处置场所花费的时间包括在处置场等待卸车的时间和倒空垃圾的时间。

d.非生产性时间:非生产性时间指相对收集操作过程这点来说的,它包括必需的和非必需的两种情况。所谓必需的非生产性时间主要是指收集过程中一些必不可少的环节所耗用的时间,如每天报到、登记、分配工作等花费的时间和每天结束检查工作等所用时间;每天从调度站开车到第一个垃圾放置点和每日结束从处置场到调度站所需时间;由于交通拥挤不可避免的时间损失;在设备维护与修理上花费的时间。非必需的活动时间主要是指收集过程中从事一些与生产没有直接关系的事情所耗用的时间,包括午餐与未经许可的工间休息等。在实际工作中一般将两种情况一起考虑,用它们占整个收集过程所用时间的百分数表示,称为非生产性时间因子 W。W 值通常在 0.1～0.25 之间变化,一般操作用 0.15 估算;在某些情况下,特别是长距离,如从调度站出发及回调度站花费时间较长,应从工作日的时间中扣除,但需调整 W 值。

③收集车辆。我国用的垃圾车种类:一是简易自卸收集车,适宜于固定容器系统;二是活斗垃圾收集车,适宜于拖曳容器系统;三是桶式倒装密封收集车,适宜于固定容器系统;四是后装式压缩收集车,适宜于分类收集方法。

a.收集车数量配备:收集车数量配备是否得当,关系到费用及收集效率。其数量大小可参照以下公式求取:

$$\text{简易自卸车数} = \frac{\text{该车收集的垃圾日平均产生量}}{\text{车额定吨位} \times \text{日单班收集次数定额} \times \text{完好率}} \tag{2.1}$$

式中,日单班收集次数定额按各省、自治区环卫定额的 85%计算。

$$\text{多功能车数} = \frac{\text{该车收集的垃圾日平均产生量}}{\text{车厢额定容积} \times \text{车厢容积利用率} \times \text{日单班收集次数定额} \times \text{完好率}} \tag{2.2}$$

式中,车厢容积利用率按 50%～70%计,完好率按 80%计,其余同上。

桶式侧装密封车数

$$=\frac{\text{该车收集的垃圾日平均产生量}}{\text{桶额定容积}\times\text{桶容积利用率}\times\text{日单班装桶数定额}\times\text{日单班收集次数定额}\times\text{完好率}} \tag{2.3}$$

式中，日单班装桶数定额按各省、自治区环卫定额计算，桶容积利用率按 50%～70%计，完好率按 80%计，其余同前。

b. 收集车劳动力配备：每辆收集车配备收集工人人数按车辆型号大小、机械化作业程度、垃圾容器放置点与容器类型等情形而确定，最终从工作经验中逐渐改善而确定劳动力。

一般情况，除司机外，人力装车的 2t 简易自卸车配 2 人；人力装车的 4t 简易自卸车配 3～4 人；多功能车配 1 人；侧装密封车配 2 人。

④收集次数与时间。垃圾收集次数，在我国各城市住宅区、商业区基本上要求及时收集，即日产日清，每周几次要根据产生量、气候等而定。垃圾收集时间，大致可分昼间、晚间及黎明三种。住宅区最好在昼间收集，晚间会骚扰住户；商业区则宜在晚间收集，此时车辆和行人稀少，可加快收集速度。总之，收集次数与收集时间，应视当地实际情况，如气候、垃圾产生量、性质、收集方法、道路交通、居民生活习俗等而确定。

(3)收集路线设计

在垃圾收集操作方法、收集车辆类型、收集劳动量及收集次数和时间等确定以后，就应着手设计收集路线，使劳动力与设备有效发挥作用。

路线设计的主要问题是收集车辆如何通过一系列的单行线或双行线街道行驶，以使整个行驶距离最小，或者说空载行程最小。路线设计的过程大体上分为四个步骤，下面以一个典型的功能利用区为例，简单介绍拖曳容器系统的收集路线设计方法。

第一步，在商业区、工业区或住宅区的大型地图上标出每个垃圾桶的放置点、垃圾桶的数量和收集频率(如果是固定容器系统还应标出每个放置点垃圾产生量)。根据面积大小和放置点的数目，将地区划分成长方形和方形的小面积。图 2.4 所示为典型功能利用区收集路线规划。

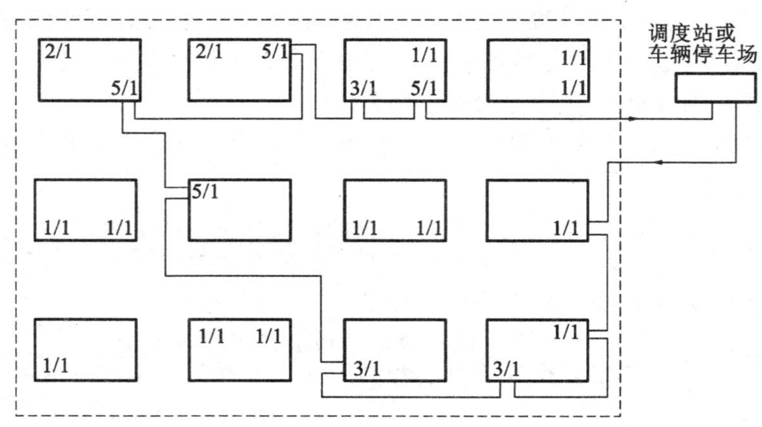

图 2.4　典型功能利用区收集路线规划

注：功能区边界数字分数表示：收集频率为每周收集次数/垃圾桶数目

第二步，根据这个平面图，将每周收集相同频率的收集点的数目统计、分析，将每天需要出空的垃圾桶数目列出一张表。

收集区内共有收集点21个，其中收集频率为每周5次的有4个，每天都收集，每周共收集20次旅程；收集频率为每周3次的有3个，每周共收集9次旅程，考虑到前后两次收集时间间隔尽量接近，收集顺序尽量稳定，安排在星期一、三、五收集；收集频率为每周2次的有2个，每周共收集4次旅程，同样的考虑，安排在星期二、五收集（也可以安排在星期一、四）；收集频率为每周1次的有12个，每周共收集12次旅程，考虑到每天的工作量（旅程次数）应大致相等，将其不等的安排到每天，最后得到每周共45次旅程，平均安排每天9次旅程。容器收集数据分析安排见表2.1。

表2.1 容器收集数据分析安排

收集频率	收集点数目	每周旅程次数	每日出空容器数				
			周一	周二	周三	周四	周五
1	12	12	2	3	2	5	0
2	2	4	0	2	0	0	2
3	3	9	3	0	3	0	3
4	0	0	0	0	0	0	0
5	4	20	4	4	4	4	4
总计	21	45	9	9	9	9	9

第三步，从调度站或垃圾车停车场开始设计每天的收集线路。图2.4中带箭头的线表示初步设计的周一收集路线示意图。

在设计线路时应考虑以下因素：收集地点和收集频率应与现存的法规制度一致；收集人员的多少应与车辆类型和现实条件相协调；线路的开始与结束应邻近主要道路，尽可能地利用地形和自然疆界作为线路的疆界；在陡峭地区，线路的开始应在道路倾斜的顶端，下坡时收集，便于车辆滑行；线路上最后收集的垃圾桶应离处置场的位置最近；交通拥挤地区的垃圾应尽可能地安排在一天的开始时收集；垃圾量大的产生地应安排在一天的开始时收集；如果可能，收集频率相同而垃圾量小的收集点应在同一天收集或同一旅程中收集。利用这些因素可以制定出效率高的收集线路。

第四步，当各种初步线路设计后，应对垃圾桶之间的平均距离进行计算。应使每条线路所经过的距离基本相等或相近。如果相差太大，应当重新设计。若不止一辆收集车辆时，应使驾驶员的负荷平衡。

固定容器系统的收集路线设计方法与拖曳容器系统基本相同，只是第二步以每日收集的垃圾量来平衡制表，目前比较先进的设计方法是利用系统工程采取模拟方法，求出最佳收集线路。

（4）城市生活垃圾的运输

①包装容器的选择。城市生活垃圾的运输要根据废物的特性和数量选择合适的包装容器。包装容器的选择原则为容器与包装材料应与所盛废物相容，有足够的机械强

度，贮存及装卸运输过程中不易破裂，固体废物不扬散、不流失、不渗漏、不释放出有害气体与恶臭。可选择的包装容器有汽油桶、纸板桶、金属桶、油罐等，这些容器在贮存运输过程中应经常检查以防止其受到损坏导致垃圾泄漏。对滤饼、泥渣等进行焚烧处理的有机废物，可采用纤维板桶或纸板桶做容器，使固体废物和包装容器一起进行焚烧处理。在实际包装时，由于纤维质容器易受到机械损伤和水的侵蚀而发生泄漏，故可再装入金属桶中成为双层包装，在焚烧处理之前，把里面的纤维容器取出即可。

②城市生活垃圾的运输方式。城市生活垃圾的运输可直接外运，也可经过收集站或转运站运走。在我国，固体废物的运输可根据产生地、中转站距处置场地距离、要采取的处置方法、固体废物的特性和数量来选择适宜的运输方式，可以进行公路、铁路、水运或航空运输。对于各类危险固体废物，最好的方法是使用专用公路槽车或铁路槽车，槽车应设有各种防腐衬里，以防运输过程中的腐蚀泄漏。对于非危险性固体废物，可用各种容器盛装，用卡车或铁路货车运输。

2.1.2.3 城市生活垃圾中转站

(1)城市生活垃圾的转运

随着城市的发展，从环境保护和公共卫生角度出发，垃圾处理点或处置场应远离居民区，因此收集的垃圾需要远途运输。而垃圾收集车为短途收集垃圾而设，不适合远途运输，因此需设立中转站进行垃圾的转运。

转运是城市生活垃圾收运系统中的第三阶段操作过程，它是指利用中转站将小型收集车从各分散收集点清运的垃圾转载到大型运输工具(如火车或轮船)上，将其远距离输送至垃圾处理处置场的过程。转运站(即中转站)就是指完成上述转运操作过程的建筑设施与设备。一般来说，垃圾在中转站通常经分拣、压缩等处理后再转载到大载重量的运输工具上运往处理处置场。

(2)中转站的类型

中转站规模的大小应根据需要转运的垃圾量确定。根据中转站的规模，可把中转站分为大型中转站(日转运量450t以上)、中型中转站(日转运量150～450t)和小型中转站(日转运量150t以下)。

中转站按装载方式及有无压实情况可分为直接倾卸式、贮存待装式、既可直接装车又可贮存待装的组合式三种类型的中转站。

①直接倾卸式。直接倾卸式就是把垃圾从收集车直接倾卸到大型拖挂车上，它分无压缩和有压缩装置两种。无压缩时，直接将垃圾倾倒到拖挂车里，不进行压缩处理(图2.5)；有压缩时，首先垃圾由收集车倾卸到卸料斗里，然后液压压实机对料斗里的垃圾进行压缩并推入大型垃圾箱中，最后装满压缩垃圾的大型垃圾箱被运输车运走(图2.6)。

②贮存待装式。该种垃圾转运站设有贮料坑，收集车在卸料台上把垃圾倾入低货位的贮料坑中贮存，随后推料装置(如装载机)将垃圾推入到压实机的漏斗中，由压实机将垃圾封闭压入大载重量的运输工具内，满载后运走。有些中转站还具有部分垃圾加工功能，可对垃圾进行分离、破碎、回收金属等处理。图2.7为具有垃圾加工功能的贮存待装式转运方式。

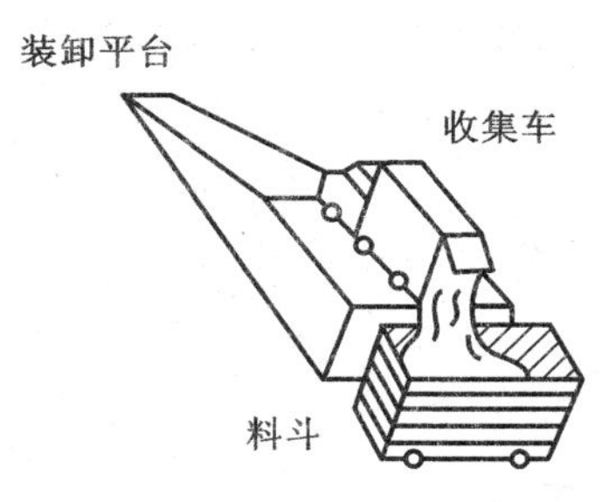

图 2.5　无压缩直接倾卸转运方式

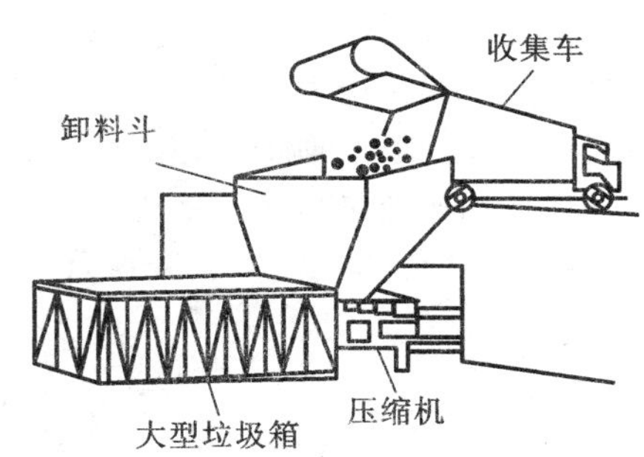

图 2.6　有压缩直接倾卸转运方式

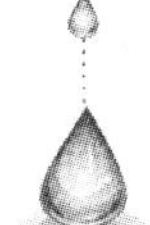

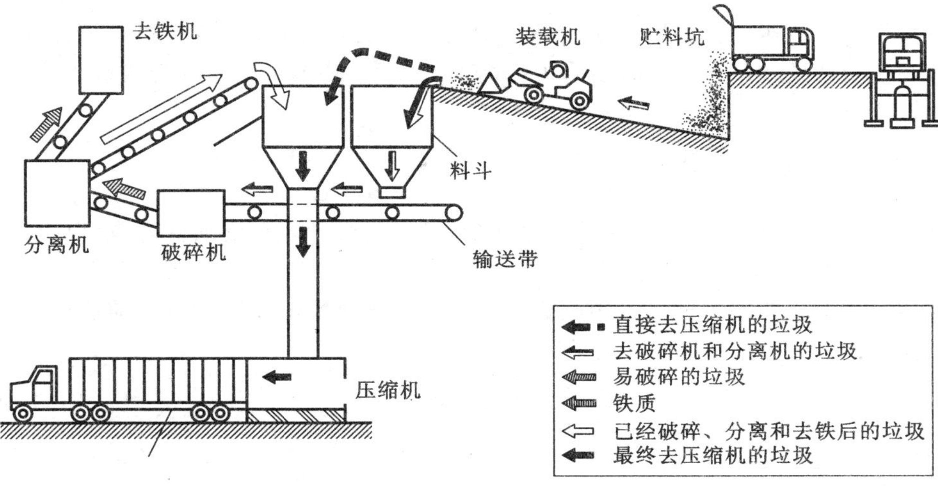

图 2.7　贮存待装式转运方式(具有部分垃圾加工功能)

③组合式。所谓组合式是指在同一转运站既设有直接倾卸设施,也设有贮存待装设施(图 2.8)。垃圾既可直接由收集车卸载到拖挂车里运走,也可以暂时存放在贮料坑内,随后再由装载机装入运输车里转运。它的优点是操作比较灵活,对垃圾数量变化的适应性强。

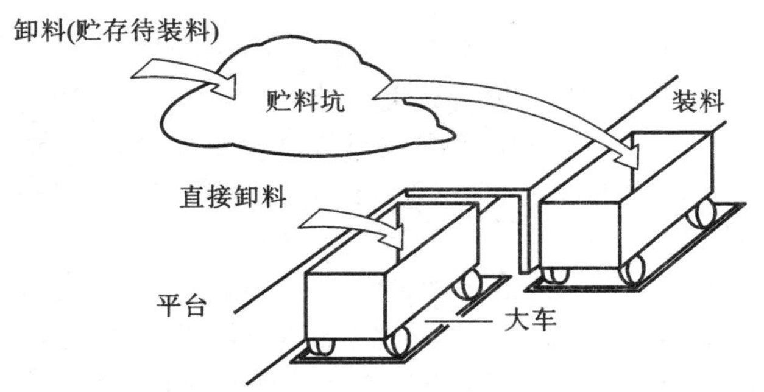

图 2.8　直接倾卸与贮存待装组合转运方式

(3)中转站的选址

中转站选址应注意以下几点:

①尽可能位于垃圾收集中心或垃圾产量多的地方；

②靠近公路干线及交通方便的地方；

③对居民和环境危害最少的地方；

④进行建设和作业最经济的地方。

此外，中转站选址应考虑便于废物回收利用及能源生产的可能性。

2.2 固体废物的压实

收集来的固体废物大多数处于自然堆放的蓬松集合体状态，形状和大小各异，造成体积过大使后续处理不经济，因此，为了提高处理效率，必须对固体废物进行压实预处理使其减量化。

2.2.1 压实的原理

压实又称为压缩，即利用机械的方法减少固体废物的体积、增加其容重，以提高其聚集程度。

固体废物的压实的程度可以用压缩比表示。压缩比即固体废物压实前后体积之比，可用下式表示：

$$R = \frac{V_i}{V_f} \tag{2.4}$$

式中 R——压缩比；

V_i——废物压实前原始体积，m^3；

V_f——废物压实后最终体积，m^3。

废物的压缩比取决于废物的种类和施加的压力，一般压缩比为 3～5，同时采用破碎和压实两种技术可使压缩比增加到 5～10。

2.2.2 压实的目的

压实的目的主要有两个：一是增大容重和减小体积，便于装卸、运输和填埋。如汽车、易拉罐、塑料瓶、松散垃圾、纸箱和某些纤维制品等通常首先采用压实预处理，有效减小体积，这不但增大了运输量，还有利于填埋过程减小渗滤液产生量。二是制取高密度惰性块料，便于贮存、填埋或再次利用。近年来，国外采用一种高压压缩技术，对垃圾进行三次压缩，其密度可达 1100～1400kg/m^3。在高压压缩过程中，由于挤压和升温，BOD_5 可从 6000mg/kg 降到 200mg/kg，COD 可从 8000mg/kg 降到 150mg/kg，被压实的垃圾体类似塑料惰性结构，在自然暴露三年之后还无明显降解痕迹，因此，可以只在其上面覆盖薄土层，便可再恢复利用，而不必进行其他处理或等其沉降稳定。

2.2.3 压实设备

固体废物压实设备种类很多，根据其构造和工作原理大体可分为容器单元和压实单元两个部分。前者负责接收废物原料，后者在液压或气压的驱动下，用压头对废物进行压实。

根据使用场所不同，压实设备可分为固定式压实机和移动式压实机，前者多用于垃圾中转站、工厂内部，后者多用于垃圾收集车上。

根据压实物料的不同，可将压实设备分为金属类废物压实器和城市生活垃圾压实器两类。

2.2.3.1　金属类废物压实器

金属类废物压实器主要有三向联合式和回转式两种。

(1)三向联合式压实器

三向联合式压实器(图 2.9)适合于压实松散金属废物。它具有三个互相垂直的压头，金属等被置于容器单元后，依次启动 1、2、3 三个压头，利用压力逐渐使固体废物的空间体积缩小，容重增大，最终达到一定尺寸。三向联合式压实器一般使金属废物压后的尺寸在 200～1000mm 之间。

(2)回转式压实器

回转式压实器也具有三个压头，但作用方式与三向联合式不同，废物装入容器单元后，先按水平压头 1 的方向压缩，然后按箭头的运动方向驱动旋转压头 2，最后按水平压头 3 的运动方向将废物压至一定尺寸排出。图 2.10 是回转式压实器的示意图。

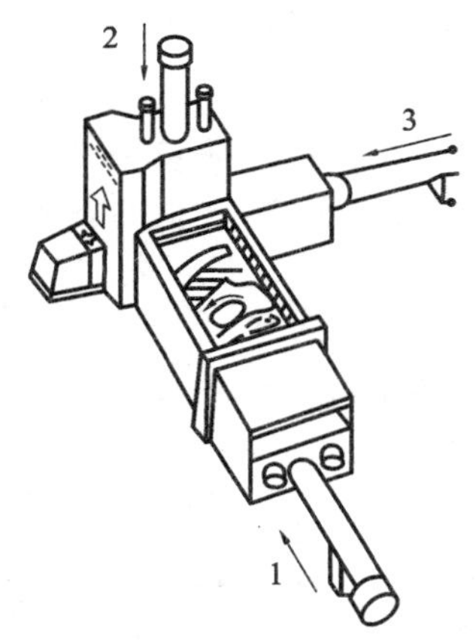

图 2.9　三向联合式压实器

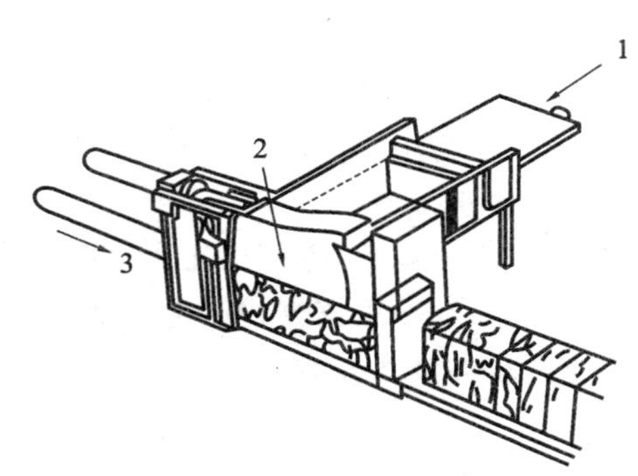

图 2.10　回转式压实器

2.2.3.2　城市生活垃圾压实器

城市生活垃圾压实器常采用与金属类废物压实器构造相似的三向联合式压实器及水平式压实器。为了防止垃圾中的有机物腐败，要求在压实器的四周涂敷沥青。图 2.11 为水平式压实器示意图，该装置具有一个可水平往复运动的压头，在手动或光电装置控制下将废物压到矩形或方形的钢制容器中，随着容器中废物的增多，压头的行程逐渐变短，装满后压头呈完全收缩状。此时，可将铰接的容器更换，将另一空容器装好再进行下一次的压实操作。

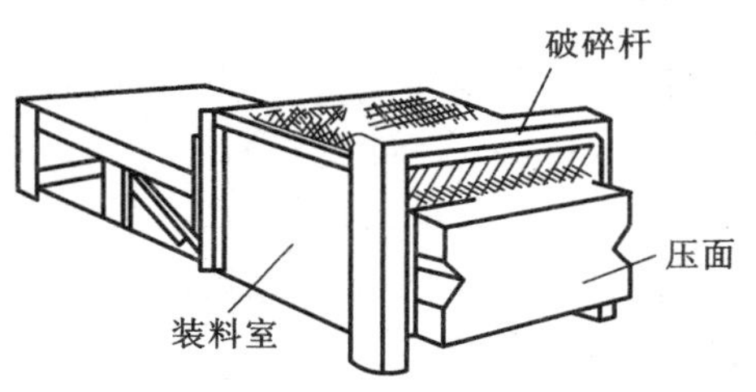

图 2.11　水平式压实器

2.2.4 压实器的选择

为了最大限度减容，获得较高的压缩比，应尽可能选择适宜的压实器。影响压实器选择的因素很多，除废物的性质外，主要应从压实器性能参数进行考虑。

2.2.4.1 装载面的尺寸

装载面的尺寸应足够大，以便容纳用户所产生的最大尺寸的废物。如果压实器的容器用垃圾车装载，为了操作方便，就要选择至少能够处理一满车垃圾的压实器。压实器装载面的尺寸一般为 0.765～9.18m^2。

2.2.4.2 循环时间

循环时间是指压头的压面从装料箱把废物压入容器，然后再完全缩回回到原来的位置，准备接受下一次压实操作所需要的时间。循环时间变化范围很大，通常为 20～60s。如果要求压实器接受废物的速度快，则要选择循环时间短的压实器。这种压实器是按每个循环操作压实较少数量的废物而设计的，重量较轻，其成本可能比长时间压实低，但牢固性差，其压实比也不一定高。

2.2.4.3 压面压力

压实器压面压力通常根据某一具体压实器的额定作用力这一参数来确定，额定作用力作用在压头的全部高度和宽度上。固定式压实器的压面压力一般为 103～3432kPa。

2.2.4.4 压面的行程

压面的行程是指压面压入容器的深度。压头进入压实器中越深，装填得越有效越干净。为防止压实废物填埋时反弹回装载区，要选择行程长的压实器，现行的各种压实容器的实际进入深度为 10.2～66.2cm。

2.2.4.5 体积排率

体积排率即为处理率，它等于压头每次压入容器的可压缩废物体积与每小时机器的循环次数之积。通常要根据废物产生率来确定。

2.2.4.6 压实器与容器匹配

压实器应与容器匹配，最好是由同一厂家制造，这样才能使压实器的压力、行程、循环时间、体积排率以及其他参数相互协调。如果两者不相匹配，如选择不可能承受高压的轻型容器，在压实操作的较高压力下，容器很容易发生膨胀变形。

此外，在选择压实器时，还应考虑与预计使用场所相适应，要保证轻型车辆容易进出装料区和容器装卸提升位置等。

2.2.5 压实工艺流程

图 2.12 是国外某城市生活垃圾压实处理工艺流程。垃圾先装入四周垫有铁丝网的容器中，然后送入压缩机压缩，压力为 160～200kgf/cm^2（1kgf＝9.8N），压缩为原体积的 1/5。压块被活塞推出压缩腔后，送入 180～200℃沥青浸渍池 10s 涂浸沥青防漏，冷却后经运输皮带装入汽车运往垃圾填埋场。压缩污水经油水分离器进入活性污泥处理系统，处理水灭菌后排放。

图 2.13 所示为用于高层住宅垃圾压实的固定式压实机，图 2.13(a) 为开始压缩状

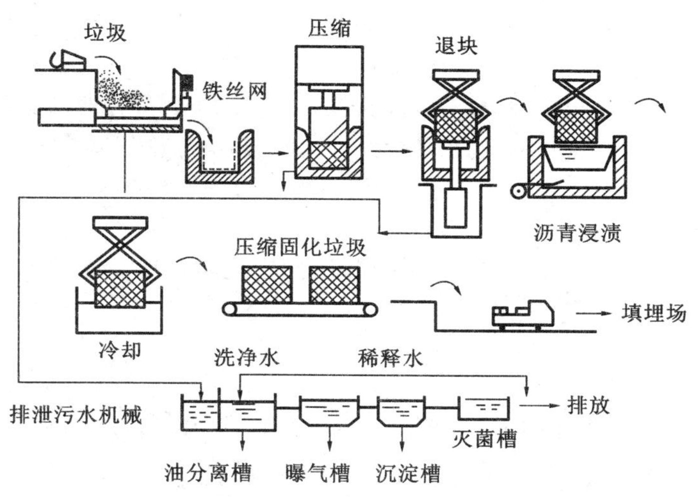

图 2.12　国外某城市生活垃圾压实工艺流程

态，垃圾从投入口经滑道进入料斗；图 2.13(b)为压缩臂全部缩回处于起始状态，垃圾进入压缩室；图 2.13(c)为压缩臂全部伸展，垃圾被压入容器。如此反复，垃圾被不断充入，并在容器中压实，压实后的垃圾再装入其他运输工具。

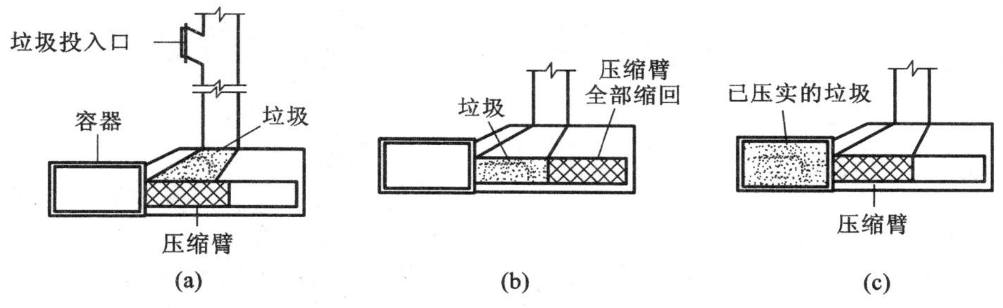

图 2.13　高层住宅垃圾压实器

2.3　固体废物的破碎

破碎是固体废物预处理技术之一，通过破碎对固体废物的尺寸和形状进行控制，有利于固体废物的资源化和减量化。

2.3.1　破碎的目的

破碎是指通过人力或机械等外力的作用，破坏物体内部的凝聚力和分子间作用力而使大块物体分裂为小块的操作过程。使小块固体废物颗粒分裂成细粉的过程称为磨碎。破碎是固体废物处理技术(包括运输、焚烧、热分解、熔化、压缩等)中最常用的预处理工艺，固体废物破碎和磨碎的目的如下：

(1)使固体废物的容积减小,便于运输和贮存。

(2)为固体废物的分选提供适合的粒度,以便有效地回收固体废物中的有用成分。

(3)使固体废物的比表面积增加,提高焚烧、热分解、熔融等作业的稳定性和热效率。

(4)防止粗大、锋利的固体废物损坏分选、焚烧和热解等设备或炉膛。

(5)为固体废物的下一步加工作准备,例如煤矸石的制砖、制水泥等,都要求把煤矸石破碎和磨碎到一定粒度以下,以便进一步加工制备使用。

(6)用破碎后的城市生活垃圾进行填埋处置时,压实密度高而均匀,可以加快覆土还原。

2.3.2 破碎方法

破碎的方法可分为机械能破碎(如压碎、劈碎、折断、磨碎、冲击破碎等)和非机械能破碎(如低温破碎、热力破碎、减压破碎、超声波破碎等)。

选择破碎方法时,需视固体废物的机械强度特别是废物的硬度而定。对于脆硬性废物,如各种废石和废渣等多采用挤压、劈裂、弯曲、冲击和磨剥破碎;对于柔硬性废物,如废钢铁、废汽车、废器材和废塑料等,多采用冲击和剪切破碎;对于含有大量废纸的城市生活垃圾,近年来有些国家已经采用湿式和半湿式破碎;对于粗大固体废物,往往先剪切或压缩成型后,再送入破碎机处理。

一般破碎机都是由两种或两种以上的破碎方法联合作用对固体废物进行破碎的,例如压碎和折断、冲击破碎和磨碎等。

2.3.3 破碎参数

2.3.3.1 破碎比

破碎过程中,原废物粒度与破碎产物粒度的比值称为破碎比,包括极限破碎比和真实破碎比两种表示方法。

(1)极限破碎比。极限破碎比表示式见下式:

$$i = \frac{D_{max}}{d_{max}} \tag{2.5}$$

式中 i——破碎比;

D_{max}——废物破碎前的最大粒度;

d_{max}——破碎后的最大粒度。

极限破碎比在工程设计中常被采用,如根据最大物料直径来选择破碎机给料口的宽度。

(2)真实破碎比。真实破碎比表示式见下式:

$$i = \frac{D_{cp}}{d_{cp}} \tag{2.6}$$

式中 i——破碎比;

D_{cp}——废物破碎前的平均粒度;

d_{cp}——破碎后的平均粒度。

真实破碎比能较真实地反映破碎程度，在科研和理论研究中常被采用。一般破碎机的真实破碎比为 3～30，磨碎机真实破碎比为 40～400，甚至更高。

2.3.3.2　破碎段

固体废物每经过一次破碎机或磨碎机称为一个破碎段，若要求破碎比不大，一段破碎即可满足。但对固体废物的分选，例如，浮选、磁选、电选等工艺来说，由于要求的入选粒度很细，破碎比很大，往往需要把几台破碎机依次串联，或根据需要把破碎机和磨碎机依次串联。

对固体废物进行多次(段)破碎，其总破碎比等于各段破碎比(i_1，i_2，…，i_n)的乘积。

2.3.4　破碎流程

根据固体废物的物化性质、粒度大小、要实现的破碎比和选用破碎机的类型，每段破碎流程可以有不同的组合方式，破碎机还常和筛子配用组成破碎流程，其基本工艺流程如图 2.14 所示。

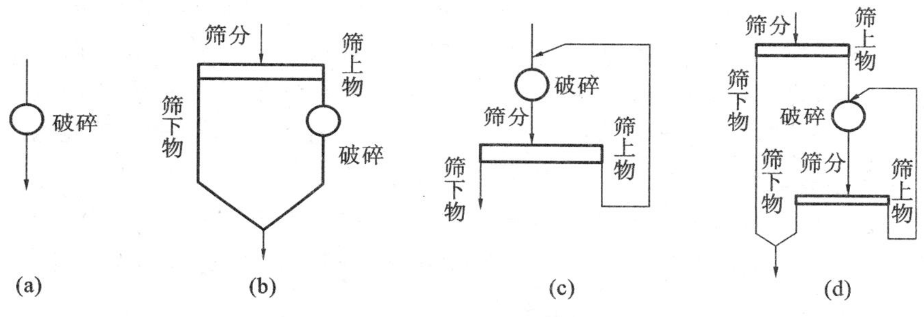

图 2.14　破碎的基本工艺流程

2.3.4.1　单纯的破碎流程

单纯的破碎流程见图 2.14(a)，具有组合简单、操作控制方便、占地面积少等优点，但只适用于对破碎产品的粒度要求不高的场合。

2.3.4.2　带有预先筛分的破碎流程

带有预先筛分的破碎流程如图 2.14(b)所示，其特点是预先筛分废物中不需要破碎的细粒，相对地减少了进入破碎机的总给料量，避免过度粉碎，有利于减耗节能。

2.3.4.3　带有检查筛分的后两种破碎流程

带有检查筛分的后两种破碎流程如图 2.14(c)和图 2.14(d)所示，其特点是能够将破碎产物中大于所要求尺寸的产品颗粒分选出来，送回破碎机进行再破碎。因此，该流程可获得完全符合粒度要求的产品。

2.3.5　破碎设备

选择破碎设备的类型时，必须综合考虑下列因素：破碎设备的破碎能力；固体废物的性质(如破碎特性、硬度、密度、形状、含水率等)和粒度；对破碎产品的粒度、组成及形状的要求；设备的供料方式；安装操作场所情况等。

破碎固体废物常用的破碎机有颚式破碎机、锤式破碎机、冲击式破碎机、剪切式破碎

机、辊式破碎机等几种类型。

2.3.5.1 颚式破碎机

1858 年 El. Blake 制造出最早的双肘板颚式破碎机。它虽然是一种古老的破碎设备，但是具有破碎比大、产量高、产品粒度均匀、结构简单、工作可靠、维修简便、运营费用经济等特点，至今仍被广泛应用，该设备既可用于粗碎，也可用于中、细碎。大型颚式破碎机广泛适用于矿山、冶炼、建筑、公路、铁路、水利和化学工业等众多行业处理粒度大、抗压强度高的各种矿石和岩石的破碎。例如，将煤矸石破碎用作沸腾炉的燃料和制水泥的原料等。

颚式破碎机内有个非常重要的核心部件——可移动式颚板（简称动颚板）。通常按照动颚板的运动特性将颚式破碎机分为简单摆动型和复杂摆动型，也是目前工业中应用最广的两种。

(1)简单摆动型颚式破碎机

简单摆动型颚式破碎机（图 2.15）由机架、工作机构、传动机构、保险装置等部分组成，固定颚板、动颚板和边护板构成破碎腔。工作原理如图 2.16 所示，通过电动机皮带轮，由三角带和槽轮驱动偏心轴，偏心轴不停地转动，使得与之相连的连杆做上下往复运动，带动前肘板做左右往复运动，动颚板就在前肘板的带动下呈往复摆动运动形式。此时如果废料由给料口进入破碎腔中，就会受到接近定颚板方向运动的动颚板的挤压作用而发生破裂和弯曲破碎。当动颚板在拉杆和弹簧的作用下离开固定颚时，破碎腔内下部已破碎到小于排料口的物料靠其自身重力从排料口排出，位于破碎腔上部的尚未充分压碎的料块当即下落一定距离，进一步被动颚板挤压破碎。随着电动机连续转动，破碎机动颚板做周期性的压碎和排料，实现批量生产。

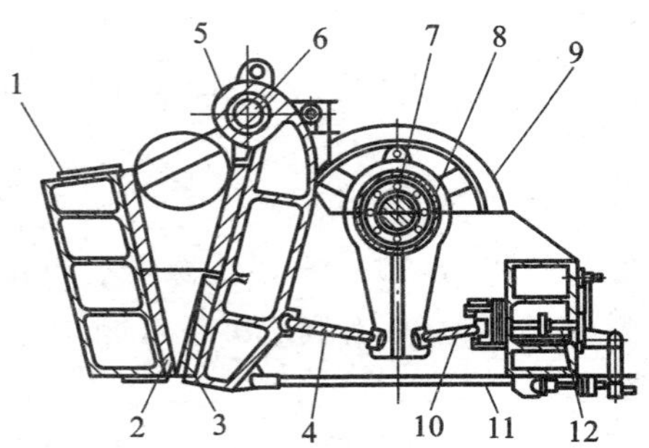

图 2.15 简单摆动型颚式破碎机

1—机架；2—固定颚板；3—动颚板；4—前肘板；5—动颚；6—心轴；7—偏心轴；8—连杆；9—飞轮；10—后肘板；11—拉杆；12—调整千斤顶

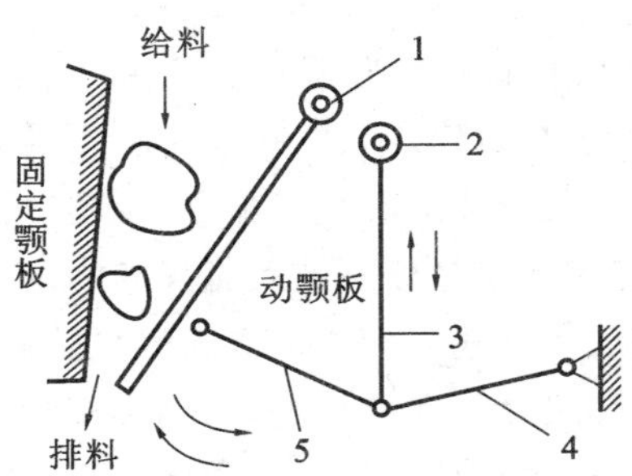

图 2.16 简单摆动型颚式破碎机工作原理示意图

1—心轴；2—偏心轴；3—连杆；4—后肘板；5—前肘板

(2)复杂摆动型颚式破碎机

复杂摆动型颚式破碎机（图 2.17）与简单摆动型颚式破碎机从构造上看，前者没有动颚悬挂的心轴和垂直连杆，动颚与连杆合为一个部件，肘板只有一块。可见，复杂摆动型颚式破碎机构造简单，但动颚的运动却比简单摆动型颚式破碎机复杂，动颚在水平方向上有摆动，同时在垂直方向也有运动，是一种复杂运动，故称复杂摆动型颚式破碎机。复杂摆动型颚式破碎机破碎方式为曲动挤压型，电动机驱动皮带和皮带轮通过偏心轴使动颚上下运动，当动颚板上升时肘板和动颚板间夹角变大，从而推动动颚板向定颚板接近，与此同时固体废物发生被挤压、搓、碾等多重破碎方式；当动颚板下行时，肘板和动颚板间夹角变小，动颚板在拉杆、弹簧的作用下离开定颚板，此时破碎产品从破碎腔下口排出，完成破碎过程。复杂摆动型颚式破碎机的工作原理见图 2.18。

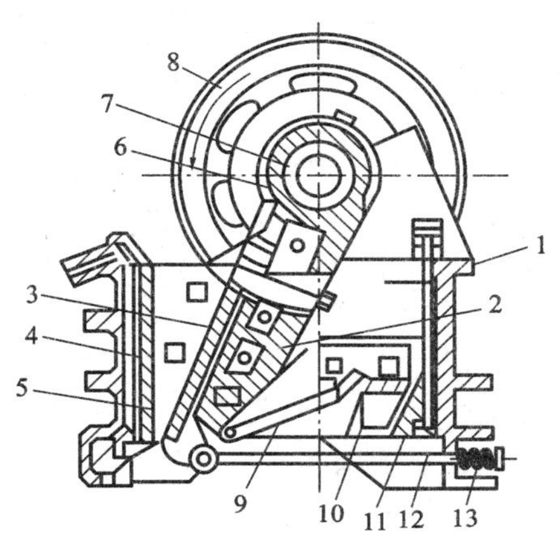

图 2.17　复杂摆动型颚式破碎机

1—机架；2—可动颚板；3—固定颚板；4，5—破碎齿板；6—偏心转动轴；7—轴孔；8—飞轮；9—肘板；10—调节器；11—模块；12 水平拉杆；13—弹簧

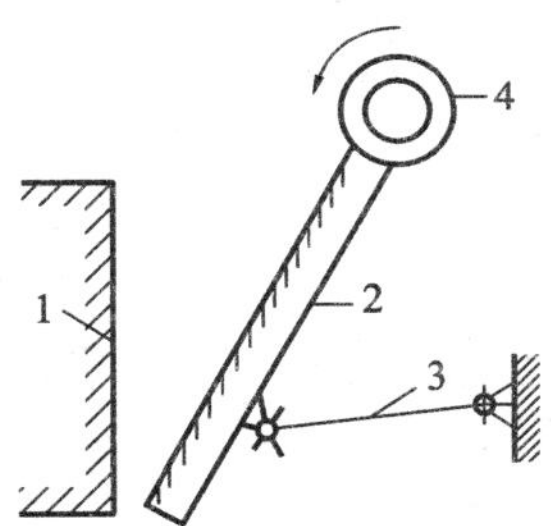

图 2.18　复杂摆动型颚式破碎机工作原理示意图

1—固定颚板；2—可动颚板；3—肘板；4—偏心轴

复杂摆动型颚式破碎机的优点是破碎产品较细，破碎比大（一般可达 4～8，简单摆动型只能达 3～6）。规格相同时，复杂摆动型颚式破碎机比简单摆动型破碎能力高20％～30％。

(3)新型颚式破碎机

随着破碎技术和制造技术的发展，也诞生了几种新型的具有新功能的颚式破碎机。图 2.19 为一种新型颚式破碎机构造简图，其工作原理是物料由进料斗落入机内，经分离器将物料分散到四周下落。电动机带动偏心轴使动颚上下运动而压碎物料，达到一定粒度后进入回转腔。物料在回转腔内受到转子及定颚的研磨而破碎，破碎的物料从下料斗排出。该机通过松紧螺栓和加减垫片可调整进出料粒度。采用圆周给料，给料范围比传统颚式破碎机大，下料速度快而不堵塞。与同等规格的传统颚式破碎机相比，其生产能力大、产品粒度小、破碎比大。

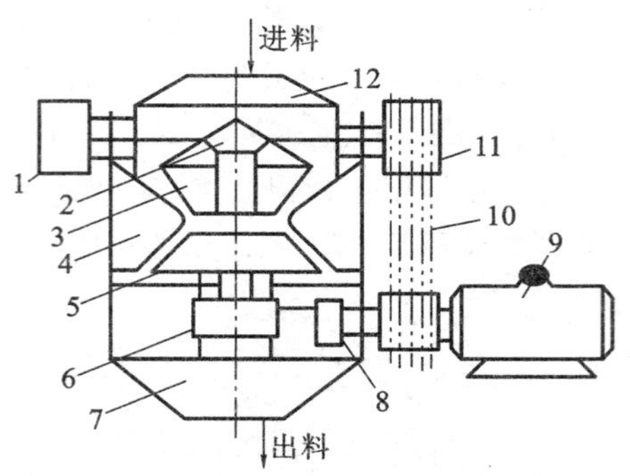

图 2.19 新型颚式破碎机

1—飞轮；2—偏心轴；3—动颚；4—定颚(机体)；5—转子；6—齿轮箱；7—下料斗；
8—联轴器；9—电机；10—三角带；11—皮带轮；12—进料斗

(4)双腔颚式破碎机

传统颚式破碎机最大的弱点之一就是它们在一个工作循环内只有一半时间进行有效工作，而双腔颚式破碎机(图 2.20)具有两个破碎腔，可在双工作行程状态下运行，不存在空行程的能量消耗，因此大大提高了处理能力，单位功率大幅度降低。

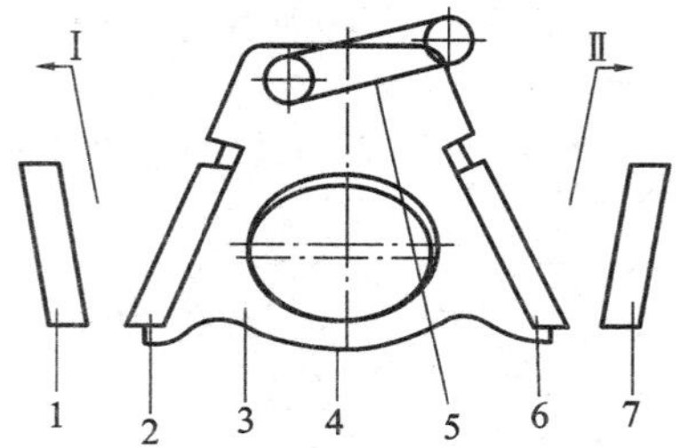

图 2.20 双腔颚式破碎结构示意图

1—固定颚板 a；2—活动颚板 a；3—动颚；4—偏心轴；5—连杆；6—活动颚板 b；
7—固定颚板 b；Ⅰ—破碎腔 a；Ⅱ—破碎腔 b

(5)振动颚式破碎机

俄罗斯研制的振动颚式破碎机，利用不平衡振动器产生的离心惯性力和高频振动实现破碎。它也具有双动颚结构，两个振动器分别作用在两动颚上，转向相反并可实现同步，使两动颚绕扭力轴同步振动，通过扭力轴可以调整振幅从而控制产品粒度。该破碎机适用于破碎铁合金、金属屑、砂轮和冶金炉渣等难碎物料，可破碎的物料抗压强度高达500MPa。动颚摆频率为 13～24Hz，功率 15～74kW，破碎比可达 4～20，结构见图 2.21。

2.3.5.2 锤式破碎机

锤式破碎机适用于在水泥、化工、电力、冶金等工业部门破碎中等硬度的物料，如石灰石、炉渣、焦炭、煤等物料的中碎和细碎作业。

锤式破碎机由破碎机箱体、转子、锤头、反击衬板、筛板等组成，其结构示意图如图 2.22所示。其主要工作部件为带有锤子(又称锤头)的转子。转子由主轴、圆盘、销轴和锤子组成。电动机带动转子在破碎腔内高速旋转。物料自上部给料口给入机内，受高

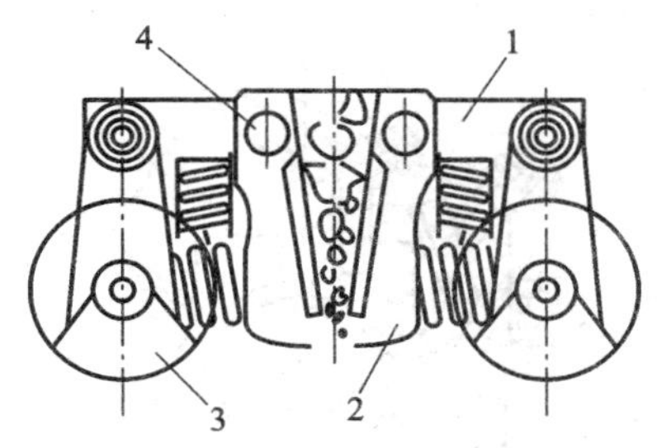

图 2.21　振动颚式破碎机

1—机座；2—颚板；3—不平衡振动器；4—扭力轴

速运动的锤子的打击、冲击、剪切、研磨作用而粉碎。在转子下部，设有筛板，粉碎物料中小于筛孔尺寸的粒级通过筛板排出，大于筛孔尺寸的粗粒级被阻留在筛板上继续受到锤子的打击和研磨，最后通过筛板排出机外。

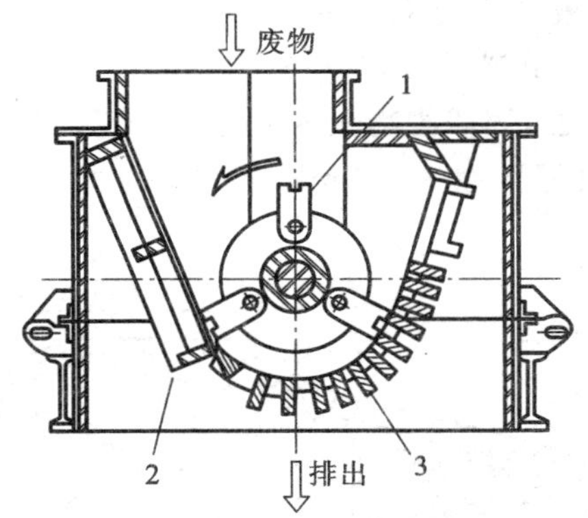

图 2.22　锤式破碎机

1—锤头；2—破碎板；3—筛板

按转轴方向不同，锤式破碎机有水平和垂直两种；按转子数目不同，锤式破碎机可分为单转子和双转子两类。单转子破碎机根据转子旋转方向不同，又可分为可逆式和不可逆式两种。目前普遍采用可逆单转子锤式破碎机。

2.3.5.3　冲击式破碎机

冲击式破碎机大多是旋转式的，利用冲击力进行破碎，结构与锤式破碎机类似，但其锤子数要少很多，一般为两到四个不等。冲击式破碎机具有破碎比大、适用性强、构造简单、外形尺寸小、操作方便、易于维护等特点，适于破碎中等硬度、软质、脆性、韧性及纤维状等多种固体废物。

图 2.23 为 Hazemag 型冲击式破碎机，该机装有两块冲击板，形成两个破碎腔，转子上安装有两个坚硬的板锤，机体内表面装有特殊钢制衬板，用以保护机体不受损坏。物料从上部给入，在冲击力和剪切作用下被破碎。

2.3.5.4　剪切式破碎机

剪切式破碎是一种利用机械的剪切力破碎固体废物的方法。剪切式破碎作用发生在互呈一定角度能够逆向运动或闭合的刀刃之间。一般刀刃分固定刀和可动刀，可动刀

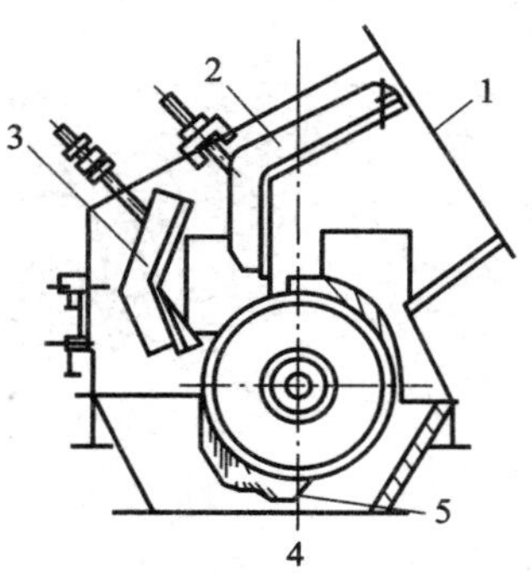

图 2.23　Hazemag 型冲击式破碎机

1—固体废物；2—一级冲撞板(固定刀)；3—二级冲撞板(固定刀)；4—排出口；5—旋转打击刀

又分往复刀和回转刀。剪切式破碎适于处理各种汽车轮胎、废旧金属、塑料废品、包装木箱、废纸箱以及城市生活垃圾中的纸、布等纤维织物，金属类废物等。

图 2.24 所示为往复剪切式破碎机，其往复刀和固定刀交错排列，通过下端活动铰轴连接，开口时呈 V 字形破碎腔，固体废物投入后，通过液压装置将往复刀推向固定刀，从而将废物剪碎。该机可剪切厚度在 200mm 以下的普通型钢，适于城市生活垃圾焚烧厂的废物破碎。

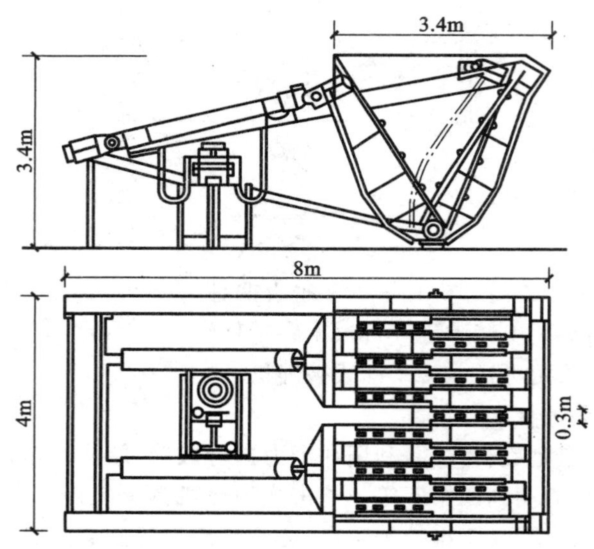

图 2.24　往复剪切式破碎机

2.3.5.5　辊式破碎机

辊式破碎机又称对辗式破碎机，适用于水泥、化工、电力、冶金、建材、耐火材料等工业部门破碎中等硬度的物料，如石灰石、炉渣、焦炭、煤等物料的中碎、细碎作业。

辊式破碎机主要由辊轮、辊轮支撑轴承、压紧和调节装置以及驱动装置等部分组成，主要靠剪切和挤压作用对物料进行破碎。常用的辊式破碎机有单辊破碎机和双辊破碎机。根据辊子的特点，可将辊式破碎机分为光辊式破碎机(图 2.25 为光面双辊式破碎机)和齿辊式破碎机(图 2.26)。

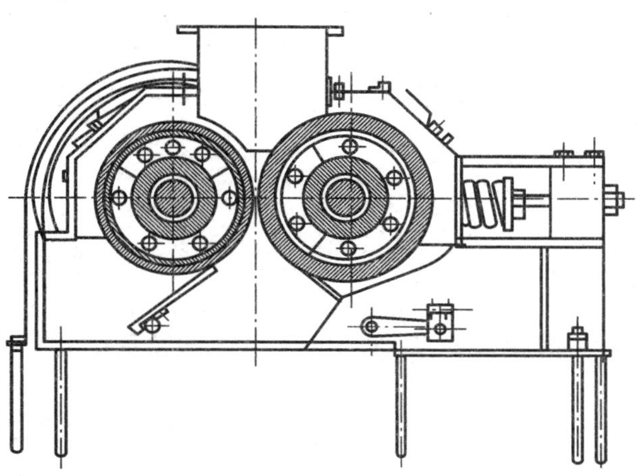

图 2.25　光面双辊式破碎机

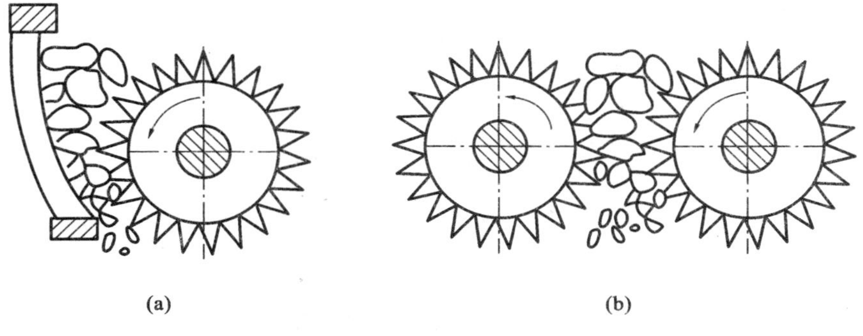

图 2.26　齿辊式破碎机工作原理

(a)单齿辊式破碎机;(b)双齿辊式破碎机

2.3.5.6　球磨机

球磨机广泛用于用煤矸石、钢渣生产水泥、砖瓦、化肥等过程以及垃圾堆肥的深加工过程。图 2.27 是球磨机的构造示意图。它主要由圆柱形筒体、端盖、中空轴颈、轴承和传动大齿圈等部件组成。筒体装有直径为 25～150mm 的钢球,其装入量为整个筒体有效容积的 1/4～1/2。筒体两端的中空轴颈有两个作用:一是起轴颈的支承作用,使球磨机全部重量经中空轴颈传给轴承和机座;二是起给料和排料的漏斗作用。当电机联轴器

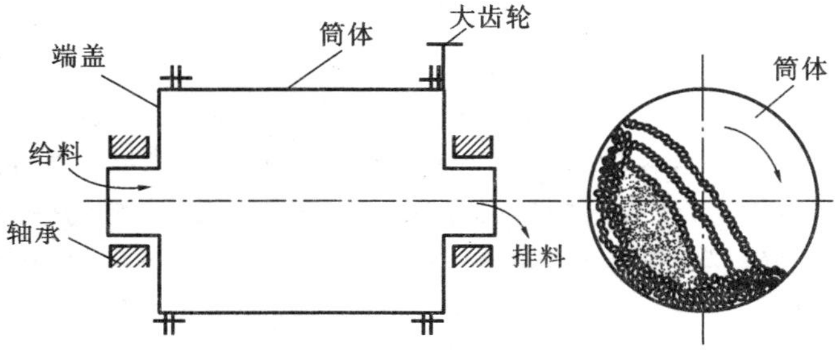

图 2.27　球磨机

和小齿轮带动大齿圈和筒体转动时，在摩擦力、离心力和筒壁衬板的共同作用下，钢球和物料被提升到一定高度，然后在其本身重力作用下，自由泻落和抛落，从而对筒体内底脚区的物料产生冲击和研磨作用，使物料粉碎。物料达到磨碎细度要求后，由风机抽出。

2.3.6 特殊破碎技术

2.3.6.1 低温破碎

对于在常温下难以破碎的固体废物，可利用其低温变脆的性能而有效地破碎，亦可利用不同物质脆化温度的差异进行选择性破碎，即所谓低温破碎。低温破碎技术适用于常温下难以破碎的复合材质的废物，如钢丝胶管、橡胶包覆电线电缆、废家用电器等橡胶和塑料制品等。

低温破碎的工艺流程如图 2.28 所示。先将固体废物投入预冷装置，再进入浸没冷却装置，这样橡胶、塑料等易冷脆物质迅速脆化，然后送入高速冲击破碎机破碎，使易脆物质脱落粉碎。破碎产品再进入各种分选设备进行分选。

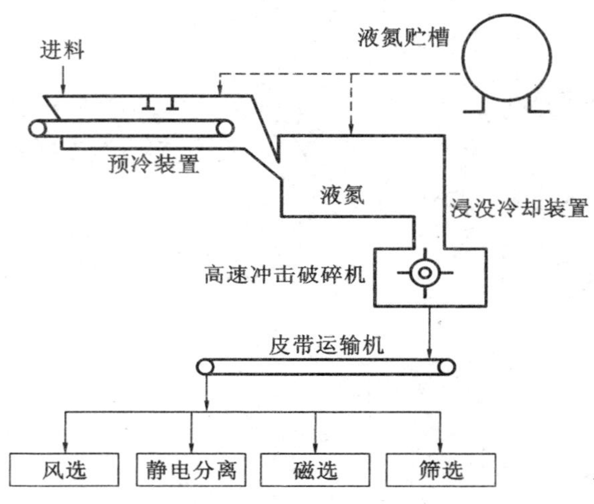

图 2.28 低温破碎工艺流程图

采用低温破碎，同一种材质破碎的尺寸大体一致，形状好，便于分离。但因通常采用液氮作制冷剂，而制造液氮需耗用大量能源，因此，发展该技术必须考虑在经济效益上能否抵上能源方面的消耗费用。

2.3.6.2 湿式破碎

湿式破碎技术主要用于回收城市生活垃圾中的大量纸类。由于纸类在水力的作用下发生浆化，然后将浆化的纸类用于造纸，从而达到回收纸类的目的。图 2.29 为湿式破碎机结构示意图。垃圾用传送带投入破碎机，破碎机于圆形槽底上安装多孔筛，筛上设有 6 个刀片的旋转破碎辊，使投入的垃圾和水一起激烈旋转，废纸则破碎成浆状，透过筛孔由底部排出。难以破碎的筛上物（如金属等）从破碎机侧口排出，再用斗式提升机送至磁选器将铁与非铁物质分离。

2.3.6.3 半湿式破碎

半湿式破碎是利用各类物质在一定均匀湿度下的耐剪切、耐压缩、耐冲击性能等差

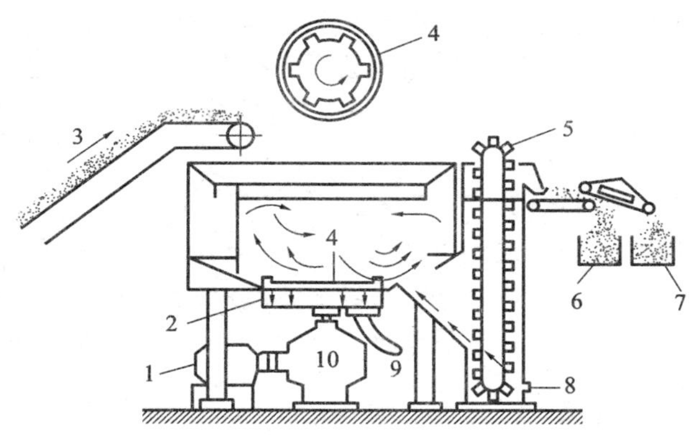

图 2.29　湿式破碎机

1—电动机；2—筛网；3—含纸垃圾；4—转子；5—斗式脱水提升机；6—有色金属；7—铁；8—循环用水；9—浆液；10—减速机

异很大的特点，在不同的湿度下选择不同的破碎方式，实现对废物的选择性破碎和分选，适于回收含纸屑较多的城市生活垃圾中的纸纤维、玻璃、铁和有色金属。

图 2.30 所示为半湿式破碎机结构示意图，该机分三段，前两段装有不同筛孔的外旋转滚筒筛和筛内与之反向旋转的破碎板，第三段无筛板和破碎板。垃圾进入圆筒筛首端，并随筛壁上升而后在重力作用下抛落，同时被反向旋转的破碎板撞击，垃圾中的玻璃、陶瓷等脆性物质被破碎成小块，从第一段筛网排出，剩余垃圾进入第二段筒筛，此段喷射水分，中等强度的纸类被破碎从第二段筛孔排出。最后剩余的垃圾如金属、塑料、木材等从第三段排出。

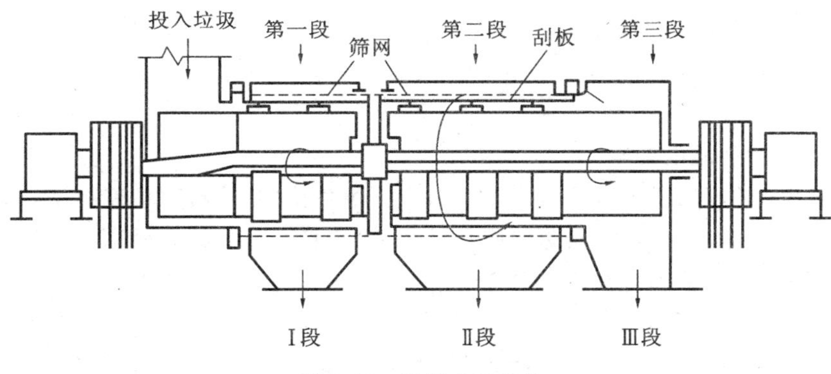

图 2.30　半湿式破碎机

2.4　固体废物的分选

分选是继破碎以后固体废物回收与利用过程中一道重要的操作工序，是实现固体废物资源化、减量化、无害化的重要手段。通过分选可将固体废物中各种有用的资源分门别类地回用于不同的生产过程，或将其中不利于后续处理、处置工艺的物质分离出来。

分选的方法很多，主要有人工分选和机械分选两大类。机械分选根据废物的物理和物理化学性质不同，主要有以下分选方法：筛分、重力分选、磁力分选、静电分选、光电分选、涡电流分选以及浮选等。

最广泛采用的城市生活垃圾分选方法是从传送带上进行人工手选，几乎所有的堆肥厂及部分焚烧厂均用手选方法，这种方法效率低，不能适应大规模的垃圾资源化再生利用系统。但是仅靠机械设备进行垃圾分选，虽然速度快，往往也达不到非常理想的效果。所以，在进行大规模的城市生活垃圾处理时，通常采用机械结合人工分选的方式。

2.4.1 筛分

2.4.1.1 原理

筛分亦称筛选，是根据具有不同粒度分布的固体物料之间粒度差异，将物料中粒度小于筛孔的细粒物料透过筛网，而大于筛孔的粗粒物料留在筛网上面，完成粗、细料分离的过程。该分离过程可看作是由物料分层和细粒透筛两个阶段组成的。物料分层是完成分离的条件，细粒透筛是分离的目的，但它们不是先后的关系，而是相互交错同时进行的。

通常用筛分效率来描述筛分效果的优劣。筛分效率是指筛分时实际得到的筛下产物重量与入筛废物中所含粒度小于筛孔孔径的物料重量之比，即

$$E=\frac{Q}{Q_0\alpha}\times 100\% \tag{2.7}$$

式中 Q——筛下物重量；

Q_0——入筛固体废物重量；

α——入筛废物中小于筛孔孔径的颗粒重量的百分含量。

2.4.1.2 影响筛分效率的因素

(1)固体废物性质的影响

固体废物的粒度组成对筛分效率影响较大。废物中“易筛粒”(粒度小于筛孔 3/4)含量越多，筛分效率越高，而粒度接近筛孔尺寸的“难筛粒”越多，筛分效率则越低。

固体废物的含水率和含泥量对筛分效率也有一定的影响。废物外表水分会使细粒结团或附着在粗粒上而不易透筛。当筛孔较大，废物含水率较高时，反而造成颗粒活动性的提高，此时含有水分的废物颗粒形状对筛分效率也有影响，一般球形、立方形、多边形颗粒相对而言筛分效率较高，而颗粒呈扁平状或长方块，用方形或圆形筛孔的筛子筛分，其筛分效率较低。

(2)设备性能的影响

①筛网的类型及筛孔的影响。常见的筛面有棒条筛面、钢板冲孔筛面及钢丝编织筛网三种。其中棒条筛面有效面积小，筛分效率低；编织筛网则相反，有效面积大，筛分效率高；冲孔筛面介于两者之间。

②筛子运动方式的影响。筛子运动方式对筛分效率有较大的影响，同一种固体废物采用不同类型的筛子进行筛分时，其筛分效率大致如表 2.2 所示。

表2.2　不同类型筛子的筛分效率

筛子类型	固定筛	滚筒筛	摇动筛	振动筛
筛分效率(%)	50～60	60	70～80	90以上

③筛子运动强度的影响。即使是同一类型的筛子，如振动筛，它的筛分效率也受运动强度的影响而有差别。如果筛子运动强度不足时，筛面上物料不易松散和分层，细粒不易透筛，筛分效率就不高；但运动强度过大又使废物很快通过筛面排出，筛分效率也不高。

④筛面宽度的影响。筛面宽度主要影响筛子的处理能力，其长度则影响筛分效率。

⑤筛面倾角的影响。筛面倾角是为了便于筛上产品的排出，倾角过小起不到此作用；倾角过大时，废物排出速度过快，筛分时间短，筛分效率低。一般筛面倾角以15°～25°较适宜。

(3)筛分操作条件的影响

在筛分操作中应注意连续均匀给料，使物料沿整个筛面宽度铺成薄层，既充分利用筛面，又便于细粒透筛，可以提高筛子的处理能力和筛分效率。另外，及时清理、维修筛面，也有利于提高筛分效率。

2.4.1.3　筛分设备

适用于固体废物处理的筛分设备种类很多，大体分为固定筛、滚筒筛和振动筛三类。它们通常被组装于其他分选设备中，或者和其他分选设备串联使用。筛分技术在固体废物资源回收和利用方面应用很广泛。

(1)固定筛

固定筛筛面由许多平行排列的筛条组成，可水平或倾斜安装。固定筛分为格筛和棒条筛。格筛一般安装在粗破机之前，以保证入料块度适宜。棒条筛用于粗碎和中碎之前，安装角度一般为30°～35°。

固定筛构造简单、不耗用动力、设备费用低、维修方便，但容易堵塞，筛分效率低，在固体废物处理中广泛应用于粗筛作业。

(2)滚筒筛

滚筒筛主要由电机、减速机、滚筒装置、机架、密封盖、进出料口组成。其主体为筛面带孔的筒体，若为圆柱形筒体，如图2.31所示，沿轴线倾斜3°～5°安装；若为截头圆锥筒体，则沿轴线水平安装。电动机经减速机与滚筒装置通过联轴器连接在一起，驱动滚筒装置绕其轴线转动。当物料进入滚筒装置后，由于滚筒装置的倾斜与转动，使筛面上的物料翻转与滚动，细物料经筛网排出，粗物料经滚筒末端排出。物料在筒内滞留时间25～30s，转速5～6r/min为最佳。

(3)振动筛

振动筛由于筛面强烈振动，消除了筛孔堵塞的现象，有利于湿物料的筛分，可用于粗、中细粒的筛分，还可以用于振动和脱泥筛分，广泛应用于筑路、建筑、化工、冶金和谷物加工等部门。振动筛主要有惯性振动筛和共振筛。

①惯性振动筛。惯性振动筛是通过不平衡物体的旋转所产生的离心惯性力使筛箱

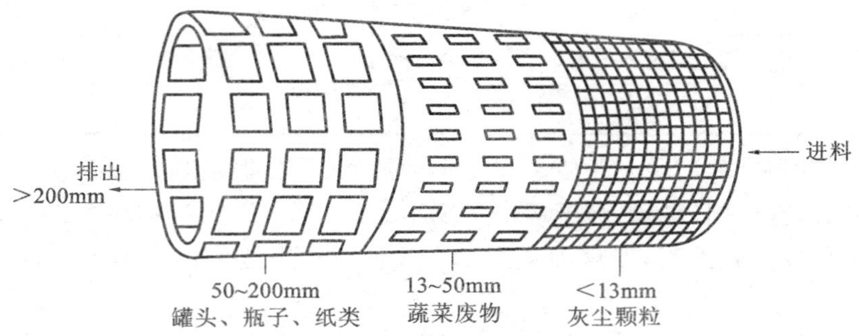

图 2.31　滚筒筛

产生振动的一种筛子，如图 2.32 所示。重块产生的水平分力被刚度大的板簧吸收，垂直分力强迫板簧做拉伸及压缩的强迫运动。筛面运动轨迹为椭圆或近圆。

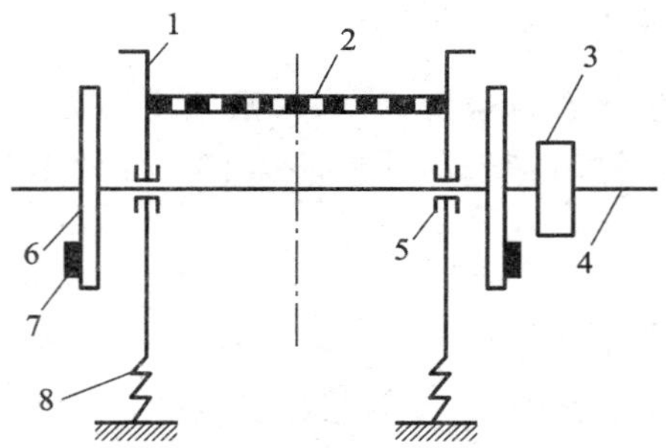

图 2.32　惯性振动筛

1—筛箱；2—筛网；3—皮带轮；4—主轴；5—轴承；6—配重轮；7—重块；8—板簧

②共振筛。共振筛是利用弹簧的曲柄连杆机构驱动，使筛子在共振状态下进行筛分，如图 2.33 所示。离心轮转动，连杆做往复运动，连杆通过其两端的弹簧将作用力传给筛箱；与此同时，下机体受到相反的作用力，筛箱、弹簧及下机体组成一弹簧系统，其固有自振频率与传动装置的强迫振动频率相同或相近，发生共振而筛分。

共振筛的工作过程是筛箱的动能和弹簧的势能相互转化的过程。所以，在每次振动中，只需要补充克服阻尼的能量，就能维持筛子的连续振动。这种筛子虽然比较大，但是功率消耗却很小。

共振筛处理能力大，筛分效率高，但制造工艺复杂，机体较重。共振筛适用于废物的中、细粒的筛分，还可以用于废物分选作业的脱水、脱重介质和脱泥筛分等。

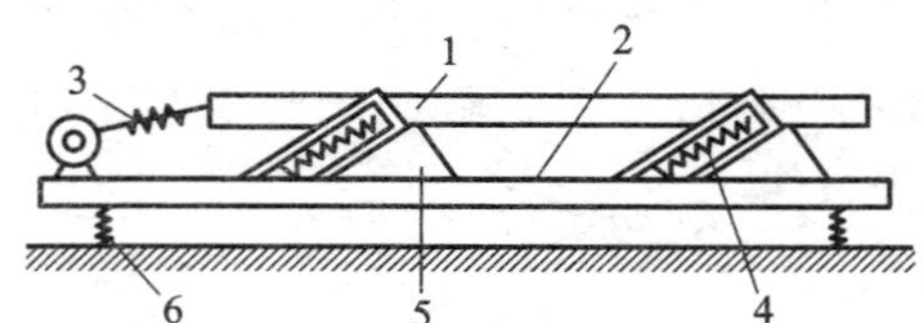

图 2.33　共振筛

1—上筛箱；2—下机体；3—转动装置；4—共振弹簧；5—板簧；6—支撑弹簧

2.4.1.4　筛分设备的选择

选择筛分设备时应考虑以下因素：首先是待筛选固体废物的特性，包括颗粒的形状、大小、含水率、整体密度、黏结或缠绕的可能等；其次是所选筛选装置的性能，如筛孔孔径、构造材料、筛面开孔率，滚筒筛的转速、长度与直径，振动筛的振动频率、长度与宽度等，筛选效率与总体效果是考察筛选装置能否达到要求的重要条件；最后注意运行特征，如能耗、日常维护、运行难易、可靠性、噪声、非正常振动与堵塞的可能性等。

2.4.2　重力分选

重力分选是根据混合固体废物在介质中的密度差进行分选的一种方法。重力分选介质可以是空气、水，也可以是重液（密度大于水的液体）和重悬浮液（由高密度的固体微粒和水组成）等。固体废物的重力分选方法较多，按作用原理可分为风力分选、摇床分选、重介质分选、惯性分选和跳汰分选等。

各种重力分选过程具有的共同工艺条件是：一是固体废物中颗粒间必须存在密度的差异；二是分选过程都是在运动介质中进行的；三是在重力、介质动力及机械力的综合作用下，使颗粒群松散并按密度分层；四是分好层的物料在运动介质流的推动下互相迁移，彼此分离，并获得不同密度的最终产品。

2.4.2.1　风力分选

风力分选又称气流分选，是以空气为分选介质，在气流作用下使固体废物颗粒按密度和粒度进行分选的方法。它在城市生活垃圾、纤维性固体废物、农业稻谷物类等颗粒的形状、尺寸相近的废物处理和利用中得到广泛的应用。有时也可先经破碎、筛选后，再进行风力分选。风力分选设备按工作气流的主流向分为水平、垂直和倾斜三种类型，其中尤以垂直（立式）气流风选机应用最为广泛。图2.34所示为水平气流分选原理，图2.35所示为立式曲折风力分选原理。

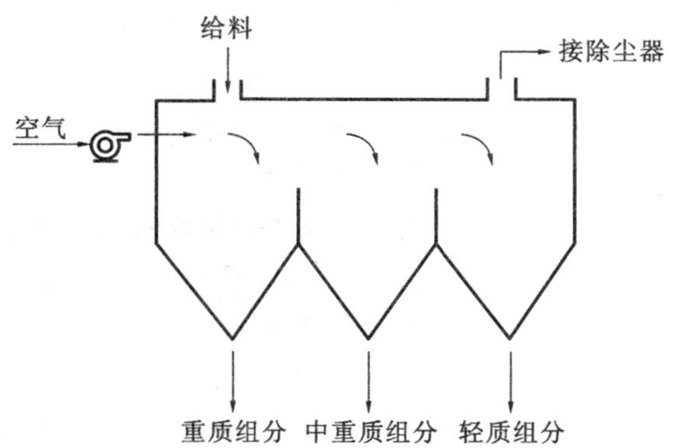

图2.34　水平气流分选机工作原理示意图

2.4.2.2　摇床分选

摇床分选是利用混合固体废物在随床面做往复不对称运动时，由于横向水流的流动和床面的摇动作用，不同密度的颗粒在床面上形成扇形分布，从而达到分选的目的。摇床分选用于分选细粒和微粒物料。在固体废物处理中，目前主要用于从含硫铁矿较多的

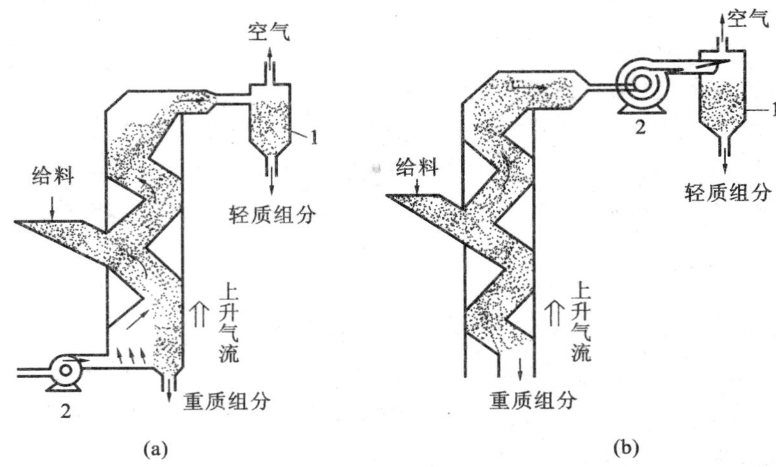

图 2.35　立式曲折风力分选机工作原理示意图

(a)底部供风式;(b)顶部抽吸式

1—旋流器;2—风机

煤矸石中回收硫铁矿,分选精度很高。最常用的摇床分选设备是平面摇床。如图 2.36 所示,摇床床面近似长方形,微向轻质产物排出端倾斜,床面上钉或刻有沟槽。

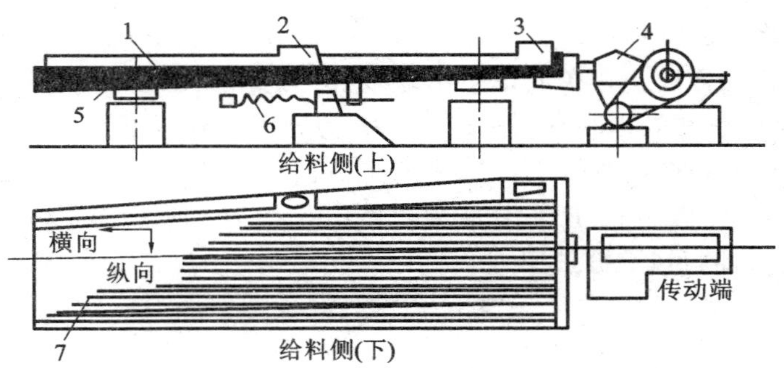

图 2.36　平面摇床结构示意图

1—床面;2—给水槽;3—给料槽;4—床头;5—滑动支撑;6—弹簧;7—床条

2.4.2.3　重介质分选

重介质是指密度大于水的介质。重介质分选是将两种密度不同的固体混合物放在一种密度介于二者密度之间的重介质中,密度小于重介质密度的固体颗粒上浮,大于重介质密度的固体颗粒下沉,从而实现两种固体颗粒分离。从理论上讲,由于重介质分选主要是依靠密度的差异进行的,而受颗粒粒度和形状的影响很小,从而可对密度差很小的固体物质进行分选。不过,当入选物质粒度过小,且固体废物的密度与介质密度非常接近时,其沉降速度很慢,造成分选效率低,故一般需将入选渣料粒度控制在 2～3mm 范围内。如图 2.37 所示为重介质分选工艺流程,包括重介质制备、分选、重介质回收与利用等。

重介质有重液和悬浮液两类。重液是一些可溶性高密度盐的溶液(如氯化锌、四氯化碳等)或高密度的有机液体(如四氯化碳、四溴乙烷等);悬浮液是由水和悬浮于其中的

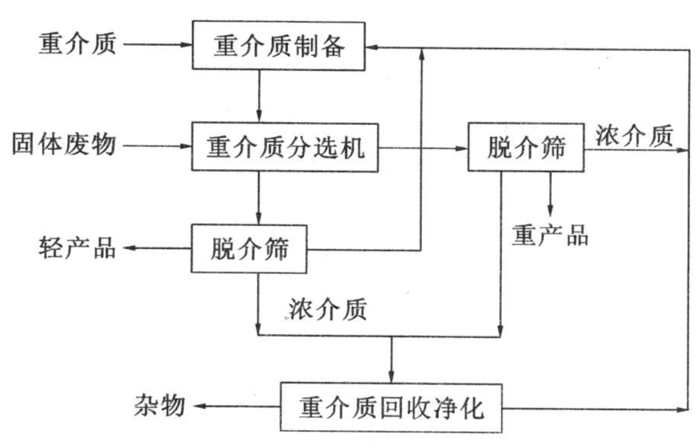

图 2.37　重介质分选工艺流程

高密度固体颗粒构成的固液两相分散体系，它是密度高于水的非均匀介质。高密度固体微粒起着加大介质密度的作用，故称为加重质。重介质应具有密度高，黏度低，化学稳定性好(不与待处理的废物发生化学反应)、无毒、无腐蚀性，易回收再生等特性。表 2.3 所示为常用加重质的性质。一般要求加重质的粒度为小于 200 目，占 6%～90%，能够均匀分散于水中，容积浓度一般为 10%～15%。

表 2.3　加重质的性质

种类	密度(g/cm^3)	莫式硬度	重悬液的最大密度	回收方法
硅铁	6.9	6	3.8	磁选
方铅矿	7.5	2.5～2.7	3.3	浮选
磁铁矿	5.0	6	2.5	磁选
黄铁矿	4.9～5.1	6	2.5	浮选
毒砂(FeAsS)	5.9～6.2	5.5～6	2.8	浮选

目前常用的重介质分选设备有鼓形重介质分选机(图 2.38)。鼓形重介质分选机，适用于分离粒度 40～60mm 的固体废物。该设备外形为一圆筒转鼓，由四个辊轮支撑，重介质和物料由一端一并给入，电机转动时齿轮通过圆筒外壁腰间的齿轮槽，使圆筒旋转(转速为 2r/min)，圆筒内壁焊有扬板，当扬板转到最低处时，将重产品带走，旋转到最高处时，将重产品倒在溜槽内顺槽排出，轻产品则随重介质沿溢流口排出。该设备的优点是结构简单、易操作、能耗低等。

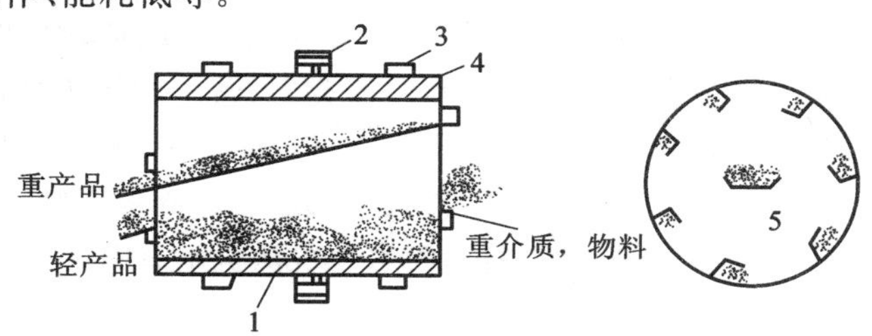

图 2.38　鼓形重介质分选机

1—圆筒形转鼓；2—大齿轮；3—辊轮；4—扬板；5—溜槽

2.4.2.4 惯性分选

惯性分选是基于混合固体废物中各组分的密度和硬度差异而进行分离的一种方法。用高速传送带、旋转器或气流沿水平方向抛射粒子，粒子沿抛物线运行的轨迹随粒子的大小和密度不同而异，粒径和密度越大飞得越远。这种方法又称为弹道分离法。目前这种方法主要用于从垃圾中分选回收金属、玻璃和陶瓷等物。根据惯性分选原理而设计制造的分选机械主要有斜板输送分选机和反弹滚筒分选机等，分别如图 2.39、图 2.40 所示。

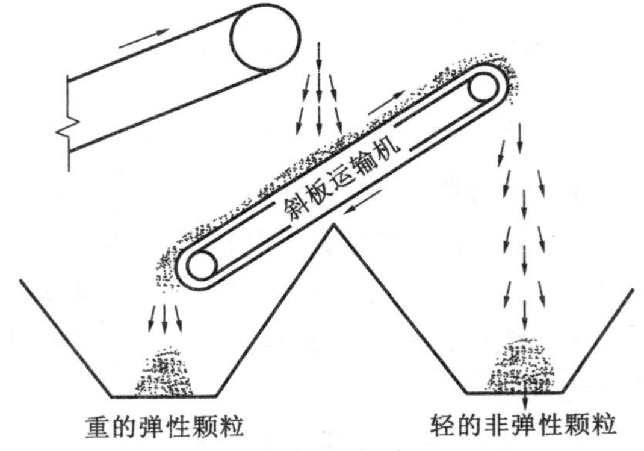

图 2.39　斜板输送分选机

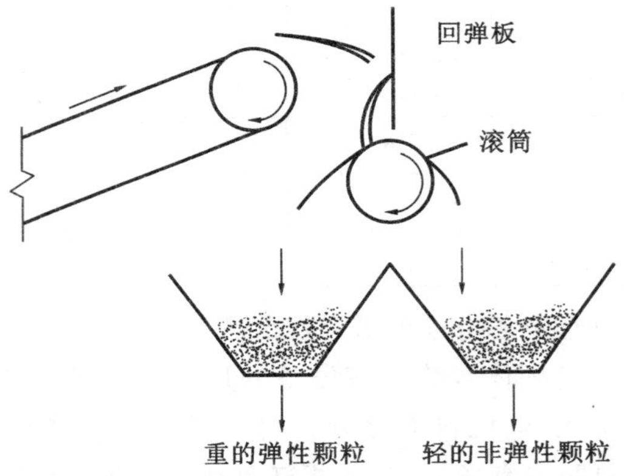

图 2.40　反弹滚筒分选机

2.4.2.5 跳汰分选

跳汰分选是使磨细的混合废物中的不同密度的粒子群，在垂直脉冲运动介质中按密度分层，不同密度的粒子群在高度上占据不同的位置，大密度的粒子群位于下层，小密度的粒子群位于上层，从而实现物料分离。跳汰介质可以是水或空气。目前用于固体废物跳汰分选的介质都是水。跳汰分选为一古老的选矿方式，对固体废物中混合金属细粒的分离，是一种有效的分离方法。图 2.41 所示为水力跳汰机示意图。

2.4.3 磁力分选

磁力分选技术是借助磁选设备产生的磁场使铁磁物质组分分离的一种方法。固体

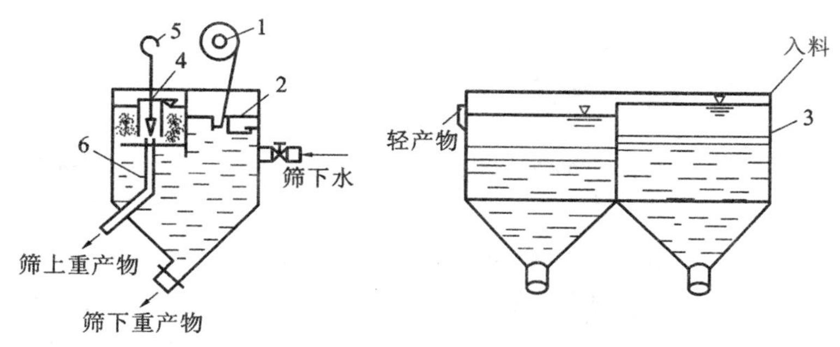

图 2.41　水力跳汰机

1—偏心机构；2—隔膜；3—筛板；4—外套筒；5—锥形阀；6—内套筒

废物包括各种不同的磁性组分，当这些不同磁性组分物质通过磁场时，由于磁性差异，受到的磁力作用互不相同，磁性较强的颗粒会被带到一个非磁性区而脱落下来，磁性弱或非磁性颗粒，仅受自身重力和离心力的作用而掉落到预定的另一个非磁性区内，从而完成磁力分选过程。固体废物的磁力分选主要用于从固体废物中回收或富集黑色金属(铁类物质)。磁场强弱不同的磁选设备可选出不同磁性组分的固体废物。固体废物的磁选设备根据供料方式的不同，可分为带式磁选机(图 2.42)和滚筒式磁选机(图 2.43)两大类。

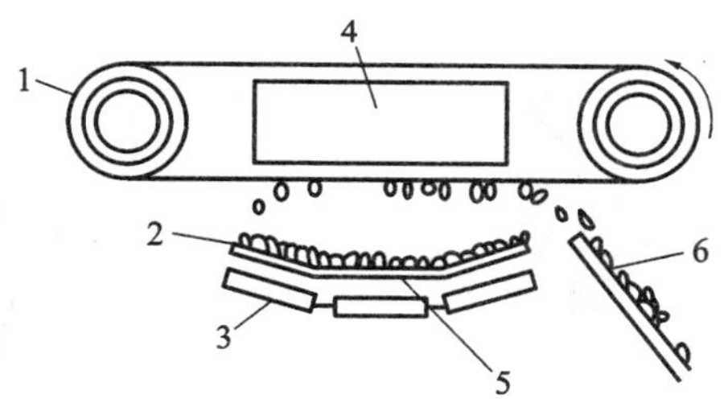

图 2.42　带式磁选机

1—传动皮带；2—传送带；3—轴；4—悬挂式固定磁铁；5—来自破碎机的固体废物；6—金属物

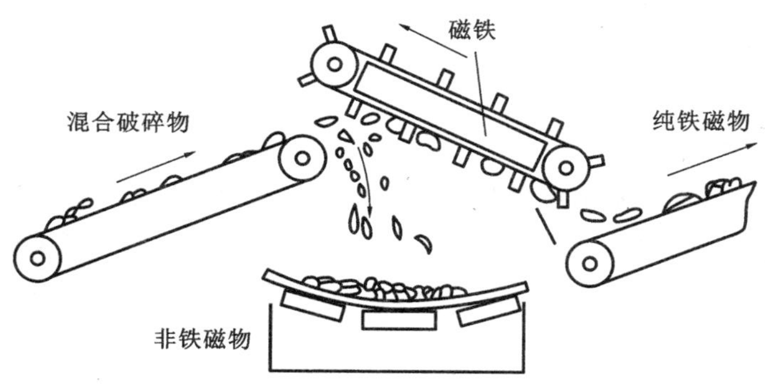

图 2.43　滚筒式磁选机

2.4.4 静电分选

静电分选技术是利用各种物质的电导率、热电效应及带电作用的差异而进行物料分选的方法。可用于各种塑料、橡胶和纤维纸、合成皮革、胶卷、玻璃与金属等物料的分选。例如给两种不同性能的塑料混合物加以电压，使一种塑料带负电，另一种带正电，就可以使两者得以分离。

电选分离过程是在电选设备中完成的，其原理如图 2.44 所示。首先在电选设备中提供电晕-静电复合电场。固体废物给入后随旋转的辊筒进入电晕电场。由于电场存在，废物中导体和非导体都获得负电荷，其中导体颗粒所带的大部分负电很快被接地辊筒放掉，因此当废物颗粒随辊筒旋转离开电晕场区而进入到静电场区时，导体颗粒继续放掉剩余的少量负电荷，进而从辊筒上得到正电荷而被辊筒排斥，在电力、离心力、重力的综合作用下，很快偏离辊筒而落下。而非导体因具有较多的负电荷而被辊筒吸引带到辊筒后方，被毛刷强制刷下。半导体颗粒的运动情形介于二者之间，在中间区域落下。常用的电选设备为静电鼓式分选机(图 2.45)。

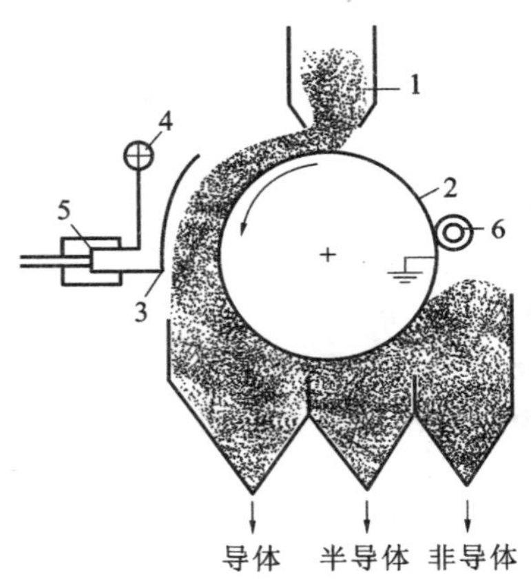

图 2.44 静电分选原理示意图
1—给料斗；2—辊筒电极；
3—电晕电极；4—偏向电极；
5—高压绝缘子；6—毛刷

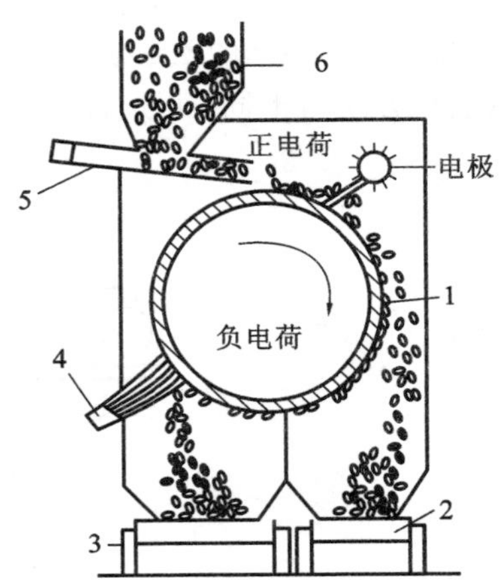

图 2.45 静电鼓式分选机
1—转鼓；2—导体产品受槽；
3—非导体产品受槽；4—扫刷；
5—振动给料器；6—供料斜槽(玻璃和铝)

2.4.5 浮选

浮选是在固体废物与水形成的悬浮液中加入浮选剂，依据不同物料表面性质的差异，一部分可浮性好的颗粒被通入水中的微气泡吸附(黏附)，形成密度小于水的气浮体上浮至液面，另一部分物料仍留在料浆内，把液面上泡沫刮出，形成泡沫产物，从而达到物料分离的目的。

2.4.5.1 浮选药剂

浮选药剂对调整颗粒的可浮性起主要作用，因此，在浮选工艺中，必须正确地选择。浮选药剂的种类很多，根据其在浮选中的作用，可以分为捕收剂、起泡剂和调整剂三大类。

(1)捕收剂

捕收剂能够选择性地吸附在欲选的物质颗粒表面上，使其疏水性增强，提高可浮性，并牢固地黏附在气泡上而上浮。良好的捕收剂应具备：①捕收作用强，具有足够的活性；②有较高的选择性，最好只对某一种物质颗粒具有捕收作用；③易溶于水、无毒、无臭，成分稳定，不易变质；④价廉易得。常用的捕收剂有异极性捕收剂和非极性油类捕收剂两类。

(2)起泡剂

起泡剂是一种表面活性物质，主要作用在水-气界面上，使其界面张力降低，促使空气在料浆中弥散，形成小气泡，防止气泡兼并，增大分选界面，提高气泡与颗粒的黏附和上浮过程中的稳定性，以保证气泡上浮形成泡沫层。浮选用的起泡剂应具备：①用量少，能形成量多、分布均匀、大小适宜、韧性适当和黏度不大的气泡；②有良好的流动性，适当的水溶性，无毒、无腐蚀性，便于使用；③无捕收作用，对料浆的 pH 值变化和料浆中的各种物质颗粒有较好的适应性。常用的起泡剂有松油、松醇油、脂肪醇等。

(3)调整剂

调整剂的作用主要是调整其他药剂(主要是捕收剂)与物质颗粒表面之间的作用，还可调整料浆的性质，提高浮选过程的选择性。

2.4.5.2　浮选设备

浮选为湿法分选，不易扬尘，适于处理细粒及微细粒物料，通过浮选药剂的控制，可以获得很高的精度。浮选法主要的缺点是有些固体废物浮选前需要破碎到一定的细度，浮选后的产物还需要进行浓缩、脱水、干燥等辅助工序，而药剂的使用易造成环境污染，需增加相配套的净化设施。

在我国，浮选法已应用于从粉煤灰中回收炭，从煤矸石中回收硫铁矿，从焚烧炉灰渣中回收金属。应用最多的设备是机械搅拌式浮选机(图 2.46)。

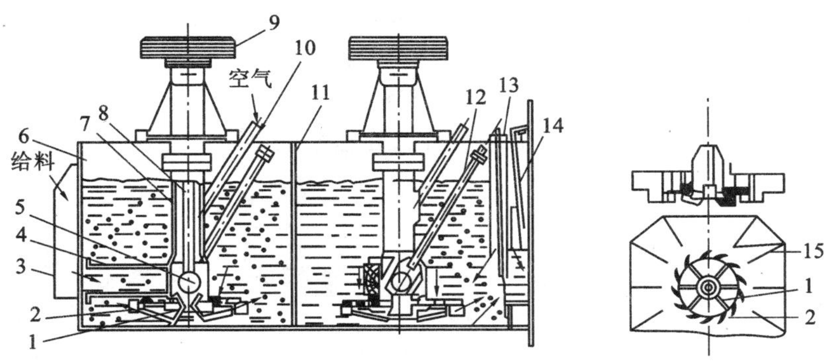

图 2.46　机械搅拌式浮选机

1—叶轮；2—盖板；3—受浆箱；4—进浆管；5—循环孔；6—槽子；7—套管；8—轴；9—皮带轮；10—进气管；11—槽间隔板；12—调节循环量的阀门；13,14—闸门；15—稳流板

2.4.6 光分选

光分选是利用物质表面反射特性的不同而分离物料的方法。该法常用于按颜色分选玻璃的工艺中。其工作原理如图 2.47 所示，运输机送来各色玻璃的混合物料，它们通过振动溜槽时，连续均匀地落入光学箱中，在标准色板上预先选定一种标准色，当颗粒在光学箱内下落的途中反射出标准色不同的光时，光电子元件将改变光电放大管的输出电压，这样再经过电子装置增幅控制，喷管瞬间喷射出气流改变异色颗粒的下落轨迹，从而实现标准色玻璃的分选。

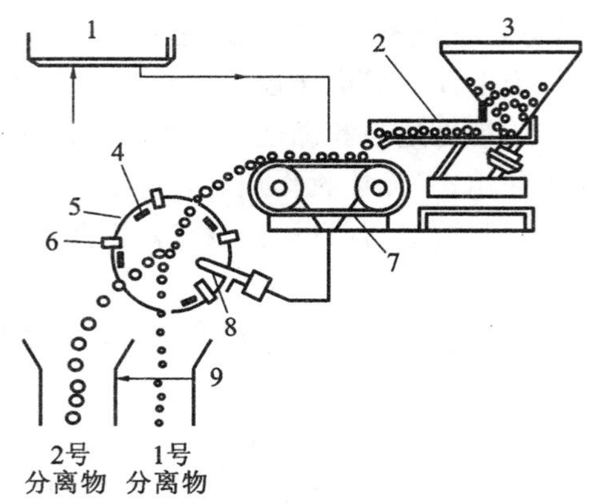

图 2.47 光分选工作原理示意图

1—电子放大装置；2—振动溜槽；3—料斗；4—标准色板；
5—光学箱；6—光电池；7—有高速沟的进料皮带；8—压缩空气喷管；9—分离板

2.4.7 分选处理系统

由于我国南北地区气候，人们生活习惯、生活水平有一定的差异，导致城市生活垃圾的组分（尤其是含水率）不同。因此针对南北不同地区的垃圾要设计不同的垃圾分选处理系统。

2.4.7.1 适合潮湿地区的垃圾分选处理系统

适合于我国南方气候潮湿地区的垃圾分选处理系统，见图 2.48。

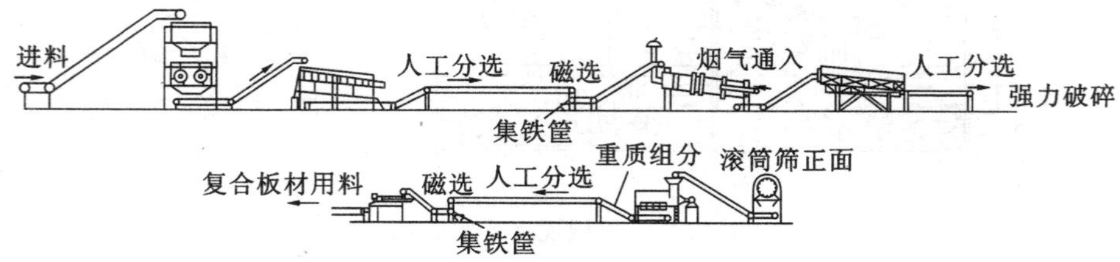

图 2.48 垃圾分选系统（南方）

目前各地垃圾普遍采用袋装化收集，因此在处理的第一步就得借用破包机的作用将其破包，为后续工序做准备。破包之后的垃圾进入振动筛一次筛分，其目的是防止垃圾

结团，筛分后的垃圾通过输送带输送进入人工分选工序，这个步骤较为关键，应尽量控制皮带的输送速度，以提高分选效果。在人工分选的末端可在皮带上方安装磁选设备，将垃圾中的金属分离。由于垃圾的含水率高，在进入滚筒筛之前先要进入烘干设备处理，可以按具体的需要来确定滚筒筛的筛孔孔径、数量以及筛分段数，以提高筛分效果。筛分出来的垃圾按不同的粒径采用不同的后处理方式，粒径最小的直接作水泥固化处理，中间部分进行风选处理。粒径最大的部分先要进行一道人工分选，将厨余物、建筑垃圾与废纸、塑料等可回收物分离，再进入风选。风选出来的废纸、塑料、橡胶等成分可进行强力破碎，作为后续工艺的原料。

2.4.7.2　适合干燥地区的垃圾分选处理系统

适合于我国北方气候干燥地区的垃圾分选处理系统，见图2.49。

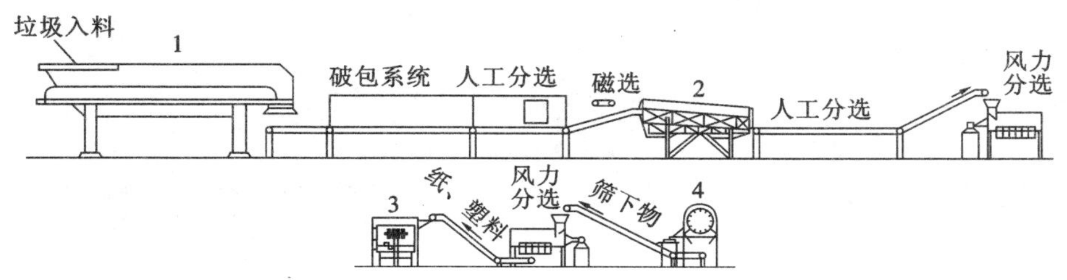

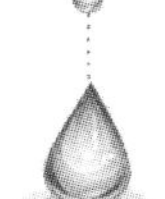

图2.49　垃圾分选系统（北方）

1—板式给料机；2—振动筛；3—后续加工设备；4—滚筒筛

本系统的城市生活垃圾采用板式给料机入料，可使垃圾在皮带上输送时厚度基本均匀，便于人工分选。经过破包与人工分选后的垃圾直接进入滚筒筛，这是因为北方垃圾干燥，除了夏季以外，含水率都很低，没有必要进行烘干而直接可以用滚筒筛分选。分选后的粉煤灰与建筑垃圾可直接固化或用来制砖，厨余物可进行堆肥处理，纸张、塑料、橡胶等成分可提供后续工艺所需。

该系统与前一个系统相比，流程要简单得多，烘干装置与振动筛都可不用，其他设备与前一系统相同。遇到夏季垃圾含水率高时，可将垃圾稍加处理（比如可把大块的建筑垃圾挑选出来）后直接堆肥，再对堆肥成品进行分选处理。

小　结

本章主要介绍了固体废物的收集和运输、压实、破碎、分选等预处理技术，重点介绍了城市生活垃圾的收运系统和压实、破碎、分选等预处理方法的处理目的、工艺方法及设备。通过本章学习，了解常见的固体废物收集方法及其优缺点，能初步进行城市生活垃圾收集系统分析，能够设计简单的垃圾收集路线；熟悉压实、破碎、分选等预处理技术的特点及应用范围，能根据固体废物的性质与处理目的选择合适的预处理方法与设备。

思考题与习题

1. 垃圾的收集主要有哪些方式？您所在的城市采用哪些方式收集垃圾？

2. 容器收集垃圾的方式有何优缺点？如何确定每个收集点的容器数量？

3. 确定城市生活垃圾收集线路时主要应考虑哪些因素？试在你们学校的地图上设计一条高效率的废物收集路线。

4. 中转站设计时应考虑哪些因素？中转站选址时应注意哪些事项？

5. 详述压实的目的、原理及压实设备。

6. 概述固体废物破碎的意义、方法。

7. 如何根据固体废物的性质选择合适的破碎方法？

8. 常见的机械分选方法有哪些？

9. 简述各种重力分选设备的原理和适用场合。

10. 浮选药剂有哪些？在浮选过程中的作用是什么？

11. 根据城市生活垃圾和工业固体废物中各组分性质，如何组合分选回收工艺系统？

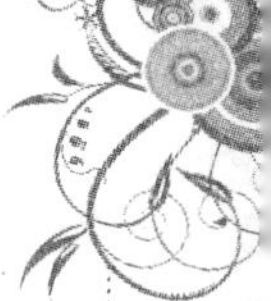

第 3 章　固体废物监测

学习目标

理解固体废物资源化，能合理制定固体废物监测方案，能对常见的固体废物进行采样和分析检测。

必备知识

在掌握固体废物分类的基础上，重点掌握固体废物有害特性监测。

选修知识

关注国内外典型固体废弃物的监测方法。

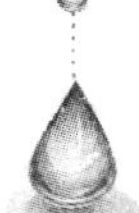

兴趣导入

随着社会生产规模的扩大和人们生活水平的提高，固体废物污染已成为世界公认的一大危害。另一方面，固体废物的成分日益复杂，排放量逐年增多。因此，加强固体废物的监测和管理是环境保护工作的重要任务之一。

本章介绍固体废物中一些主要污染物的监测方法。内容包括固体废物的鉴别标准，以及试样的采集、制备和保存；主要污染物的监测分析方法。本章内容吸收了最新的国家标准，可操作性强。学习本章时，应注意了解主要污染物监测的基本原理，熟练掌握监测分析方法，可适当复习有关的分析化学和仪器分析知识，以利于理解和掌握。

3.1 固体废物样品的采集和制备

固体废物的监测包括:采样计划的设计和实施、分析方法、质量保证等。为了使采集样品具有代表性,在采集之前要调查研究生产工艺过程、废物类型、排放数量、堆积历史、危害程度和综合利用情况,如果采集危险废物则应根据其有害特性采取相应的安全措施。

3.1.1 危险废物的鉴别

危险废物的鉴别是有效管理和处理处置危险废物的首要前提。目前世界各国的危险废物鉴别方法因其危险废物性质和国内立法的不同而存在差异。通常的鉴别方法有两种,一种是名录法,另一种是特性法。

3.1.1.1 名录法

危险废物的鉴别是采用名录法和特性法相结合的方法。未知废物首先必须确定其是否属于《危险废物名录》中所列的种类。如果在名录之列,则必须根据《危险废物鉴别标准》来检测其危险特性,按照标准来判定具有哪类危险特性;如果不在名录之列,也必须按《危险废物鉴别标准》来判定该类废物是否属于危险废物和相应的危险特性。《危险废物鉴别标准》要求检测的危险废物特性为易燃性、腐蚀性、反应性、浸出毒性、急性毒性、传染疾病性、放射性。

3.1.1.2 特性法

(1)易燃性

易燃性是指易于着火和维持燃烧的性质。但像木材和纸张等废物不属于易燃性危险废物。只有废物具有以下特性之一,才称其为易燃性危险废物:

①酒精含量低于24%(体积分数)的液体,或闪点低于60℃。

②在标准温度和压力下,通过摩擦、吸收水分或自发性化学变化引起着火的非液体,着火后会剧烈地持续燃烧,造成危害。

③易燃的压缩气体。

④氧化剂。

(2)腐蚀性

腐蚀性是指易于腐蚀或溶解组织、金属等物质,且具有酸或碱的性质。当废物具有以下特性之一,则称其为腐蚀性危险废物:

①水溶液的pH值小于2或大于12.5。

②在55℃下,其溶液腐蚀钢的速率大于或等于6.35mm/a。

(3)反应性

反应性是指易于发生爆炸或剧烈反应,或反应时会挥发有毒的气体或烟雾的性质。废物具有以下特性之一,则称其为反应性危险废物:

①通常不稳定,随时可能发生激烈变化。

②与水发生激烈反应。

③与水混合后有爆炸的可能。

④与水混合后会产生大量的有毒气体、蒸气或烟,对人体健康或环境构成危害。

⑤含氰化物或硫化物的废物,当其 pH 值为 2~12.5 时,会产生危害人体健康或对环境有危害性的毒性气体、蒸气或烟。

⑥密闭加热时,可能引发或发生爆炸反应。

⑦标准温度压力下,可能引发或发生爆炸或分解反应。

⑧运输部门法规中禁止的爆炸物。

(4)毒害性

毒害性是指废物产生可以污染地下水等饮用水水源的有害物质的性质。美国 EPA 规定了废物中各种污染物的极限浓度(表 3.1)。如果废物中任意一种污染物的实测浓度高于表中规定的浓度则该废物认定具有毒性。

表 3.1　毒性特征组分及其规定水平值

危险废物编号①	组分	规定水平(mg/L)	危险废物编号①	组分	规定水平(mg/L)
D004	砷	5.0	D032	六氯苯	0.13③
D005	钡	100.0	D033	六氯-1,3-丁三烯	0.5
D018	苯	0.5	D034	六氯乙烷	3.0
D006	镉	1.0	D008	铅	5.0
D019	四氯化碳	0.5	D013	高丙体六六六	0.4
D020	氯丹	0.03	D009	汞	0.2
D021	氯化苯	100.0	D014	甲氧基 DDT	10.0
D022	氯仿	6.0	D032	甲基乙基酮	200.0
D007	铬	5.0	D036	硝基苯	2.0
D023	邻-甲酚	200.0②	D035	五氯酚	100.0
D024	间-甲酚	200.0②	D038	吡啶	5.0③
D025	对-甲酚	200.0②	D010	硒	1.0
D026	甲酚	200.0②	D011	银	5.0
D016	1,4-D	10.0	D039	四氯乙烯	0.7
D027	1,4-二氯苯	7.5	D015	毒杀酚	0.5
D028	1,2-二氯乙烷	0.5	D040	三氯乙烯	0.5
D029	1,2-二氯乙烯	0.7	D041	2,4,5-三氯酚	400.0
D030	2,4-二硝基甲苯	0.13③	D042	2,4,6-三氯酚	2.0
D012	氯甲桥萘	0.008	D017	2,4,5-TP	1.0
D031	七氯	0.008	D043	氯乙烯	0.2

说明:①危险废物编码;②如果不能区分邻、间和对甲酚的浓度,则用总甲酚 D026。总甲酚的规定水平为 200mg/L;③定量限制大于计算的规定水平值,因此定量限制为规定水平值。

3.1.2 样品的采集

3.1.2.1 采样工具

固体废物采样工具包括：尖头钢锹、钢尖镐、采样铲、带盖采样桶或内衬塑料的采样袋。

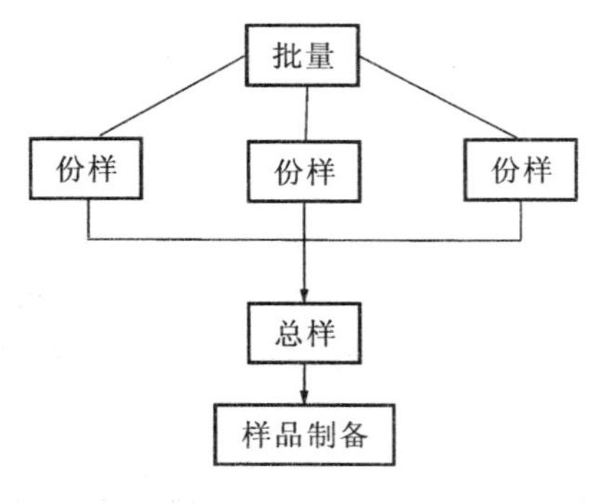

图 3.1 采样示意图

3.1.2.2 采样程序

(1)根据固体废物批量大小确定应采的份样(由一批废物中的一个点或一个部位，按规定量取出的样品)个数。

(2)根据固体废物的最大粒度(95%以上能通过的最小筛孔尺寸)确定份样量。

(3)根据采样方法，随机采集份样，组成总样(图 3.1)，并认真填写采样记录表。

3.1.2.3 份样个数

按表 3.2 确定应采份样个数。

表 3.2 批量大小与最少份样个数

批量大小(单位:液体 1kL、固体 1t)	最少份样个数
<5	5
5～50	10
50～100	15
100～500	20
500～1000	25
1000～5000	30
>5000	35

3.1.2.4 份样量

按表 3.3 确定每个样应采的最小质量。所采的每个样量应大致相等，其相对误差不大于 20%。表中要求的采样铲容量为保证一次在一个地点或部位能取到足够数量的采样量。液态废物的份样量以不小于 10mL 的采样瓶(或采样器)所盛量为宜。

表 3.3 份样量和采样铲容量

最大粒度(mm)	最小份样质量(kg)	采样铲容量(mL)
>150	30	
100～150	15	16000
50～100	5	7000
40～50	3	1700
20～40	2	800
10～20	1	300
<10	0.5	125

份样量可根据切乔特经验公式(又称缩分公式)计算

$$Q = Kd^{a} \tag{3.1}$$

式中 Q——应采的最小样品量,kg;

d——固体废物最大颗粒直径,mm;

K——缩分系数;

a——经验常数。

K、a 都是经验常数,与固体废物的种类、均匀程度和易破碎程度有关。一般矿石的 K 值介于 0.05~1 之间,固体废物越不均匀,K 值就越大。a 的数值介于 1.5~2.7,一般由实验确定。

3.1.2.5 *采样方法*

(1)现场采样

在生产现场采样,首先应确定样品的批量,然后按下式计算出采样间隔,进行流动间隔采样:

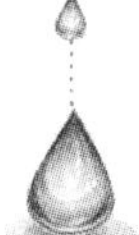

$$采样间隔 \leqslant \frac{批量(\mathrm{t})}{规定的份样数} \tag{3.1}$$

注意事项:采第一个份样时,不准在第一间隔的起点开始,可在第一间隔内任意确定。

(2)运输车及容器采样:在运输一批固体废物时,当车数不多于该批废物规定的份样数时,每车应采份样数按式(3.2)计算。当车数多于规定的份样数时,按表 3.3 选出所需最少的采样车数,然后从所选车中各随机采集一个份数。

$$每车应采样份数 \leqslant \frac{规定份样数}{车数} \tag{3.2}$$

在车中,采样点应均匀分布在车厢的对角线上(图 3.2),端点距车角应大于 0.5m,表层去掉 30cm。

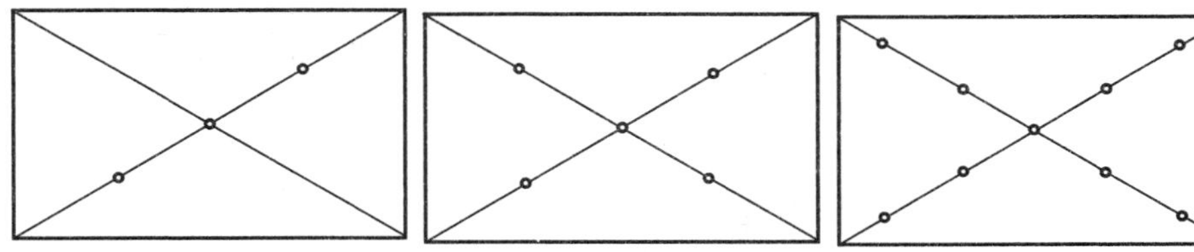

图 3.2 车厢中的采样布点

对于一批若干容器盛放的废物,按表 3.4 选取最少容器数,并且每个容器中均随机采两个样品。

表 3.4 所需最少的采样车数表

车数(容器)	所需最少采样车数
<10	5
10~25	10
25~50	20
50~100	30
> 100	50

注意事项：当把一个容器作为一个批量时，就按表 3.2 中规定的最少份样数的 1/2 确定；当把 2～10 个容器作为一个批量时，就按下式确定最少容器数。

$$\text{最少容器数}=\frac{\text{表 3.2 中规定的最少份样量}}{\text{容器数}} \tag{3.3}$$

(3)废渣堆采样

在渣堆两侧距堆底 0.5m 处画第一条横线，然后每隔 0.5m 画一条横线；再每隔 2m 画一条横线的垂线，其交点作为采样点。按表 3.2 确定的份样数，确定采样点数，在每点上从 0.5～1.0m 深处各随机采样一份(图 3.3)。

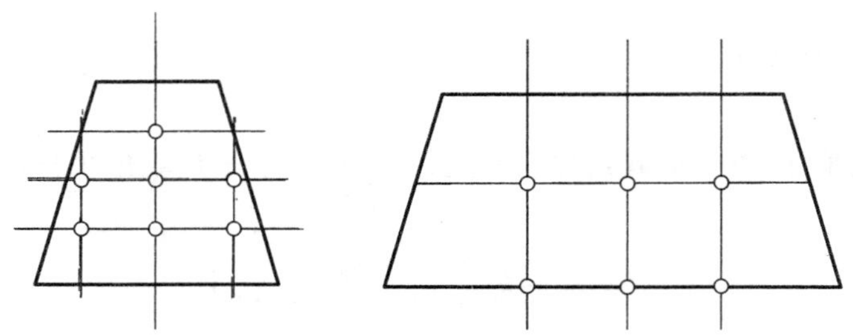

图 3.3 废渣堆采样点的分布

3.1.3 样品的制备

3.1.3.1 制样工具

制样工具包括粉碎机(破碎机)、药碾、钢锤、标准套筛、十字分样板、机械缩分器。

3.1.3.2 制样要求

(1)制样过程中，应防止样品产生任何化学变化和污染，若制样过程中可能对样品的性质产生显著影响，则应尽量保持原来状态。

(2)湿样品应在室温下自然干燥，使其达到适于破碎、筛分、缩分的程度。

(3)制备的样品应过筛后(筛孔为 5mm)，装瓶备用。

3.1.3.3 制样程序

(1)室温下自然干燥，避免阳光直射。

(2)用机械或人工方法把全部样品逐级破碎，通过 5mm 筛孔。粉碎过程中，不可随意丢弃难于破碎的粗粒。

(3)全部通过 5mm 筛孔，不可随意丢弃难于破碎的粗粒。

(4)将样品置于清洁平整不吸水的板面上堆成圆锥形，每铲物料自圆锥顶端落下，均匀地沿锥尖散落，不可使圆锥中心错位。反复转堆，至少三周，使其充分混合。然后将圆锥顶端轻轻压平，摊开物料后，用十字板自上压下，分成四等份，取两个对角的等份，重复操作数次，直至不少于 1kg 试样为止。在进行各项有害特性鉴别试验前，可根据要求的样品量进行进一步缩分。样品的制备过程如图 3.4 所示。

3.1.4 样品水分的测定

称取样品 20g 左右，测定无机物时可在 105℃下干燥，恒重至±0.1g，测定水分含量。

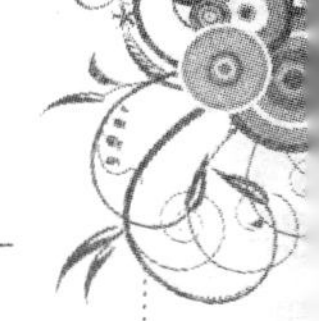

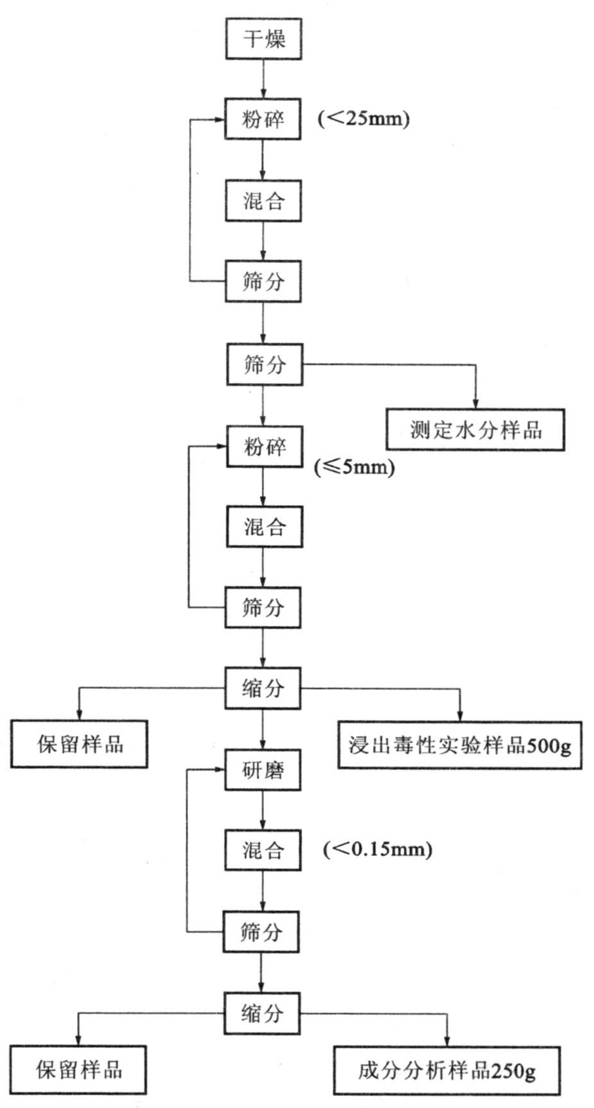

图 3.4　工业固体废物样品制备图

测定样品中的有机物时应于60℃下干燥24h，确定水分含量。固体废物测定结果以干样品计算，当污染物含量小于0.1%时以mg/kg表示，含量大于0.1%时则以百分含量表示，并要说明是水溶性或总量。

$$水分含量=\frac{m_{容器+湿样}-m_{容器}}{m_{容器+干样}-m_{容器}}\times 100\% \qquad (3.4)$$

3.1.5　样品的运输和保存

样品在运送过程中，应避免样品容器的倒置和倒放。

制好的样品密封于容器中保存（容器应对样品不产生吸附、不使样品变质），贴上标签备用。标签上应注明：编号、废物名称、采样地点、批量、采样人、制样人、时间。特殊样品，可采取冷冻或充惰性气体等方法保存。

制备好的样品，一般有效保存期为三个月，易变质的试样不受此限制。

最后，填好采样记录表（表3.5）一式三份，分别存于有关部门。

表3.5 采样记录表

样品登记号		样品名称	
采样地点		采样数量	
采样时间		废物所属单位名称	
样品现场简述			
废物产生过程简述			
样品可能含有的主要有害成分			
样品保存方式及注意事项			
样品采集人及接受人			
备注		负责人签字	

3.2 固体废物有害特性监测

3.2.1 急性毒性

有害废物中会有多种有害成分，组分分析难度较大。急性毒性的初筛试验可以简便地鉴别并表达其综合急性毒性，急性毒性是指一次投给实验动物的毒性物质，半致死量（LD_{50}）小于规定值的毒性。方法如下：

①以体重18～24g的小白鼠（或200～300g大白鼠）作为实验动物，若是外购鼠，必须在本单位饲养条件下饲养7～10d，仍活泼健康者方可使用。实验前8～12h和观察期间禁食。

②称取准备好的样品100g，置于500mL带磨口玻璃塞的三角瓶中，加入100mL（pH值为5.8～6.3）水（固液比为1∶1），震摇3min于温室下静止浸泡24h，用中速定量滤纸过滤，滤液留待灌胃用。

③灌胃采用1（或5）mL注射器，注射针采用9（或12）号，去针头，磨光，弯曲成新月形。对10只小白鼠（或大白鼠）进行一次性灌胃，灌胃量为小白鼠不超过0.4mL/20g（体重），大白鼠不超过1.0mL/100g（体重）。

④对灌胃后的小白鼠（或大白鼠）进行中毒症状的观察，记录48h内实验动物的死亡数目。根据实验结果，如出现半数以上的小白鼠（或大白鼠）死亡，则可判定该废物是具有急性毒性的危险废物。

3.2.2　易燃性

易燃性是指闪点低于60℃的液态废物和经过摩擦、吸湿等自发的化学变化或在加工制造过程中有着火趋势的非液态废物，由于燃烧剧烈而持续，以至于会对人体和环境造成危害的特性。鉴别易燃性的方法是测定闪点。

3.2.2.1　采用仪器

应采用闭口闪点测定仪，常用的配套仪器有温度计和防护屏。

(1)温度计

温度计采用1号温度计(−30～170℃)或2号温度计(100～300℃)。

(2)防护屏

采用镀锌铁皮制成，高度550～650mm，宽度以适用为度，屏身内壁漆成黑色。

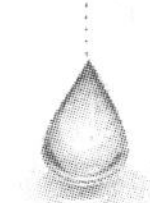

3.2.2.2　测定步骤

按标准要求加热试样至一定温度，停止搅拌，每升高1℃点火一次，至试样上方刚出现蓝色火焰时，立即读出温度计上的温度值，该值即为测定结果。

操作过程的细节可参阅《闪点的测定　宾斯基-马丁闭口杯法》(GB/T 261— 2008)。

3.2.3　腐蚀性

腐蚀性指通过接触能损伤生物细胞组织，或使接触物质发生质变，使容器泄漏而引起危害的特性。测定方法一种是测定pH值，另一种是测定在55.7℃以下对钢制品的腐蚀率。现介绍pH值的测定。

3.2.3.1　仪器

采用pH计或酸度计，最小刻度单位在0.1pH单位以下。

3.2.3.2　方法

用与待测样品pH值相近的标准溶液校正pH计，并加以温度补偿。

(1)对含水量高、呈流态状的稀泥或浆状物料，可将电极直接插入进行pH值测量。

(2)对黏稠状物料可离心或过滤后，测其滤液的pH值。对粉、粒、块状物料，称取制备好的样品50g(干基)，置于1L塑料瓶中，加入新鲜蒸馏水250mL，使固液比为1∶5，加盖密封后，放在振荡机上(振荡频率120±5次/min，振幅40mm)于室温下连续振荡30min，静置30min后，测上清液的pH值。每种废物取三个平行样品测定其pH值，差值不得大于0.15，否则应再取1～2个样品重复进行试验，取中位值报告结果。

(3)对于高pH值(9以上)或低pH值(2以下)的样品，两个平行样品的pH值测定结果允许差值不超过0.2，还应报告环境温度、样品来源、粒度级配，以及试验过程的异常现象，特殊情况试验条件的改变及原因。

3.2.4　反应性

反应性是指在通常情况下固体废物不稳定，极易发生剧烈的化学反应；或与水反应猛烈；或形成可爆炸性的混合物；或产生有毒气体的特性。测定方法包括撞击感度实验、摩擦感度实验、差热分析实验、爆炸点测定、火焰感度测定、温升实验和释放有毒有害气

体实验等。现介绍释放有害气体的测定方法。

3.2.4.1　反应装置

(1)250mL 高压聚乙烯塑料瓶,另配橡皮塞(将塞子打一个 6mm 的孔),插入玻璃管;

(2)振荡器采用调速往返式水平振荡器;

(3)100mL 注射器,配 6 号针头。

3.2.4.2　实验步骤

称取固体废物 50g(干重),置于 250mL 的反应容器内,加入 25mL 水(用 1mol/L HCl 调节 pH 值为 4),加盖密封后,固定在振荡器上,振荡频率为 110±10 次/min,振荡 30min 后停机,静置 10min。用注射器抽气 50mL,注入不同的 5mL 吸收液中,测定其硫化氢、氰化氢等气体的含量。第 n 次抽 50mL 气体测量校正值:

$$校正值(mg/L)=测得值\times(275/225)^n \tag{3.5}$$

式中　225——塑料瓶空间体积,mL;

275——塑料瓶空间体积和注射器体积之和,mL。

3.2.4.3　硫化氢的测定

(1)原理

含有硫化物的废物当遇到酸性水或酸性工业有害固体废物遇水时便可使固体废弃物中的硫化物释放出硫化氢气体:

$$MS+2HCl\longrightarrow MCl_2+H_2S$$

醋酸锌溶液可吸收硫化氢气体,在含有高铁离子的酸性溶液中,硫离子与对氨基二甲基苯胺生成亚甲基蓝,其蓝色与硫离子含量成比例。本方法测定硫化氢气体的下限为 0.0012mg/L。

(2)样品测定

在固体废弃物与水反应的反应管中,用 100mL 注射器抽气 50mL,注入盛有 5mL 吸收液(醋酸锌、醋酸钠溶液)的 10mL 比色管中摇匀。加入 0.1%对氨基二甲基苯胺溶液 1.0 mL,12.5%硫酸高铁铵溶液 0.20mL,用水稀释至标线,摇匀。15~20min 后用 1cm 比色皿,以试剂空白为参比在 665nm 波长处测吸光度。在校准曲线上查出含量。

(3)结果计算

$$硫化氢浓度(S^{2-},mg/L)=测得硫化物量(\mu g)\times(275/225)^n/注气体积(mL) \tag{3.6}$$

式中　n——抽气次数。

3.2.4.4　氰化氢的测定

(1)原理

含氰化物的固体废物,当遇到酸性水时,可放出氰化氢气体,用氢氧化钠溶液吸收氰化氢气体。在 pH 值为 7 时,氰离子与氯胺 T 反应生成氯化氰,而后与异烟酸作用,并经水解而生成戊烯二醛,再与吡唑啉酮进行缩合反应,生成蓝色的染料,其色度与氰化物浓度成正比,依此可测得氰化氢的含量。本法的检测下限 0.007mL/L。

(2)样品测定

取固体废物与水反应生成的气体 50mL,注入 5mL 的吸收液中(氢氧化钠溶液),加入磷酸盐缓冲溶液 2mL,摇匀。迅速加入 1%氯胺 T 0.2mL,立即盖紧塞子,摇匀。反应

5min后加入异烟酸吡唑啉酮2mL，摇匀，用水定容至10mL。在40℃左右水浴上显色，颜色由红→蓝→绿蓝。以空白作参比，用1cm比色皿，在638nm波长处测定吸光度。在校正曲线上查得氰化物的含量。

(3)结果计算

$$氰化氢浓度(CN^-,mg/L)=测得氰化物量(\mu g)\times(275/225)^n/注气体积(mL) \tag{3.7}$$

式中　n——抽气次数。

3.2.5　浸出毒性

固体废物受到水的冲淋、浸泡，其中有害成分将会转移到水相而污染地面水、地下水，导致二次污染。

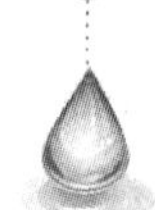

浸出试验采用规定办法浸出水溶液，然后对浸出液进行分析。我国规定的分析项目有：汞、镉、砷、铬、铅、铜、锌、镍、锑、铍、氟化物、氰化物、硫化物、硝基苯类化合物。

浸出方法如下：

称取100g(干基)试样(无法称取干基质量的样品则先测水分加以换算)，置于浸出容积为2L(ϕ130×160)具塞广口聚乙烯瓶中，加水1L(先用氢氧化钠或盐酸调节pH值为5.8～6.3)。

将瓶子垂直固定在水平往复振荡器上，调节振荡频率为110±10次/min，振幅40mm，在室温下振荡8h，静置16h。

通过0.45μm滤膜过滤。滤液按各分析项目要求进行保护，于合适条件下储存备用，每种样品做两个平行浸出试验，每瓶浸出液对欲测项目平行测定两次，取算术平均值报告结果；对于含水污泥样品，其滤液也必须同时加以分析并报告结果；试验报告中还应包括被测样品的名称、来源，采集时间，样品粒度级配情况，试验过程的异常情况，浸出液的pH值、颜色、乳化和分层情况；试验过程的环境温度及其波动范围、条件改变及其原因。

考虑到试样与浸出容器的相容性，在某些情况下，可用类似形状的玻璃瓶代替聚乙烯瓶。例如，测定有机成分宜用硬质玻璃容器，对某些特殊类型的固体废物，由于安全及样品采集等方面的原因，无法严格按照上述条件进行试验时，可根据实际情况适当改变。浸出液分析项目按有关标准的规定及相应的分析方法进行。

3.3　生活垃圾分类及特性分析

3.3.1　生活垃圾分类

城市是人口密集的地方，也是工业、经济和技术集中的地方。由于人口、经济和生活水平的发展，城市垃圾产量迅速增长，成分也日趋庞杂，污染问题已经成为世界性城市环境公害之一。因此，对城市垃圾处理技术的研究是十分现实的问题。城市生活垃圾是指

城市日常生活中或者为城市日常生活提供服务的活动中产生的固体废物。它主要包括厨房垃圾、普通垃圾、庭院垃圾、清扫垃圾、商业垃圾、建筑垃圾、危险垃圾(如医院传染病房、放射性治疗系统、核试验室等排放的各种废物)等。城市生活垃圾的组成很复杂,通常包括:

①废品类:废金属、废玻璃、废塑料橡胶、废纤维类、废纸类和砖瓦类。

②厨房类:饮食废物、蔬菜废物、肉类和肉骨,我国部分城市厨房燃料用煤、煤制品、木炭的燃余物。

③灰土类。

各组分所占比例随不同国家、不同地区、不同环境而有较大差异。

3.3.2 生活垃圾特性分析

常见的生活垃圾处理处置方法有三大类:

①卫生填埋。这是我国生活垃圾的主要处理方式。填埋的主要监测项目有渗滤液分析和苍蝇密度等。渗滤液是指从生活垃圾中渗出来的水溶液,它可溶出垃圾组成中的物质。测定内容常有色度、总溶解性固体、SO_4^{2-}、NH_4^+-N、Cl^-、TP、pH 值、COD、BOD、细菌总数等。该方法要防止对地下水的污染及沼气爆炸,渗滤液应专门收集排除。

②焚烧发电。包括热解和气化,垃圾焚烧处理的重要指标是热值(高位和低位,H_0、H_N),单位是 kJ/kg。热值测定采用氧弹计法等,低位热值高于 3000kg 可用于发电。该方法对设备要求较高,正在逐步推广,垃圾发电可行。

③生物堆肥。堆肥需测定生物降解度(BDM)和堆肥的腐熟程度。BDM 的测定一般采用类似 COD 试验方法来估测。腐熟程度用淀粉量(碘颜色反应)确定。该法是有机废物处理的有效途径,可生产有机肥。堆肥时添加高效降解菌会有很好的效果。

采用不同的处理处置方法对应的监测重点项目也不一样,例如:对于焚烧处理,垃圾的热值是决定性参数,而堆肥需测定生物降解度和堆肥的腐熟程度等;对于填埋处理,渗滤液分析和堆场周围的苍蝇密度等是主要的监测项目。

3.3.3 垃圾的粒度分级

粒度采用筛分法,将一系列不同筛目的筛子按规格序列由小到大排列,筛分时,每一筛目的筛子连续摇动 15min,依次转到下一号筛子,然后计算每一粒度微粒所占的百分比。如果需要在试样干燥后再称量,则需在 70℃的温度下烘干 24h,然后再在干燥器中冷却后筛分。

3.3.4 淀粉的测定

3.3.4.1 原理

垃圾在堆肥处理过程中,需借助淀粉量分析来鉴定堆肥的腐熟程度。其原理是利用垃圾在堆肥过程中形成的淀粉碘化络合物的颜色变化与堆肥降解度的关系。当堆肥降解尚未结束时,淀粉碘化络合物呈蓝色,降解结束即呈黄色。堆肥颜色的变化过程是深蓝→浅蓝→灰→绿→黄。

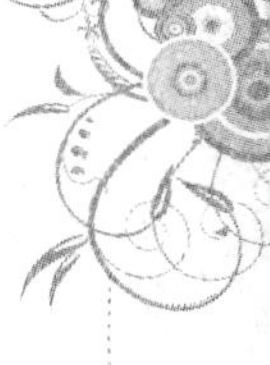

3.3.4.2 测定步骤

分析检测的步骤是：①将1g堆肥置于100mL烧杯中，滴入几滴酒精使其湿润，再加20mL 36%的高氯酸；②用纹网滤纸(90号纸)过滤；③加入20mL碘反应剂到滤液中并搅动；④将几滴滤液滴到白色板上，观察其颜色变化。

测定过程所需试剂：①碘反应剂：将2g KI溶解到500mL水中，再加入0.08g I_2；②36%的高氯酸；③酒精。

3.3.5 生物降解度的测定

垃圾中含有大量天然的和人工合成的有机物质，有的容易生物降解，有的难以生物降解。目前，通过试验已经寻找出一种可以在室温下对垃圾生物降解做出适当估计的COD试验方法。

分析步骤是：①称取0.5g已烘干磨碎试样于500mL锥形瓶中；②准确量取20mL [$C_{1/6}(K_2Cr_2O_7)=2mol/L$]重铬酸钾溶液加入试样瓶中并充分混合；③用另一支量筒量取20mL硫酸加到试样瓶中；④在室温下将这一混合物放置12h且不断摇动；⑤加入大约15mL蒸馏水；⑥再依次加入10mL磷酸、0.2g氟化钠和30滴指示剂，每加入一种试剂后必须混合；⑦用标准硫酸亚铁铵溶液滴定，在滴定过程中颜色的变化是从棕绿→绿蓝→蓝→绿，在等当量点时出现的是纯绿色；⑧用同样的方法在不放试样的情况下做空白试验；⑨如果加入指示剂时易出现绿色，则试验必须重做，必须再加30mL重铬酸钾溶液。

生物降解度的计算：

$$\mathrm{BDM}=(V_2-V_1)\times V\times c\times\frac{1.28}{V_2} \tag{3.8}$$

式中 BDM——生物降解度；

V_1——试样滴定体积，mL；

V_2——空白试验滴定体积，mL；

V——重铬酸钾的体积，mL；

c——重铬酸钾的浓度；

1.28——折合系数。

3.3.6 热值的测定

由于焚烧是一种可以同时并快速实现垃圾无害化、稳定化、减量化、资源化的处理技术，在工业发达国家，焚烧已经成为城市生活垃圾处理的重要方法，我国也正在加快垃圾焚烧技术的开发研究，以推进城市垃圾的综合利用。

热值是指单位质量的物质在供氧过剩的情况下，按规定条件燃烧所释放出来的热量，计算单位是J/g。热值是废物焚烧处理的重要指标，因燃烧过程中被测物质中水分和燃烧产物中水的状态不同，热值又分高热值(H_0)和低热值(H_N)。垃圾中可燃物燃烧产生的热值为高热值。垃圾中含有的不可燃物质(如水和不可燃惰性物质)，在燃烧过程中消耗热量，当燃烧升温时，不可燃惰性物质吸收热量而升温；水吸收热量后汽化，以蒸汽

形式挥发。高热值减去不可燃惰性物质吸收的热量和水汽化所吸收的热量，称为低热值。显然，低热值更接近实际情况，在实际工作中意义更大。

两者换算公式为：

$$H_N = H_0[(100 - I - W)/(100 - W_L)] \times 5.85W \tag{3.9}$$

式中 H_N——低热值，kJ/kg；

H_0——高热值，kJ/kg；

I——惰性物质含量，%；

W——垃圾的表面湿度，%；

W_L——剩余的和吸湿性的湿度，%。

热值的测定可以用量热计法或热耗法。测定废物热值的主要困难是要了解废物的比热容，因为垃圾组分变化范围大，各种组分比热容差异很大，所以测定某一垃圾的比热容是一复杂过程，而对组分比较简单的(如含油污泥等)就比较容易测定。

城市生活垃圾的热值主要由塑料橡胶类、纸张类、纺织物类、木竹类、灰土和瓜果皮厨余类物质及垃圾总体的水分含量决定。其中瓜果皮厨余类物质和灰土虽然也含有可燃物质但是它们因为水分含量高而会对垃圾热值产生负的贡献。垃圾中的含水率对垃圾热值的影响非常大，随着水分的增大，垃圾净热值线性减小。

3.3.7 垃圾渗滤液分析

3.3.7.1 垃圾渗滤液的来源及特点

垃圾渗滤液是一种高浓度有机废水，由于其水质水量的不稳定性，以及渗滤液中含有大量难降解的萘、菲等非氯化芳香族化合物和氨氮等毒性物质，所以渗滤液的处理非常困难。来源主要有以下几个方面：①垃圾自身含有的水分；②垃圾降解产生的水分；③大气降水；④径流。

垃圾渗滤液受填埋时间、气候条件、来源以及垃圾成分和填埋场设计等多种因素影响，其水质与城市污水相比具有不同的特点。我国城市垃圾渗滤液的典型水质情况见表 3.6。

表 3.6　我国城市垃圾渗滤液的水质

指标	上海	杭州	广州	深圳	台湾某市
COD(mg/L)	1500～8000	1000～5000	1400～5000	5000～80000	4000～37000
BOD(mg/L)	200～4000	400～2500	400～2000	20000－350000	600～28000
总 N(mg/L)	100～700	80～800	150～900	400～2600	200～2000
SS(mg/L)	30～500	60～650	200～600	2000～7000	500～2000
NH_3-N(mg/L)	60～450	160～500	160～500	500～2400	100～1000
pH 值	5～6.5	6～6.5	6.5～7.8	6.2～6.5	5.6～7.5

由表 3.6 可知，垃圾渗滤液具有如下特点：

①有机物浓度高：垃圾渗滤液中的 COD 质量浓度为 1000～10000g/ L，BOD_5 质量浓度为 200～40000mg/L。

②氨氮含量高：氨氮浓度随填埋时间的延长而升高，渗滤液中氨氮的浓度从几百到几千毫克每升，浓度过高影响微生物活性。

③微生物营养元素比例失调：垃圾渗滤液中氨氮和有机物含量高，但含 P 量一般较低。

④金属含量高，色度高且恶臭，垃圾渗滤液中含有多种金属离子。

⑤垃圾渗滤液水质变化大，一方面其产量随季节性变化，雨季大于旱季。另一方面污染物的组成和浓度随填埋年限的延长而变化。

3.3.7.2　垃圾渗滤液的分析项目

根据实际情况，我国提出了垃圾渗滤液理化分析和细菌学检验方法，检测项目包括：色度、总固体、总溶解性固体与总悬浮性固体、硫酸盐、氨态氮、凯氏氮、氯化物、总磷、pH 值、BOD、COD、钾、钠、细菌总数、总大肠菌数等。其中细菌总数和大肠菌数是我国已有的检测项目，测定方法基本上参照水质测定方法，并根据垃圾渗滤液特点做一些变动。

3.3.7.3　垃圾渗滤液的排放标准及处理方法

目前，我国由于垃圾渗滤液排放所产生的污染已成为环境污染的重要问题之一，为不造成地面水域的污染，不破坏土壤的正常自净过程，不引起地下水质和农作物品质的异常恶化，2008 年开始实施的《生活垃圾填埋场污染控制标准》(GB 16889—2008)中规定了所有生活垃圾填埋场水污染物排放质量浓度限值，如表 3.7 所示。

表 3.7　现有和新建生活垃圾填埋场水污染物排放质量浓度限值

序号	控制污染物	排放质量浓度限值	污染物排放监控位置
1	色度(稀释倍数)	40	常规污水处理设施排放口
2	化学需氧量(COD_{Cr})(mg/L)	100	常规污水处理设施排放口
3	生化需氧量(BOD_5)(mg/L)	30	常规污水处理设施排放口
4	悬浮物(mg/L)	30	常规污水处理设施排放口
5	总氮(mg/L)	40	常规污水处理设施排放口
6	控制污染物氨氮(mg/L)	25	常规污水处理设施排放口
7	总磷(mg/L)	3	常规污水处理设施排放口
8	粪大肠菌群数(个/L)	10000	常规污水处理设施排放口
9	总汞(mg/L)	0.001	常规污水处理设施排放口
10	总镉(mg/L)	0.01	常规污水处理设施排放口
11	总铬(mg/L)	0.1	常规污水处理设施排放口
12	六价铬(mg/L)	0.05	常规污水处理设施排放口
13	总砷(mg/L)	0.1	常规污水处理设施排放口
14	总铅(mg/L)	0.1	常规污水处理设施排放口

第4章　固体废物的资源化处理技术

学习目标

掌握生物处理技术的原理、特点、工艺及应用范围；掌握热处理技术的原理、特点、工艺、设备及应用范围；掌握固化/稳定化处理效果评价指标、常用固化/稳定化方法的特点及应用范围。

必备知识

能根据固体废物的性质、特点与处理目的选择适当的资源化处理技术方法；掌握影响处理效果的工艺参数和评价指标。

选修知识

了解固体废物资源化技术方法的基本原理；关注国内外资源化利用的新动向及发展方向。

规范生产和加强循环利用是控制塑料污染的主要途径

转自北极星固废网

全球每年有上亿吨塑料垃圾产生。塑料垃圾是城市生活垃圾的主要组成之一，尤其是随着“宅经济”的发展，大量电商、快递、外卖的塑料包装垃圾流进生活垃圾，使得一些城市的生活垃圾中塑料垃圾占比增至15%甚至20%以上。每年进入海洋的塑胶垃圾高达800万吨以上，太平洋垃圾岛正是因为塑胶垃圾的累计而形成与扩大。据统计，塑料垃圾中只有9%得到回收利用和12%被焚烧，大部分塑料垃圾被填埋和随意丢弃到自然环境。

塑料垃圾污染治理已成为垃圾污染治理的重要内容。鉴于此，2017年2月，联合国环境规划署呼吁全球减少塑料的生产和过度使用，并计划在2022年前消除海洋塑料垃圾的主要来源：一次性塑料制品的过量使用和塑料微珠在化妆品中的使用。

2020年，国家发展改革委等部门先后出台《关于进一步加强塑料污染治理的意见》（发改环资〔2020〕80号）和《关于扎实推进塑料污染治理工作的通知》（发改环资〔2020〕1146号），要求8月中旬前出台省级实施方案，细化分解任务，层层压实责任，分析评估重点难点问题，研究提出具体推进措施，确保如期完成塑料污染治理的目标任务。

塑料垃圾污染治理的难度很大，主要原因是塑料制品经济、实惠、实用，一时半会难找到理想的替代品，而且，塑料制品生产给地方提供了大量的就业机会。可以预计，在相当长时期内，降低塑料产量和大范围禁止塑料制品的生产、销售、使用是不现实的。

但这不代表我们在防治塑料垃圾污染方面就无所作为。塑料垃圾污染不是“塑料”这种材料天生的“原罪”，而是人类“大量生产—大量消费—大量废弃—大量污染”怪圈造成的，罪在人类活动而非“塑料”自身。因此，只要合理规范塑料及其制品的生产（使用）和加强回收利用塑料废弃物，不让塑料制品变成塑料垃圾，便有望控制塑料垃圾污染。

规范生产（使用）是减少塑料垃圾产量的有效途径。规范生产（使用）的目标是提高塑料制品的重复使用次数和便于废弃的塑料制品的回收利用，禁止生产不能重复使用和回收利用的塑料制品，重点在规范一次性塑料制品和塑料微珠的生产（使用），如厚度小于0.025mm的超薄塑料购物袋、厚度小于0.01mm的聚乙烯农用地膜、一次性发泡塑料餐具、一次性塑料棉签和塑料微珠。

加强塑料废弃物回收利用是减少处置（焚烧和填埋）和丢弃到自然环境的塑料垃圾量的有效途径。必须加强不能重复使用的塑料制品的再生利用，主要措施是把塑料废弃物回收利用列为生活垃圾分类的考核指标，在生活垃圾处理园区和静脉型循环经济产业园区建设塑料再生利用设施。

从以上几个重点规范生产（使用）和加强回收利用，便可有效控制塑料垃圾污染。别把塑料垃圾污染治理搞得云里雾里，让基层政府和群众不知从何着手，无所适从。

课前思考题

1. 你知道你所在城市的生活垃圾是采用什么样的处理处置方法吗？
2. 你知道什么是堆肥吗？堆肥的生产过程是什么？一般有哪些工序？
3. 了解你所在城市的一些化工、冶金、电镀等工业企业中产生的酸性、碱性泥渣是如何处理的，其处理方法是什么？

4.1　固体废物的化学处理技术

化学处理的目的是对固体废物中能对环境造成严重后果的有毒有害的化学成分，采用化学转化的方法，使之达到无害化。该法要视废物的成分、性质不同采取相应的处理方法。即同一废物可根据处理的效果、经济投入而选择不同的处理技术。总之化学转化

反应条件复杂且受多种因素影响，因此，仅限于对废物中某一成分或性质相近的混合成分进行处理，而成分复杂的废物处理，则不宜采用。另外，由于化学处理投入费用较高，目前多用于各种工业废渣的综合治理。化学处理方法主要包括中和法、氧化还原法和水解法。

4.1.1 中和法

中和法处理的对象主要是化工、冶金、电镀等工业中产生的酸、碱性泥渣。处理的原则是根据废物的酸碱性质、含量及废物的量选择适宜的中和剂，并确定中和剂的加入量和投加方式，再设计处理的工艺及设备。常用石灰、氢氧化物或碳酸钠等中和剂处理酸性泥渣；而硫酸、盐酸则用于处理碱性泥渣。多数情形下是从经济的角度使酸碱性泥渣相互混合，达到以废治废的目的。中和法的设备有罐式机械搅拌和池式人工搅拌，前者用于大规模的中和处理，后者用于少量泥渣的处理。

4.1.2 氧化还原法

可通过氧化还原化学反应，将固体废物中可以发生价态变化的某些有毒、有害成分转化为无毒或低毒，且具化学稳定性的成分，以便无害化处置或进行资源回收。例如含氰化物的固体废物可以通过加入次氯酸钠、漂白粉等药剂而将氰化物转化为毒性小几百倍的氰酸盐，从而达到无害化目的。而利用还原法可以将铬渣中的六价铬还原为毒性较小的三价铬从而达到无害化处理。

4.1.3 水解法

水解法是利用某些化学物质的水解作用将有毒物质转化为低毒或无毒、化学成分稳定的物质的一种处理方法。主要适用于含农药（包括有机磷、脲类化合物等）的固体废物及二硫脲类杀菌剂的无害化处理，也适用于含氰废物的处理。

4.2 固体废物的生物处理技术

固体废物的生物处理是指直接或间接利用生物体的机能，对固体废物的某些组成进行转化以降低或消除污染物产生的生产工艺，或者能够高效净化环境污染，同时又生产有用物质的工程技术。采用生物处理技术，利用微生物（细菌、放线菌、真菌）、动物（蚯蚓等）或植物的新陈代谢作用，固体废物可通过各种工艺转换成有用的物质和能源（如提取各种有价金属、生产肥料、产生沼气、生产单细胞蛋白等），既能实现减量化、资源化和无害化，又能解决环境污染问题。因此，固体废物生物处理技术在废物排放量大且普遍存在的资源和能源短缺情况下，具有深远的意义。

4.2.1 固体废物的好氧堆肥处理

堆肥化（Composting）实际上是利用微生物在一定条件下对有机物进行氧化分解的

过程，因此根据微生物生长的环境可以将堆肥化分为好氧堆肥和厌氧堆肥两种。但通常所说的堆肥化一般是指好氧堆肥。

堆肥化就是在人工控制的条件下，依靠自然界中广泛分布的细菌、放线菌、真菌等微生物，人为地促进可生物降解的有机物向稳定的腐殖质转化的微生物学过程。堆肥化的产物称为堆肥（Compost），也可以说堆肥即人工腐殖质。

4.2.1.1　堆肥化的基本原理与影响因素

（1）好氧堆肥的基本原理

好氧堆肥是好氧微生物在与空气充分接触的条件下，使堆肥原料中的有机物发生一系列放热分解反应，最终使有机物转化为简单而稳定的腐殖质的过程。在堆肥过程中，微生物通过同化和异化作用，把一部分有机物氧化成简单的无机物，并释放出能量，把另一部分有机物转化合成新的细胞物质，供微生物生长繁殖，图4.1可以简单地说明这个过程。

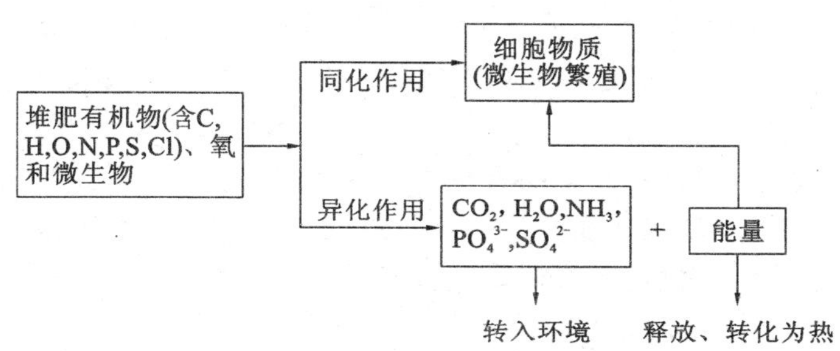

图4.1　好氧堆肥基本原理示意图

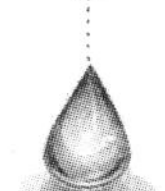

堆肥过程中有机物氧化分解总的关系可用下式表示：

$$C_pH_qN_rO_t \cdot aH_2O + bO_2 \rightarrow C_wH_xN_yO_z \cdot cH_2O + dH_2O_{(气)} + eH_2O_{(液)} + fCO_2 + gNH_3 + 能量$$

通常情况下，堆肥产品 $C_wH_xN_yO_z \cdot cH_2O$ 与堆肥原料 $C_pH_qN_rO_t \cdot aH_2O$ 的质量之比为0.3～0.5。这是由于氧化分解后减量化的结果。一般情况下，w、x、y、z 可取值范围为 $w=5\sim10$，$x=7\sim17$，$y=1$，$z=2\sim8$。

（2）好氧堆肥过程

堆肥是一系列微生物活动的复杂过程，包含着堆肥原料的矿质化和腐殖化过程，在该过程中，堆内的有机物、无机物发生着复杂的分解与合成的变化，微生物的组成也发生着相应的变化。

好氧堆肥从废物堆积到腐熟的微生物生化过程比较复杂，可以分为如图4.2的几个阶段。

①潜伏阶段（亦称驯化阶段）

指堆肥化开始时微生物适应新环境的过程，即驯化过程。

②中温阶段（亦称产热阶段）

在此阶段，嗜温性细菌、酵母菌和放线菌等嗜温性微生物利用堆肥中最容易分解的可溶性物质，如淀粉、糖类等迅速增殖，并释放热量，使堆肥温度不断升高。当堆肥温度升到45℃以上时，即进入高温阶段。

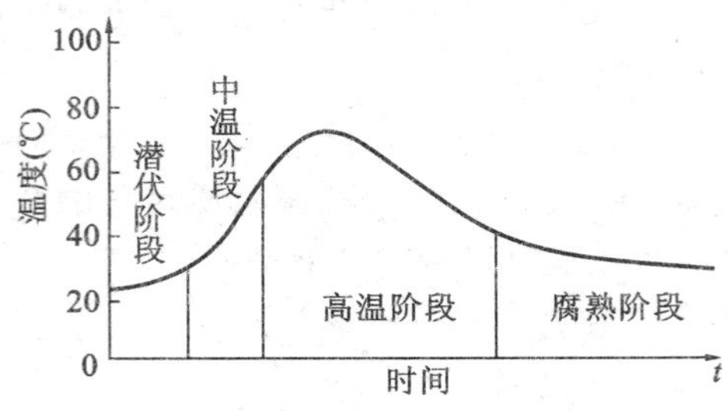

图 4.2 堆肥过程中温度的变化

③高温阶段

在此阶段，嗜热性微生物逐渐代替了嗜温性微生物的活动，堆肥中残留和新形成的可溶性有机物质继续分解转化，复杂的有机化合物如半纤维素、纤维素和蛋白质等开始被强烈分解。通常，在 50℃左右进行活动的主要是嗜热性真菌和放线菌；温度上升到 60℃时，真菌几乎完全停止活动，仅有嗜热性放线菌与细菌活动；温度升到 70℃以上时，对大多数嗜热性微生物已不适宜，微生物大量死亡或进入休眠状态。

④腐熟阶段

当高温持续一段时间后，易分解的有机物(包括纤维素等)已大部分分解，只剩少部分较难分解的有机物和新形成的腐殖质，此时微生物活性下降，发热量减少，温度下降。在此阶段嗜温性微生物又占优势，对残余的较难分解的有机物作进一步分解，腐殖质不断增多且稳定化，此时堆肥即进入腐熟阶段，堆肥可施用。

(3)影响因素

①供氧量

氧气是堆肥过程有机物降解和微生物生长所必需的物质。因此，保证较好的通风条件，提供充足的氧气是好氧堆肥过程正常运行的基本保证。通风可使堆层内的水分以水蒸气的形式散失掉，达到调节堆温和堆内水分含量的双重目的，可避免后期堆肥温度过高。但在高温堆肥后期，主发酵排出的废气温度较高，会从堆肥中带走大量水分，从而使物料干化，因此需考虑通风与干化间的关系。

②含水率

水分是维持微生物生长代谢活动的基本条件之一，水分适当与否直接影响堆肥发酵速率和腐熟程度，是影响好氧堆肥的关键因素之一。堆肥的最适含水率为 50%～60%(质量分数)，此时有机物分解速率最快。当含水率为 40%～50%时，微生物的活性开始下降，堆肥温度随之降低。当含水率小于 20%时，微生物的活动就基本停止。当水分超过 70%时，温度难以上升，有机物分解速率降低，由于堆肥物料之间充满水有碍于通风，从而造成厌氧状态，不利于好氧微生物生长，还会产生 H_2S 等恶臭气体。

③温度和有机物含量

温度是堆肥得以顺利进行的重要因素。堆肥初期，堆体温度一般与环境温度相一致，经过中温菌的作用，堆体温度逐渐上升。随着堆体温度的升高，一方面加速分解消化过程；另一方面也可杀灭虫卵、致病菌以及杂草籽等，使得堆肥产品可以安全地用于农田。堆体最佳温度为 55～60℃。

有机物含量过低，分解产生的热量不足以维持堆肥所需要的温度，会影响无害化处理，且产生的堆肥成品由于肥效低而影响其使用价值。如果有机物含量过高，则给通风供氧带来困难，有可能产生厌氧状态。

④颗粒度

堆肥过程中供给的氧气是通过颗粒间的空隙分布到物料内部的，因此，颗粒度的大小对通风供氧有重要影响。从理论上说，堆肥物颗粒应尽可能小，才能使空气有较大的接触面积，并使得好氧微生物更易更快将其分解。如果太小，易造成厌氧条件，不利于好氧微生物的生长繁殖。因此堆肥前需要通过破碎、分选等方法去除不可堆肥的物质，使堆肥物料粒度达到一定程度的均匀化。

⑤碳氮比(C/N)和碳磷比(C/P)

堆肥原料中的 C/N 比值是影响堆肥微生物对有机物分解的最重要因子之一。碳是堆肥化反应的能量来源，是生物发酵过程中的动力和热源；氮是微生物的营养来源，主要用于合成微生物体，是控制生物合成的重要因素，也是反应速率的控制因素。如果 C/N 比值过小，容易引起菌体衰老和自溶，造成氮源浪费和酶产量下降；如果 C/N 比值过高，容易引起杂菌感染，同时由于没有足够量的微生物来产酶，会造成碳源浪费和酶产量下降，也会导致成品堆肥的碳氮比过高，这样堆肥施入土壤后，将夺取土壤中的氮素，使土壤陷入“氮饥饿”状态，影响作物生长。因此，应根据各种微生物的特性，恰当地选择适宜的C/N比值。调整的方法是加入人粪尿、牲畜粪尿以及城市污泥等。常见有机废物的C/N比值见表 4.1。

表 4.1　常见有机废物的 C/N 比值

有机废物	C/N 比值	有机废物	C/N 比值
稻草、麦秆	70～100	猪粪	7～15
木屑	200～1700	鸡粪	5～10
稻壳	70～100	污泥	6～12
树皮	100～350	杂草	12～19
牛粪	8～26	厨余	20～25
水果废物	34.8	活性污泥	6.3

除碳和氮之外，磷也是微生物必需的营养元素之一，它是磷酸和细胞核的重要组成元素，也是生物能 ATP 的重要组成部分，对微生物的生长也有重要的影响。有时，在垃圾中会添加一些污泥进行混合堆肥，就是利用污泥中丰富的磷来调整堆肥原料的 C/P 比值。一般要求堆肥原料的 C/P 比值为 75～150。

⑥pH 值

pH 值是微生物生长的一个重要环境条件，一般情况下，在堆肥过程中，pH 值有足够的缓冲作用，能使 pH 值稳定在可以保证好氧分解的酸碱度水平。适宜的 pH 值可使微生物发挥有效作用，一般来说，pH 值在 7.5～8.5 之间，可获得最佳的堆肥效果。

4.2.1.2　好氧堆肥工艺

传统的堆肥化技术采用厌氧野外堆肥法，这种方法占地面积大、时间长。现代化的

堆肥生产一般采用好氧堆肥工艺，它通常由前(预)处理、主发酵(亦称一级发酵或初级发酵)、后发酵(亦称二级发酵或次级发酵)、后处理、脱臭及贮存等工序组成。

(1)前处理

前处理往往包括分选、破碎、筛分和混合等预处理工序。主要是去除大块和非堆肥化物料如石块、金属物等。这些物质的存在会影响堆肥处理机械的正常运行，并降低发酵仓的有效容积，使堆肥温度不易达到无害化的要求，从而影响堆肥产品的质量。此外，前处理还应包括养分和水分的调节，如添加氮、磷以调节碳氮比和碳磷比。

在前处理时应注意：①在调节堆肥物料颗粒度时，颗粒不能太小，否则会影响通气性。一般适宜的粒径范围是2～60mm，最佳粒径随垃圾物理特性的变化而变化，如果堆肥物质坚固，不易挤压，则粒径应小些，否则，粒径应大些。②用含水率较高的固体废物(如人畜粪便等)为主要原料时，前处理的主要任务是调整水分和C/N比值，有时需要添加菌种和酶制剂，以使发酵过程正常进行。

(2)主发酵

主发酵主要在发酵仓内进行，也可露天堆积，靠强制通风或翻堆搅拌来供给氧气。在堆肥时，由于原料和土壤中存在微生物的作用开始发酵，首先是易分解的物质分解，产生二氧化碳和水，同时产生热量，使堆温上升。微生物吸收有机物的碳氮营养成分，在细菌自身繁殖的同时，将细胞中吸收的物质分解而产生热量。

发酵初期物质的分解作用是靠中温菌(也称嗜温菌)进行的。随着堆温的升高，最适宜温度为45～60℃的高温菌(也称嗜热菌)代替了中温菌，在60～70℃或更高温度下能进行高效率的分解(高温分解比低温分解快得多)。然后将进入降温阶段，通常将温度升高到开始降低的阶段，称为主发酵期。以城市生活垃圾和家禽粪尿为主体的好氧堆肥，主发酵期约4～12d。

(3)后发酵

后发酵是将主发酵工序尚未分解的易分解有机物和较难分解的有机物进一步分解，使之变成腐殖酸、氨基酸等比较稳定的有机物，得到完全腐熟的堆肥制品。后发酵可在封闭的反应器内进行，但在敞开的场地、料仓内进行较多。此时，通常采用条堆或静态堆肥的方式，物料堆积高度一般为1～2m。有时还需要翻堆或通气，但通常每周进行一次翻堆。后发酵时间的长短取决于堆肥的使用情况，通常在20～30d。

(4)后处理

经过后发酵的物料中，几乎所有的有机物都被稳定化和减量化。但在前处理工序中还没有完全去除的塑料、玻璃、金属、小石块等杂物还要经过一道分选工序去除。可以用回转式振动筛、磁选机、风选机等预处理设备分离去除上述杂质，并根据需要进行再破碎(如生产精肥也可根据土壤的情况，在散装堆肥中加入N、P、K等添加剂后生产复合肥)。

(5)脱臭

在堆肥化工艺过程中，因微生物的分解，会有臭味产生，必须进行脱臭。常见的产生臭味的物质有氨、硫化氢、甲基硫醇、胺类等。去除臭气的方法主要有化学除臭剂除臭；碱水和水溶液过滤；熟堆肥或活性炭、沸石等吸附剂吸附法等。其中，经济而实用的方法是熟堆肥吸附的生物除臭法。

(6)贮存

堆肥一般在春秋两季使用，在夏冬两季就需贮存，所以一般的堆肥化工厂有必要设置至少能容纳6个月产量的贮存设备。贮存方式可直接堆存在发酵池中或装袋，要求干燥透气，闭气和受潮会影响堆肥产品的质量。

4.2.1.3　堆肥腐熟度评价

腐熟度是衡量堆肥进行程度的指标。堆肥腐熟度是指堆肥中的有机质经过矿化、腐殖化过程最后达到稳定的程度。由于堆肥的腐熟度评价是一个很复杂的问题，迄今为止，还未形成一个完整的评价指标体系。评价指标一般可分为物理学指标、化学指标、生物学指标以及工艺指标。

(1)物理学指标随堆肥过程的变化比较直观，易于监测，常用于定性描述堆肥过程所处的状态，但不能定量说明堆肥的腐熟度。常用的物理学指标有以下几种：

①气味：在堆肥进行过程中，臭味逐渐减弱并在堆肥结束后消失，此时也就不再吸引蚊虫。

②粒度：腐熟后的堆肥产品呈现疏松的团粒结构。

③色度：堆肥的色度受其原料成分的影响很大，很难建立统一的色度标准以判别各种堆肥的腐熟程度。一般堆肥过程中堆料逐渐变黑，腐熟后的堆肥产品呈深褐色或黑色。

由于物理指标只能直观反映堆肥过程，所以常通过分析堆肥过程中堆料的化学成分或性质的变化以评价腐熟度。

(2)常用的化学指标有以下几种：

①pH值

pH值随堆肥的进行而变化，可作为评价腐熟度的一个指标。

②有机质变化指标

反映有机质变化的参数有化学需氧量(COD)、生化需氧量(BOD)、挥发性固体(VS)。在堆肥过程中，由于有机物的降解，物料中的含量会有所变化，因而可用BOD、COD、VS来反映堆肥有机物降解和稳定化的程度。

③碳氮比

碳氮比(C/N)是最常用的堆肥腐熟度评估方法之一。当C/N比值降至(10～20)∶1时，可认为堆肥达到腐熟。

④氮化合物

由于堆肥中含有大量的有机氮化合物，而在堆肥中伴随着明显的硝化反应过程，在堆肥后期，部分氨态氮可被氧化成硝态氮或亚硝态氮。因此，氨态氮、硝态氮及亚硝态氮的浓度变化，也是堆肥腐熟度评价的常用参数。

⑤腐殖酸

随着堆肥腐熟化过程的进行，腐殖酸的含量上升。因此，腐殖酸含量是一个相对有效的反映堆肥质量的参数。另外，不同腐熟度的堆肥耗氧速率、释放二氧化碳的速率、堆温、肥效等皆有区别，利用这些特征也可对堆肥的腐熟度作出判断。

4.2.2 固体废物的厌氧消化处理

厌氧消化或称厌氧发酵是一种普遍存在于自然界的微生物过程。凡是存在有机物和一定水分的地方，只要供氧条件差和有机物含量多，都会发生厌氧消化现象，有机物经厌氧分解产生 CH_4、CO_2 和 H_2S 等气体。因此，厌氧消化处理是指在厌氧状态下利用厌氧微生物使固体废物中的有机物转化为 CH_4 和 CO_2 的过程。由于厌氧消化可以产生以 CH_4 为主要成分的沼气，故又称之为甲烷发酵。厌氧消化可以去除废物中 30%～50%的有机物并使之稳定化。20 世纪 70 年代初，由于能源危机和石油价格的上涨，许多国家开始寻找新的替代能源，使得厌氧消化技术显示出其优势。

厌氧消化技术具有以下特点：①过程可控、降解快、生产过程全封闭。②资源化效果好，可将潜在于废弃有机物中的低品位生物能转化为可以直接利用的高品位沼气。③易操作，与好氧处理相比，厌氧消化处理不需要通风动力，设施简单，运行成本低。④产物可再利用，经厌氧消化后的废物基本得到稳定，可做农肥、饲料或堆肥化原料。⑤可杀死传染性病原菌，有利于防疫。⑥厌氧过程中会产生 H_2S 等恶臭气体。⑦厌氧微生物的生长速率低，常规方法的处理效率低，设备体积大。

4.2.2.1 厌氧消化原理

参与厌氧分解的微生物可以分为两类，一类是由一个十分复杂的混合发酵细菌群将复杂的有机物水解，并进一步分解为以有机酸为主的简单产物，通常称之为水解菌。在中温沼气发酵中，水解菌主要属于厌氧细菌，包括梭菌属，拟杆菌属、真细菌属、双歧杆菌属等。在高温厌氧发酵中，有梭菌属、无芽孢的革兰氏阴性杆菌、链球菌和肠道菌等兼性厌氧细菌。第二类微生物为绝对厌氧细菌，其功能是将有机酸转变为甲烷，被称之为产甲烷细菌。产甲烷细菌的繁殖相当缓慢，且对于温度、抑制物的存在等外界条件的变化相当敏感。产甲烷阶段在厌氧消化过程中是十分重要的环节，产甲烷细菌除了产生甲烷外，还起到分解脂肪酸调节 pH 值的作用。同时，通过将氢气转化为甲烷，可以减少氢的分压，有利于产酸菌的活动。

有机物厌氧消化的生物化学反应过程与堆肥过程同样都是非常复杂的，中间反应及中间产物有数百种，每种反应都是在酶或其他物质的催化下进行的。

有机废物厌氧发酵的工艺原理如图 4.3 所示。

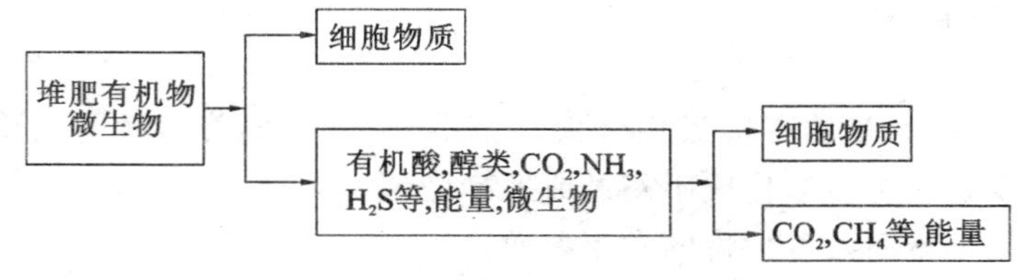

图 4.3 有机物的厌氧发酵分解

(1)三段理论

厌氧发酵是有机物在无氧条件下被微生物分解、转化成甲烷和二氧化碳等，并合成自身细胞物质的生物学过程。由于厌氧发酵的原料来源复杂，参加反应的微生物种类繁多，使得厌氧发酵过程变得非常复杂。一些学者对厌氧发酵过程中物质的代谢、转化和各种菌群的作用等进行了大量的研究，但仍有许多问题有待进一步的探讨。目前，对厌氧发酵的生化过程有两段理论、三段理论和四段理论。我们这里主要介绍两段理论和三段理论。

厌氧发酵一般可以分为三个阶段，即水解阶段、产酸阶段和产甲烷阶段，每一阶段各有其独特的微生物类群起作用。水解阶段起作用的细菌称为发酵细菌，包括纤维素分解菌、蛋白质水解菌。产酸阶段起作用的细菌是醋酸分解菌。这两个阶段起作用的细菌统称为不产甲烷细菌。产甲烷阶段起作用的细菌是产甲烷细菌。有机物分解三阶段过程如图 4.4 所示。

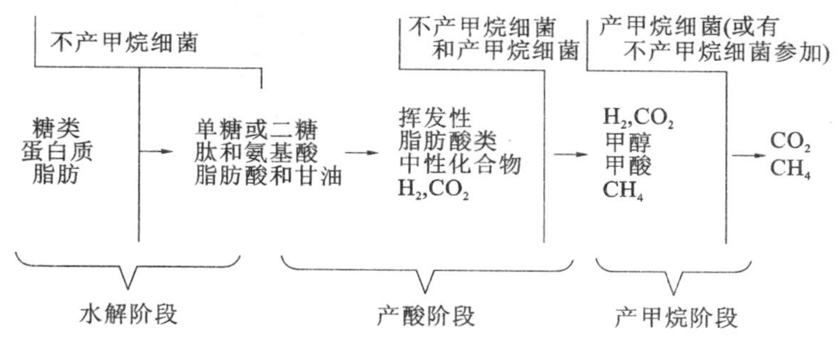

图 4.4　有机物的厌氧发酵过程（三段理论）

①水解阶段

发酵细菌利用胞外酶对有机物进行体外酶解，使同体物质变成可溶于水的物质，然后，细菌再吸收可溶于水的物质，并将其分解成为不同产物。高分子有机物的水解速率很低，它取决于物料的性质、微生物的浓度，以及温度、pH 值等环境条件。纤维素、淀粉等水解成单糖类，蛋白质水解成氨基酸，再经脱氨基作用形成有机酸和氨，脂肪水解后形成甘油和脂肪酸。

②产酸阶段

水解阶段产生的简单的可溶性有机物在产氢和产酸细菌的作用下，进一步分解成挥发性脂肪酸（如丙酸、乙酸、丁酸、长链脂肪酸）、醇、酮、醛、CO_2 和 H_2 等。

③产甲烷阶段

产甲烷细菌将第二阶段的产物进一步降解成 CH_4 和 CO_2，同时利用产酸阶段所产生的 H_2 将部分 CO_2 再转变为 CH_4。产甲烷阶段的生化反应相当复杂，其中 72% 的 CH_4 来自乙酸，目前已经得到验证的主要反应有：

$$CH_3COOH \longrightarrow CH_4 \uparrow + CO_2 \uparrow$$

$$4H_2 + CO_2 \longrightarrow CH_4 \uparrow + 2H_2O$$

$$4HCOOH \longrightarrow CH_4 \uparrow + 3CO_2 \uparrow + 2H_2O$$

$$4CH_3OH \longrightarrow 3CH_4 \uparrow + CO_2 \uparrow + 2H_2O$$

$$4(CH_3)_3N + 6H_2O \longrightarrow 9CH_4 \uparrow + 3CO_2 \uparrow + 4NH_3 \uparrow$$

$$4CO + 2H_2O \longrightarrow CH_4 \uparrow + 3CO_2 \uparrow$$

由式中可见，除乙酸外 CO_2 和 H_2 的反应也能产生一部分 CH_4，少量 CH_4 来自其他一些物质的转化。产甲烷细菌的活性大小取决于在水解和产酸阶段所提供的营养物质。

对于以可溶性有机物为主的有机废水来说，由于产甲烷细菌的生长速率低，对环境和底物要求苛刻，产甲烷阶段是整个反应过程的控制步骤；而对于以不溶性高分子有机物为主的污泥、垃圾等废物，水解阶段是整个厌氧消化过程的控制步骤。

(2)两段理论

厌氧发酵的两段理论也较为简单、清楚，被人们所普遍接受。

两段理论将厌氧消化过程分成两个阶段，即酸性发酵阶段和碱性发酵阶段(图 4.5)。在分解初期，产酸菌的活动占主导地位，有机物被分解成有机酸、醇、二氧化碳、氨、硫化氢等，由于有机酸大量积累，pH 值随之下降，故把这一阶段称作酸性发酵阶段。在分解后期，产甲烷细菌占主导作用，在酸性发酵阶段产生的有机酸和醇等被产甲烷细菌进一步分解产生 CH_4 和 CO_2 等。由于有机酸的分解和所产生的氨的中和作用，使得 pH 值迅速上升，发酵从而进入第二个阶段——碱性发酵阶段。到碱性发酵后期，可降解有机物大都已经被分解，消化过程也就趋于完成。厌氧消化利用的是厌氧微生物的活动，可产生生物气体，生产可再生能源，且无需氧气的供给，动力消耗低；但缺点是发酵效率低、消化速率低、稳定化时间长。

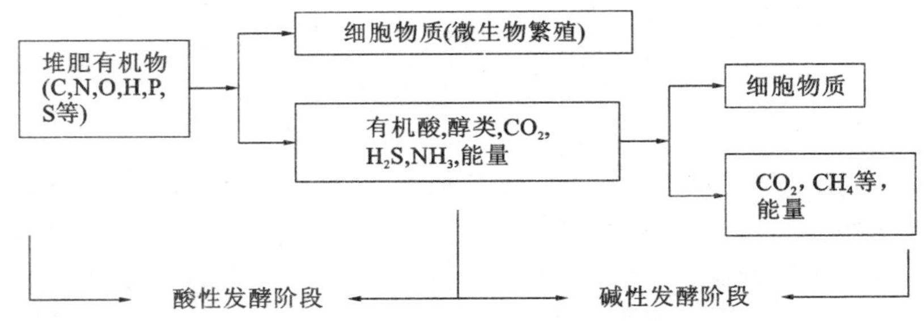

图 4.5 有机物厌氧发酵的两段理论

4.2.2.2 厌氧消化的影响因素

(1)厌氧条件

厌氧消化最显著的一个特点是有机物在无氧的条件下被某些微生物分解，最终转化成 CH_4 和 CO_2。产酸阶段微生物大多数是厌氧菌，需要在厌氧的条件下才能把复杂的有机质分解成简单的有机酸等。而产气阶段的细菌是专性厌氧菌，氧对产甲烷细菌有毒害作用，因而需要严格的厌氧环境。判断厌氧程度可用氧化还原电位(E_h)表示。当厌氧消化正常进行时，E_h 应维持在－300mV 左右。

(2)原料配比

厌氧消化原料的碳氮比以(20～30)∶1 为宜。碳氮比过小，细菌增殖量降低，氮不能被充分利用，过剩的氮变成游离 NH_3，抑制了产甲烷细菌的活动，厌氧消化不易进行。但碳氮比过高，反应速率降低，产气量明显下降。磷含量(以磷酸盐计)一般为有机物含量的 1/1000 为宜。

(3)温度

温度是影响产气量的重要因素，厌氧消化可在较为广泛的温度范围内进行(40～65℃)。温度过低，厌氧消化的速率低，产气量低，不易达到卫生要求上杀灭病原菌的目的；温度过高，微生物处于休眠状态，不利于消化。研究发现，厌氧微生物的代谢速率在 35～38℃和 50～65℃时各有一个高峰。因此，一般厌氧消化常把温度控制在这两个范围内，以获得尽可能高的消化效率和降解速率。

(4)pH 值

产甲烷微生物细胞内的细胞质 pH 值一般呈中性。但对于产甲烷细菌来说，维持弱碱性环境是十分必要的，当 pH 值低于 6.2 时，它就会失去活性。因此，在产酸菌和产甲烷细菌共存的厌氧消化过程中，系统的 pH 值应控制在 6.5～7.5 之间，最佳 pH 值范围是 7.0～7.2。为提高系统对 pH 值的缓冲能力，需要维持一定的碱度，可通过投加石灰或含氮物料的办法进行调节。

(5)添加物和抑制物

在发酵液中添加少量的硫酸锌、磷矿粉、炼钢渣、碳酸钙、炉灰等，有助于促进厌氧发酵，提高产气量和原料利用率，其中以添加磷矿粉的效果最佳。同时添加少量钾、钠、镁、锌、磷等元素也能提高产气率。但是也有些化学物质能抑制发酵微生物的生命活力，当原料中含氮化合物过多，如蛋白质、氨基酸、尿素等被分解成铵盐，从而抑制甲烷发酵。因此当原料中氮化合物比较高的时候应适当添加碳源，调节碳氮化在(20～30)∶1 范围内。此外，如铜、锌、铬等重金属及氰化物等含量过高时，也会不同程度地抑制厌氧消化。因此在厌氧消化过程中应尽量避免这些物质的混入。

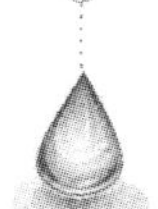

(6)接种物

厌氧消化中细菌数量和种群会直接影响甲烷的生成。不同来源的厌氧发酵接种物，对产气量有不同的影响。添加接种物可有效提高消化液中微生物的种类和数量，从而提高反应器的消化处理能力，加快有机物的分解速率，提高产气量，还可使开始产气的时间提前。用添加接种物的方法，开始发酵时，一般要求菌种量达到料液量的 5%以上。

(7)搅拌

搅拌可使消化原料分布均匀，增加微生物与消化基质的接触，使消化产物及时分离，也可防止局部出现酸积累和排除抑制厌氧菌活动的气体，从而提高产气量。

4.2.2.3　厌氧消化工艺

一个完整的厌氧消化系统包括预处理、厌氧消化反应器、消化气净化与贮存、消化液与污泥的分离、处理和利用。厌氧消化工艺类型较多，按消化温度、消化方式、消化级差的不同划分成几种类型。通常是按消化温度划分厌氧消化工艺类型。

(1)根据消化温度划分的工艺类型

根据消化温度，厌氧消化工艺可分为高温消化工艺和自然消化工艺两种。

①高温消化工艺

高温消化工艺的最佳温度范围是 47～55℃，此时有机物分解旺盛，消化快，物料在厌氧池内停留时间短，非常适用于城市生活垃圾、粪便和有机污泥的处理。其程序如下：

高温消化菌的培养：高温消化菌种的来源一般是将污水池或地下水道有气泡产生的中性偏碱的污泥加到备好的培养基上，进行逐级扩大培养，直到消化稳定后即可作为接种用的菌种。

高温的维持：通常是在消化池内布设盘管，通入蒸汽加热料浆。我国有城市利用余热和废热作为高温消化的热源，是一种十分经济的方法。

原料投入与排出:在高温消化过程中,原料的消化速率快,要求连续投入新料与排出消化液。

消化物料的搅拌:高温厌氧消化过程要求对物料进行搅拌,以迅速消除邻近蒸汽管道区域的高温状态和保持全池温度的均一。

②自然消化工艺

自然温度厌氧消化是指在自然温度影响下消化温度发生变化的厌氧消化。目前我国农村基本上都采用这种消化类型,其工艺流程如图 4.6 所示。

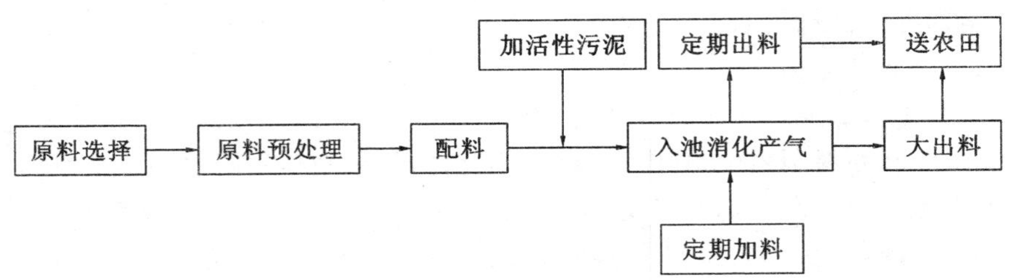

图 4.6　自然温度半批量投料沼气消化工艺流程

这种工艺的消化池结构简单、成本低廉、施工容易、便于推广。但该工艺的消化温度不受人为控制,基本上是随气温变化而不断变化,通常夏季产气率较高,冬季产气率较低,故其消化周期需视季节和地区的不同加以控制。

(2)根据投料运转方式划分的工艺类型

根据投料运转方式,厌氧消化可分为连续消化、半连续消化、两步消化等。

①连续消化工艺

该工艺是从投料启动后,经过一段时间的消化产气,随时连续定量地添加消化原料和排出旧料,其消化时间能够长期连续进行。此消化工艺易于控制,能保持稳定的有机物消化速率和产气率,但该工艺要求较低的原料固体废物浓度。其工艺流程见图 4.7。

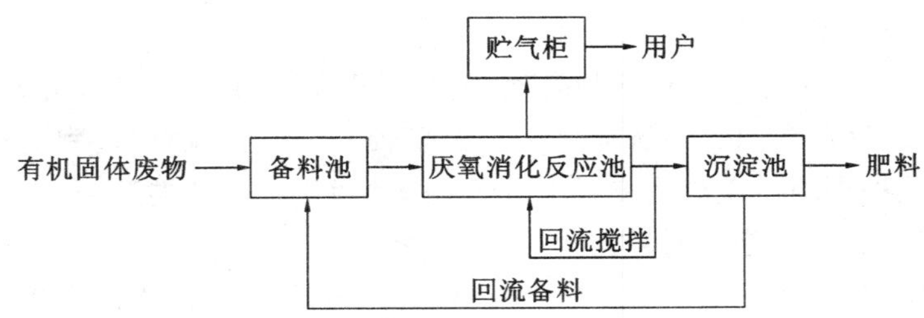

图 4.7　固体废物连续消化工艺流程

②半连续消化工艺

半连续消化的工艺特点是:启动时一次性投入较多的消化原料,当产气量趋于下降时,开始定期或不定期添加新料和排出旧料,以维持比较稳定的产气率。由于我国广大农村的原料特点和农村用肥集中等原因,该工艺在农村沼气池的应用已比较成熟。半连续消化工艺是固体有机原料沼气消化最常采用的消化工艺。图 4.8 所示为半连续沼气消化工艺处理有机原料的工艺流程。

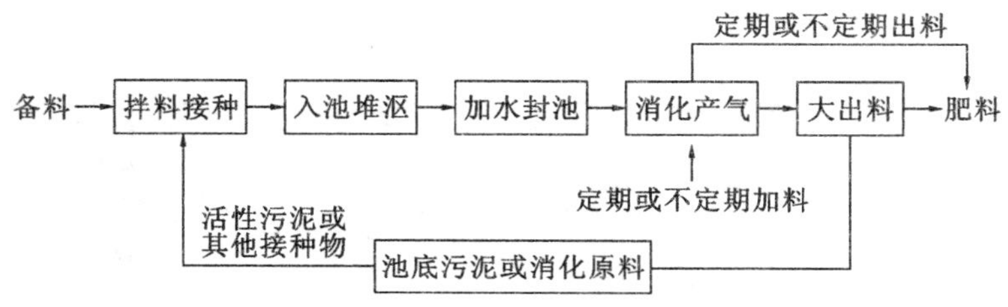

图4.8　固体废物半连续消化工艺流程

③两步消化工艺

两步消化工艺是根据沼气消化过程分为产酸和产甲烷两个阶段的原理开发的。两步消化工艺特点是将沼气消化全过程分成两个阶段，在两个反应器中进行。第一个反应器的功能是：水解和液化固态有机物为有机酸；缓冲和稀释负荷冲击与有害物质，并截留难降解的固体物质。第二个反应器的功能是：保持严格的厌氧条件和pH值，以利于产甲烷细菌的生长；消化、降解来自前段反应器的产物，把它们转化成甲烷含量较高的消化气，并截留悬浮固体、改善出料性质。因此，两步消化工艺可大幅度地提高产气率，气体中甲烷含量也有所提高。同时实现了渣和液的分离，使得在固体有机物的处理中，引入高效厌氧处理器成为可能。

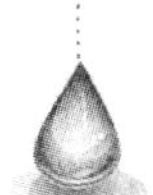

4.2.2.4　厌氧消化装置

厌氧消化池亦称厌氧消化器。消化罐是整套装置的核心部分，附属设备有气压表、导气管、出料机、预处理设备(粉碎、升温、预处理池等)、搅拌器等。附属设备可以进行原料的处理，产气的控制、监测，以提高沼气的质量。

厌氧消化池的种类很多，按消化间的结构形式，有圆形池、长方形池；按贮气方式有气袋式、水压式和浮罩式。

(1)水压式沼气池

水压式沼气池产气时，沼气将消化料液压向水压箱，使水压箱内液面升高；用气时，料液压沼气供气。产气、用气循环工作，依靠水压箱内料液的自动提升使气室内的水压自动调节。水压式沼气池的结构与工作原理如图4.9所示。水压式沼气池结构简单、造价低、施工方便；但由于温度不稳定，产气量不稳定，因此原料的利用率低。

(2)长方形(或方形)甲烷消化池

长方形(或方形)甲烷消化池由消化室、气体储藏室、贮水库、进料口和出料口、搅拌器、导气喇叭口等部分组成，结构如图4.10所示。其主要特点是：气体储藏室与消化室相通，位于消化室的上方，设一贮水库来调节气体储藏室的压力。若室内气压很高时，就可将消化室内经消化的废液通过进料间的通水穴压入贮水库内。相反，若气体储藏室内压力不足时，贮水库内的水由于自重便流入消化室，这样通过水量调节气体储藏室的空间，使气压相对稳定。搅拌器的搅拌可加速消化。产生的气体通过导气喇叭口输送到外面的导气管。

(3)红泥塑料沼气池

红泥塑料沼气池采用红泥塑料(红泥-聚氯乙烯复合材料)制作池盖或池体材料，该工艺多采用批量进料方式。红泥塑料沼气池有半塑式、两模全塑式、袋式全塑式和干湿交

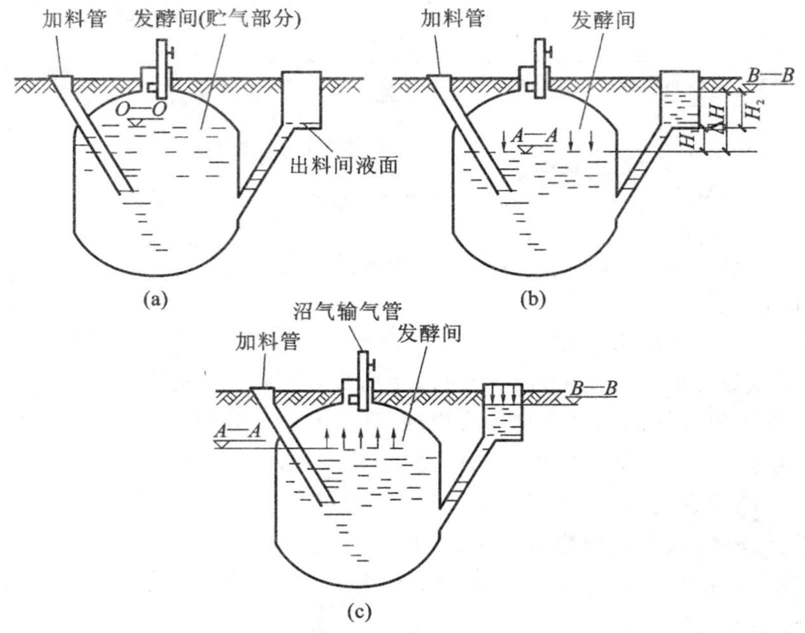

图 4.9 水压式沼气池示意图

(a)启动前状态；(b)启动后状态；(c)使用状态

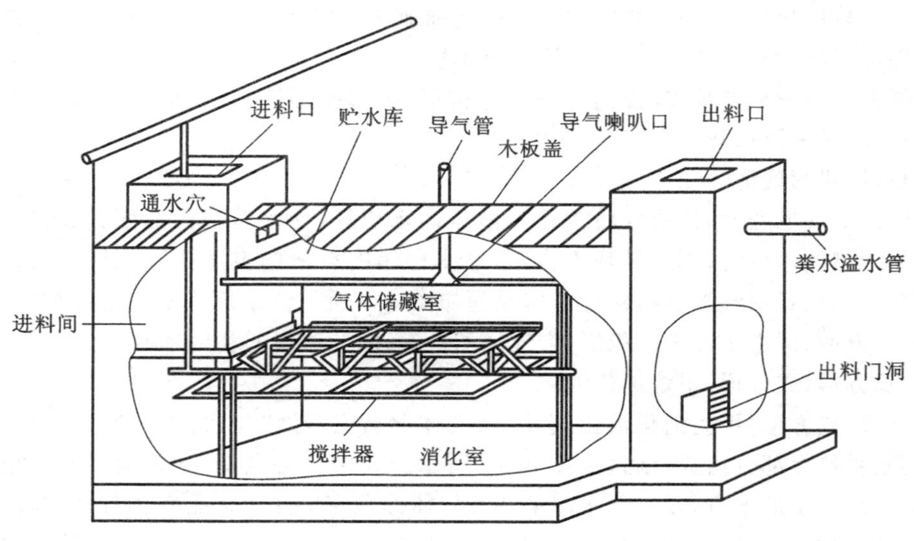

图 4.10 长方形消化池

替式等。

①半塑式沼气池

半塑式沼气池由水泥料池和红泥塑料气罩两大部分组成，如图 4.11 所示。料池上沿部设有水封池，用来密封气罩与料池的结合处。这种消化池适于高浓度料液或干发酵，成批量进料。可以不设进出料间。

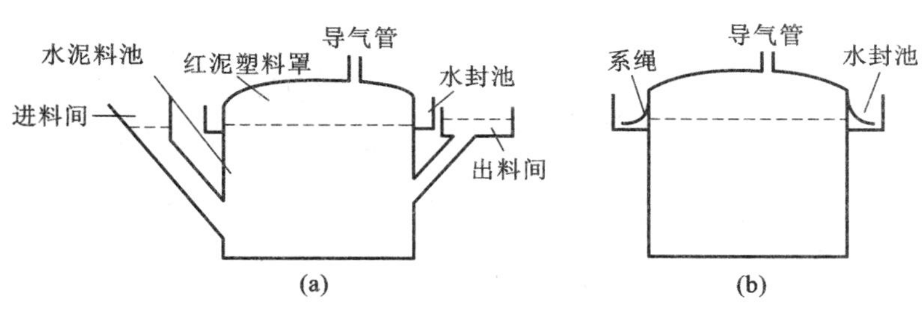

图 4.11　半塑式沼气池

(a)设进出料间;(b)不设进出料间

②两模全塑式沼气池

两模全塑式沼气池的池体与池盖由两块红泥塑料膜组成。它仅需挖一个浅土坑,压平整成形后即可安装。安装时,先铺上池底膜,然后装料,再将池盖膜覆上,把池盖膜的边沿和池底膜的边沿对齐,以便黏合紧密。待合拢后向上翻折数卷,卷紧后用砖或泥把卷紧处压在池边沿上,其加料液面应高于两块膜黏合处,这样可以防止漏气,如图 4.12 所示。

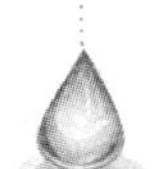

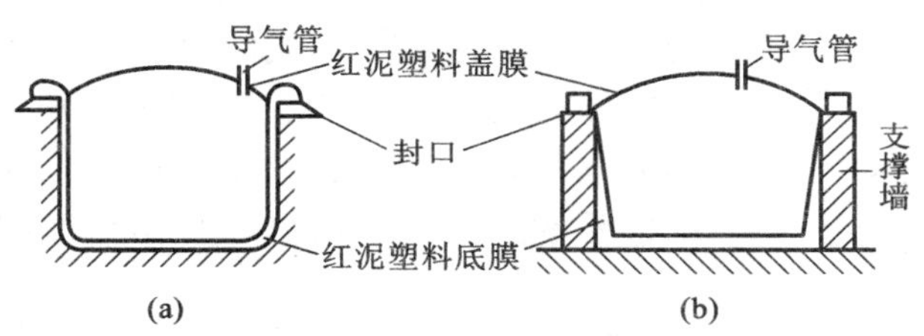

图 4.12　两模全塑式沼气池

(a)地下式;(b)地上式

③袋式全塑式沼气池

袋式全塑式沼气池的整个池体由红泥塑料膜热合加工制成,设进料口和出料口,安装时需建槽,主要用于处理牲畜粪便的沼气发酵,是半连续进料,如图 4.13 所示。

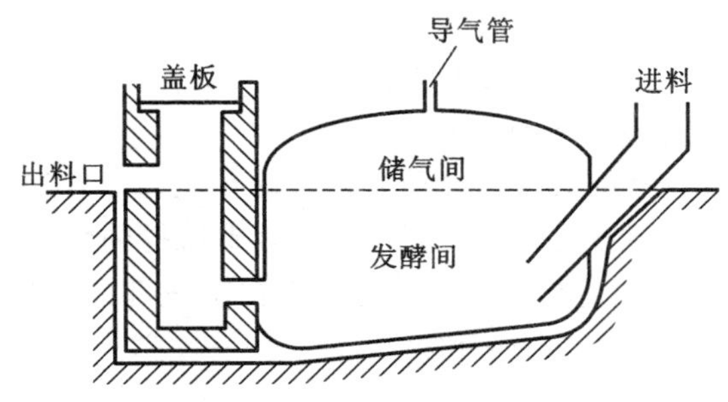

图 4.13　袋式全塑式沼气池

④干湿交替式沼气池

干湿交替式沼气池设有两个消化室,上消化室用来进行批量投料、干消化,所产沼气由红泥塑料罩收集,如图 4.14 所示。下消化室用来半连续进料、湿消化,所产沼气储存在消化室的气室内。下消化室中的气室是处在上消化室料液的覆盖下,密封性好。上、下消化室之间有连通管连通,在产气和用气过程中,两个消化室的料液可随着压力的变

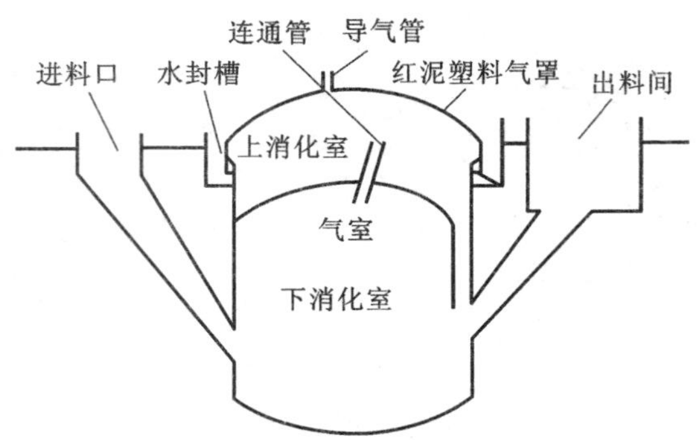

图 4.14　干湿交替式沼气池

化而上、下流动。下消化室产气时，一部分料液通过连通管压入上消化室浸泡干消化原料。用气时，进入上室的浸泡液又流入下消化室。

(4)现代化大型工业化消化设备

为了能用消化技术处理大量污泥和有机废物，满足城市污水处理厂以及城市生活垃圾的处理与处置要求，提高沼气的产量与质量，扩大沼气的利用途径和效率，缩短消化周期，实现沼气消化系统化、自动化管理，近年来，国内外逐步开发了现代化大型工业化消化设备，目前常用的集中消化罐有欧美型、经典型、蛋型以及欧洲平底型，见图 4.15。这些消化罐用钢筋混凝土浇筑，并配备循环装置，使反应物处于不断的循环状态。

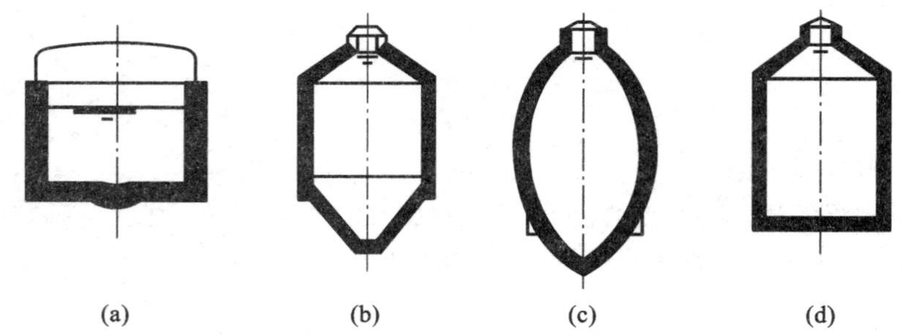

图 4.15　现代化大型工业化消化设备

(a)欧美型;(b)经典型;(c)蛋型;(d)欧洲平底型

为了实现循环，一般消化罐的外部设动力泵。循环用的混合器是一种专门制作的一级或二级螺旋转轮，既可起到混合作用，又可借以形成物料的环流。在污泥的厌氧消化中，利用产生的沼气在气体压缩条的作用下进入消化罐底部并形成气泡，气泡在上升的过程中带动消化液向上运动，完成循环和搅拌。

4.3　固体废物的热处理技术

固体废物处理所利用的热处理法，包括高温下的焚烧、热解(裂解)、焙烧、烧成、热分解、煅烧、烧结等，其中煅烧和烧结较简单，本章重点介绍焚烧、热解和焙烧。

4.3.1　焚烧处理

固体废物焚烧处理就是将固体废物进行高温分解和深度氧化的处理过程。在燃烧过程中，具有强烈的放热效应，有基态和激发态自由基生成，并伴随着光辐射。由于焚烧法处理固体废物，具有减量化效果显著、无害化程度彻底等优点，焚烧处理早已成为城市生活垃圾和危险废物处理的基本方法，同时在对其他固体废物的处理中，也得到了越来越广泛的应用。

对城市生活垃圾和危险废物进行焚烧处理，始于 19 世纪中后期。当时主要是为了公共卫生和安全，焚毁传染病疫区可能带有诸如霍乱、伤寒、疟疾、猩红热等传染性病毒和病菌的垃圾，以控制这些对人体健康有巨大危险的传染性疾病的扩散和传播。在某种意义上讲，这是世界上最早出现的危险废物和城市生活垃圾焚烧处理工程。在此之后，英国、美国、法国、德国等国家，先后开展了大量有关垃圾焚烧的研究和试验，并相继建成了一批用于处理城市生活垃圾的焚烧炉，如英国的双层垃圾焚烧炉、可混烧垃圾和粪便的弗赖斯焚烧炉，美国的史密斯・比巴特斯焚烧炉、安德森焚烧炉、纳依焚烧炉等。这些焚烧炉设备简陋，没有烟气净化处理设施，基本采用间歇操作、人工加料和人工排渣，不仅焚烧效率低、残渣量大，在焚烧过程中存在着明显的黑烟和臭味，也基本未对焚烧残渣进行专门处理或处置，污染治理水平十分低下。

进入 20 世纪以来，随着科学技术的不断进步，在总结过去成功经验和失败教训的基础上，垃圾焚烧技术有了新的发展，相继出现了机械化操作的连续垃圾焚烧炉，并在焚烧炉上设置了必要的旋风收尘等烟气净化处理装置。在垃圾处理能力、焚烧效果和污染治理水平等方面，都有了长足进步，焚烧炉技术也有了明显提高。到了 20 世纪 60 年代，发达国家的垃圾焚烧技术已初具现代化水平，出现了连续运行的大型机械化炉排和由机械除尘、静电收尘和洗涤等技术构成的较高效率的烟气净化系统。焚烧炉炉型向多样化、自动化方向发展，焚烧效率和污染治理水平也进一步提高。特别是在 70 至 90 年代期间，由于不断出现的能源危机、土地价格上涨和越来越严格的环境保护污染排放限制，以及计算机自动化控制等技术的发展和进步，使固体废物焚烧技术得到了空前快速发展和广泛应用。城市生活垃圾和危险废物焚烧技术日趋完善，移动式机械炉排焚烧炉已成为应用最多的主流炉型。针对不同的技术经济要求，出现了多种类型的焚烧炉，如水平机械焚烧炉、倾斜机械焚烧炉、流化床焚烧炉、回转式焚烧炉、熔融焚烧炉、等离子体焚烧炉、热解焚烧炉等。焚烧温度也提高到 850～1100℃之间。

现代固体废物焚烧技术，大大强化了焚烧效率和焚烧烟气的净化处理。在固体废物焚烧系统中，普遍在原有除尘处理的基础上，进一步发展了湿式洗涤、半湿式洗涤、袋式过滤、吸附等技术，净化处理颗粒状污染物和气态污染物（如 HCl、HF、SO_2、NO_x、二噁英等）。特别是 90 年代以来，一些国家在焚烧烟气处理系统中，除了使用机械除尘、静电除尘、洗涤除尘和袋式过滤外，甚至还配置了催化脱硝、脱硫设施。如静电除尘—半干式洗涤—袋式过滤—催化脱硝、静电除尘—湿洗涤—袋式过滤—催化脱硝—活性炭喷雾吸附等烟气处理工艺，取得了非常好的治理效果，同时焚烧烟气处理系统投资也大幅度增加，通常可达整个焚烧系统总投资的 1/2～2/3 以上。

随着科学技术的不断进步、环境保护和安全要求的进一步提高，固体废物焚烧处理技术正向资源化、智能化、多功能、综合性方向发展。高温焚烧已发展成为一种应用最广、最有前途的城市生活垃圾和危险废物的处理方法之一。焚烧处理早已从过去的单纯处理废物，发展为集焚烧、发电、供热、环境美化等功能为一体的自动化控制、全天候运行的综合性系统工程。

近十多年来，世界各国的焚烧技术有了空前快速的发展。如日本，目前约有数千座垃圾焚烧炉、数百座垃圾发电站，垃圾发电容量达到2000MW以上，其中，垃圾处理能力为1000t/d以上（最大为1800t/d）的垃圾发电站8座。美国的垃圾焚烧率高达40%以上，垃圾发电容量也达2000MW以上，近年建设的垃圾电站，处理垃圾2000t/d，蒸汽温度达430～450℃，发电量高达85MW。英国最大的垃圾电站位于伦敦，有5台滚动炉排式焚烧炉，年处理垃圾40×10^4t。法国现有垃圾焚烧炉300多台，可处理40%以上的城市生活垃圾。德国建有世界上效率最高的垃圾发电厂。新加坡垃圾100%进行高温焚烧处理。

我国对城市生活垃圾和危险废物焚烧技术的研究和应用，开始于20世纪80年代，虽然受技术、经济以及垃圾性质等因素的影响，起步较晚，但发展却非常迅速。目前全国主要城市均已建设了城市生活垃圾焚烧处理场。许多小城镇、医院等，也建有相应的固体废物焚烧处理设施。现在我国城市生活垃圾虽然仍以卫生填埋为主，但城市生活垃圾的焚烧处理，呈快速增长的良好发展势头。可以断言，焚烧技术也必将会成为我国城市生活垃圾、危险废物处理的最主要的方法之一。

4.3.1.1 焚烧原理

(1)燃烧与焚烧

通常把具有强烈放热效应、有基态和电子激发态的自由基出现并伴有光辐射的化学反应现象称为燃烧。燃烧过程可以产生火焰，而燃烧火焰又能在一定条件和适当可燃介质中自行传播。人们常说的燃烧一般都是指这种有焰燃烧。城市生活垃圾和危险废物的燃烧，称为焚烧，是包括蒸发、挥发、分解、烧结、熔融和氧化还原等一系列复杂的物理变化和化学反应，以及相应的传质和传热的综合过程。

进行燃烧必须具备三个基本条件：可燃物质、助燃物质和引燃火源，并在着火条件下才会着火燃烧。着火是可燃物质与助燃物质由缓慢放热反应转变为强烈放热反应的过程，也就是可燃物质与助燃物质从缓慢的无焰反应变为剧烈的有焰氧化反应的过程。反之，从剧烈的有焰氧化反应向无焰反应状态过渡的过程就叫熄火。可燃物质着火必须满足一定的初始条件或边界条件，及着火条件。可燃物质着火实际是燃烧系统与热力学、动力学、流体力学等有关的各种因素共同作用的综合结果。

常见的燃烧着火方式有化学自然燃烧、热燃烧、强迫点燃燃烧三种。城市生活垃圾和危险废物的焚烧处理，属于强迫点燃燃烧。当焚烧炉在启动点火时，可用电火花、火焰、炽热物体或热气流等引燃炉内的可燃物质。而在正常焚烧过程中，高温炉料和火焰自行传播就可正常点燃可燃物质，维持正常燃烧过程。

(2)焚烧原理

可燃物质燃烧，特别是城市生活垃圾的焚烧过程，是一系列十分复杂的物理变化和化学反应过程，通常可将焚烧过程划分为干燥、热分解、燃烧三个阶段。焚烧过程实际上是干燥脱水、热化学分解、氧化还原反应的综合作用过程。

①干燥

干燥是利用焚烧系统热能，使入炉固体废物水分汽化、蒸发的过程。按热量传递的方式，可将干燥分为传导干燥、对流干燥和辐射干燥三种方式。进入焚烧炉的固体废物，通过高温烟气、火焰、高温炉料的热辐射和热传导，首先进行加温蒸发、干燥脱水，以改善固体废物的着火条件和燃烧效果。因此，干燥过程需要消耗较多的热能。固体废物含水率的高低，决定了干燥阶段所需时间的长短，这在很大程度上也影响着固体废物焚烧过程。对于高水分固体废物，特别是污泥、废水等，为了蒸发、干燥、脱水和保证焚烧过程的正常运行，常常不得不加入辅助燃料。

②热分解

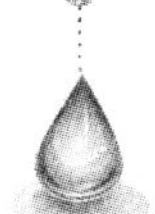

热分解是固体废物中的有机可燃物质，在高温作用下进行化学分解和聚合反应的过程。热分解既有放热反应，也可能有吸热反应。热分解的转化率，取决于热分解反应的热力学特性和动力学行为。通常热分解的温度越高，有机可燃物质的热分解越彻底，热分解速率就越快(热分解动力学服从阿仑尼乌斯公式)。

③燃烧

燃烧是可燃物质的快速分解和高温氧化过程。根据可燃物质种类和性质的不同，燃烧过程亦不同，一般可划分为蒸发燃烧、分解燃烧和表面燃烧三种机理。当可燃物质受热融化、形成蒸汽后进行燃烧反应，就属于蒸发燃烧；若可燃物质中的碳氢化合物等，受热分解、挥发为较小分子可燃气体后再进行燃烧，就是分解燃烧；而当可燃物质在未发生明显的蒸发、分解反应时，与空气接触就直接进行燃烧反应，这种燃烧则称为表面燃烧。在城市生活垃圾焚烧过程中，垃圾中的纸、木材类固体废物的燃烧属于较典型的分解燃烧过程；蜡质类固体废物的燃烧可视为蒸发燃烧过程；而垃圾中的木炭、焦炭类物质燃烧，则属于较典型的表面燃烧过程。

经过焚烧处理，城市生活垃圾、危险废物和辅助燃料中的碳、氢、氧、氮、硫、氯等元素，转化成为碳氧化物、氮氧化物、硫氧化物、氯化物及水等物质组成的烟，不可燃物质、灰分等成为炉渣。

焚烧炉烟气和残渣是固体废物焚烧处理的最主要污染物。焚烧炉烟气由颗粒污染物和气态污染物组成。颗粒污染物主要是由于燃烧气体带出的颗粒物和不完全燃烧形成的灰分颗粒，包括粉尘和烟雾。粉尘是悬浮于气体介质中的微小固体颗粒、黑烟颗粒等，粒径多为 1～200mm；烟雾是指粒径为 0.01～1μm 的气溶胶。吸入的细小粉尘会深入人体肺部，引起各种肺部疾病。尤其是具有很大表面积和吸附活性的黑烟颗粒、微细颗粒等，其上吸附苯并[a]芘等高毒性、强致癌物质，对人体健康具有很大危害性。

焚烧炉烟气的气态污染物种类很多，如 SO_x、CO_x、NO_x、HCl、HF、二噁英类物质等。其中，SO_x 主要来源于废纸和厨余垃圾，HCl 主要来源于废塑料。烟气中一部分 NO_x(热力型 NO_x)主要来源于空气中的氮，另一部分 NO_x(燃料型 NO_x)主要来源于厨余垃圾。而二噁英类物质，可能来源于固体废物中的废塑料、废药品等，或由其前驱体物质在焚烧炉内焚烧过程中生成，也可能在特定条件下于炉外生成。

固体废物焚烧处理的产渣量及残渣性质，与固体废物种类、焚烧技术、管理水平等有关。通常固体废物焚烧处理的产渣量较小，如城市生活垃圾焚烧处理产渣率一般为7%～15%。固体废物焚烧残渣的化学组成主要是钙、硅、铁、铝、镁的氧化物及重金属氧化物，物理性质和化学性质较为稳定。

(3)焚烧技术

①层状燃烧技术

层状燃烧是一种最基本的焚烧技术。层状燃烧过程稳定，技术较为成熟，应用非常广泛。应用层状燃烧技术的系统包括固定炉排焚烧炉、水平机械焚烧炉、倾斜机械焚烧炉等。垃圾在炉排上着火燃烧，热量来自上方的辐射、烟气的对流以及垃圾层内部。在炉排上已着火的垃圾在炉排和气流的翻动或搅动作用下，使垃圾层松动，不断地推动下落，引起垃圾底部也开始着火。连续翻转和搅动明显改善了物料的透气性，促进了垃圾的着火和燃烧。合理的炉型设计和通风设计，能有效地利用火焰下空气、火焰上空气的机械作用和高温烟气的热辐射，确保炉排上垃圾的预热、干燥、燃烧和燃尽的有效进行。

②流化燃烧技术

流化燃烧技术也是一种较为成熟的固体废物焚烧技术，它是利用空气流和烟气流的快速运动，使媒介料和固体废物在焚烧过程中处于流态化状态，并在流态化状态下进行固体废物的干燥、燃烧和燃尽。采用流化燃烧技术的设备有流化床焚烧炉。为了使物料能够实现流态化，该技术对入炉固体废物的尺寸有较为严格的要求，需要对固体废物进行一系列筛分及粉碎等处理，使固体废物均匀化、细小化。流化燃烧技术由于具有热强度高的特点，较适宜焚烧处理低热值、高水分固体废物。

③旋转燃烧技术

采用旋转燃烧技术的主要设备是回转窑焚烧炉。回转窑焚烧炉是一可旋转的倾斜钢制圆筒，筒内加装耐火衬里或由冷却水管和有孔钢板焊接成的内筒。在进行固体废物焚烧时，固体废物从加料端送入。随着炉体滚筒缓慢转动，内壁耐高温衬板将固体废物由筒体下部带到筒体上部，然后靠固体废物自重落下，使固体废物由加料端向出料口翻滚、向下移动，同时进行固体废物热烟干燥、燃烧和燃尽过程。

(4)焚烧的主要影响因素

固体废物焚烧处理过程是一个包括一系列物理变化和化学反应的过程，是一个复杂的系统工程。固体废物的焚烧效果，受许多因素的影响，如焚烧炉类型、固体废物性质、物料停留时间、焚烧温度、供氧量、物料的混合程度、炉气的湍流程度等。其中停留时间、温度、湍流度和空气过剩系数就是人们常说的“3T+1E”，它们既是影响固体废物焚烧效果的主要因素，也是反映焚烧炉工况的重要技术指标。

①固体废物性质

在很大程度上，固体废物性质是判断其是否适合进行焚烧处理以及焚烧处理效果好坏的决定性因素。如固体废物中可燃成分、有毒有害物质、水分等物质的种类和含量，决定这种固体废物的热值、可燃性和焚烧污染物治理的难易程度，也就决定了这种固体废物焚烧处理的技术经济可行性。

进行固体废物焚烧处理，要求固体废物具有一定的热值。固体废物热值越高，就越有利于焚烧过程的进行，越有利于回收利用固体废物焚烧热能或进行发电。生产实践表明，当城市生活垃圾的低位发热值≤3350kJ/kg 时，焚烧过程通常需要添加辅助燃料，如掺煤或喷油助燃。

一般城市生活垃圾的含水量在 50%，低位发热值多在 3350～8374kJ/kg。城市生活垃圾的组成具有非均质性和多变性，不同地区、不同季节、不同能源结构、不同经济发展水平等条件下，其城市生活垃圾的组成和性质有很大差异，这就给城市生活垃圾的焚烧处理造成一定困难。此外，随着固体废物的尺寸、形状、均匀程度等不同，在焚烧时也会表现出不同的热力学、动力学、物理变化和化学反应行为，对焚烧过程产生重要影响。

②焚烧温度

焚烧温度对焚烧处理的减量化程度和无害化程度有决定性的影响。焚烧温度对焚烧处理的影响，主要表现在温度的高低和焚烧炉内温度分布的均匀程度。在焚烧炉里的不同位置、不同高度，温度也可能不同，所以固体废物的焚烧效果也有差异。固体废物中的不少有毒、有害物质，必须在一定温度以上才能有效地进行分解、焚毁。焚烧温度越高，越有利于固体废物中有机污染物的分解和破坏，焚烧速率也就越快。因此，随着环保排放要求的提高，近年来固体废物的焚烧温度也有明显提高。

目前一般要求城市生活垃圾焚烧温度在 850～950℃，医疗垃圾、危险固体废物的焚烧温度要达到 1150℃。而对于危险废物中的某些较难氧化分解的物质，甚至需要在更高温度和催化剂作用下进行焚烧。

③物料停留时间

物料停留时间主要是指固体废物在焚烧炉内的停留时间和烟气在焚烧炉内的停留时间。固体废物停留时间取决于固体废物在焚烧过程中蒸发、热分解、氧化、还原反应等反应速率的大小。烟气停留时间取决于烟气中颗粒状污染物和气态分子的分解、化学反应速率。当然在其他条件不变时，固体废物和烟气的停留时间越长，焚烧反应越彻底，焚烧效果就越好。但停留时间过长会使焚烧炉处理量减少，在经济上也不合理。反之，停留时间过短会造成固体废物和其他可燃成分的不完全燃烧。进行城市生活垃圾焚烧处理时，通常要求垃圾停留时间能达到 1.5～2h 之间，烟气停留时间能达到 2s 以上。

④供氧量和物料混合程度

焚烧过程的氧气是由空气提供的。空气不仅能够起到助燃的作用，同时也起到冷却炉排、搅动炉气以及控制焚烧炉气氛等作用。显然，供给焚烧系统的空气越多，越有利于提高炉内氧气的浓度，越有利于炉排的冷却和炉内烟气的湍流混合。但过大的过剩空气系数，可能会导致炉温降低、烟气量增大，对焚烧过程产生副作用，给烟气的净化处理带来不利影响，最终会提高固体废物焚烧处理的运行成本。

除固体废物性质、物料停留时间、焚烧温度、供氧量、物料的混合程度、炉气的湍流程度外，诸如固体废物料层厚度、运动方式、空气预热温度、进气方式、燃烧器性能、烟气净化系统阻力等，也会影响固体废物焚烧过程的进行，也是在实际生产中必须严格控制的基本工艺参数。

4.3.1.2　焚烧工艺

就不同时期、不同炉型以及不同的固体废物种类和处理要求而言，固体废物焚烧技

术和工艺流程也各不相同，如间歇焚烧、连续焚烧、固定炉排焚烧、流化床焚烧、回转窑焚烧、机械炉排焚烧、单室焚烧、多室焚烧等。不同焚烧技术和工艺流程，有着各自不同的特点。

目前大型现代化城市生活垃圾焚烧技术的基本过程大体相同，如图 4.16 所示。现代化城市生活垃圾焚烧工艺流程主要由前处理系统、进料系统、焚烧炉系统、空气系统、烟气系统、灰渣系统、余热利用系统及自动化控制系统组成。

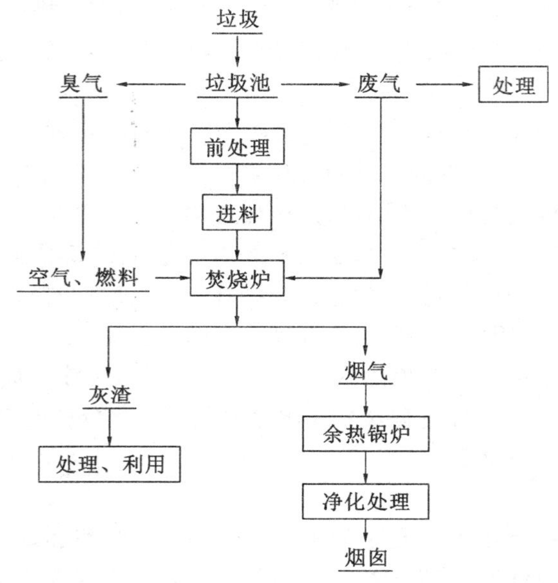

图 4.16　城市生活垃圾焚烧工艺流程图

(1)前处理系统

固体废物焚烧的前处理系统，主要指固体废物的接收、贮存、分选或破碎，具体包括固体废物运输、计量、登记、进场、卸料、混料、破碎、手选、磁选、筛分等。由于垃圾的成分十分复杂，既有坚硬的金属类废物和砖石，又有韧性很强的条带类物质。这就要求破碎和筛分设备既要有足够的抗缠绕、剪切能力，又要能够击碎坚硬的金属和砖石固体废物。前处理系统，特别是对于我国非常普遍的混装城市生活垃圾的破碎和筛分处理过程，在某种意义上往往是整个工艺系统的关键步骤。

前处理系统的设备、设施和构筑物，主要包括车辆、地衡、控制间、垃圾池、吊车、抓斗、破碎和筛分设备、磁选机，以及臭气和渗滤液收集、处理设施等。

(2)进料系统

进料系统的主要作用是向焚烧炉定量给料，同时要将垃圾池中的垃圾与焚烧炉的高温火焰和高温烟气隔开、密闭，以防止焚烧炉火焰通过进料口向垃圾池垃圾反烧和高温烟气反窜。

目前应用较广的进料方法有炉排进料、螺旋给料、推料器给料等几种形式。

(3)焚烧炉系统

焚烧炉系统是整个工艺系统的核心系统，是固体废物进行蒸发、干燥、热分解和燃烧的场所。焚烧炉系统的核心装置就是焚烧炉。焚烧炉有多种炉型，如固定炉排焚烧炉、水平链条机械炉排焚烧炉、倾斜机械炉排焚烧炉、回转窑焚烧炉、流化床焚烧炉、立式焚烧炉、气化热解炉、气化熔融炉、电子束焚烧炉、离子焚烧炉、催化焚烧炉等。在现代城市生活垃圾焚烧工艺中，应用最多的是水平链条机械炉排焚烧炉和倾斜机械炉排焚烧炉。

(4)空气系统

空气系统，即助燃空气系统，是焚烧炉非常重要的组成部分。空气系统除为固体废物的正常焚烧提供必需的助燃氧气外，还有冷却炉排、混合炉料和控制烟气气流等作用。

助燃空气可分为一次助燃空气和二次助燃空气。一次助燃空气是指由炉排下送入焚烧炉的助燃空气，即火焰下空气。一次助燃空气约占助燃空气总量的60%～80%，主要起助燃、冷却炉排、搅动炉料的作用。一次助燃空气分别从炉排的干燥段(着火段)、燃烧段(主燃烧段)和燃尽段(后燃烧段)送入炉内，气量分配大致约为15%、75%和10%，火焰上空气和二次燃烧室的空气属于二次助燃空气。二次助燃空气主要是为了助燃和控制炉气的湍流程度。二次助燃空气一般约为助燃空气总量的20%～40%。

部分一次助燃空气可从垃圾池上方抽取，以防止垃圾池臭气对环境的污染。为了提高助燃空气的温度，常常将助燃空气通过设置在余热锅炉之后的换热器进行预热。预热助燃空气不仅能够改善焚烧效果，而且能够提高焚烧系统的有用热，有利于系统的余热回收。预热空气温度的高低主要取决于城市生活垃圾的热值和烟气余热利用的要求，通常要求预热空气的温度为200～280℃。

空气系统的主要设施是通风管道、进气系统、风机和空气预热器等。

(5)烟气系统

焚烧炉烟气是固体废物焚烧炉系统的主要污染源。焚烧炉烟气含有大量颗粒状污染物质和气态污染物质。设置烟气系统的目的就是去除烟气中的这些污染物质，并使之达到国家有关排放标准的要求，最终排入大气。

烟气中的颗粒状污染物质，即各种烟尘，主要可通过重力沉降、离心分离、静电除尘、袋式过滤等技术手段去除；而烟气中的气态污染物质，如SO_x、NO_x、HCl及有机气体物质等，则主要是利用吸收、吸附、氧化还原等技术途径净化。

(6)其他工艺系统

除以上工艺系统外，固体废物焚烧系统还包括灰渣系统、废水处理系统、余热利用系统、发电系统、自动化控制系统等。

其中，灰渣系统的典型工艺流程如图4.17所示。

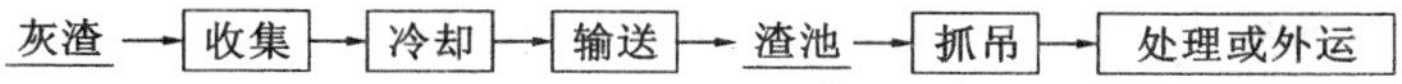

灰渣 → 收集 → 冷却 → 输送 → 渣池 → 抓吊 → 处理或外运

图4.17 灰渣系统工艺流程图

灰渣系统主要包括灰渣收集、冷却、加湿处理、贮运、处理处置和资源化。灰渣系统的主要设备和设施有灰渣漏斗、渣池、排渣机械、滑槽、水池或喷水器、抓提设备、输送机械、磁选机等。

4.3.1.3 焚烧炉系统

焚烧炉系统的主体设备是焚烧炉，包括受料斗、饲料器、炉体、炉排、助燃器、出渣和

进风装置等设备和设施。目前在垃圾焚烧中应用最广的城市生活垃圾焚烧炉主要有机械炉排焚烧炉、流化床焚烧炉和回转窑焚烧炉三种类型。

(1)机械炉排焚烧炉

机械炉排焚烧炉可分为水平链条机械炉排焚烧炉和倾斜机械炉排焚烧炉。倾斜机械炉排多为多级阶梯式炉排,有多种类型,其代表性炉排有并列摇动式、台阶式、往复移动式、倾斜履带式、滚筒式等(部分炉排如图 4.18 所示)。炉排是层状燃烧技术的关键,机械焚烧炉炉排通常可分为三个区或三个段:预热干燥区(干燥段)、燃烧区(主燃段)和燃尽区(后燃段)。在入炉固体废物从进料端(干燥段)向出料端(后燃段)移动的过程中,分别进行固体废物蒸发、干燥、热分解及燃烧反应,同时松散和翻动料层,并从炉排缝隙中漏出灰渣。大型倾斜机械炉排焚烧炉,如马丁炉等,具有工艺先进、技术可靠、焚烧效率和热回收效率高、对垃圾适应性强等优点,在国外应用较为广泛。但这种炉排材质要求高,而且炉排加工、制造复杂,设备造价昂贵,一次性投资大,因而在某种程度上不适合经济不发达地区和中小城镇的垃圾处理。

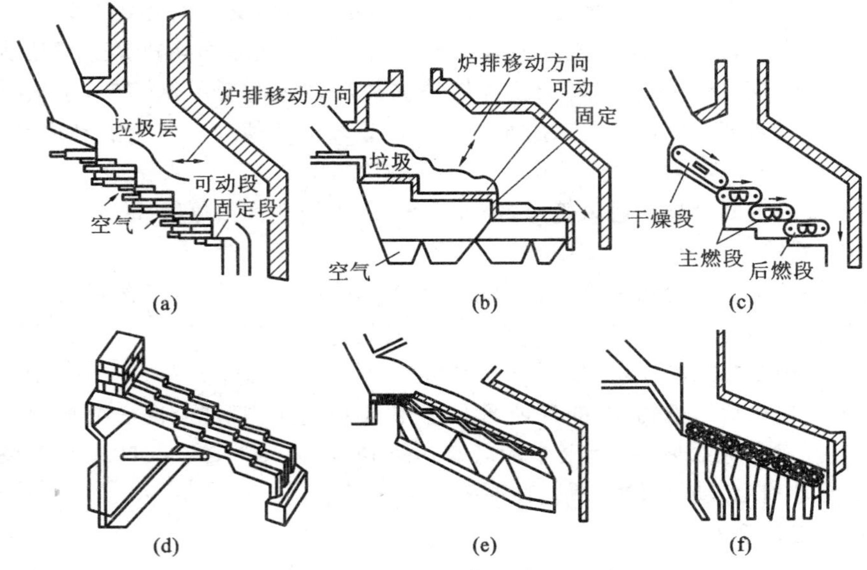

图 4.18 机械炉排示意图

(a)台阶式炉排;(b)台阶往复式炉排;(c)履带往复式炉排;(d)摇动式炉排;(e)逆动式炉排;(f)滚筒式炉排

(2)流化床焚烧炉

流化床焚烧炉采用一种相对较新的清洁燃烧技术,其基本特征在于炉膛内装有布风板、导流板、载热媒介惰性颗粒和在焚烧运行时物料呈沸腾状态。流化床焚烧炉传热和传质速率高,物料几乎呈完全混合状态,能迅速分散均匀。载热体贮存大量的热量,床层的温度保持均匀,避免了局部过热,温度易于控制。流化床焚烧炉具有固体废物焚烧效率高、负荷调节范围宽、污染物排放少、热强度高、适合燃烧低热值物料等优点。流化床焚烧炉在中小城镇较有发展前景,尤其对于热值相对偏低的垃圾的焚烧,流化床焚烧炉不失为一种较佳选择。图 4.19 为流化床焚烧炉的结构。

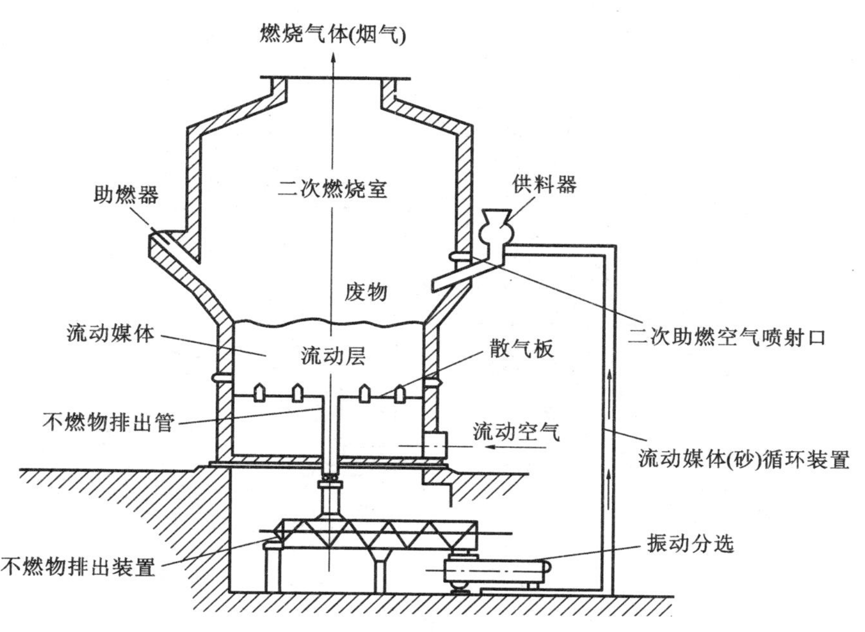

图 4.19　流化床焚烧炉结构

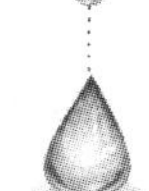

(3)回转窑焚烧炉

回转窑焚烧炉为可旋转的倾斜钢制圆筒，筒内加装耐火衬里或由冷却水管和有孔钢板焊接成的内筒。炉体向下方倾斜，分成干燥、燃烧及燃尽三段，并由前后两端滚轮支撑和电机链轮驱动装置驱动。固体废物在窑内由进到出的移动过程中，完成干燥、燃烧及燃尽过程。冷却后的灰渣由炉窑下方末端排出。在进行固体废物燃烧时，随着回转窑焚烧炉的缓慢转动，固体废物被充分地翻搅及向前输送，预热空气由底部穿过有孔钢板至窑内，使垃圾能完全燃烧。回转窑焚烧炉通常在窑尾设置一个二次燃烧室，使烟中可燃成分在二次燃烧室得到充分燃烧。

根据燃烧气体和固体废物前进方向是否一致，回转窑焚烧炉分为顺流和逆流两种，焚烧处理高水分固体废物时选用逆流炉，阻燃器设置在回转窑前方，而处理高挥发性固体废物时常用顺流炉，图 4.20 为一种逆流式回转炉示意图。

回转窑焚烧炉具有对固体废物适应性广、故障少、可连续运行等特点。回转窑焚烧炉不仅能焚烧固体废物，还可焚烧液体废物和气体废物。但回转窑焚烧炉存在窑身较长、占地面积较大、热效率低、成本高等缺点。

4.3.2　热解处理

热解是一种传统生产工艺，该技术最早用于煤的干馏，生成的木炭和焦炭，用于人们的生活取暖和工业上冶炼钢铁。随着现代工业的发展，热解技术的应用范围也在逐步扩展，例如重油裂解生成轻质燃料油，煤炭气化生成燃料气等，采用的都是热解工艺。

随着国民经济的发展和人们生活水平的提高，人们在工业生产和日常生活中应用有机高分子材料的机会越来越多，固体废物中有机组分的比例也在逐步增大，因此热解技术开始应用到固体废物的资源化处理，以获得油品和燃料气。

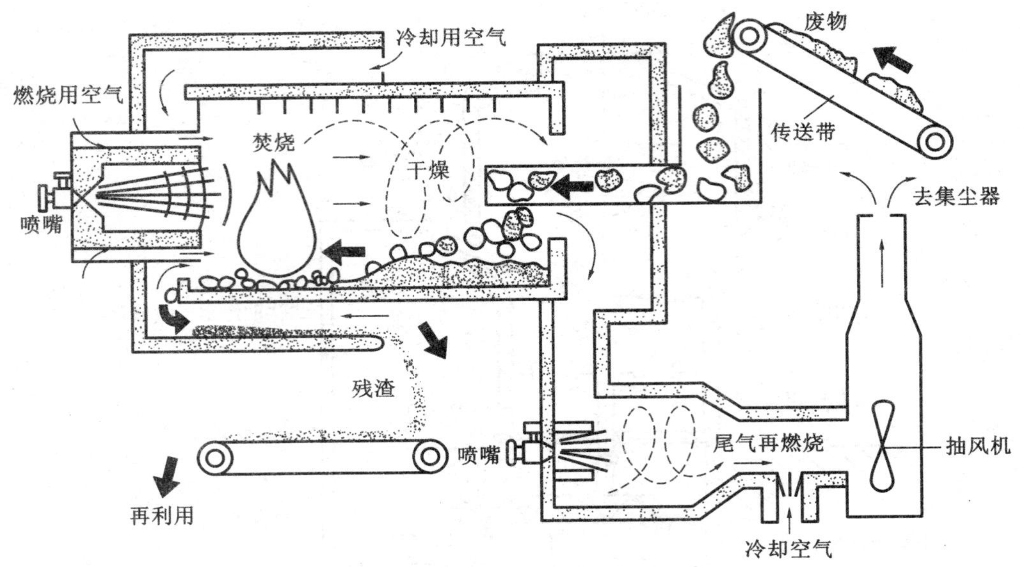

图 4.20　逆流式回转炉

4.3.2.1　热解原理

(1)热解的定义和特点

所谓热解，是将有机物在无氧或缺氧状态下加热，使之成为气态、液态或固态可燃物质的化学分解过程。

热解与焚烧二者的区别是：焚烧是需氧氧化反应过程，热解是无氧或缺氧反应过程；焚烧是放热的，热解是吸热的；焚烧的主要产物是二氧化碳和水，热解的产物主要是可燃的低分子化合物；焚烧产生的热能一般就近直接利用，而热解生成的产物诸如可燃气、油及炭黑等则可以储存及远距离输送。

与焚烧相比，固体废物热解的主要特点是：

①可将固体废物中的有机物转化为以燃料气、燃料油和炭黑为主的储存性能源；

②由于是无氧或缺氧分解，排气量少，因此，采用热解工艺有利于减轻对大气环境的二次污染；

③废物中的硫、重金属等有害成分大部分被固定在炭黑中；

④由于保持还原条件，Cr^{3+} 不会转化为 Cr^{6+}；

⑤NO_x 的产生量少。

(2)热解的过程

固体废物的热解是一个非常复杂的化学反应过程，包含了大分子键的断裂、异构化和小分子的聚合等。垃圾热解过程包括裂解反应、脱氢反应、加氢反应、缩合反应、桥键分解反应等。

不同的废物类型，不同的热解反应条件，热解产物都有差异。含塑料和橡胶成分比例大的废物其热解产物含液态油较多，包括轻石脑油、焦油以及芳香烃油的混合物。城市生活垃圾、污泥的热解产物则较少。

热解过程产生可燃气量大，特别是温度较高情况下，废物有机成分的 50%以上都转

化成气态产物。这些产品以 H_2、CO、CH_4 为主，其热值高达 $6.37\times10^3\sim1.021\times10^4$ kJ/kg。

固体废物热解后，减容量大，残余炭渣较少。这些炭渣化学性质稳定，含碳量高，有一定热值，一般可用作燃料添加剂或道路路基材料、混凝土骨料、制砖材料。纤维类废物热解后的渣，还可经简单活化制成中低级活性炭，用于污水处理。

通过热解能得到可以储存和运输的有用燃料，燃烧尾气排放量减少。

4.3.2.2　影响热解的主要因素

影响热解过程的主要因素有：温度、加热速率、反应时间等。另外，废物的成分、反应器的类型及供氧程度等，都对热解反应过程产生影响。

(1)温度：温度是热解过程最重要的控制参数。温度变化对产品产量、成分比例有较大的影响。在较低温度下，有机废物大分子裂解成较多的中小分子，油类含量相对较多。随着温度升高，除大分子裂解外，许多中间产物也发生二次裂解，C_5 以下分子及 H_2 成分增多，气体产量成正比增长，而各种酸、焦油、炭渣相对减少。

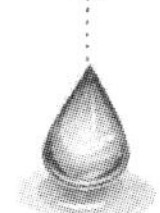

气体成分与温度有以下变化规律：随着温度升高，由于脱氢反应加剧，使得 H_2 含量增加，C_2H_4、C_2H_6 减少。而 CO 和 CO_2 的变化规律则比较复杂，低温时，由于生成水和架桥部分的分解次甲基键进行反应，使得 CO_2、CH_4 等增加，CO 减少。但在高温阶段，由于大分子的断裂及水煤气还原反应的进行，CO 含量又逐渐增加。CH_4 的变化与 CO 正好相反，低温时含量较少，但随着脱氢和氢化反应的进行，CH_4 含量逐渐增加，高温时，CH_4 分解生成 H_2 和固形炭，因而含量下降，但下降较缓慢。

(2)加热速率：加热速率对生成产品成分比例影响较大，一般来说，在较低和较高的加热速率下，热解产品气体含量高。而随着加热速率的增加，产品中水分及有机物液体的含量逐渐减少。

(3)反应时间：反应时间是指反应物料完成反应在炉内停留的时间。它与物料尺寸、物料分子结构特性、反应器内的温度水平、热解方式等因素有关，并且它又会影响热解产物的成分和总量。

一般而言，物料尺寸越小，反应时间越短。物料分子结构越复杂，反应时间越长。反应温度越高，反应物颗粒内外温度梯度越大，这就会加快物料被加热的速度，反应时间缩短。热解方式对反应时间的影响就更加明显，直接热解比间接热解的时间要短得多。因为直接热解可理解为在反应器同一断面的物料基本上处于等温状态，而壁式间接加热，在反应器的同一断面就不是等温状态，而存在一个温度梯度，反应器内径（或当量内径）越大，温度差越大。所以，间接热解的反应器内径尺寸都做得较小。如果采用中间介质的间接热解方式，热解反应时间直接与处理量有关，处理量大小与反应器的热平衡直接相关，与设备的尺寸相关。如采用间接加热的沸腾床，它的反应时间短，但单位时间的处理量不大，要加大处理量，相应的设备尺寸也要加大。

反应时间与热解产物间的关系，从本质上是与热解温度和物料的分子结构特性相关。若其他反应条件相同，只考虑反应时间因素，则反应时间越长，热解的气态和液态产物越多。时间短，小分子的气态产物占热解气体积的百分比较大。在反应器中的停留时间决定了物料分解转化率，为了充分利用原料中的有机质，尽量脱除其中的挥发分，应使

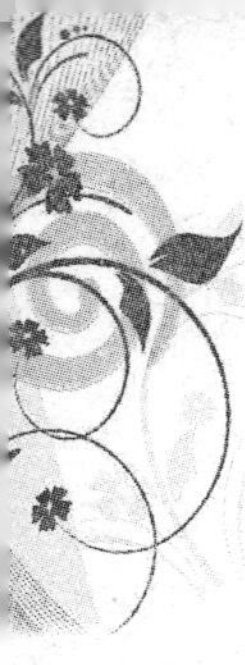

废料在反应器中保温时间延长。挥发分的脱除效率用有机质总转化率表示。有机质总转化率是指挥发性产品与原料中有机质的重量比例，表示有机质热解的转化程度。

废料的保温时间与热解过程的处理量成反比关系。保温时间长，热解充分，但处理量少；保温时间短，则热解不完全，但可以有较高的处理量。

不同的废物原料其可热解性不一样。有机物成分比例大，热值高，则可热解性相对较好，产品热值高，可回收性好，残渣少。废物的含水率低，则干燥过程耗热少，将废物加热到工作温度所需时间短。废物较小的颗粒尺寸将促进热量传递，保证热解过程的顺利进行。

反应器是热解反应进行的场所，是整个热解过程的中枢，不同的反应器有不同的燃烧床条件和物料流方式。一般来说，固定燃烧床处理量大，而流态燃烧床温度可控性好。气体与物料逆流行进使物料在反应器内滞留时间相对延长，从而有较高的有机物转化率，而气体与物料顺流行进方式可促进热传导，加快热解过程。

空气或氧可作为热解反应中的氧化剂，使废料发生部分燃烧，提供热能供热解反应的进行，但由于空气中含有较多的 N_2 使产品气体的热值降低。

4.3.2.3 热解工艺与设备

(1)热解工艺

固体废物的热解过程，由于供热方式、产品状态、热解炉结构等方面的不同，可进行不同的分类。

热解工艺的主要分类方法如下：

①按供热方式：可分为直接加热法、间接加热法。

直接加热——热解反应所需的热量是被热解物直接燃烧或向热解反应器提供的补充燃料燃烧产生的热。

间接加热——将被热解物料与直接供热介质在热解反应器中分离开的一种热解方法。

②按热解温度的不同：可分为高温热解、中温热解、低温热解。

高温热解——热解温度一般在 1000℃以上，其加热方式一般采用直接加热法。

中温热解——热解温度一般在 600～700℃之间，主要用在比较单一的物料进行能源和资源回收的工艺上，如废橡胶、废塑料热解为类重油物质的工艺。

低温热解——热解温度一般在 600℃以下，农林产品加工后的废物生产低硫低灰炭时就可采用这种方法，其产品可用作不同等级的活性炭和水煤气原料。

③按热解炉的结构：可分为固定床、移动床、流化床和旋转炉等。

④按热解产物的物理形态：可分为气化方式、液化方式和炭化方式。

⑤按热解与燃烧反应是否在同一设备中进行：可分为单塔式和双塔式。

⑥按热解过程是否生成炉渣：可分为造渣型和非造渣型。

(2)热解反应器

一个完整的热解工艺包括进料系统、反应器、回收净化系统、控制系统几个部分。其中反应器部分是整个工艺的核心，热解过程就在反应器中发生。不同的反应器类型往往决定了整个热解反应的方式以及热解产物的成分。

反应器类型很多，主要根据燃烧床条件及内部物流方向进行分类。燃烧床有固定床、流化床、旋转炉、分段炉等。物料方向指反应器内物料与气体相向流向，有同向流、逆向流、交叉流。

①固定床反应器

如图 4.21 所示为一固定燃烧床反应器结构流程。经选择和破碎的固体废物从反应器顶部加入，反应器中物料与气体界面温度为 93～315℃。物料通过燃烧床向下移动。燃烧床由炉箅支持。在反应器的底部引入预热的空气或氧，温度通常为 980～1650℃。这种反应器的产物包括从底部排出的熔渣（或灰渣）和从顶部排出的气体。排出的气体中含一定的焦油、木醋等成分，经冷却洗涤后可作燃气使用。

在固定燃烧床反应器中，维持反应进行的热量是由废物部分燃烧所提供的。由于采用逆流式物流方向，物料在反应器中滞留时间长，保证了废物最大限度地转换成燃料。同时，由于反应器中气体流速相应较低，在产生的气体中夹带的颗粒物质也比较少。固体物质损失少，加上高的燃料转换率，则将未气化的燃料损失减到最少，并且减少了对空气污染的潜在影响。但固定床反应器也存在一些技术难题，如有黏性的燃料（诸如污泥和湿的固体废物）需要进行预处理才能直接加入反应器。这种情况一般包括将炉料进行预烘干和进一步粉碎，从而保证不结成饼状。未粉碎的燃料在反应器中会使气流成为槽流，使气化效果变差，并使气体带走较大的固体物质。另外，由于反应器内气流为上行式，温度低，含焦油等成分多，易堵塞气化部分管道。

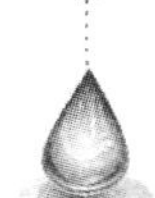

②流化床反应器

在流化床中，气体与燃料同流向相接触，如图 4.22 所示，由于反应器中气体流速高到可以使颗粒悬浮，使得固体废物颗粒不再像在固定床反应器中那样连续地靠在一起，反应性能更好，速度快。在流化床的工艺控制中，要求废物颗粒本身可燃性好，能在未适当气化之前就随气流溢出，另外，温度应控制在避免灰渣熔化的范围内，以防灰渣熔融结块。

流化床适用于含水量高或含水量波动大的废物燃料，且设备尺寸比固定床的小，但流化床反应器热损失大，气体中不仅带走大量的热量而且也带走较多的未反应的固体燃料粉末。所以在固体废料本身热值不高的情况下，尚须提供辅助燃料以保持设备正常运转。

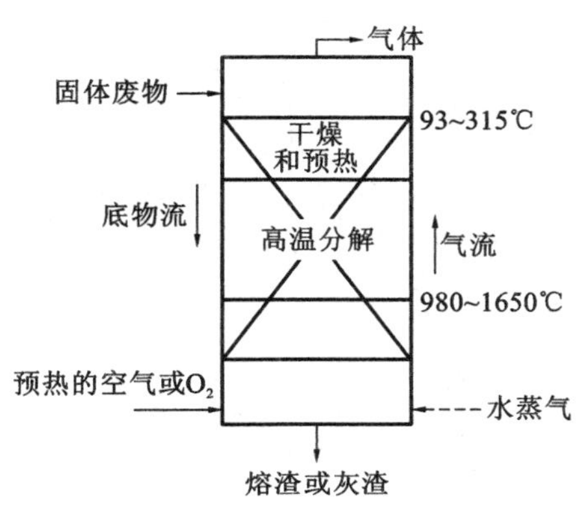

图 4.21　固定燃烧床热解反应器

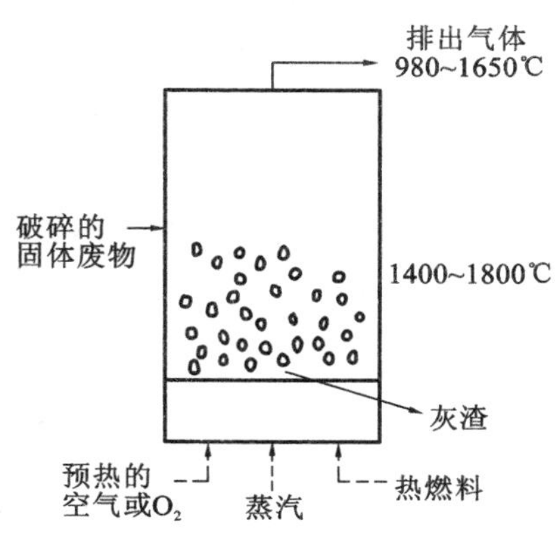

图 4.22　流化床热解反应器

③回转炉

回转炉是一种间接加热的高温分解反应器，如图 4.23 所示。

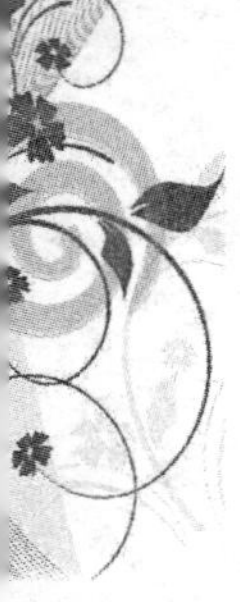

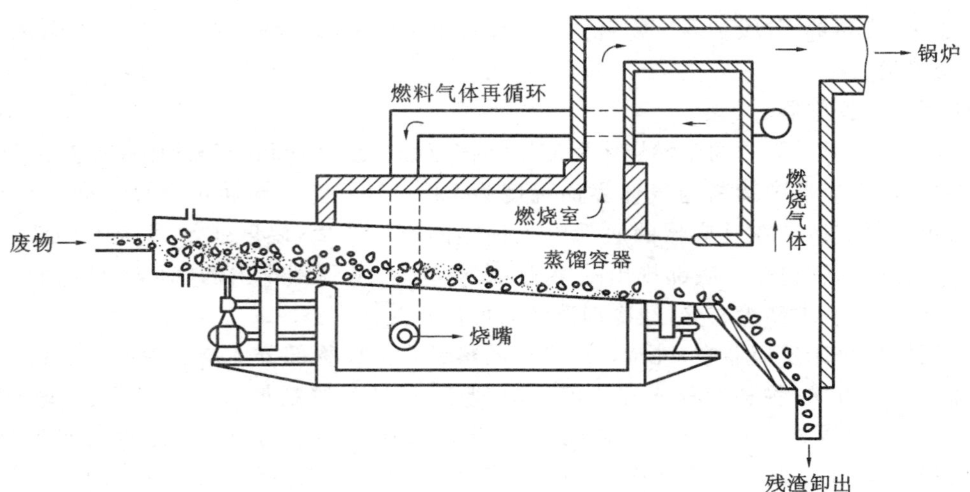

图 4.23　回转炉反应器

回转炉的主要设备为一个稍为倾斜的圆筒,它慢慢地旋转,因此可以使废料移动通过蒸馏容器到卸料口。蒸馏容器由金属制成,而燃烧室则是由耐火材料砌成。分解反应所产生的气体一部分在蒸馏容器外壁与燃烧室内壁之间的空间燃烧,这部分热量用来加热废料。因为在这类装置中热传导非常重要,所以分解反应要求废物必须破碎较细,尺寸一般要小于 5cm,以保证反应进行完全。此类反应器生产的可燃气热值较高,可燃性好。

④双塔循环式热解反应器

双塔循环式热解反应器包括固体废物热分解塔和固形炭燃烧塔。二者共同点都是将热分解及燃烧反应分开在两个塔中进行,流程如图 4.24 所示。

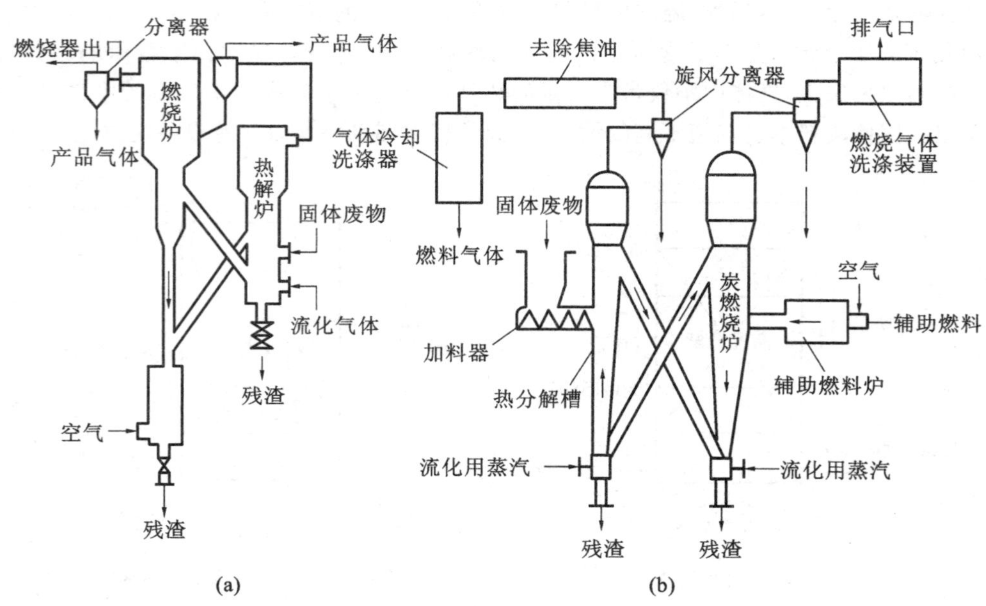

图 4.24　双塔循环式热解反应装置

(a)固体废物热分解塔;(b)固形炭燃烧塔

热解所需的热量，由热解生成的固形炭或燃料气在燃烧塔内燃烧供给。惰性的热媒体(砂)在燃烧炉内吸收热量并被流化气鼓动成流态化，经联络管返回燃烧炉内，再被加热返回热解炉。受热的废物在热分解炉内分解，生成的气体一部分作为热分解炉的流动化气体循环使用，一部分为产品。而生成的炭及油品，在燃烧炉内作为燃料使用，加热热媒体(砂)。在两个塔中使用特殊的气体分散板，伴有旋回作用，形成浅层流动层。废物中的无机物、残渣随流化的热媒体(砂)的旋回作用从两塔的下部边与流化的砂分级，边有效地选择排出。双塔的优点是燃烧的废气不进入产品气体中，因此可得高热值燃料气($1.67\times10^4 \sim 1.88\times10^4 kJ/m^3$)；在燃烧炉内热媒体(砂)向上流动，可防止热媒体(砂)结块；因炭燃烧需要的空气量少，向外排出废气少；在流化床内温度均一，可以避免局部过热；由于燃烧温度低，产生的 NO_x 少，特别适合于处理热塑性塑料含量高的垃圾热解。

4.3.2.4　典型固体废物的热解

高分子固体废物的热解产物，随高分子的种类及热解条件而有所不同，下面就废塑料、废橡胶和城市生活垃圾的热解作一简介。

(1)废塑料的热解

①热解产物

塑料按受热分解后的产物可分成解聚反应型塑料和随机分解型塑料，以及二者兼而有之的中间分解型塑料。

大多数塑料的受热分解，二者兼而有之。各种分解产物的比例随塑料的种类、分解的温度的不同而不同，一般温度越高，气态的(低级的)碳氢化合物的比例越高。由于产物组分复杂，要分解出各种单个组分比较困难，一般只以气态、液态和固态三类组分回收利用，此外，还有利用塑料的不完全燃烧回收炭黑的热解类型。

塑料中含氯、氰基团的，热分解产品一般含 HCl 和 HCN，而塑料制品含硫较少，热分解得到的油品含硫分也相应较低，是一种优质的低硫燃料油，为此日本开发了废塑料与高硫重油混合热解以制得低硫燃料油的工艺。

②热解流程

由于废塑料具有导热系数较低、品种混杂分选困难等特点，因此需用独特的热解流程。

a. 分解流程

日本三菱公司开发了一种热解塑料的分解流程(图 4.25)，废塑料经破碎(小于10mm)送入挤出机，加热至 230～280℃熔融。如含聚氯乙烯时产生的氯化氢可在氯化氢吸收塔回收。熔融的塑料再送入分解炉，用热风加热到 400～500℃分解，生成的气体经冷却液化回收燃料油。

b. 聚烯烃浴热解流程

这是日本川崎重工开发的一种方法。它是利用 PVC 脱 HCl 的温度比 PE、PP 和 PS 分解的温度低这一特点，将 PE、PP、PS 在接近 400℃时熔融，形成熔融液浴使 PVC 受热分解，该流程见图 4.26。把 PVC、PE、PP、PS 加入到 380～400℃的 PE、PP、PS 的热浴媒体中，分解温度低的 PVC 首先脱除 HCl 汽化，以后 PE、PP、PS 熔融形成热浴媒体，再根据停留时间的长短 PE、PP、PS 逐渐分解。本流程的优点是对流传热代替导热系数小的热传导。

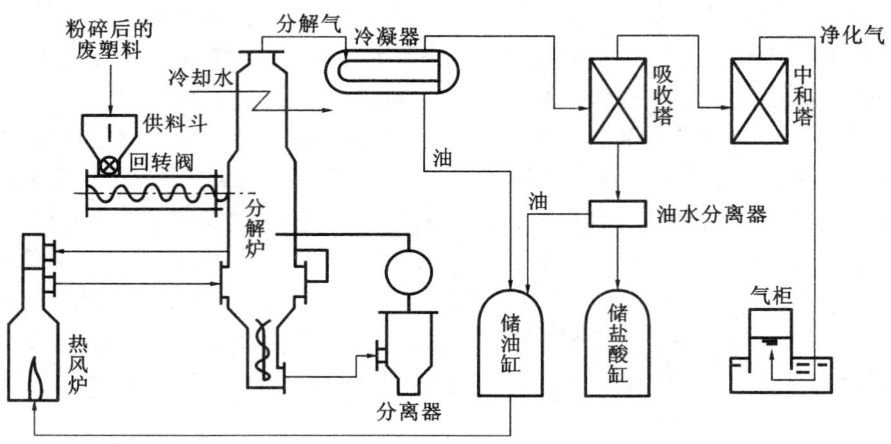

图 4.25　日本三菱公司的分解塑料流程

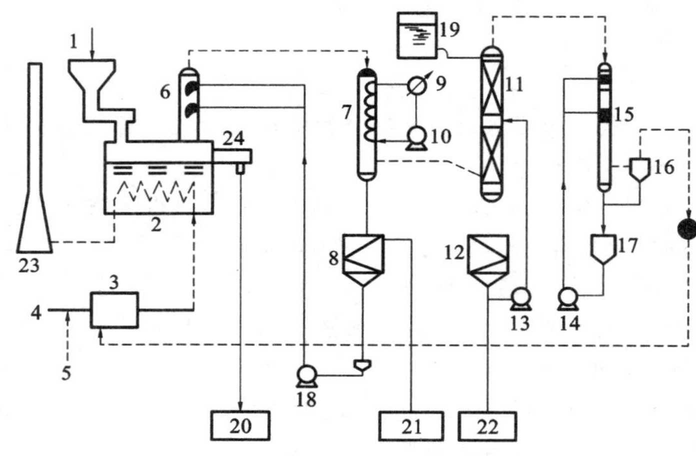

图 4.26　聚烯烃浴加热分解废塑料流程

1—废塑料加料斗；2—聚烯烃浴加热分解炉；3—燃烧室；4—轻质油；5—空气；6—重质油分离塔；7—轻质油分离塔；8—轻质油槽；9—热交换器；10，13，14，18—泵；11—HCl 槽；12—HCl 贮槽；15—洗涤塔；16—除雾器；17—NaOH 水溶液贮槽；19—给水贮槽；20—残渣；21—轻质油；22—盐酸；23—烟囱；24—再加热室

（2）废橡胶的热解

废橡胶主要是指天然橡胶生产的废轮胎、工业部门的废皮带和废胶管等。人工合成的氯丁橡胶、丁腈橡胶由于热解时会产生 HCl 及 HCN，不宜热解。

废橡胶的热解产物非常复杂，通过热解既可以处理废物，又可回收炭黑、燃料油、可燃气等油品和化学品，成为近年来的研究热点。关于废橡胶的热解工艺将在 5.3.2.2 中详细介绍。

4.3.3　固体废物的焙烧

固体废物的焙烧是在低于熔点的温度条件下热处理废物的过程，目的是改变废物的化学性质和物理性质，以便于后续的资源化利用。在焙烧过程中一般不出现液相，可以看成气-固和固-固多相反应的过程。固体焙烧后的产品称为焙砂。

4.3.3.1　焙烧方法

根据焙烧过程主要化学反应的性质，固体废物的焙烧有烧结焙烧、分解焙烧、氧化焙烧、还原焙烧、硫酸化焙烧、氯化焙烧、离析焙烧和钠化焙烧等。

(1)烧结焙烧

烧结焙烧的目的是将粉末或粒状物料在高温下烧成块状或球团状物料，目的是提高致密度和机械强度，便于下一步作业的进行。有时要加入石灰石或其他辅助原料一块烧结，烧结过程也会发生某些物理化学变化，但烧结成块是主要目的。化学反应往往伴随发生。

(2)分解焙烧

物料在高温下发生分解反应，也称为煅烧，如：

$$CaCO_3 \xrightarrow{\triangle} CaO + CO_2 \uparrow$$

煅烧主要是为了脱除 CO_2 及结合水，使物料某些成分发生分解。

(3)氧化焙烧

氧化焙烧主要用于脱硫，适用于对硫化物的氧化，它必须在氧化气氛下进行，如硫铁矿的氧化焙烧：

$$7FeS_2 + 6O_2 \xrightarrow{\triangle} Fe_7S_8 + 6SO_2 \uparrow$$

此时硫铁矿变成磁黄铁矿，Fe_7S_8 带磁性。

若延长焙烧时间，继续脱硫，则磁黄铁矿变成磁铁矿：

$$3Fe_7S_8 + 38O_2 \xrightarrow{\triangle} 7Fe_3O_4 + 24SO_2 \uparrow$$

焙烧的产物，SO_2 可以转化为 SO_3，回收可制取硫酸。Fe_3O_4 通过磁选可获得铁精矿供冶炼厂做原料。

(4)还原焙烧

还原焙烧必须在还原气氛中进行，还原剂有 C、CO、H_2 等，被还原的物质常有焦炭、重油、煤气、水煤气等。典型的例子是 Fe_2O_3 的还原焙烧。

$$3Fe_2O_3 + C \xrightarrow{\triangle} 2Fe_3O_4 + CO \uparrow$$

$$3Fe_2O_3 + CO \xrightarrow{\triangle} 2Fe_3O_4 + CO_2 \uparrow$$

$$3Fe_2O_3 + H_2 \xrightarrow{\triangle} 2Fe_3O_4 + H_2O$$

焙烧产物如果放入水中冷却，可获得人工磁选矿 Fe_3O_4。如果放在 350℃下的空气中冷却，则可以生成强磁性的 γ-Fe_2O_3。

$$4Fe_3O_4 + O_2 \xrightarrow{350℃} 6\gamma\text{-}Fe_2O_3 + 4397J$$

γ-Fe_2O_3 比 Fe_3O_4 磁性更强，更易于用磁性分离获得铁精矿。

上述氧化焙烧和还原焙烧中能产生磁性氧化铁的焙烧，叫作磁化焙烧。

磁化焙烧不仅对氧化铁回收有意义，对那些与 Fe_2O_3 共生或吸附在 Fe_2O_3 晶格中的某些难于分离和富集的重金属 Cu、Ni、Co 及稀有金属 Au、Ag 等，可通过磁化焙烧，使 Fe_2O_3 具有磁性，再用磁选分离，而难于分离的金属则通过间接富集将它们分离。

(5)硫酸化焙烧

在工业中，往往用沸腾炉对 CuS 矿进行硫酸化焙烧，获得可溶性的 $CuSO_4$ 然后用水

浸出回收 $CuSO_4$。

（6）氯化焙烧

一些熔点较高的金属，如 Ti、Mg 等，较难分离，但它们的氯化物都具有较高的挥发性，工业上采用氯化焙烧，使其生成氯化物挥发，然后从烟尘里加以回收富集。

一般采用 Cl_2、NaCl、$CaCl_2$ 等作为氯化剂，最常用的是 NaCl，其氯化反应由两阶段构成：

①首先在有水分存在时，氯化剂与 SiO_2 或 $Al_2O_3 \cdot 2SiO_2 \cdot 2H_2O$ 反应生成 HCl。

$$2NaCl + SiO_2 + H_2O \longrightarrow Na_2SiO_3 + 2HCl$$

$$4NaCl + Al_2O_3 \cdot 2SiO_2 \cdot 2H_2O \longrightarrow 4HCl + 2Na_2O \cdot Al_2O_3 \cdot 2SiO_2$$

②生成的 HCl 与废渣中的金属氧化物反应生成氯化物：

$$TiO_2 + 4HCl \longrightarrow TiCl_4 + 2H_2O$$

$$MgO + 2HCl \longrightarrow MgCl_2 + H_2O$$

挥发物在烟道中冷却，即可从烟尘中回收 $TiCl_4$ 和 $MgCl_2$，对得到的较纯净的 $TiCl_4$ 或 $MgCl_2$ 等可以用熔融电解法直接获得金属 Ti 或 Mg。

（7）离析焙烧

离析焙烧是氯化焙烧的发展，它是在有还原剂存在时，在高于氯化焙烧的温度下进行的，生成的挥发性氯化物再被还原剂还原成金属，“离析”到还原剂表面上，然后用浮选的方法回收金属。离析焙烧在 Cu、Ni、Au 等金属的工业生产中得到了应用。

离析焙烧按 3 个步骤进行（以 CuO 为例）：

①$2NaCl + SiO_2 + H_2O \longrightarrow 2HCl + Na_2SiO_3$

②$2CuO + 2HCl \longrightarrow 2/3\ Cu_3Cl_3 + H_2O + 1/2O_2$

或：$Cu_2O + 2HCl \longrightarrow 2/3\ Cu_3Cl_3 + H_2O$

由于 CuCl 的蒸气压很低，在 750℃和 825℃时，其蒸气压分别为 2266Pa 和 5332Pa，在高温下，它不是呈单聚化合物状态，而是如上两式所示，以三聚状态（Cu_3Cl_3）存在。

③氯化亚铜的还原：实践表明，最有效的还原剂为炭粒，但 Cu_3Cl_3 并不是被炭粒直接还原，而是在有水蒸气存在时被炭粒周围的 H_2 还原，被还原的金属覆盖在炭粒表面上。

$$Cu_3Cl_3 + 3/2H_2 \longrightarrow 3Cu \downarrow + 3HCl$$

炭粒表面被一层金属 Cu 的薄膜包围，炭粒较轻，再用浮选法分离出炭粒，则金属铜也被富集或直接回收了。

虽然 H_2 是 Cu_3Cl_3 有效的还原剂，但是如果直接用 H_2 还原 Cu_3Cl_3，则生成的 Cu 呈细粒状遍布于脉石或炉壁上，难以回收，达不到富集目的。所以铜的离析需要一种固体还原剂，作为金属 Cu 沉积和发育的核心，沉积的铜生成一种薄膜包围炭粒。

（8）钠化焙烧

多数酸性氧化物如 V_2O_5、Cr_2O_3、WO_3、MoO_3 等在高温下与 Na_2CO_3 反应能形成溶于水或能水解成氢氧化物的钠盐，然后加以回收。

$$V_2O_5 + Na_2CO_3 \longrightarrow Na_2O \cdot V_2O_5 + CO_2 \uparrow$$

生成的 $Na_2O \cdot V_2O_5$ 溶于水，再用水浸出，水解转变成焦钒酸钠：

$$2Na_3VO_4 + H_2O \longrightarrow Na_4V_2O_7 + 2NaOH$$

然后用 NH_4Cl 沉淀出无色结晶的偏钒酸铵：

$$Na_4V_2O_7 + 4NH_4Cl \longrightarrow NH_4VO_3 \downarrow + 2NH_3 \uparrow + H_2O + 4NaCl$$

偏钒酸铵焙烧即得 V_2O_5：

$$2NH_4VO_3 \xrightarrow{\triangle} 2NH_3 \uparrow + V_2O_5 + H_2O$$

值得注意的是，在离析焙烧中，SiO_2 是必不可少的，因为有它才能有 HCl 发生，而在钠化焙烧中 SiO_2 是有害成分：

$$Na_2CO_3 + SiO_2 \longrightarrow Na_2O \cdot SiO_2 + CO_2 \uparrow$$

这样白白消耗了 Na_2CO_3，所以一般在较低温度下进行钠化焙烧，以减少 $Na_2O \cdot SiO_2$ 的生成。

4.3.3.2　焙烧工艺与设备

常用的焙烧设备有沸腾焙烧炉、竖炉、回转窑等。硫铁矿烧渣磁化焙烧通常采用沸腾焙烧炉。不同焙烧方法有不同焙烧工艺，但可大致分为以下步骤：配料混合→焙烧→冷却→浸出→净化。如果是挥发性焙烧，则是挥发气体收集→洗涤→净化。图 4.27 是含钴烧渣中温氯化焙烧工艺流程。焙烧冷却后喷水预浸出是为了润湿焙烧产物，使部分硫酸盐结晶。焙烧形成的颗粒及颗粒间的空隙，可以提高透气性，加快浸出液通过焙烧产物的速度。

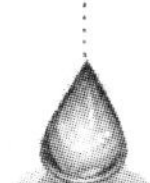

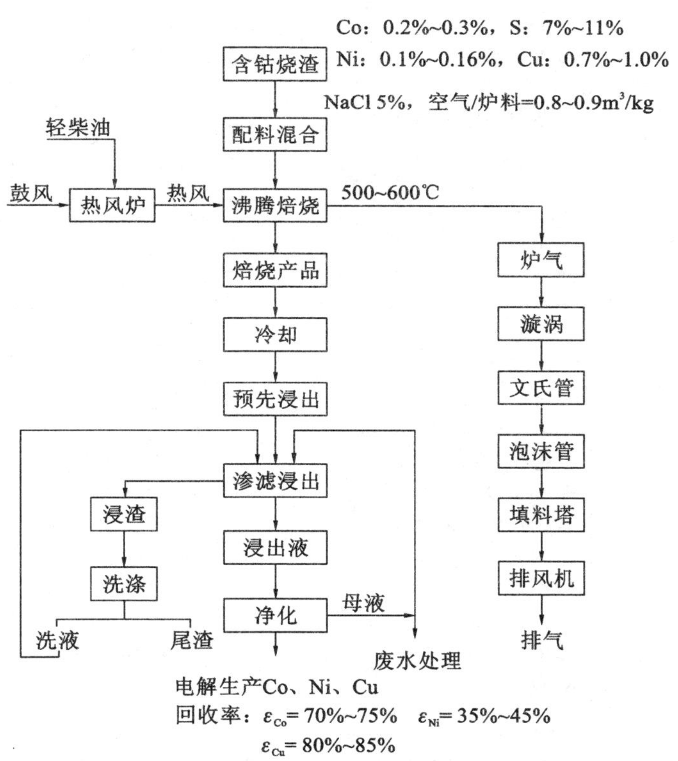

图 4.27　含钴烧渣中温氯化焙烧

4.4 固体废物的固化处理

根据固化基材及固化过程，目前常用的固化处理方法主要包括：水泥固化、石灰固化、沥青固化、塑性材料固化、有机聚合物固化、自胶结固化、熔融固化（玻璃固化）和陶瓷固化等。但现所采用的各种固化处理往往只能适用于一种或几种类型的废物。已应用该技术处理的废物包括金属表面加工废物、电镀及铅冶炼酸性废物、尾矿、废水处理污泥、焚烧、炉灰、食品生产污泥等，并非所有的危险废物都适用于固化处理，并且某些废物对不同固化处理技术的适应性也有所差别（见表 4.2）。根据固化处理的对象可将固化处理分为无机废物固化法和有机废物包封法。无机废物固化法和有机废物包封法的优缺点见表 4.3。

表 4.2 某些废物对不同固化处理技术的适应性

废物成分		处理技术			
		水泥固化	石灰等材料固化	热塑性微包容法	大型包容法
有机物	有机溶剂和油	影响凝固，有机气体挥发	影响凝固，有机气体挥发	加热时有机气体会逸出	先用固体基料吸附
	固态有机物（如塑料、树脂、沥青）	可适应，能提高固化体的耐久性	可适应，能提高固化体的耐久性	有可能作为凝结剂来使用	可适应，可作为包容材料使用
无机物	酸性废物	水泥可中和酸	可适应，能中和酸	应先进行中和处理	应先进行中和处理
	氧化剂	可适应	可适应	会引起基料的破坏甚至燃烧	会破坏包容材料
	硫酸盐	影响凝固，除非使用特殊材料，否则引起表面剥落	可适应	会发生脱水反应和再水合反应而引起泄漏	可适应
	卤化物	很容易从水泥中浸出，妨碍凝固	妨碍凝固，会从水泥中浸出	会发生脱水反应和再水合反应	可适应
	重金属盐	可适应	可适应	可适应	可适应
	放射性废物	可适应	可适应	可适应	可适应

表 4.3　无机废物固化法和有机废物包封法的优缺点

	无机废物固化法	有机废物包封法
优点	①设备投资费用及日常运行费用低； ②所需材料比较便宜而丰富； ③处理技术已比较成熟； ④材料的天然碱性有助于中和废水的酸度； ⑤由于材料可在一定的含水量范围内使用，不需要彻底的脱水过程； ⑥借助于有选择地改变处理剂的比例，处理后产物的物理性质可从软的黏土一直变化到整块石料； ⑦用石灰为基质的方法可在一个单一的过程中处理两种废物； ⑧用黏土为基质可用于处理某些有机废物	①污染物迁移率一般要比无机固化法低； ②与无机固化法相比，需要的固定程度低； ③处理后材料的密度较低，从而可以降低运输成本； ④有机材料可在废物与浸出液之间形成一层不透水的边界层； ⑤此法可包封较大范围的废物； ⑥对大型包封法而言，可直接应用现代化的设备喷涂树脂，无需其他能量开支
缺点	①需要大量原料； ②原料（特别是水泥）是高能耗产品； ③某些飞灰如那些含有有机物的废物在固化时会有一些困难； ④处理后产物的质量和体积都有较多增加； ⑤处理后产物容易被浸出，尤其容易被稀酸浸出，因此可能需要额外的密封材料； ⑥稳定化的机理尚未了解	①所用的材料较昂贵； ②用热塑性及热固性包封法时，干燥、熔化及聚合化过程中能源消耗大； ③某些有机聚合物是易燃的； ④除大型包封法外，各种方法均需要熟练的技术人员及昂贵的设备； ⑤材料是可降解的，易于被有机溶剂腐蚀； ⑥某些材料在聚合不完全时自身会造成污染

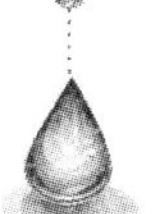

4.4.1　水泥固化

4.4.1.1　*基本理论*

水泥固化是以水泥为固化剂将危险废物进行固化的一种处理方法。在用水泥稳定化时，废物被掺入水泥的基质中，水泥与废物中的水分或另外添加的水分发生水化反应后生成坚硬的水泥固化体。

(1)水泥固化基材及添加剂

水泥是一种无机胶结材料，其主要成分为 SiO_2、CaO、Al_2O_3 和 Fe_2O_3，水化反应后可形成坚硬的水泥石块，从而把分散的固体填料（如砂、石）牢固地黏结为一个整体。水泥的品种很多，如普通硅酸盐水泥、矿渣硅酸盐水泥、火山灰质硅酸盐水泥、矾土水泥、沸石水泥等都可以作为废物固化处理的基材。

为了改善固化产品的性能，根据废物的性质和对产品质量的要求，需添加适量的添加剂。添加剂分为无机添加剂和有机添加剂两大类，前者有蛭石、沸石、多种黏土矿物、水玻璃、无机缓凝剂、无机速凝剂和骨料等；后者有硬脂酸丁酯、δ-葡萄糖酸内酯、柠檬酸等。

(2)水泥固化的化学反应

水泥固化过程所发生的水合反应主要有：

①硅酸三钙的水合反应：

$$3CaO \cdot SiO_2 + xH_2O \rightarrow 2CaO \cdot SiO_2 \cdot yH_2O + Ca(OH)_2$$
$$\rightarrow CaO \cdot SiO_2 \cdot mH_2O + 2Ca(OH)_2$$
$$2(3CaO \cdot SiO_2) + xH_2O \rightarrow 2CaO \cdot 2SiO_2 \cdot yH_2O + 3Ca(OH)_2$$
$$\rightarrow 2(CaO \cdot SiO_2 \cdot mH_2O) + 4Ca(OH)_2$$

②硅酸二钙的水合反应：

$$2CaO \cdot SiO_2 + xH_2O \rightarrow 2CaO \cdot SiO_2 \cdot xH_2O \rightarrow CaO \cdot SiO_2 \cdot mH_2O + 2Ca(OH)_2$$
$$2(2CaO \cdot SiO_2) + xH_2O \rightarrow 3CaO \cdot 2SiO_2 \cdot yH_2O + Ca(OH)_2$$
$$\rightarrow 2(CaO \cdot SiO_2 \cdot mH_2O) + 2Ca(OH)_2$$

③铝酸三钙的水合反应：

$$3CaO \cdot Al_2O_3 + xH_2O \rightarrow 3CaO \cdot Al_2O_3 \cdot xH_2O \rightarrow CaO \cdot Al_2O_3 \cdot mH_2O + Ca(OH)_2$$

如有氢氧化钙[$Ca(OH)_2$]存在，则变为：

$$3CaO \cdot Al_2O_3 + xH_2O + Ca(OH)_2 \rightarrow 4CaO \cdot Al_2O_3 \cdot mH_2O$$

④铝酸四钙的水合反应：

$$4CaO \cdot Al_2O_3 + xH_2O + Fe_2O_3 \rightarrow 3CaO \cdot Al_2O_3 \cdot mH_2O + CaO \cdot Fe_2O_3 \cdot nH_2O$$

4.4.1.2 水泥固化工艺及其影响因素

水泥固化工艺通常是把危险废物、水泥和其他添加剂一起与水混合，经过一定的养护时间而形成坚硬的固化体。固化工艺的配方是根据水泥的种类处理要求以及废物的处理要求制定的。影响水泥固化的因素主要有：

(1)pH 值

pH 值对于金属离子的固定有显著的影响。当 pH 值较高时，许多金属离子会形成氢氧化物沉淀，并且水中的碳酸盐浓度也会较高，有利于生成碳酸盐沉淀。另外，pH 值过高时，会形成带负电荷的羟基络合物，溶解度反而升高。如对于 Cu，当 pH 值大于 9 时；对于 Zn，当 pH 值大于 9.3 时；对于 Cd，当 pH 值大于 11.1 时，都会形成金属络合物，使溶解度增加。

(2)水、水泥和废物量的比例

水分过少，不能保证水泥的充分水合作用；水分过大，则会出现泌水现象，影响固化块的强度。

(3)凝固时间

必须适当控制初凝时间和终凝时间，以确保水泥废物料浆能够在混合以后有足够的时间进行输送、装桶或者浇注。一般，初凝时间大于 2h，终凝时间在 48h 以内。可通过投加促凝剂、缓凝剂来控制凝结时间。

(4)添加剂

常常根据废物的性质掺入适量的添加剂，就是为了改善固化条件，提高固化体质量。常用的添加剂有吸附剂，如投加适量的沸石或蛭石于含有大量硫酸盐的废物中，可以防止硫酸盐与水泥成分发生化学反应，生成水化硫铝酸钙而导致固化体膨胀和破裂。采用

蛭石作添加剂，还可以起到骨料和吸收的作用。

4.4.1.3　应用及特点

水泥固化处理技术适用于无机类型的废物，如多氯联苯、油和油泥、含有氯乙烯和二氯乙烷的废物、硫化物等，尤其是含有重金属污染物的废物。也被应用于低、中放射性废物以及垃圾焚烧厂产生的焚烧飞灰等危险废物的固化处理。

(1)电镀污泥固化处理技术

电镀污泥水泥固化处理时，采用400～500号硅酸盐水泥作为固化剂。电镀干污泥、水泥和水的配比为12∶20∶(6～10)。其水泥固化体的抗压强度可达10～20MPa。浸出实验表明，重金属的浸出浓度：汞小于0.0002mg/L(原污泥含汞0.13～1.25mg/L)；镉小于0.002mg/L(原污泥含镉1.0～80.6mg/L)；铅小于0.002mg/L(原污泥含铅165～243mg/L)；六价铬小于0.02mg/L(原污泥含六价铬0.3～0.4mg/L)；砷小于0.01mg/L(原污泥含砷8.14～11.0mg/L)。电镀污泥水泥固化处理工艺流程如图4.28所示。

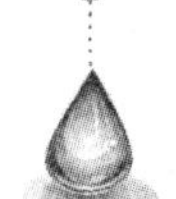

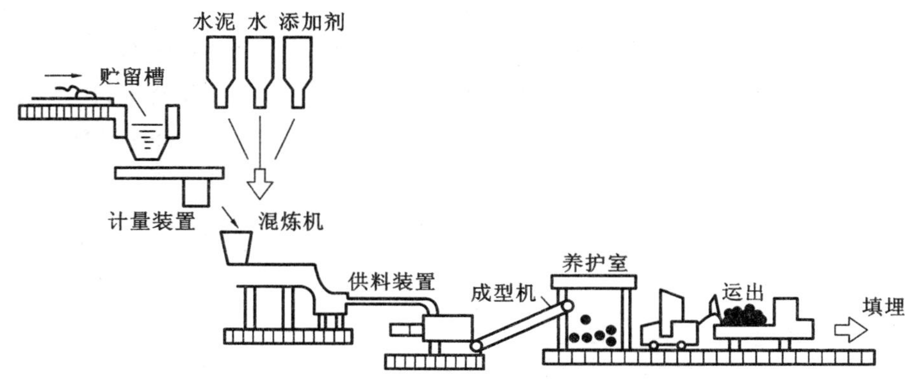

图4.28　电镀污泥水泥固化处理工艺流程

(2)含汞泥渣的水泥固化处理

汞渣水泥固化处理时，汞渣与水泥的配比为1∶(3～8)，加水混合均匀后送入模具振捣成型，然后再送入蒸汽养护室，在60～70℃下养护24h，凝结硬化即形成固化体，可作深埋处置。

水泥固化具有以下优点：①设备和工艺过程简单，无需特殊的设备，设备投资、动力消耗和运行费用都比较低；②水泥和添加剂价廉易得；③对含水率较低的废物可直接固化，无需前处理；④在常温下就可操作；⑤处理技术已相当成熟，对放射性同体废物的固化容易实现安全运输和自动控制等。

水泥固化也存在一些缺点：①水泥固化体的浸出速率较高，通常为10^{-4}～10^{-5}g/(cm^2·d)，这是由于它的孔隙率较高所致，因此需作涂覆处理；②水泥固化体的增容比较高，达1.5～2；③有的废物需进行预处理和投加添加剂，使处理费用增高；④水泥的碱性易使铵离子转变为氨气逸出；⑤处理化学泥渣时，由于生成胶状物，使混合器的排料较困难，需加入适量的锯末予以克服。

4.4.2 石灰固化

4.4.2.1 原理

石灰固化是指以石灰和具有火山灰活性的物质（如粉煤灰、垃圾焚烧灰渣、水泥窑灰等）为固化基材对危险废物进行稳定化与固化处理的方法。在有水存在的条件下，这些基材物质发生反应，将污泥中的重金属成分吸附于所产生的胶状微晶中。而石灰与凝硬性物料结合会产生能在化学及物理上将废物包裹起来的黏结性物质。石灰固化利用一些很少有或者没有商业价值的废物，对废物处理者来说是非常有利的，因为两种废物可以同时得到处理。

石灰固化技术常以加入氢氧化钙（熟石灰）的方法稳定污泥。石灰中的钙与废物中的硅铝酸根会产生硅酸钙、铝酸钙的水化物或者硅铝酸钙。为了使固化体更稳定，可以同时投加少量的添加剂。

4.4.2.2 应用及特点

石灰固化技术适用于稳定石油冶炼污泥、重金属污泥、氧化物、废酸等无机污染物。总的来说，石灰固化方法简单，物料来源方便，操作不需特殊设备及技术，比水泥固化法便宜，并在适当的处置环境，可维持波索兰反应（Pozzolanic Reaction，也称“波索来反应”）的持续进行。但石灰固化处理得到的固化体的强度较低，所需养护时间较长，并且体积膨胀较大，增加了清运和处置的困难，因而较少单独使用。

4.4.3 沥青固化

4.4.3.1 原理

沥青固化是以沥青类材料作为固化剂，与危险废物在一定的温度、配料比、碱度和搅拌作用下发生皂化反应，使有害物质包容在沥青中并形成稳定固化体的过程。沥青属于憎水性物质，具有良好的黏结性和化学稳定性，而且对于大多数酸和碱有较高的耐腐蚀性。目前我国所使用的沥青大部分来自于石油蒸馏的残渣，其化学成分包括沥青质、油分、游离碳、胶质、沥青酸和石蜡等。从固化的要求出发，较理想的沥青组分应含有较高的沥青质和胶质以及较低的石蜡。完整的沥青固化体具有优良的防水性能。

4.4.3.2 沥青固化工艺

沥青固化的工艺主要包括三个部分，即固体废物的预处理、废物与沥青的热混合以及二次蒸汽的净化处理，其中关键的部分为热混合环节。

放射性废物沥青固化的基本方法有高温熔化混合蒸发法、暂时乳化法和化学乳化法。

(1)高温熔化混合蒸发法

高温熔化混合蒸发法（图 4.29）是将废物加入预先熔化的沥青中，在 50～230℃下搅拌混合蒸发，待水分和其他挥发组分排出后，将混合物排至贮存器或处置容器中。

(2)暂时乳化法

放射性泥浆的暂时乳化法沥青固化主要分三个步骤，首先是将污泥浆、沥青与表面活性剂搅拌混合，然后分离除去大部分水分，再进一步升温干燥，使混合物脱水，其主要

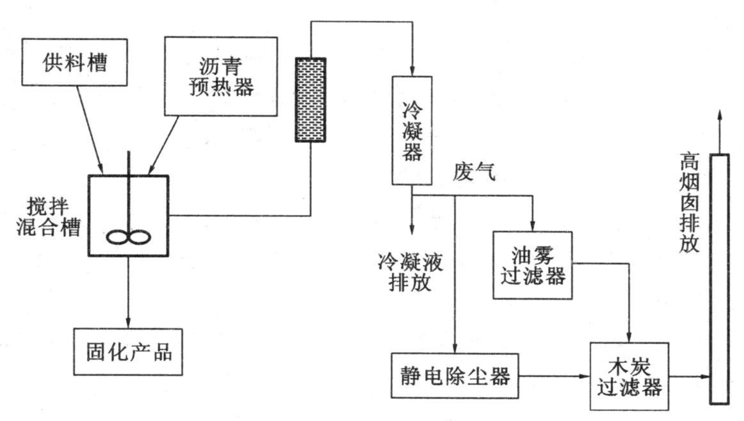

图4.29　高温熔化混合蒸发沥青固化流程

设备是双螺杆挤压机。

(3)化学乳化法

化学乳化法的操作分三个步骤，首先将放射性废物在常温下与乳化沥青混合，然后将混合物加热，脱去水分，接着将脱水干燥后的混合物排入废物容器，待冷却硬化后形成沥青固化体。

4.4.3.3　应用及特点

沥青固化一般被用来处理中、低放射性蒸发残液、废水化学处理产生的污泥、焚烧炉产生的灰分，以及毒性较大的电镀污泥和砷渣等危险废物。

沥青固化与水泥固化技术相比较，二者所处理的废物对象基本上相同，除可处理低、中放射性废物外，还可以处理浓缩废液或污泥、焚烧炉的残渣、废离子交换树脂等。但在固化技术方面，沥青固化具有如下特点：

(1)固化体的孔隙率和固化体中污染物的浸出速率均大大降低。另外，由于固化过程中干废物与固化剂之间的质量比通常为(1～2)∶1，因而固化体的增容比较小。

(2)固化剂具有一定的危险性，固化过程容易造成二次污染，需采取措施加以避免。另外，对于含有大量水分的废物，由于沥青不具备水泥的水化作用和吸水性，所以需预先对废物进行浓缩脱水处理。因此，沥青固化工艺流程和装置往往较为复杂，一次性投资与运行费用均高于水泥固化法。

(3)固化操作需在高温下完成，不宜处理在高温下易分解的废物、有机溶剂以及强氧化性废物。

4.4.4　塑性材料固化法

4.4.4.1　原理

塑性材料固化是以塑料为固化剂，与危险废物按一定的比例配料，并加入适量催化剂和填料进行搅拌混合，使其共聚合固化，从而将危险废物包容形成具有一定强度和稳定性固化体的过程。根据所用材料的性能不同可以分为热固性塑料固化和热塑性固化两种方法。

(1)热固性塑料固化

热固性塑料固化法是用热固性有机单体(如脲醛)和已经过粉碎处理的废物充分地混合,在助凝剂和催化剂的作用下产生聚合形成海绵状的聚合物质,从而在每个废物颗粒的周围形成一层不透水的保护膜。但是经常有一部分液体废物遗留下来,所以一般在最终处置以前还需干化。目前使用较多的材料是脲醛树脂、聚酯和聚丁二烯等,有时也可使用酚醛树脂或环氧树脂。一般情况下,废物与包封材料之间不进行化学反应,所以包封的效果仅分别取决于废物自身的性质(颗粒度、含水量等)以及进行聚合的条件。

(2)热塑性固化

热塑性固化是用熔融的热塑性物质在高温下与危险废物混合,以达到废物稳定化的目的。可使用的热塑性物质有沥青、石蜡、聚乙烯、聚丙烯等。在操作时,通常是先将废物干燥脱水,然后将聚合物与废物在适当的高温下混合,并在升温的条件下将水分蒸发掉。

4.4.4.2　应用及特点

热固性塑料固化法在过去曾是固化低水平有机放射性废物(如放射性离子交换树脂)的重要方法之一,同时也可用于稳定非蒸发性的、液体状态的有机危险废物。由于需要对所有废物颗粒进行包封,在适当选择包容物质的条件下,可以达到十分理想的包容效果。该法的主要优点是引入的物质密度较低,所需要的添加剂数量也较少,固化体密度小。主要缺点是操作过程复杂,热固性材料自身价格高昂,由于操作中有机物的挥发,容易引起燃烧起火,所以通常不能在现场大规模应用。

塑性材料固化与水泥等无机材料的固化工艺相比,除去污染物的浸出速率低得多外,由于需要的包容材料少,又在高温下蒸发了大量的水分,它的增容比也就较低。该法的主要缺点是在高温下进行操作,耗能较多;操作时会产生大量的挥发性物质,其中有些是有害的物质;有时在废物中含有热塑性物质或者某些溶剂,影响稳定剂和最终的稳定效果。

4.4.5　玻璃固化技术

玻璃固化是以玻璃原料为固化剂,将其与危险废物以一定的配料比混合后,在1000～1500℃的高温下熔融,经退火后形成稳定的玻璃固化体。玻璃固化主要用于高放射性废物的固化处理。尽管可用于玻璃固化的玻璃种类繁多,但是,普通钠钾玻璃在水中的溶解度较高,不能用于高放射性废液的固化;硅酸盐玻璃熔点高,制造困难,也难以使用。通常,采用较多的是磷酸盐和硼酸盐玻璃。

磷酸盐玻璃固化法最适于处理含盐量低、放射性极高的危险废物,其工艺流程如图4.30所示。

近年来,重金属污泥的玻璃固化处理也逐步引起重视。许多实验表明,在含有各种重金属的电镀污泥中添加锌和二氧化硅进行玻璃固化处理时,不但可以抑制铬的析出,其他金属也不会溶出。

玻璃固化在所有固化方法中效果最好,固化体中有害组分的浸出速率最低,固化体的增容比最小。但由于烧结过程需要在1200℃左右的高温下进行,会有大量有害气体产

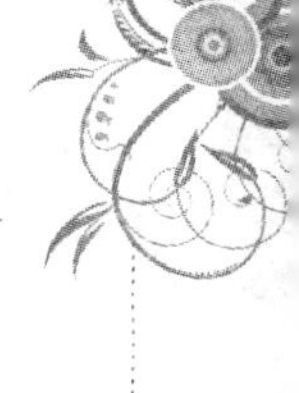

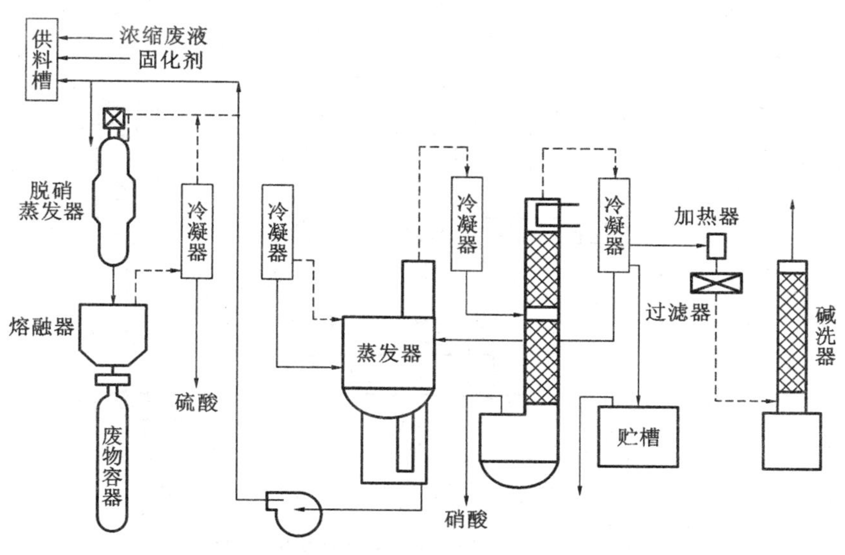

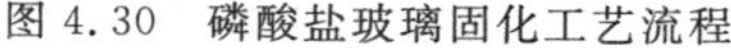
图 4.30　磷酸盐玻璃固化工艺流程

生，其中不乏挥发金属元素，因此要求配备尾气处理系统。同时，由于在高温下操作，会给工艺带来一系列困难，增加处理成本。另外，由于玻璃是非晶态物质，稳定性和耐久性较差，经一定时间会发霉长花、晶化，特别是含硼玻璃易被微生物降解。

4.4.6　自胶结固化技术

4.4.6.1　原理

自胶结固化是利用废物自身的胶结特性来达到固化目的的方法。该技术主要用来处理含有大量硫酸钙和亚硫酸钙的废物，如磷石膏、烟道气脱硫泥渣等。

将含有大量硫酸钙和亚硫酸钙的废物在控制的温度下煅烧，然后与特制的添加剂和填料混合成为稀浆，经过凝结硬化过程即可形成自胶结固化体。其原理是因废物中的硫酸钙与亚硫酸钙均以二水化物（$CaSO_4 \cdot 2H_2O$ 与 $CaSO_3 \cdot 2H_2O$）的形式存在。170℃时，二水化物会脱水而逐渐生成具有自胶结作用的硫酸钙和亚硫酸钙的半水化物（$CaSO_4 \cdot \frac{1}{2}H_2O$ 与 $CaSO_3 \cdot \frac{1}{2}H_2O$），当它们在遇到水以后，会重新恢复为二水化物，并迅速凝固和硬化。

4.4.6.2　应用及特点

自胶结固化法的主要优点是工艺简单，不需要加入大量添加剂，废物也不需要完全脱水；固化体化学性质稳定，具有抗渗透性高、抗微生物降解性强和污染物浸出速率低的特点，并且结构强度高。缺点是这种方法只限于含有大量硫酸钙和亚硫酸钙的废物，应用面较为狭窄；此外还要求熟练的操作和比较复杂的设备，煅烧泥渣也需要消耗一定的热量。

自胶结固化法已在美国大规模应用。美国泥渣固化技术公司（SFT）开发了一种名为 Terra-Crete 的技术（图 4.31）用以处理烟道气脱硫泥渣。

上述是常用的危险废物固化处理技术，其适用对象、主要优缺点见表 4.4。

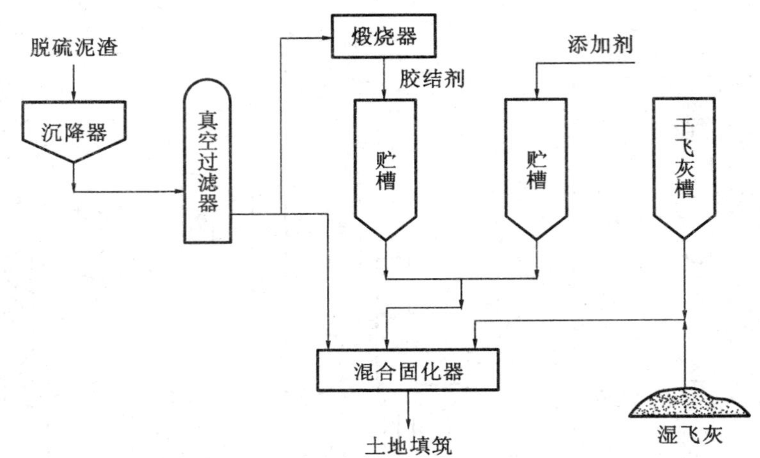

图 4.31　烟道气脱硫泥渣自胶结固化的工艺流程图

表 4.4　各种固化技术的适用对象和优缺点

技术	适用对象	主要优点	缺点
水泥固化法	重金属、氧化物、废酸	①处理技术已相当成熟；②对废物中化学性质的变动具有相当的承受力；③可通过控制水泥与废物的比例来弥补固化体的结构缺点，改善其防水性；④无需特殊的设备，处理成本低；⑤对废物直接处理，无需前处理	①废物如含特殊的盐类，会造成固化体破裂；②有机物的分解造成裂隙，增加渗透性，降低结构强度；③大量水泥的使用会增加固化体的体积和质量
石灰固化法	重金属、氧化物、废酸	①所用物料来源方便，价格便宜；②操作不需特殊设备及技术；③产品通常便于装卸，渗透性有所降低	①固化体的强度较低，需较长的养护时间；②有较大的体积膨胀，增加清运和处置的困难
沥青固化法	重金属、氧化物、废酸	①固化体孔隙率和污染物浸出速率均大大降低；②固化体的增容比较小	①需高温操作，安全性较差；②一次性投资费用与运行费用比水泥固化法高；③有时需要对废物预先脱水或浓缩
塑性固化法	部分非极性有机物、氧化物、废酸	①固化体的渗透性较其他固化法低；②对水解液有良好的阻隔性；③接触液损失率远低于水泥固化与石灰固化	①需特殊设备和专业操作人员；②废物如含氧化剂或挥发性物质，加热时可能会着火或逸散，在操作前应先对废物干燥、破碎

续表 4.4

技术	适用对象	主要优点	缺点
玻璃固化法	不挥发的高危害性废物、核能废料	①固化体可长期稳定； ②可利用废玻璃屑作为固化材料； ③对核能废料的处理已有相当成功的技术	①不适用于可燃或挥发性的废物； ②高温热熔需消耗大量能源； ③需要特殊设备及专业人员
自胶结固化法	含大量硫酸钙和亚硫酸钙的废物	①烧结体的性质稳定，结构强度高； ②烧结体不具生物反应性及着火性	①应用面较狭窄； ②需要特殊设备及专业人员

4.5　固体废物机械生物处理技术

4.5.1　机械生物处理

机械生物处理(Mechanical-biological treatment，MBT)，是现代生物技术在垃圾处理方面应用的典型技术。最初的 MBT 处理技术为烟道式处理工艺，可去除 20%～30%的有机垃圾，剩余 70%左右的垃圾至填埋场填埋。垃圾的机械生物处理技术的原理利用机械(破碎、分选等设备)和生物(好氧堆肥、厌氧消化)技术有机结合起来，可作为单独一项垃圾处理技术，也可以作为焚烧、填埋等工艺的预处理技术。

机械生物处理(MBT)是废物的中间处理设施，而不是最终处置场所。MBT 不是单一的处理技术，而是不同工艺单元的组合，因此有多重组合方式。不同的组合其功能、运行方式等各不相同。每种组合工艺都有其优点和缺点。

4.5.1.1　机械处理阶段

机械处理一般有两个主要目的：一是尽量回收垃圾中可资源化但又不可生物降解的物质，如金属、塑料、玻璃等；二是为接下来的生物处理提供条件，如去除砂石、把物料破碎成比较小块物质。机械处理阶段要尽可能去除不可生物降解的物质。不同的 MBT 工艺其侧重点不同，有的更侧重于能量物质(如甲烷气体)的回收，而有的侧重于分拣可回收物质。

4.5.1.2　生物处理阶段

生物处理一般包括好氧堆肥和厌氧消化。厌氧消化系统是以产生可利用的能源气体(沼气)为目的的，利用沼气可发电或供热。好氧堆肥系统主要是为了使垃圾稳定成可利用的肥料，并回收塑料等物质(经堆肥处理后，塑料上附着的残余食物等被去除掉)。

4.5.2　机械生物处理的应用

垃圾填埋一直是英国、德国、意大利等西欧国家及大多数发展中国家最主要的垃圾

处理方式，但垃圾填埋场中渗滤液和填埋气体的产生在很大程度上受垃圾中可生物降解物质的影响。垃圾经过机械生物处理之后再填埋，可缩短垃圾的稳定化时间，还可以降低填埋气的产生量。

在德国，MBT技术已成为城市生活垃圾管理和处理处置环节中的重要组成部分。德国垃圾处理的方式有：机械生物处理、堆肥、焚烧、热处理和填埋等。其中MBT处理是德国废物处理过程中的重要环节。德国的机械生物处理技术是首先利用机械分选设备，把垃圾中高热值物质、金属和玻璃等有用物质分离出来加以利用，垃圾中的有机质部分经过生物的好氧或厌氧处理后实施填埋。德国厌氧发酵后的固体残渣一般经好氧处理后直接填埋处理而不是二次利用，这主要是考虑到固体残渣中含有高浓度的重金属，在应用过程中可能造成环境污染。2006年，德国共有36个典型的MBT处理厂，年处理能力达380万t。

4.5.2.1　机械生物联合处理技术

机械生物预处理技术单独作为一种垃圾处理技术称为机械生物联合处理技术。一般体现为好氧堆肥处理技术和厌氧消化处理技术。好氧堆肥适合含水率为40%～70%的生物垃圾，厌氧消化适合含水率大于80%的生物垃圾。现代化的垃圾好氧堆肥工程和厌氧消化工程均采用机械生物联合处理技术，大大缩短了有机物稳定化所需的停留时间。

4.5.2.2　机械生物预处理结合分类回收技术

基于机械生物联合预处理的分选技术，其用于混合垃圾中有机组分含量少、可回收组分含量较多的情况，通过预处理降低混合垃圾的含水率，改变垃圾物理性状，再通过先进的垃圾分选技术，从混合垃圾中分选出有色金属、铁金属、玻璃、塑料、矿物质和剩余物，甚至可以将不同颜色的玻璃分选开来，错误分选率仅为0.0025%。

4.5.2.3　机械生物预处理结合卫生填埋技术

基于机械生物联合预处理的卫生填埋(MBT-landfill)。对于有机垃圾含量较高的混合垃圾，填埋稳定化过程长达50年以上，其间产生大量渗滤液和填埋气。

机械生物联合预处理技术可使有机垃圾稳定化过程大大缩短，4～6周后可降解80%以上的有机物质，再经过4～10周的后熟化可达到欧盟的填埋标准，预处理后的垃圾减量、减容效果非常明显，极大限度地减少了垃圾填埋场的占地面积。

4.5.2.4　城市生活垃圾综合处理技术

城市生活垃圾综合处理技术是一项基于机械生物预处理的技术，有机结合了分选、生物、堆肥、焚烧卫生填埋等技术。城市生活垃圾经人工预分选，将易于分选的垃圾分成5类，即惰性组分(砖陶)、可回收组分(金属、玻璃等)、危险废物(日光灯管、电池等)、大件垃圾及剩余组分。剩余垃圾经机械破碎后送到机械生物预处理系统，预处理过程微生物大量繁殖，使垃圾物料自然升温至50～60℃，在此过程中水分大量蒸发，使混合垃圾物理特性发生改变，垃圾物料大大减容、减重；预处理后的组分粒度分布发生较大变化，经机械分选，分成可生物降解组分和可燃组分；可生物降解组分经进一步堆肥处理后，作为土壤改良剂加以利用；可燃组分则送至焚烧车间焚烧进行热能利用；焚烧底灰与人工预分选出的惰性组分可用作筑路骨料或卫生填埋，焚烧飞灰固化后填埋。

城市生活垃圾综合处理技术很好地解决了传统工艺中存在的问题，符合循环经济、节能减排、综合利用、环境保护和可持续发展思想。

小　结

资源化技术在资源化系统里常被称为转化技术或中间技术。本章要求重点掌握城市厨余垃圾的堆肥化技术、垃圾的焚烧技术和危险废物的固化/稳定化技术。

思考题与习题

1. 简述固体废物堆肥化的定义，并分析固体废物堆肥化的意义和作用。

2. 分析好氧堆肥的基本原理，好氧堆肥的微生物生化过程是什么？

3. 简述好氧堆肥的基本工艺过程，探讨影响固体废物堆肥化的主要因素。

4. 如何评价堆肥的腐熟程度？

5. 分析厌氧发酵的三阶段理论和两阶段理论的异同点。

6. 影响厌氧发酵的因素有哪些？在进行厌氧发酵工艺设计时应考虑哪些问题？

7. 厌氧发酵装置有哪些类型？试比较它们的优缺点。

8. 用一种成分为 $C_{31}H_{50}NO_{26}$ 的堆肥物料进行实验室规模的好氧堆肥实验。实验结果：每1000kg堆料在完成堆肥化后仅剩下200kg，测定产品成分为 $C_{11}H_{14}NO_4$，试求每1000kg物料的化学计算理论需氧量。

9. 废物混合最适宜的C/N比值计算：树叶的C/N比值为50，与来自污水处理厂的活性污泥混合，活性污泥的C/N比值为6.3。分别计算各组分的比例使混合C/N比值达到25。假定条件如下：污泥含水率＝75%，树叶含水率＝50%，污泥含氮率＝5.6%，树叶含氮率＝0.7%。

10. 影响固体废物焚烧处理的主要因素有哪些？这些因素对固体废物焚烧处理有何重要影响？为什么？

11. 在进行城市生活垃圾焚烧处理过程中，对空气进行预热有何实际意义？预热空气的温度对焚烧处理过程的技术经济性有什么影响？

12. 在垃圾焚烧处理过程中，如何控制二噁英类物质对大气环境的污染？

13. 目前，固体废物焚烧炉有哪些主要炉型？它们各有何特点？

14. 固体废物的热解是什么？

15. 热解与焚烧的区别是什么？

16. 固体废物热解的特点有哪些？

17. 固体废物的热解工艺是如何分类的？

18. 城市生活垃圾的热解工艺主要有哪些类型？

19. 与普通城市生活垃圾相比，废塑料热解的产物有什么不同？常用热解工艺有哪些？

20. 对固体废物有哪些焙烧方法？焙烧在固体废物处理与处置中的作用是什么？

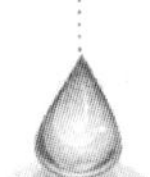

第 5 章　固体废物的资源化回收利用

学习目标

理解固体废物资源化回收利用的概念、原则及基本途径；掌握固体废物中废旧物质资源化的新思路、新技术及发展方向；着重掌握城市生活垃圾、污泥、废塑料、废橡胶、废纸、废纤维织物、电子废物及废电池等典型废旧物质的资源化回收利用。

必备知识

在掌握固体废物处理处置一般方法的基础上，重点掌握典型固体废物的资源化回收利用的新思路、新技术。

选修知识

关注国内外典型废旧物质资源化利用的新动向及发展方向。

广东雷州市生活垃圾焚烧发电厂运行成功！

转自北极星垃圾发电网

有关资料显示，目前，焚烧是处理垃圾的主要方式之一。为避免造成资源和能源的浪费，在垃圾处理中通常采取垃圾焚烧发电的方式。

雷州市生活垃圾焚烧发电厂项目采用世界先进的“炉内脱硝(SNCR)＋半干法脱酸＋干法脱酸＋活性炭喷射吸附＋布袋除尘器”的烟气净化组合工艺；焚烧炉采用广州环投设计研究院自主开发设计的垃圾焚烧机械炉排，环保配套烟气处理设施、污水渗滤液设施和飞灰固化处理设施；项目废气排放及噪音控制达到国家标准，部分废气排放指标优于国家标准，废水“零排放”。

垃圾经过称重、入仓、发酵等过程后，进入焚烧炉燃烧，燃烧热能产生高温高压蒸汽输送至汽轮机，转化为机械能，汽轮机带动发电机将机械能转化为清洁电能并入南方电网，实现生活垃圾的资源化利用。

雷州市生活垃圾焚烧发电厂项目是广东省重点环保项目，主要处理雷州市区域内的生活垃圾，项目总占地面积6.3万m^2，一期工程含2台500t/d的机械炉排焚烧炉和1台25MW汽轮发电机组，预计年处理垃圾将超过33万t，年发电量约1.46亿kW·h。

雷州市生活垃圾产生量约为1100t/d，该项目的落地建成将基本满足雷州市辖区内生活垃圾减量化、资源化、无害化处理的需求，实现原生生活垃圾零填埋，对改善雷州市生态环境具有极其重要的意义。

课前思考题

1. 生活垃圾焚烧发电还有哪些处理方式？
2. 你用过的废电池是怎么处理的？你知道随意丢弃废旧电池的危害吗？
3. 你更新换代后的旧手机、旧电脑是怎么处理的？

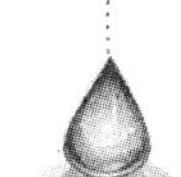

5.1 城市生活垃圾的资源化处理

5.1.1 城市生活垃圾的组成

城市生活垃圾又称城市固体废物，它是指城市居民日常生活或为城市日常生活提供服务的活动中产生的固体废物。城市生活垃圾主要来自城市居民家庭、城市商业、餐饮业、旅馆业、旅游业、服务业、市政环卫、交通运输、工业企业单位及给排水处理污泥等，而不包括工厂所排出的工业固体废物。

城市生活垃圾的成分很复杂，但大致可分为有机物、无机物和可回收废品几类。属于有机物的垃圾主要为动植物性废弃物；属于无机物的垃圾主要为炉灰、庭院灰土、碎砖瓦等；可回收废品主要为金属、橡胶、塑料、废纸、玻璃等。近年来，工业发达国家的城市生活垃圾成分也有了根本的变化，世界上现代化的城市中家庭燃料构成已从过去用煤、木柴改用煤气、天然气、电力；垃圾中曾占很大比例的炉渣大为减少。许多国家城市居民的日常食品改为冷冻、干缩、预制的成品和半成品，家庭垃圾中的有机物，如瓜皮、果核等大为减少；而各类纸张、金属、塑料、玻璃器皿以及废旧家用电器等产品大大增加。几个国家近年来的城市生活垃圾组成见表5.1。

表5.1 几个国家城市生活垃圾的组成

成分(%)	英国	法国	荷兰	瑞士	意大利	美国
有机物	27	22	21	20	25	12
纸	38	34	25	45	20	50

续表 5.1

成分(%)	英国	法国	荷兰	瑞士	意大利	美国
灰、渣	11	20	20	20	25	7
金属	9	8	3	5	3	9
玻璃	9	8	10	5	7	9
塑料	2.5	4	4	3	5	5
其他	3.5	4	17	2	15	8
平均含水	25	35	25	35	30	25
每人每年平均量(kg)	320	270	210	250	210	820

我国垃圾成分与工业发达国家的显著差别是:无机物多,有机物少,可回收的废品也少。我国部分城市的垃圾成分概况见表 5.2。

表 5.2 我国部分城市生活垃圾组成

成分(%)	北京	天津	无锡	湘潭	厦门	杭州	武汉
无机物	60	67	78	80	75	72	66
有机物	35	26	17	17	22	23	30
可回收废品	5	7	5	3	3	5	4

5.1.2 城市生活垃圾资源回收系统

自 20 世纪 80 年代以来,我国城市化进程加快,城市数量不断增多,规模不断扩大,城市非农业人口和市区面积急速增长,城市生活垃圾产生总量大幅度增加。在城市生活垃圾产量迅速增加的同时,垃圾构成也发生了很大的变化,表现为垃圾中煤渣含量持续下降、易腐垃圾增加、可燃物增多、废品含量有所增长、可利用价值增大。

垃圾中可回收再利用的废品有废纸、废塑料、废玻璃、废橡胶、废电池、废旧金属等。此外,垃圾中的可降解有机废物,包括厨房废物、庭院废物和农贸市场废物等,是生产有机肥料的上好原料。回收利用垃圾中的这些废弃资源,不但可以减少最终需要无害化处置的垃圾量,减轻对环境的污染,而且能够节约资源、节约能源和减少垃圾的处理处置费用。所以,垃圾资源化是解决城市生活垃圾问题的另一重要途径。

图 5.1 是城市固体废物处理及资源化总体示意图,它包括收集运输系统、资源化系统和最终处置系统三大部分。城市固体废物资源化是一个涉及收集、运输、破碎、分选、转换和最终处置的系统工程。该系统可分为两个过程,前一个过程是不改变物质的化学性质,直接利用和回收资源,通过破碎、分选等物理和机械作业,回收原形废物直接利用或从原形废物中分选出有用的单体物质;后一个过程则是通过化学的、生物的、生物化学的方法回收物质和能量。只有根据城市固体废物数量、组成成分和废物的物理化学特性,正确地选择各种处理单元操作技术,才能组成经济而有效的资源化系统。

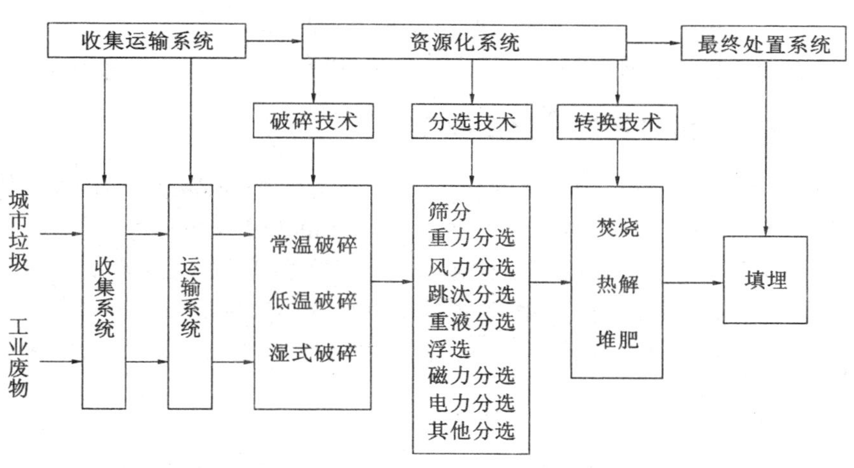

图 5.1　城市固体废物资源化总体示意图

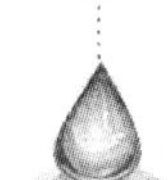

5.1.2.1　垃圾分类收集

城市生活垃圾混合收集，不但增大了垃圾中塑料、纸张、金属等废品的回收成本，降低了可用于堆肥的有机物资源化价值，同时使大量有害物质如干电池、废油等混入垃圾，增大了垃圾无害化处理的难度，造成严重的环境污染。我国城市生活垃圾基本特点是：无机成分多于有机成分、不可燃成分多于可燃成分、不可堆腐物多于可堆腐物（约为 4：1）。因此，城市生活垃圾的运输和填埋量较大。对于人均资源占有量排在世界 100 位之后的中国来说，让大量的可再生资源当作垃圾白白流失，是很可惜的。

要实现垃圾资源化，应该从加强管理、推行垃圾分类收集开始，以降低垃圾中废品的回收成本，提高废品回收率和回收废品质量，促进资源化，也便于有害废物单独处置。各个城市应根据自己的具体情况，提出垃圾分类方案，逐步推广垃圾分类收集。要大力提倡居民在家中分类收集抛弃垃圾；在机关、学校、工厂企业、机场、车站等地，应设置分类收集垃圾的容器，将废塑料、废纸张、废玻璃、废金属加以分类收集。

为推进废品回收，应规定设立使用回收标志，标注在那些使用后需回收的商品及包装上，并标注回收物品的材料名称或其代号、符号，以利于废品的回收、分类。

5.1.2.2　废品回收利用

虽然我国历来重视废旧物资的回收利用，但由于只从经济目标出发，没有从减少垃圾量、保护资源、保护环境出发，回收还没有作为一种义务而仅是赚钱的手段，回收对象多集中为废旧金属、废纸等利润高的物资，而对废旧塑料、玻璃制品和废电池的回收则不感兴趣，使得废旧物资的回收率较发达国家为低。此外，原有的机制已不适应新的回收需要，而强制和义务回收制度还未建立，废品收购价格越来越低，越来越多的居民对卖废旧金属、废纸、废玻璃、废塑料制品和废电池不再热心，而将其扔入垃圾中。在城市和经济发达地区，甚至一些旧家具和旧家电已经开始作为垃圾抛弃，这导致资源的极大浪费，使垃圾量大为增加。

随着向市场经济的转移，旧的回收体制难以适应目前的形势，原有的国有回收主渠道萎缩，个体商贩的回收比例已大大超过国有回收公司。在加强、改革、整顿国有回收公司的同时，应建立义务和强制回收制度，并对个体回收商贩加强管理，使之成为废品回收

主渠道的必要的、合理的补充，促进废品的回收利用，减少进入垃圾中的废品量。与此同时，应对所收集的垃圾进行必要的机械和人工分选，以利于垃圾的资源化和无害化处理。

5.1.3 城市生活垃圾的分选回收系统

城市生活垃圾中往往有病原微生物存在，直接作为农肥，危害亦很大，病原体可随瓜果、蔬菜返回城市，传病于人，因此需要妥善处理。城市生活垃圾的处理原则，首先是无害化，处理后的垃圾化学性质应稳定，病原体被杀灭，要达到我国无害化处理暂行卫生评价标准的要求。其次是尽可能资源化，处理后将其作为二次资源加以利用。最后是应坚持环境效益、经济效益和社会效益相统一。在一定条件下，城市生活垃圾的无害化和资源化是紧密联系在一起的。

5.1.3.1 预处理(分选回收)

城市生活垃圾无害化处理前需进行预处理。预处理的主要措施有分类、破碎、风力分选、磁选、静电分选以及加压等。风力分选法是利用垃圾与空气逆流接触，使垃圾中密度不同的成分分离。分离出来的轻物质，一般均属有机可燃物(如纸张、塑料等)，重物质则为无机物(如砖、金属、玻璃等)。浮选法是经过筛分或风力分选后的轻物质送入水池中，玻璃屑、碎石、碎砖、骨头、高密度塑料等沉至池底，轻的有机物则浮在水面。磁流体分选法是将经过风力分选及磁选后富含铝的垃圾放入水池中，调整水溶液密度，使铝浮出水面，而其他物质仍沉在池底。磁选法可在破碎后、风力分选前，磁选法用于从破碎后固体废物中回收金属碎片。静电分选法一般在磁选法之后，用以从垃圾中除去无水分小颗粒夹杂物，其效果较风力分选、筛分为佳。由于含水分的有机物导电性好，可为高压电极所吸引，而不吸收水分的玻璃、陶瓷器、塑料、橡胶等杂物导电性差，不受电场作用，依重力方向向下落使两类物质分离。目前，这些预处理技术在工业发达国家采用较多，我国采用较少。国内少数大城市采用的垃圾分选装置，主要是由一些矿山机械改装而成。

图 5.2 是城市生活垃圾的典型分选回收系统。城市生活垃圾回收系统包括收集运输、破碎、筛选、重力分选、磁力分选、摩擦与弹跳分选、浮选等。该系统分选回收可得到以下产品：轻质可燃物，主要有纸类、塑料、布料等有机物质；金属类，主要有废钢铁、铜、铝等；玻璃；其他无机物，主要为非金属类。

5.1.3.2 转换技术

(1)城市生活垃圾堆肥

堆肥是实现城市生活垃圾资源化、减量化的一条重要途径。堆肥是我国目前城市生活垃圾处理采用较多的方法。一方面这是因为我国农村有着数千年来堆肥的习惯；另一方面我国垃圾中可堆腐有机物含量较高，比较适合堆肥处理。城市中的粪便和垃圾中的有机物与灰土是理想的堆肥原料，采用这些原料堆肥，既可以达到垃圾无害化处理的目的，又可以生产出优质有机肥料。单独采用城市生活垃圾堆肥，因有机物少，肥效不大，大多以混合采用粪便与垃圾堆肥为好。堆肥有好氧和厌氧两种，多数采用好氧(好氧堆肥技术见 4.2.1)。

截止到 2011 年，北京市已建成垃圾处理设施 22 座，其中，垃圾卫生填埋场 13 座，垃圾堆肥场 2 座，垃圾焚烧厂 2 座，垃圾转运站 5 座，日处理能力 9820t。其中，垃圾堆肥场

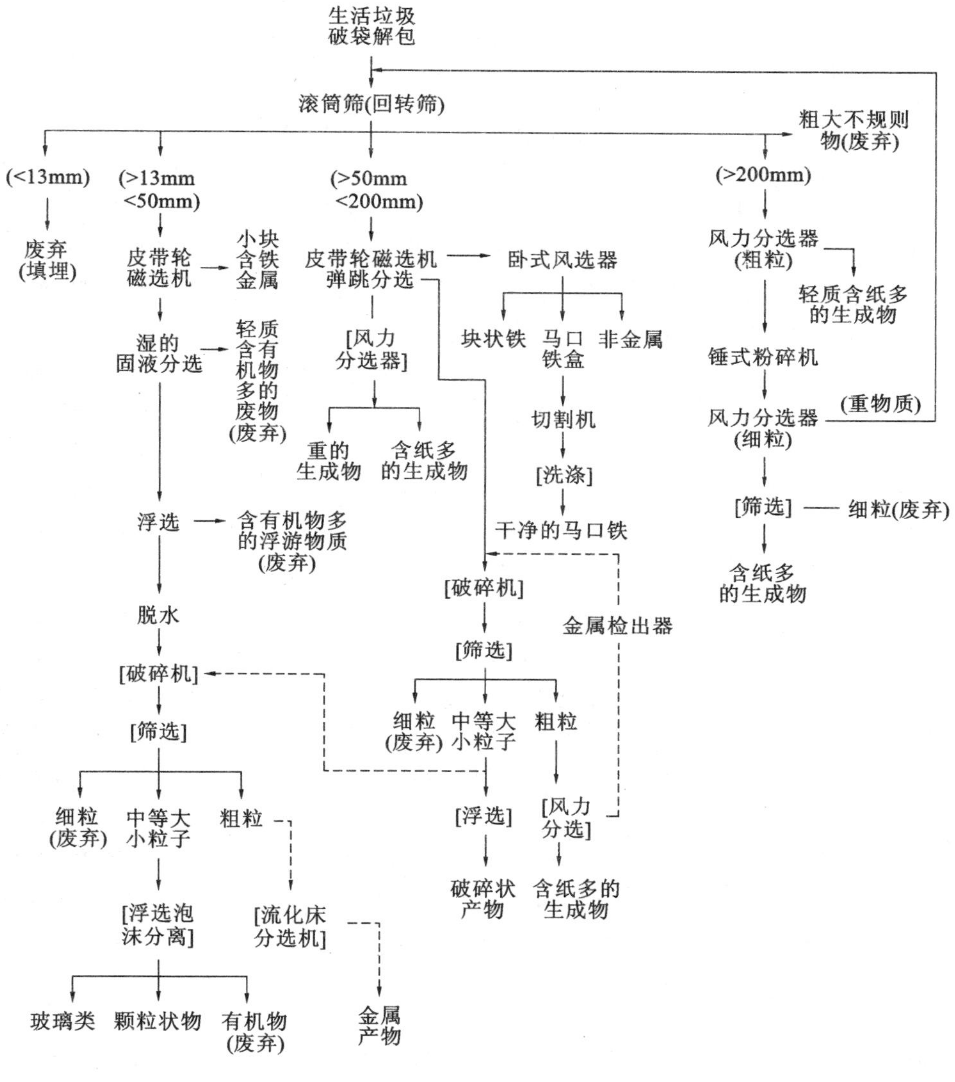

图 5.2　垃圾分选回收系统

注：1. [ ]内表示需研究主攻技术方向；

2. 虚线表示经研究可能采用的技术

主要采用机械化堆肥和简易高温堆肥技术。但是目前城市生活垃圾堆肥存在产品肥效较低、质量较差、销路不好等问题，使企业难以维持运转。因此发展高温堆肥的关键是改进原料构成、提高产品质量。

(2)废物转化能源

城市生活垃圾和有害废物的焚烧，理论上其热值要大于 18600kJ/kg，低于此值，就需要补加辅助燃料进行焚烧；但实际上大于 3000kJ/kg 即可用焚烧法处理。工业发达国家城市生活垃圾的热值多在 4200kJ/kg 以上，所以这些国家的垃圾焚烧工艺一般是自燃方式。我国城市生活垃圾中无机固体废物多，可燃物少，产生的热值一般均不足3000kJ/kg，难以自燃，城市生活垃圾采用辅助燃料进行燃烧既耗能源又不经济，所以我国只有少部分

大城市采用焚烧法处理垃圾。但随着人民生活水平的提高和商品包装的更新，我国城市生活垃圾的成分将会发生变化，在将来会有更多的城市将会采用焚烧法处理城市生活垃圾。

垃圾焚烧法的优点是垃圾中的病原体灭除彻底；焚烧后的灰渣约占原体积的5%，因此减容效果大，产生的热量可以发电或供热。工业发达国家4t垃圾焚烧后产生的热量，与1t煤油的热量几乎相等。焚烧能将废物变为能源，但是只有在大型垃圾焚烧厂，至少单炉处理垃圾量在150t/d以上，利用焚烧产生热量发电才有较好的规模经济效益。远离居民区和其他工厂的焚烧厂热量外供会有困难，只能考虑自用。就热能的回收利用来说，今后拟发展大中型的垃圾焚烧处理厂。

垃圾填埋场气体也可以作为能源回收利用，杭州天子岭垃圾填埋场已取得较好的实践，今后拟进一步推广。为提高填埋气体的收集效率，填埋场的设计和操作管理应该加以改进。

(3)蚯蚓床

城市生活垃圾可以利用蚯蚓处理。蚯蚓可将这些城市生活垃圾转变为肥效高，无臭味的蚯蚓粪土，还能获得大量蚯蚓体作医药原料，蚯蚓体内蛋白质含量与鱼肉相当，是畜禽和水产养殖的优良饲料，可以收到一举多得的效果。早在2003年，美国已有93个蚯蚓厂，日本有垃圾工厂200多家，年处理垃圾5.5万t，可每年增殖蚯蚓体2500t，年产1.8万t蚯蚓粪，一年即可收回蚯蚓厂基建投资。蚯蚓处理有机垃圾的机理是：首先，蚯蚓体内分泌能分解蛋白质、脂肪、碳水化合物和纤维素的各种酶类；其次，在蚯蚓消化道中，有大量细菌、霉菌、放线菌等微生物共生，它们是环卫战线的大力士，分解消化有机垃圾的能力很强。蚯蚓日食量为其体重的60%～70%。蚯蚓是喜湿、好暖、怕光的低等动物，在养殖时需注意。蚯蚓寿命约两年，蚯蚓死亡时或在高温条件下，能产生一种自溶酶的物质，将自己的身体分解成液体，使其死后无影无踪。发展蚯蚓养殖是处理城市生活垃圾、化害为利的有效措施之一，应大力发展。目前我国有些城市养殖蚯蚓处理有机垃圾已试验成功。

(4)其他资源化技术

我国已开发出的其他一些城市生活垃圾资源化技术，如垃圾烧结制砖、用废塑料裂解生产汽油和柴油及用废弃纸塑、纸铝塑包装物生产彩乐板等，在推广应用过程中也存在如何保证原料的供给、提高原料质量和降低原料回收价格等类似问题。我国垃圾资源化中的这些问题是由于垃圾混合收集引起的。

5.1.4 城市生活垃圾的最终处置

城市生活垃圾的最终处置方法多采用卫生填埋。

卫生填埋是一种防治污染的填埋方法，由于填埋过程是一层垃圾一层土交替进行，又称为夹层填埋法。从横断面看，垃圾和砂土交互填埋，既可防止垃圾的飞散和降雨时的流失，又可防止蚊、蝇等害虫滋生以及臭气和火灾的发生，因而常称为卫生填埋法。卫生填埋法有一般卫生填埋法和滤沥循环卫生填埋法两种方法。

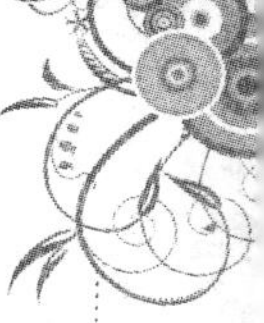

(1)一般卫生填埋法

一般卫生填埋法是在回填场地上，先铺一层若干厘米厚的垃圾，压实后再铺上一层若干厘米厚的松土、沙或粉煤灰等覆盖层，以防鼠蝇等滋生，并可使产生的臭气逸出以防起火。然后依次逐步用土将垃圾分割在夹层结构中，夹层厚度视垃圾种类而异，日本废物处理法规定：一般每层垃圾厚度 2～3m，覆土 20～30cm，覆土材料可采用良质砂土、一般土壤、砖瓦和废建筑材料等。填埋至预定目标之前，至少要留出 60cm，覆以表土。表土覆盖厚度因垃圾种类而异，从有效利用土地考虑，以 1.0～1.5m 为宜。填埋的垃圾会分解下沉，在填埋的土地上，一般 20 年内不宜建造房屋，只能作为公园、绿化地、农田或牧场。

(2)滤沥循环卫生填埋法

滤沥循环卫生填埋法是近年发展起来的一种方法，其特点是将回填垃圾的含水量从 20%～25%提高到 60%～70%，收集其滤沥液循环使用，使垃圾保持湿润，从而加速有机物的厌氧分解，使填埋物加速下沉。滤沥循环系统由外部水源、泵站、贮水池和管网等构成。为防止滤沥液污染地下水，还要设集水坑，洼地四壁要不透水，如遇松散土层，须加铺沥青层或塑料薄膜。四壁的坡度至少为 3∶1，薄膜上覆盖 15～30cm 的细土保护层。集水坑也要有坡度，使水流集中。洼地底部按水流方向埋置滤管，使滤沥液向集水坑集中。滤管应用大颗粒松散固料作为滤料围护，并与一个垂直露出地面的立管相通。要有一个全年贮水的监测井。为了保护垂直管和监测井，外面要有一个至少 1m 的大套管作为入孔，四壁要留垃圾取样口。滤管附近几米处留通气孔，使沼气及其他易燃气体不致集聚。通气管插至埋滤管的滤料层，防止氧气与滤沥液接触产生沉淀，影响循环使用。

5.2　城市污泥的综合利用

污泥是污水处理厂对污水进行处理过程中产生的沉淀物质以及由污水表面漂出的浮沫形成的残渣。随着工业生产的发展和城市人口的增加，工业废水与生活污水的排放量日益增多，污泥的产量迅速增加。大量积累的污泥，不仅将占用大量土地，而且其中的有害成分如重金属、病原菌、寄生虫卵、有机污染物及臭气等将成为严重影响城市环境卫生的公害。如何科学妥善地处理处置污泥是全球共同关注的课题，当今的共识是将污泥视为一种资源加以有效利用，在治理污染的同时变废为宝。

5.2.1　污泥的分类与性质

5.2.1.1　污泥的分类

污泥的种类很多，按来源可分为给水污泥、生活污水污泥、工业废水污泥。

按分离过程可分为沉淀污泥(包括初沉污泥、混凝沉淀污泥、化学沉淀污泥)、生物处理污泥(包括腐殖污泥、剩余活性污泥)。

按污泥成分及性质可分为有机污泥、无机污泥；亲水性污泥、疏水性污泥。

按不同处理阶段可分为生污泥、浓缩污泥、消化污泥、脱水干化污泥、干燥污泥、污泥焚烧灰等。

5.2.1.2　污泥的性质

污泥性质是选择污泥处理、处置及利用技术的重要基础资料。污泥性质取决于污水水质、处理工艺和工业废水密度等多种因素。一般说来，污泥具有以下性质：

(1)有机物含量高(一般为固体量的60%～80%)，容易腐化发臭，颗粒较细，密度较小，含水率高且不易脱水，是呈胶状结构的亲水性物质。

(2)污泥中含有植物营养素、蛋白质、脂肪及腐殖质等，营养素主要包括氮、磷(如P_2O_5)、钾(如K_2O)。

(3)污泥的碳氮质量比(C/N)较为适宜，对消化有利。污泥中的有机物是消化处理的对象，其中一部分是易被或能被消化分解的，分解产物主要是水、甲烷和二氧化碳；另一部分是不易或不能被消化分解的，如纤维素、乙烯类、橡胶制品及其他人工合成的有机物等。

(4)污泥具有燃料价值，污泥的主要成分是有机物，可以燃烧。

(5)由于城市污水中混有医院排水及某些工业废水(如屠宰场废水)，所以污泥中常含有大量的细菌和寄生虫卵。

(6)由于工业污水进入城市污水处理系统，污泥中含有多种重金属离子。在污泥的各种水溶性重金属中，镉(Cd)、铜(Cu)、铅(Pb)浓度较高，酸溶性重金属中，Cd浓度最高，其浓度顺序为Cd>Cu>Pb>Hg。

5.2.2　污泥的处理及综合利用

5.2.2.1　污泥的处理

污泥的处理包括污泥的浓缩、脱水和消化。

(1)污泥的浓缩

污泥中所含水分大致分为四类：颗粒间的间隙水，约占污泥水分的70%；污泥颗粒间的毛细管水，约占20%；颗粒的吸附水及颗粒内部水约占10%，污泥脱水的对象是颗粒间的间隙水。

污泥浓缩的目的就是降低污泥中的水分，缩小污泥的体积，减少消化池的容积和加温污泥所需的热量，为污泥脱水、利用与处置创造条件，但仍保持其流体性质。浓缩后污泥含水率仍高达90%以上，可以用泵输送。污泥浓缩的方法主要有重力浓缩、气浮浓缩和离心浓缩3种。

(2)污泥的脱水

污泥经浓缩处理后，含水率约为90%，体积仍很大。为了满足卫生标准，综合利用或进一步处理的要求，必须充分地脱水而减量化，使污泥可以当作固态物质来处理。

污泥脱水包括自然干化与机械脱水。在机械脱水时，为了改善污泥的脱水性能，常采用污泥消化法或化学调理法等对污泥进行处理后再脱水。

机械脱水的主要方法有：

①采取加压或抽真空将滤层内的液体用空气或蒸汽排除的通气脱水法，常用设备为真空过滤机，有间歇式、连续式和转鼓式等形式。

②靠机械压缩作用的压榨法，加压过滤设备主要分为板框压滤机、叶片压滤机、滚压带式压滤机等类型。

③用离心力作为推动力除去料层内液体的离心脱水法，常用转筒离心机有圆筒形、圆锥形、锥筒形几种，典型形式为锥筒形。

(3)污泥的消化

污泥的消化是在人工控制条件下，通过微生物的代谢作用使污泥中的有机物稳定化。污泥中有机物含量很高，宜采用厌氧法处理，即在厌氧的条件下，污泥中的有机物被微生物分解为较低分子有机物，最终转化成为甲烷、氨、二氧化碳和水等无机物和气体。通过厌氧消化，既分解了有机物，还获得了一种很好的燃料——沼气。

厌氧消化工艺流程主要有标准消化法、高负荷消化法、两级消化法和厌氧接触消化法等。

5.2.2.2 污泥的综合利用

污泥是一种很有利用价值的潜在资源，随着工业和城市的发展，污水处理率的提高，其产生量必然越来越大。目前，污泥处置的主要方式有填埋、投海、焚烧和土地利用。这些方法都能容纳大量的污泥，是污泥处置的有效途径，但其中也存在诸多问题。为了充分利用污泥资源，减轻环境公害，世界上许多国家都在大力发展污泥处理处置和资源化利用的各种技术，取得了良好的经济效益和社会效益。目前，在我国，污泥的综合利用主要有以下几种方式：

(1)污泥的农田林地利用

污泥中含有的氮、磷、钾、微量元素等是农作物生长所需的营养成分；有机腐殖质(初沉池污泥含33%，消化污泥含35%，活性污泥含41%，腐殖污泥含47%)是良好的土壤改良剂；蛋白质、脂肪、维生素是有价值的动物饲料成分。

①生产堆肥

依靠自然界广泛分布的细菌、放线菌、真菌等微生物，人为地促进可生物降解的有机物向稳定的腐殖质转化的过程叫作堆肥化，其产物称为堆肥。

将污泥与调理剂及膨胀剂在一定的条件下进行好氧堆肥，即是污泥的堆肥化。现代堆肥化大多指好氧快速堆肥过程。污泥堆肥过程的主要技术措施比较复杂，主要包括以下四个步骤：调整堆料的含水率和适当的C/N比值；选择填充料，改变污泥的物理性状；建立合适的通风系统；控制适宜的温度和pH值。

堆肥的一般工艺流程如图5.3所示，主要分为前处理、一次发酵、二次发酵和后处理四个阶段。

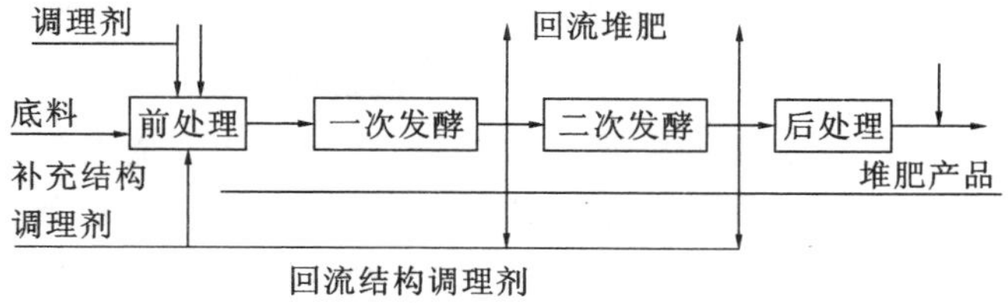

图5.3 堆肥工艺一般流程图

②生产复混肥

污泥堆肥产品可与市售的无机氮、磷、钾化肥配合生产有机无机复混肥。它集生物肥料的长效、化肥的速效和微量元素的增效于一体,在向农作物提供速效肥源的同时,还能向农作物根系引植有益微生物,充分利用土壤潜在肥力,并提高化肥利用率;另外,还可根据不同土地的肥力和不同作物的营养需求,合理设计复混肥各组分的比例,生产通用复混肥以及针对不同作物的专用复混肥。

(2)回收能源

污泥的主要成分是有机物,其中部分能够被微生物分解,产物是水、甲烷(CH_4)和二氧化碳;另外干污泥具有热值,可以燃烧。所以可以通过直接燃烧、制沼气及制燃料等方法,回收污泥中的能量。

①利用污泥生产沼气

沼气是有机物在厌氧细菌的分解作用下产生的以甲烷为主的可燃性气体,是一种比较清洁的燃料。沼气中甲烷的体积分数约50%～60%,二氧化碳的体积分数为30%左右,另外还有一氧化碳、氢气、氮气、硫化氢和极少量的氧气,1m^3 沼气燃烧发热量相当于1kg 煤或 0.7kg 汽油。污泥进行厌氧消化即可制得沼气。

②通过焚烧回收热量

污泥中含有大量的有机物和一定的木质素纤维,脱水后有一定的热值。污泥的燃烧热值与污泥的性质有关,如表5.3所示。

表5.3 不同污泥的燃烧热值

污泥种类	干污泥热值(kJ/kg)	污泥种类	干污泥热值(kJ/kg)
初次沉淀污泥		初沉污泥与腐殖质污泥混合	
新鲜的	15826～18190	新鲜的	14900
		经消化	6740～8120
经消化	7200	初沉污泥与活性污泥混合	
		新鲜的	16950
新鲜活性污泥	14900～15210	经消化	7450

可以看出,干污泥作为燃料的开发潜力大。通过焚烧既可以达到最大限度的减容,又可以利用热交换装置回收热量用来供热发电。但在焚烧过程中会产生二次污染问题,如废气中含 SO_x、NO_x、HCl,残渣含重金属等。

脱水污泥的含水率高于75%,如此高的含水率不能维持焚烧过程的进行,所以焚烧前应对污泥进行干燥处理,使污泥的含水率符合不同焚烧设备的要求。

最主要的焚烧设备有多膛焚烧炉、回转窑焚烧炉、流化床焚烧炉等,应用最广泛的是流化床焚烧炉。流化床焚烧炉的优点是焚烧时固体颗粒激烈运动,颗粒与气体间的传热、传质速率快,所以处理能力大;结构简单,造价便宜。缺点是废物破碎后才能入炉。

污泥焚烧的热量可以用来生产蒸汽,供热采暖或发电。另外还可用污泥与煤混合制成污泥煤球等混合燃料。

③低温热解

低温热解是目前正在发展的一种新的热能利用技术。即在 400～500℃，常压和缺氧条件下，借助污泥中所含的硅酸铝和重金属(尤其是铜)的催化作用将污泥中的脂类和蛋白质转变成碳氢化合物，最终产物为燃料油、气和炭。热解前的污泥干燥可利用这些低级燃料燃烧所产生的预热空气来进行，实现能量循环；热解生成的油还可以用来发电。

(3)建材利用

污泥中的无机成分与有机成分可以分别被利用制造建筑材料。

①污泥制砖

污泥制砖的方法有两种，一种是干污泥直接制砖，另一种是用污泥焚烧灰制砖。

用干污泥直接制砖时，应该在成分上做适当调整，使其成分与制砖黏土的化学成分相当。当污泥与黏土按质量比 1∶10 配料时，污泥砖基本上与普通红砖的强度相当。

将污泥干燥后，对其进行粉碎以达到制砖的粒度要求，掺入黏土与硅砂，混合搅拌均匀，制坯成型焙烧。污泥砖的物理性能见表 5.4。

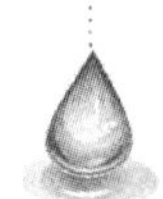

表 5.4　污泥砖的物理性能

污泥∶黏土(质量比)	平均抗压强度(MPa)	抗折强度(MPa)	成品率(%)
0.5∶10	8.2	2.1	83
1∶10	10.6	4.5	90

利用污泥焚烧灰制砖，其焚烧灰的化学组成与制砖黏土的化学组成比较见表 5.5。

表 5.5　污泥焚烧灰与制砖黏土的化学组成比较(质量分数/%)

项目	SiO_2	Al_2O_3	Fe_2O_3	CaO	MgO	灼烧减重	其他
制砖黏土	56.8～88.7	4～20.6	2～6.6	0.3～13.1	0.1～0.6	—	0～0.6
焚烧灰甲	13	13.7	9.6	38.0	1.5	15.1	—
焚烧灰乙	50.6	12.0	16.5	4.6	—	10.9	—
焚烧灰丙	52.0	15.0	4.8	10.6	1.6	1.6	4.8

由表 5.5 可知，不同的污泥焚烧灰的成分差别很大。在污泥脱水时，加入石灰作为助凝剂，会使焚烧灰的 CaO 含量增高(如焚烧灰甲)。一般情况下焚烧灰的成分与制砖黏土成分接近(如焚烧灰乙、丙)。制坯时只需添加适量黏土与硅砂，适宜的配料质量比为焚烧灰∶黏土∶硅砂＝100∶50∶(15～20)。

②生产水泥

水泥熟料的煅烧温度为 1450℃左右。生产水泥时，污泥中的可燃物在煅烧过程中产生的热量，可以在煅烧水泥熟料时得到充分利用。污泥焚烧灰的成分与水泥原料相近，可作为生产水泥原料加以利用。污泥中的重金属元素在熟料烧成过程中参与了熟料矿物的形成反应，被结合进熟料晶格中。因此，用污泥作为原料生产水泥，除可实现资源、能源的充分利用，还可将其中的有毒有害物质中和吸收，使危害尽可能减少，近年来受到广泛关注。

污泥生产水泥有两种方式：生产生态水泥和代替黏土质原料生产水泥。用污泥焚烧

灰、下水道污泥、石灰石及适量黏土为原料生产的水泥叫生态水泥。污泥具有较高的烧失量，扣除烧失量后其化学成分与黏土原料相近。通过生料配料计算，证明其理论上可以替代30%的黏土质原料。

③制生化纤维板

活性污泥中的有机成分中粗蛋白(约占30%～40%)与酶等大多属于球蛋白，能溶解于水及稀酸、稀碱、中性盐的水溶液。在碱性条件下加热、干燥、加压后会发生一系列的物理、化学性质的改变，称为蛋白质的变性作用。利用这种变性作用能制成活性污泥树脂(又称蛋白胶)，与纤维合起来，压制成板材。

生化纤维板的物理力学性能，可达到国家三级硬质纤维板的标准，能用来制造建筑材料或制造家具。利用活性污泥制造生化纤维板，在技术上是可行的。但在实际制造过程中会产生气味，需要采取脱臭措施。板材成品仍还有一些气味，且强度有待提高。当污泥的性质不同时，配方需研究调整。

④生产陶粒

污泥制陶粒的方法按原料不同可以分为两种，一是用生污泥或厌氧发酵污泥的焚烧灰造粒后烧结。这种方法在20世纪80年代已趋成熟，并投入使用。但利用焚烧灰制陶粒需要单独建设焚烧炉，污泥中的有机成分没有得到有效利用。近年来开发了直接用脱水污泥制轻质陶粒的新技术，生产工艺如图5.4。

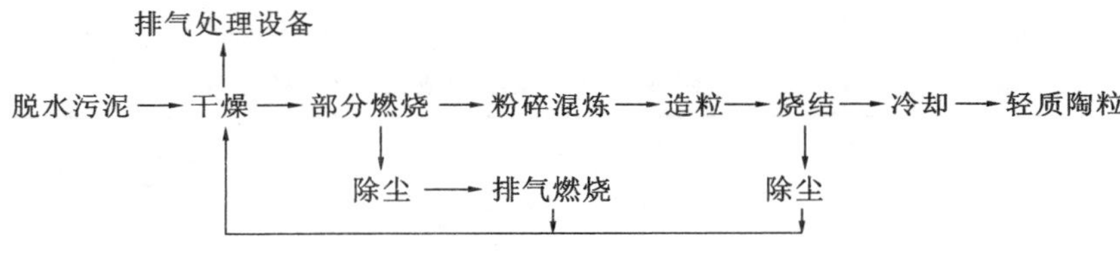

图5.4　脱水污泥制轻质陶粒工艺流程

轻质陶粒一般可作路基材料、混凝土骨料或花卉覆盖材料使用，但由于成本和商品流通上的问题，还没有得到广泛的应用。近年来日本将其作为污水处理厂快速滤池的滤料，代替目前常用的硅砂、无烟煤，取得了良好的效果。轻质陶粒作快速滤池填料时，空隙率大，不易堵塞，反冲次数少。由于其相对密度大，反冲洗时流失量少，滤料补充量和更换次数也比普通滤料少。

5.3　有机固体废物的资源化利用

5.3.1　废塑料的综合利用

5.3.1.1　概述

塑料是以天然或合成的高分子化合物为基本成分，可在一定条件下塑化成型，而产

品最终形态能保持不变的固体材料。由于塑料具有质轻、价廉、强度高和易加工等优良性能，它与钢铁、木材、水泥一起共同构成了现代工业四大基础材料，被广泛应用于工农业及人们的日常生活之中，在国民经济发展中占有重要地位。

（1）废塑料的产生量

随着塑料制品消费量不断增大，废塑料也不断增多。目前我国废塑料主要为塑料薄膜、塑料丝及编织品、泡沫塑料、塑料包装箱及容器、日用塑料制品、塑料袋和农用地膜等。另外，我国汽车用塑料年消费量已达 40 万 t，电子电器及家电配套用塑料年消费量已达 100 多万 t，这些产品报废后成了废塑料的重要来源之一。据了解，2011 年，我国废塑料产生量约为 2800 万 t，2012 年为 3413 万 t。这些废塑料的存放、运输、等待被加工的废弃塑料原料应用及后处理若不得当，势必会破坏环境，危害百姓健康。

（2）废塑料的严重危害

随着塑料工业的蓬勃发展及其大规模使用，废旧塑料制品与塑料垃圾带来的环境污染也日趋严重，塑料制品的废弃与处置已引起一系列环境问题，“白色污染”已成为家喻户晓的塑料材料污染环境的代名词，并成为全球瞩目的环境公害。据资料显示，2013 年全世界塑料总产量约 2.99 亿吨。与此同时，废塑料造成的环境污染已成为一个全球性环境问题。

废塑料难于自然降解，不为自然环境所亲和，给环境造成了严重污染。塑料垃圾填埋后，不仅占用大量土地，而且经久不腐，贻害未来。耐腐蚀、抗细菌本是塑料制品的一大优点，但它们成为垃圾后却成为科学家们头痛的难题。在无空气无光照的情况下，微生物难以分解有机物，被填埋的塑料 200 年后也不能完全分解。填埋的塑料还会污染地下水源，破坏土壤结构，污染严重的农田会使粮食作物减产 30%以上。如果采用焚烧处理，虽然可以解决填埋法占地、费用高以及对环境的长期性破坏，简便易行并可利用焚烧所产生的热量进行发电，达到资源再利用。然而，这种貌似简单易行的方法却隐藏着极大的危害。因为塑料在热分解过程中，聚合物发生裂解会释放出大量的有害气体，如聚苯乙烯塑料在 80℃以下可保持物质组成不变，当温度超过 280℃时，其相对分子质量开始下降，产生挥发性气体，气体中含苯乙烯单体、双体、三体及少量的甲苯、乙基苯等，这些都是对环境有极大危害的物质。焚烧聚氯乙烯塑料，不仅产生对环境破坏极大的氯气、氯化氢及二噁英气体，而且还产生 CO、NO_x、甲醛、氯乙烯、苯乙烯等有害气体，对生态环境产生极大的影响。在塑料焚烧过程中，作为塑料填充、染色等用途的无机金属也被挥发于大气之中，如 Pb、As 等有害物质，造成大气污染。

（3）废塑料的危害亟待消除

现在废塑料的产生量只占塑料消费量的 20%，也就是说在今后若干年内，其余 80%将进入废塑料行列。从理论上讲，废塑料的产生量终将与塑料消费量持平。因此，对废塑料的处理越来越显得迫切和必要，国家环保局已将废塑料列为 21 世纪要控制的三大重点污染物之一。废塑料再利用技术业已成为消除“白色污染”、降低资源消耗、保持可持续发展的一个关键技术。为此，正确认识废塑料对环境的影响，积极研究它们的处理、处置工艺，对保护环境、利用资源都具有重要意义。

5.3.1.2 废塑料回收再利用的方法与技术

解决废塑料问题的主要途径是回收利用，主要包括回收和再生两大步骤。回收主要指废塑料的集中、运输、分类、洗涤、干燥等处理过程，只有先回收，才能再生或利用。再生循环的具体过程为：制品—废物—回收—再生制品—废物—回收—再生制品反复多次回收、再生利用的过程。

(1)废塑料的分类、鉴别与分选

①废塑料的分类

废塑料的回收不同于金属、纸和玻璃的回收，因为各种塑料的物理和化学特性的差别和各种塑料的不相容性，使得它们的混合物不适宜加工。因此，对每一种塑料必须分别收集，经过分选，然后分门别类地加以处理。

塑料种类很多，可按塑料受热所呈现的基本行为、塑料的物理-力学性能和使用特性进行分类。

按塑料受热所呈现的基本行为，可将塑料分为热塑性塑料和热固性塑料两大类。热塑性塑料是指在特定温度范围内，能反复加热软化和冷却硬化的塑料。如聚氯乙烯塑料(PVC)、聚乙烯塑料(PE)、聚丙烯塑料(PP)、聚苯乙烯塑料(PS)、聚四氟乙烯塑料(PTEF)、聚甲基丙烯酸甲酯塑料(PMMA)。热塑性塑料的消费量占全部塑料的90%以上，废弃量大，是回收利用的重点。

热固性塑料是指受热后能成为不熔性物质的塑料。受热时发生化学变化使线形分子结构的树脂转变为三维网状结构的高分子化合物，再次受热时就不再具有可塑性，不能通过热塑而再生利用，如酚醛树脂、环氧树脂、氨基树脂等。这些塑料的废料一般通过粉碎、研磨为细粉，再以15%～30%的比例，作为填充料掺加到新树脂中，所得的制品其物化性能无显著变化。热固性塑料约占塑料总量的10%。

按物理-力学性能和使用特性可将塑料分为通用塑料、工程塑料及功能塑料。通用塑料的产量大、价格低、性能一般，是目前塑料垃圾的主要组成部分。它主要有聚乙烯(PE)、聚丙烯(PP)、聚苯丙烯(PW)、聚氯乙烯(PVC)、酚醛树脂(PF)和氨基树脂等。表5.6为通用热塑性树脂及其用途。

表5.6 通用热塑性树脂及其用途

塑料	分类	用途
聚乙烯(PE)	低密度聚乙烯(LDPE)	广泛用于生产薄膜、管材、电绝缘层和护套
	超低密度聚乙烯(VLDPE)	用于制造软管、瓶、大桶、箱及纸箱内衬、帽盖、收缩及拉伸包装膜、电线及电缆料、玩具等
	高密度聚乙烯(HDPE)	用于制造瓶、罐、盆、桶等容器及渔网、捆扎带，并可用作电线、电缆覆盖层、管材、板材和异型材料等
	超高分子量聚乙烯(UHMWPE)	广泛应用于工程机械及零部件的制造
聚丙烯(PP)		主要用于生产编织袋、薄膜、捆扎绳和打包带，其次为管材、板材、周转箱等

续表 5.6

塑料	分类	用途
聚苯乙烯(PS)	注塑成型的聚苯乙烯(PS)	大多用于制作透明日用玻璃、电器仪表零件、文教用品、工艺美术品，高抗冲击PS是冰箱内衬里的理想材料
	发泡成型的发泡聚苯乙烯(EPS)	广泛用作包装材料、保温和装潢制品
	PS系列的共聚物(ABS)	一类极其重要的工程材料，主要用于制造汽车零件、电器外壳、电话机、旅行箱、安全帽等
聚氯乙烯(PVC)	乳液法生产的树脂	为0.2～0.5pm的颗粒。适于制造PVC糊、人造革、喷涂乳胶、搪瓷制品等
	本体法制造的PVC	主要用于制造电气绝缘材料和透明制品
	其他生产方法	PVC薄膜用吹塑或压延法成型，板材、管材、线材等以挤出法生产为主。大型板材、层合材料采用模压法成型，工业零件多用注塑法成型
聚对苯二甲酸酯类树脂	聚对苯二甲酸乙二酯(PET)	以前多用作纤维(即涤纶纤维)，后又用于生产薄膜，近年来广泛用于生产中空容器
	聚对苯二甲酸丁二酯(PBT)	主要用于生产机械零件、办公用设备等工程制品

为方便塑料分类收集，我国提出并实施材料品种标记《塑料制品标志》(GB/T 16288—2008)，详见图5.5。

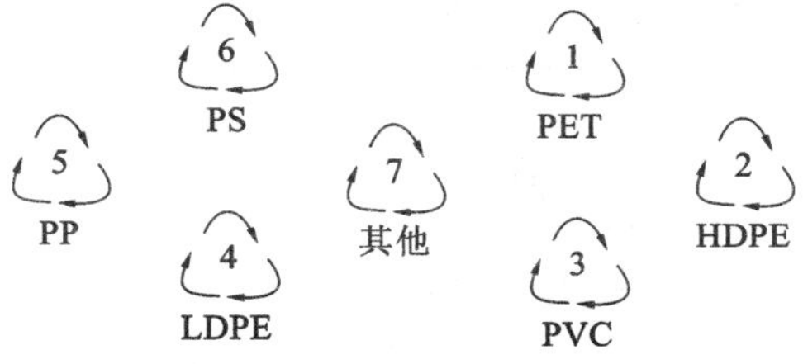

图5.5　塑料制品标志

②废塑料的鉴别

鉴别是分选的前提，分选是利用的前提。对于塑料种类的鉴别，目前主要采用如下几种简易方法：

a.经验鉴别法。根据不同塑料的常见用途，以经验确定不同废旧物件的塑料种类。如颗粒状泡沫包装箱一般为PS(聚苯乙烯塑料)；食品包装袋一般为PE(聚乙烯塑料)；饮料瓶多为PET(聚对苯二甲酸乙二酯塑料)；打包带多使用PP(聚丙烯塑料)；塑料建材多为PVC(聚氯乙烯塑料)等。

b.外观鉴别法。这是一种参考性鉴别手段，不能作为唯一的依据。此鉴别法主要根据塑料的表面状态和性状(如硬度、光泽、透明性等特点)进行鉴别。

c.塑化温度鉴别法。热塑性塑料在一定高的温度下可以被塑化。不同种类塑料的塑化温度不同，即使同一品种的塑料也依其形态不同而具有不同的塑化温度。几种通用

热塑性塑料的塑化温度见表 5.7。PVC 软质品的塑化温度较低，一般在 150℃左右即可塑化，而硬质 PVC 制品的塑化温度可高达 170℃以上。

表 5.7 热塑性塑料的塑化温度

品名	HDPE	LDPE	PP	PS	PVC
塑化温度(℃)	140～145	110～115	165～170	145～150	150～170

d. 燃烧鉴别法。表 5.8 为几种热塑性塑料燃烧时的表现与特点，火焰的颜色、燃烧难易、燃烧时的气味及燃后的外观状态可以作为鉴别的根据。检验时，可点燃一支蜡烛作为火源，用镊子夹一小块样品放在燃着的蜡烛的火焰上，然后离开蜡烛火焰仔细观察下述现象，如从现场不能马上判别，可选取已知塑料品种的样品作为对比，鉴别效果更好。图 5.6 为用燃烧试验法识别塑料的系统图。

表 5.8 塑料的燃烧鉴别

塑料品种	燃烧难易	离开火焰后燃烧与否	火焰特征	燃烧时外观状态	气味
PE	易	燃烧	上部黄色，下部青色	无烟，逐滴滴下	如石蜡燃烧气味
PP	易	燃烧	上部黄色，下部青色	黑烟，逐滴滴下	如石油气味
PS	易	燃烧	橙黄色，黑烟	浓黑烟，软化起泡	如苯乙烯味
PVC	极难	否	—	白烟，变软可抽丝	如氯化氢味
PET	易	燃烧	内部黄色，外部蓝色	可裂为碎片	刺激性气味
尼龙(聚酰胺，PA)	不易	燃烧缓慢	上部呈黄色	燃烧时有液滴	如羊毛燃烧气味

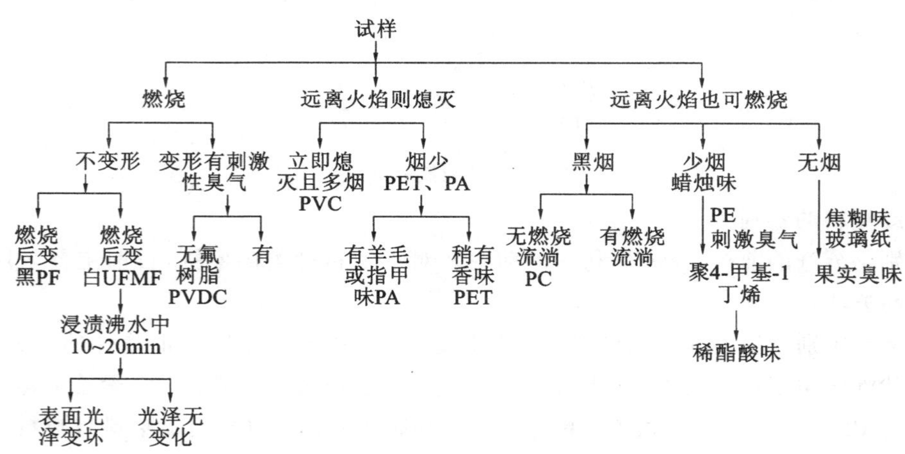

图 5.6 用燃烧试验法识别塑料的系统图

e. 密度鉴别法。各种塑料有不同的相对密度，将试样放进配制好的一定密度的已知溶液中，根据沉下和浮上鉴别塑料品种(见表 5.9)。这种方法简易可行，但鉴别填充塑料时难度较大。

表 5.9 利用不同密度溶液鉴别塑料

溶液种类	密度(g/cm³)	配制方法	应用举例	
			浮于溶液的塑料	沉于溶液的塑料
水	1.00	—	聚乙烯，聚丙烯	其他塑料
氯化钠水溶液	1.19(25℃)	水 74mL，食盐 26g	聚苯乙烯，ABS	聚氯乙烯有机玻璃
酒精溶液(58.4%)	0.91(25℃)	水 100mL，95%酒精 160mL	聚丙烯	聚乙烯
酒精溶液(55.4%)	0.925(25℃)	水 100mL，95%酒精 140mL	低密度聚乙烯	高密度聚乙烯
氯化钙水溶液	1.27	水 150mL，氯化钙 100g(工业用)	聚苯乙烯，有机玻璃，聚乙烯，聚丙烯	聚氯乙烯

以上介绍的各种塑料简单的鉴别法都有其局限性，只能作为参考。在使用简单鉴别法时应综合使用各种方法，相互参考、借鉴。

③废塑料的分选

分选是根据不同种类塑料具有不同塑化温度(熔点、软化点)、燃烧性能(火焰的颜色、燃烧难易度、气味)、外观(硬度、光泽、透明度)、密度、溶解性等特点进行分类选择。通常分为人工与自动分选两大类型。废塑料来源复杂，常混有金属、橡胶、织物、泥沙及其他各种杂质，且不同品种的废塑料往往混在一起，这不仅会对用回收的废塑料进行加工造成困难并对生产的产品质量造成影响，而且混入的金属杂质还会损坏加工设备。因此，在用废塑料生产制品时，不仅要将废塑料中的各类杂质清除掉，而且也要将不同品种的塑料分开，只有这样，才能制得优质再生制品。

废塑料的分选方法有以下几种：

a. 手工分选。手工分选步骤如下：

(a)除去金属和非金属杂质。

(b)先按制品，如薄膜(农用薄膜、本色包装膜)、瓶(矿泉水瓶、碳酸饮料瓶)、杯和盒类、鞋底、凉鞋、泡沫塑料、边角料等进行分类，再根据上节鉴别法分辨不同的塑料品种，如聚乙烯、聚丙烯、聚氯乙烯、聚苯乙烯、聚酯等。

(c)将经上述分类的废旧塑料制品再按颜色深浅和质量分选，颜色可分成如下几类：黑、红、棕、黄、蓝、绿和透明无色。

b. 磁选。磁选的主要目的是除去混在废塑料中的钢铁碎屑杂质，因这些细碎钢铁屑不易用手工分选的方法除去，所以，必须通过磁选的方法清除干净。

c. 密度分选(比重分离)。密度分选是利用不同塑料具有不同密度这一性质进行分选的方法，通常有溶液分选、水力分选和离心密度分选等。

溶液分选是将混杂的废旧塑料放进某种具有一定密度的溶液中，然后根据废旧塑料在该溶液中的沉浮状态来进行分选，浮沉分选装置如图 5.7 所示。溶液分选的优点是简易可行，配制一种或几种溶液就可以进行大批量分选，而避免烦琐的人工分选，其缺点是有些种类塑料的密度非常接近，因此，要获得高纯度的分离物比较困难。水力分选常用水力分选器，为提高分选效率，常需先进行清洗再分选。离心密度分选采用离心密度分选机。图 5.8 为混合塑料的密度分选示意图。

上浮物
隔板
投料口
循环水
分离槽
空气
下沉物

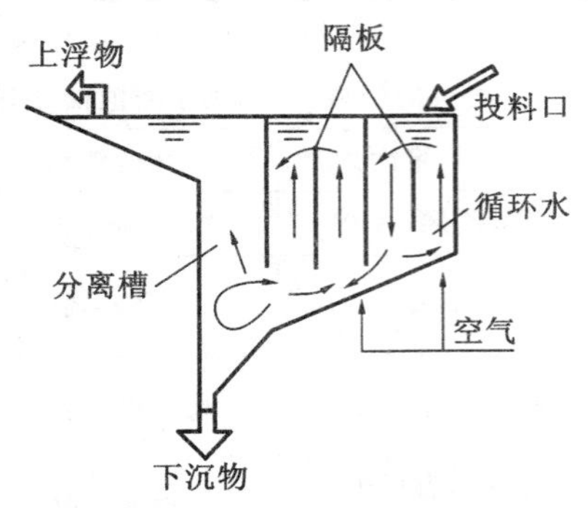

图 5.7 浮沉分选装置

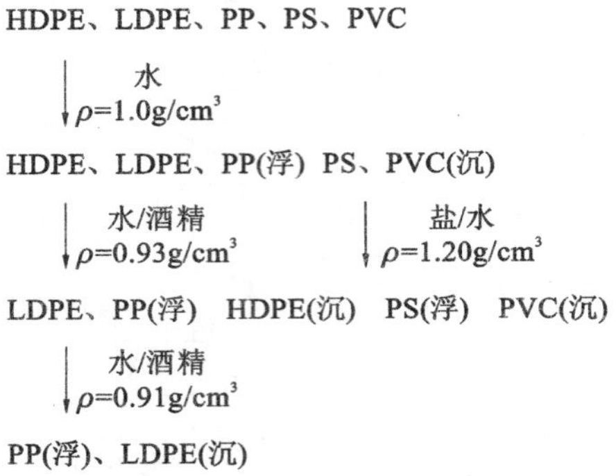

HDPE、LDPE、PP、PS、PVC
水
ρ=1.0g/cm³
HDPE、LDPE、PP(浮) PS、PVC(沉)
水/酒精
ρ=0.93g/cm³
盐/水
ρ=1.20g/cm³
LDPE、PP(浮) HDPE(沉) PS(浮) PVC(沉)
水/酒精
ρ=0.91g/cm³
PP(浮)、LDPE(沉)

图 5.8 混合塑料的密度分选示意图

d. 静电分选。静电分选是利用电晕放电或摩擦带电使废塑料颗粒带电，利用不同塑料在高压电场中，因带不同电性和电量而实现分选的方法。

步骤是先将塑料破碎，然后对破碎后的混合废塑料进行激烈搅拌，通过摩擦产生静电，当带电荷的塑料颗粒在高压电场中落下时，带负电荷的被吸到“正极”侧，带正电荷的被吸到“负极”侧，中间部分则重复操作，提高塑料因摩擦产生电荷的顺序。例如 PVC 瓶的回收，首先将瓶粉碎到 6mm 以下，用风力分选除去纸，残留的塑料与调整剂一起预热，经激烈搅拌，摩擦产生电荷，在分离装置中自由下落进行分离，在正极可得到高度浓缩的 PVC，纯度可达 99.9%，回收率约 85%，在负极收集少量的 PET、PE 及残余的 PVC，中间部分再循环操作。对含污物较多的混合废塑料，先进行湿式粉碎后，在洗涤机内除去 PE 和纸，剩下的 PET、PVC 混合物干燥后再经电荷分选，在利用电荷分选的第一阶段可得到 99.5%的 PET 和 70%的 PVC 浓缩物，PVC 的混合物再一次进行静电分选，就可将 PVC 的纯度提高到 99.5%以上，第二次电荷分离的残留部分再重复分离。静电分选法如图 5.9 静电分选系统图和图 5.10 静电分选塔示意图所示。

PVC 90%
PET 4%
PE 1%
纸 3%
干式粉碎
风力分选
预处理
静电分选
PVC 99.9%
PET、PE、PVC

图 5.9 静电分选系统图

混合废塑料
预处理
(调整)
摩擦电荷
分离
−
+

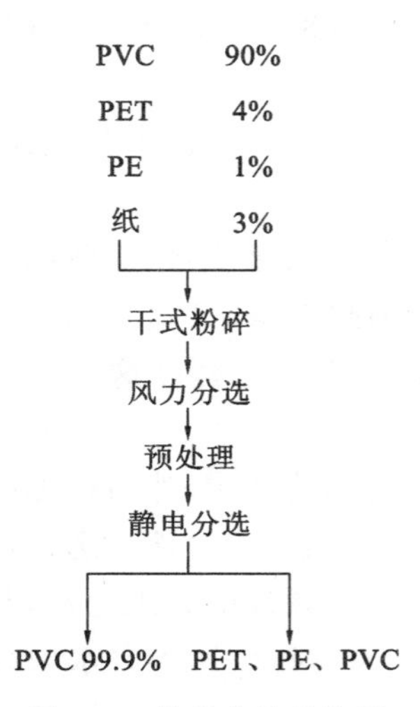

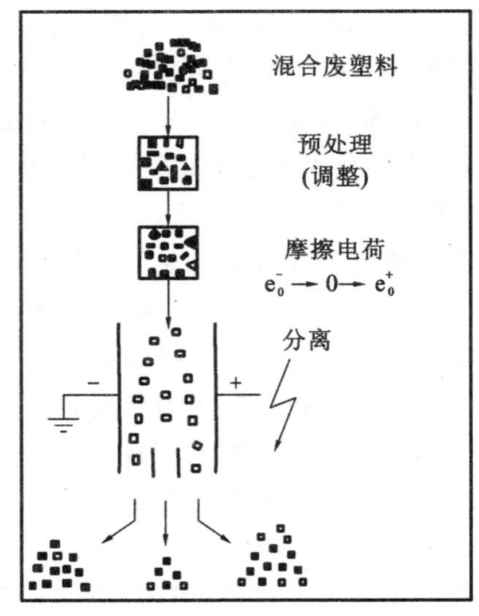

图 5.10 静电分选塔示意图

e. 浮选分选。浮选分选是利用润湿剂改变水对塑料表面的润湿性，使某些塑料由疏水性变为亲水性下沉，而仍为疏水性的塑料表面黏附上气泡而上浮，从而达到分选目的的方法。浮选分选法分选不同种类的塑料时，与塑料的密度、形状、大小等无关，它是利用水对塑料表面润湿性能的不同来进行分选的。图 5.11 为浮选分选混合废塑料工艺流程。

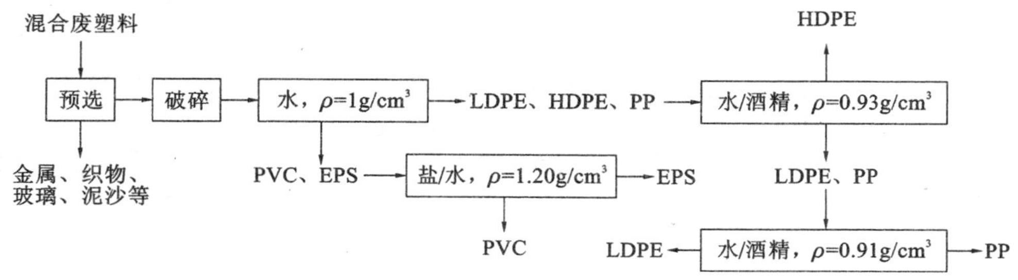

图 5.11　浮选分选混合废塑料工艺流程

f. 低温分选（温差分选）。低温分选利用在低温下各种塑料的脆化温度不同的特点，分阶段地改变破碎温度，达到选择性地粉碎，同时达到分选的目的。其装置及工艺流程如图 5.12 和图 5.13 所示。

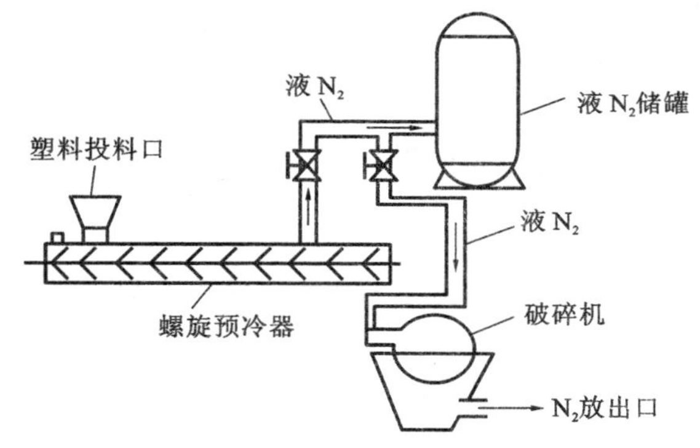

图 5.12　低温粉碎装置

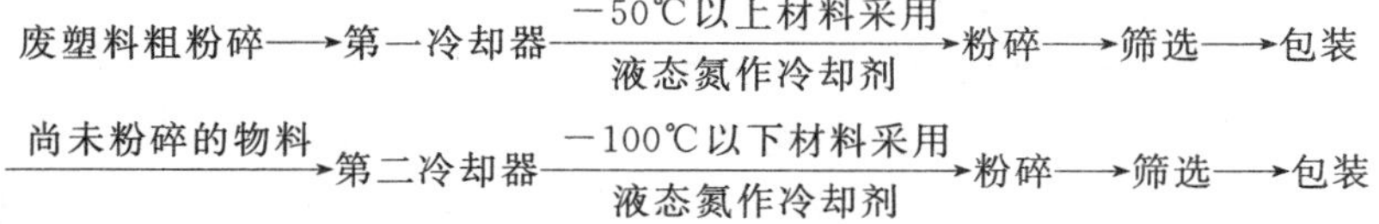

图 5.13　废塑料低温破碎分选工艺流程

图 5.14 所示为废塑料破碎—分选系统流程。将塑料混合物分几个阶段逐级冷却（如第一级冷却到－40℃，第二级冷却到－80℃，第三级冷却到－120℃），利用液化天然气气化时吸热来冷却物料。冷却到一个阶段就将混合物料送入破碎机进行一次粉碎。该系统粗破碎用立式旋转冲击破碎机（75kW），可处理最大直径 500mm、厚 150mm 的废塑料。经粗破碎机破碎到 50mm 以下粒度的塑料经装有三种不同规格金属丝筛网的振动筛分成四个级别。筛下最小的一级取出系统之外，筛上最大一级返回系统重新粗碎。

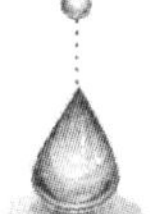

中间两级分别经风选去除杂质后，送至卧式旋转剪切破碎机破碎到10mm大小，再次用振动筛筛分。而后将筛上物、筛下物各自用密度分选机按密度不同分成重的杂质和轻质的塑料，后者输送到贮仓作为分选成品。

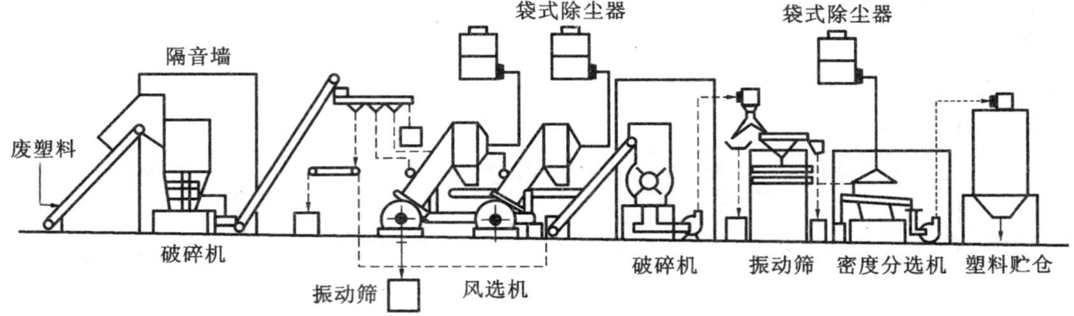

图5.14　废塑料破碎—分选系统流程

g.风筛分选。风筛分选是将经粉碎的塑料放在分选装置内喷射，逆向（立式）吹入，利用不同塑料对风从横向（横式）或气流的阻力与自身重力的合力差进行分选的方法。由于粉碎后粒度的大小会影响分选的效果，所以此法要求粉碎后的粒度大小均匀。此法可用于分选塑料中混入的石子和砂子等。

（2）废塑料的再生利用技术

①再生利用的原理

再生利用技术是将原形物品改制利用，以及通过粉碎、热熔、加工、溶剂化等方法，使废塑料作为原料应用的技术。

②再生利用的基本技术

再生利用的基本技术可分为简单再生利用和改性再生利用两大类。

a.简单再生利用

该法是将回收的废塑料经过分类、清洗、干燥、破碎（或熔融）、造粒（粉）后直接作为原材料加以利用。该法又可分为单纯再生利用和复合再生利用。单纯再生利用主要回收生产厂和塑料制品厂生产过程中产生的边角料，也可以包括那些易于清洗、挑选的一次性使用的废弃品。这部分废塑料的特点是成分比较单一，采用简单的工艺和装备即可得到性质良好的再生塑料，其性能与新塑料相近。废塑料物品约有20%采用这种回收利用方法，现阶段大多数塑料回收厂应用此种工艺。复合再生塑料制品因各种塑料混入的比例不同及其相容性各异而使制品质量不恒定，性能较差。简单再生利用的工艺比较简单，适用于所有热塑性废塑料（如PVC、PE、PET等）和热固性废塑料（如聚氨酯PIJ、酚醛树脂PF、环氧树脂和不饱和树脂等）的再生利用。但作为制造塑料的原材料质量欠佳，一般只能做低档次的塑料制品。

b.改性再生利用

该法是将废塑料通过物理、化学方法改性后再加以利用。这类塑料改性工艺比较复杂，一般需要特定的机械设备。改性再生利用的方法主要有以下三种：

（a）熔融法。即将废塑料重新熔融并添加其他物质（如抗氧化剂、稳定剂及其他混合助剂等)后形成产品，加入化学添加剂可以进一步改善再生塑料的性能，使其接近或恢复原有塑料的性能水平。利用该法可以制备许多建筑材料，如防水剂、建筑板材、建筑砌块等。其工艺流程系统如图5.15所示。

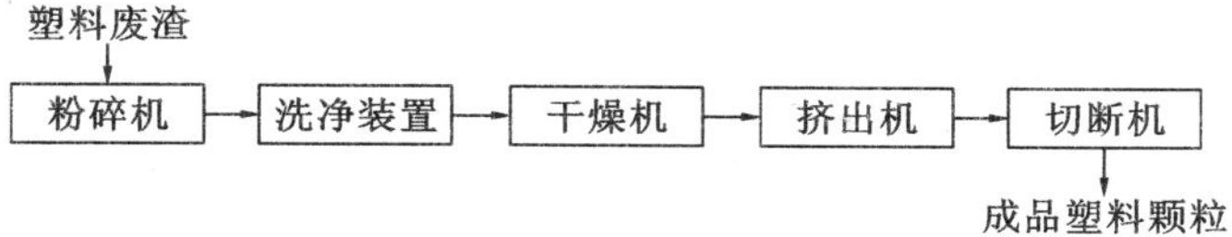

图5.15　塑料废渣熔融再生工艺流程

(b)热分解法。即将废塑料分选后通过加热将高分子化合物的链断裂，使之分解成低分子化合物。热分解一般生成四类产物：烃类气体(碳原子数为C_1～C_5)、油品(汽油碳原子数为C_5～C_{11}，柴油碳原子数为C_{12}～C_{20})，重油碳原子数大于C_{20}、石蜡和无定形活性炭黑等。该法已被广泛应用，但工艺复杂，费用较高。热分解法流程示意图如图5.16所示。

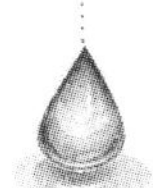

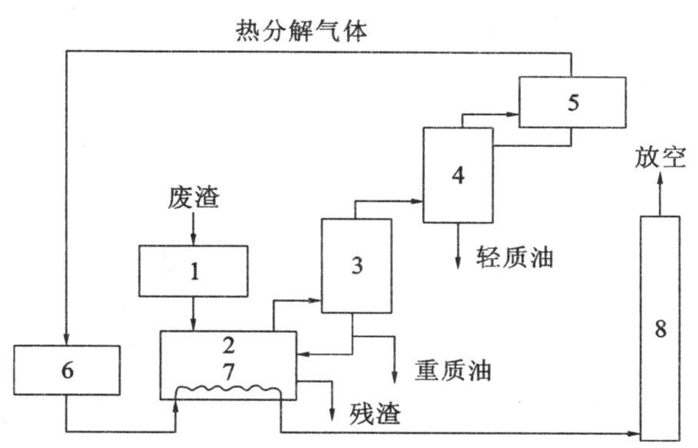

图5.16　热分解法流程示意图

1—碾碎机；2—热分解室；3—重质油分离塔；4—轻质油分离塔；

5—气液分离器；6—燃烧室；7—加热器；8—烟囱

这种方法需要将废塑料加热到熔融状态，一般要380～400℃或更高的温度才能开始热分解。为降低裂解温度、加快裂解速度亦可加入催化剂。废聚乙烯热解工艺流程和催化热解法油化工艺流程分别如图5.17、图5.18所示。

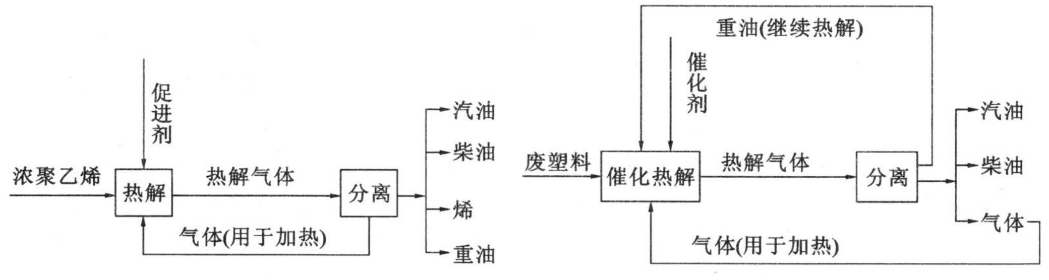

图5.17　废聚乙烯热解工艺流程图

图5.18　催化热解法油化工艺流程图

(c)焚烧法。即将废塑料在特殊的焚烧炉内焚烧，回收放出的热量，因此该法又称废塑料的热用法。该法的特点是可以处理各种废塑料，处理量大、速度快，但与其他方法相比回收效果差。工艺流程如图 5.19 所示。必须指出的是，焚烧法是一种传统的处理方法，目前仅在小企业内对少量废塑料处理中使用，并无推广价值。主要原因在于：随着塑料工业的发展其种类繁多，加热特性复杂。有些塑料受热不能全熔，造成焚烧困难；塑料与金属、玻璃等组合制品日益增多，加热后搅和在一起，影响燃烧效果；塑料与碳酸钙相混成为钙塑制品，具有不可燃性。某些塑料在焚烧时将产生氯化物、二氧化氮等腐蚀性很强的气体，造成大气污染。为了保护环境，必须增加多种设备而使过程复杂化、处理成本提高。

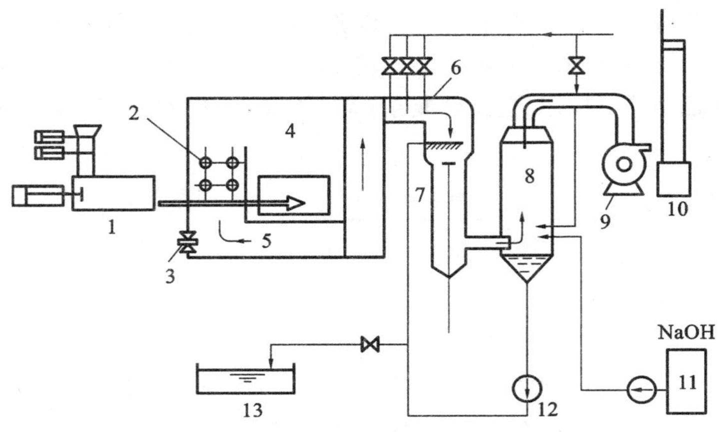

图 5.19　焚烧法处理废塑料工艺流程图

1—加料装置；2—空气喷嘴；3—重油烧嘴；4—一次燃烧室；5—二次燃烧室；6—气体冷却室；7—湿式喷淋塔；8—气液分离器；9—抽风机；10—烟囱；11—碱罐；12—循环泵；13—排水槽

5.3.1.3　再生利用工艺实例

实例 1：PET 饮料瓶材料再生

PET 瓶因其良好的隔气性、透明性和质量轻等优越性能，而逐渐替代了玻璃瓶。PET 饮料瓶由六种材料组成，其材料成分及其含量见表 5.10。

表 5.10　PET 饮料瓶材料成分及含量表(%)

PET 瓶身	HDPE 托底	塑纸	金属瓶盖	黏结剂	EVA 盖衬	其他
75.08	19.68	2.72	1.10	0.82	0.55	0.05

由表 5.10 可知，饮料瓶的主要成分是 PET 和 HDPE(高密度聚乙烯)塑料，两者之和占饮料瓶材料用量的 94.76%，因此具有很高的回收价值。具体回收程序为：

①除去铝盖，用旋转破碎机粉碎饮料瓶成 6～10mm；

②用气流分选器进行纸和塑料的分离，并分别予以收集储存；

③洗净塑料并除去杂质和油污，根据 PET 和 HDPE 的密度不同($1.37g/cm^3$ 和 $0.94g/cm^3$)，用水浮选器浮选分离 PET 和 HDPE 的混合料；

④对分离得到的纯净 PET 和 HDPE 塑料分别熔融造粒。

实例2：废塑料用作燃料

将磨碎的废塑料作为高炉的喷吹料，用以代替焦炭和煤粉。这种方法在德国已经得到了应用(不来梅钢铁厂从1995年开始试喷)。

日本NKK公司于1999年在福山厂新建含抓废塑料的脱抓和造粒装置，继之新日铁公司实施了废塑料焦炉原料化。废塑料经分类、破碎和压缩成块后与煤混合，可取代1%的原煤。在该过程中废塑料进行热分解反应发生碳化，生成焦炭、焦油和焦炉煤气。这种方法的主要优点在于废塑料可以用于以水泥窑、高炉为基础的现行建材、钢材制造设施。作为预处理，废塑料只需加工到能将其进料投到窑炉中即可(见图5.20、图5.21)。该法已发展为100%循环再生废塑料的技术(见图5.22)。废塑料与煤混合后，经1200℃高温干馏，可分别得到20%的焦炭(用作高炉还原剂)，40%的油化产品(包括焦油和柴油，用作化工原料)及40%的焦炉煤气(用作发电等)。这种方法适用于聚氯乙烯之外的混合塑料，现正在进行研究与开发应用于所有废塑料的技术。

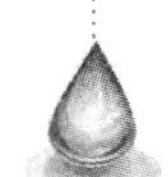

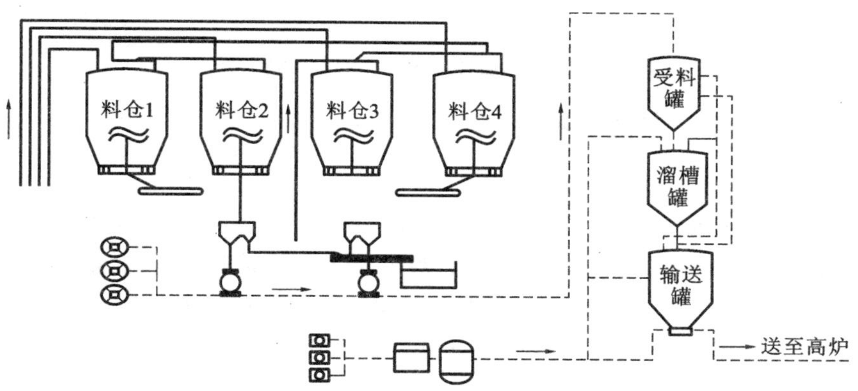

图5.20 高炉塑料喷吹装置布置图

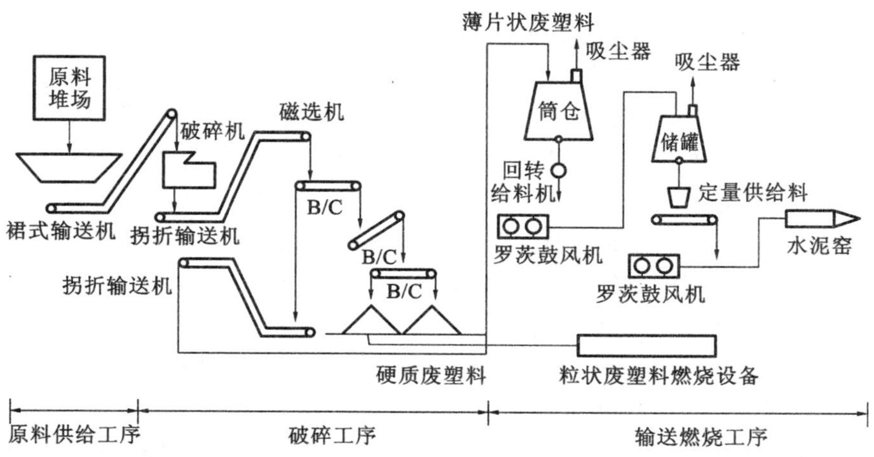

图5.21 水泥窑废塑料热利用装置示意图

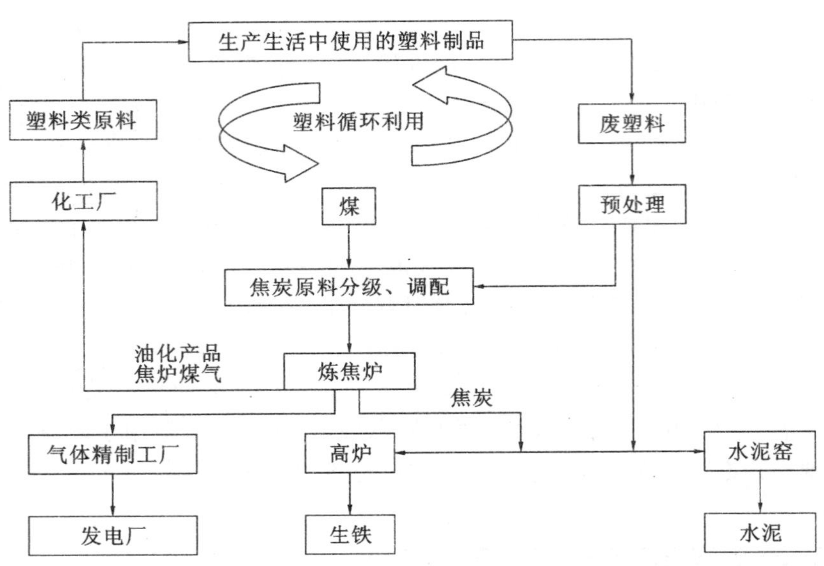

图 5.22　100%循环再生废塑料技术流程图

5.3.2　废橡胶的资源化利用

5.3.2.1　废橡胶的产生及特性

随着汽车工业的飞速发展,日益增加的废橡胶已经成为一个全球关注的问题。全世界每年要产生 2000 多万吨的废橡胶,每年有数十亿条废旧轮胎待处理;根据国家发改委《中国资源综合利用年度报告(2012)》公布的数字,2011 年我国废旧轮胎产生量约 1000 万吨。随着中国经济的腾飞,汽车工业的发展,按每年增长 5%～6%,2013 年全国废旧轮胎产生量为 1080 万 t,已超过美国,成为世界上废旧轮胎最大的产生国。还不包括每年报废的大量胶管胶带、摩托车胎、电动车胎、自行车胎、胶鞋等众多废旧橡胶制品,其数量也在几百万 t,每年产生的废橡胶、废旧轮胎数量保守估算在 1500 万 t 以上。废橡胶造成的环境污染是严重的,它具有稳定的二维化学网络结构,既不熔化也不溶解,积攒在大自然中,作为一种"黑色污染"对环境构成了严重的威胁。废轮胎堆积在一起变成了蚊虫滋生的理想场所,不仅容易引起火灾而且会传播各种疾病;由于橡胶原材料的 70%以上来源于石油,估算 1kg 橡胶消耗石油 3L,如果能对橡胶废弃物实现再生循环,就意味着每年可节约大量石油,意义深远。因此废旧橡胶可作为一种潜在的可利用资源已逐渐被人们所认识和证实。另外,废橡胶本身又是一种高热值的燃料,其生热量与煤的生热量差不多,如能得到有效的利用,对缓解日趋紧张的能源危机具有重要的意义。

5.3.2.2　废橡胶的处理和资源化利用

以废轮胎为主的处理方法可分为三大类:整体利用、再加工和热解用作能源。

(1)整体利用

轮胎翻修是主要的整体利用方式,它是指旧轮胎经局部修补、加工、重新贴覆胎面胶之后,进行硫化,恢复其使用价值的一种工艺流程。轮胎在使用过程中最普遍的破坏方式是胎面的严重破损,因此,轮胎翻修既可延长轮胎的使用寿命,又可以减少废轮胎的产

量。棉帘线轮胎可翻新1～2次，尼龙帘线轮胎可翻新2～3次，钢丝帘线轮胎可翻新3～6次。每翻新一次后，平均行驶里程为50000～70000km，是新轮胎寿命的60%～90%。翻新所耗原料为新轮胎的15%～30%，价格仅为新轮胎的20%～50%。由于该法耗能少，成本低，真正实现了物尽其用，所以受到各国的重视。美国35%以上的废轮胎得到翻新，中国新轮胎总数的20%是翻新轮胎。此外废轮胎还可直接用于渔礁、护舷、救生圈、牧场栅栏、水上保护用材、树木保护用材、体育游戏用材、轨道缓冲用材、道路铺垫、鞋底、马具等。

(2)再加工

废轮胎通过再加工来生产胶粉。胶粉是通过机械粉碎废橡胶而得到的一种粉末状物质。根据所用废橡胶种类不同，可分为轮胎胶粉、胶鞋胶粉、制品胶粉等。

①胶粉的生产工艺

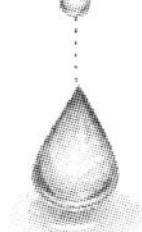

胶粉生产常用冷冻粉碎工艺和常温粉碎工艺。冷冻粉碎工艺包括低温冷冻粉碎工艺、低温和常温并用粉碎工艺。粉碎工艺过程包括预处理、初步粉碎、分级处理和改性四个阶段。

a.预处理。废橡胶种类繁多并且含有多种杂质，因此，在生产废橡胶胶粉之前要进行预处理。常用的预处理工序包括分拣、切割、清洗等。

b.初步粉碎。预处理后的废橡胶进行初步粉碎。将割去侧面的钢丝圈后的废轮胎投入开放式的破胶机破碎成胶粒后，用电磁铁将钢丝分离出来，剩下的投入破胶机碾压。胶块与钢丝分离后，再用振动筛分离出所需粒径的胶粉。剩余粉料经旋风分离器除去帘子线。初步粉碎过程耗能少、效率高，可分别回收钢丝、帘子线和粗粉料，但得到的粉料粒径粗、附加值小。为了减小粉料粒径、提高胶粉的利用价值，可采用臭氧粉碎、高压爆破粉碎和精细粉碎作为初步粉碎新工艺。

臭氧粉碎是将废轮胎整体置于一密封装置内，在超高浓度臭氧(浓度约为空气中臭氧浓度的1万倍)作用60min后，启动密封装置内配置的10kW动力机械，使轮胎骨架材料与硫化橡胶分离，并进行橡胶粉碎，可得到粒径分布较宽的粉末橡胶。该装置每吨耗电仅60kW·h，较滚筒法粉碎节能约85%，已在中型胶粉生产厂中得到应用。

高压爆破粉碎是将轮胎整体叠放于高压容器中，容器内压力为50.6625MPa，在此条件下使橡胶和骨架材料分离后分别回收利用。该法单位能耗为每吨胶粉60～70kW·h，所得胶粉主要部分的粒度为10～16mm，最细粒径为0.4mm，适合在大型胶粉生产厂中使用。

精细粉碎是将初步粉碎工段制造的胶粒送至细胶粉粉碎机进行连续粉碎操作。至今，橡胶细粉料只能用冷磨工艺制得。一般地，利用液氮使废橡胶冷却至－90℃～－150℃，然后研磨成很小的粒径。这种超低温粉碎最适用于常温下不易破碎的物质，产品不会受到氧化与热作用而变质，可得到比常温粉碎粒度分布更窄、流动性更佳的微粒，并可避免粉尘爆炸、臭氧污染与高强噪声，还可提高破碎机的产量。破碎所需动力低，可降低粉碎能耗。

我国目前胶粉生产主要采用常温工业化生产精细橡胶粉技术。该技术以物理手段为主，辅之以化学手段，在常温条件下，以简化的工艺流程生产万吨规模的60～120目精

细橡胶粉。大连理工大学研制发明的涡旋式气流粉碎机，采用低温辊压-锤式破碎机粉碎轮胎，气波制冷机提供冷源，气流机粉碎胶粒，可从废胎中得到20～80目的精细胶粉。

c. 分级处理。将精细粉碎产生的不同粒径分布的混合物料进行分级处理，提取符合规定粒径的物料，将这些物料经分离装置除去纤维杂质，装袋即成成品。

d. 胶粉的改性。主要是利用化学、物理等方法将胶粉表面改性，改性后的胶粉能与生胶或其他高分子材料等很好地混合。复合材料的性能与纯物质近似，但可大大降低制品的成本，同时可回收资源，解决污染问题。

②胶粉的应用

胶粉的使用价值与胶粉粒径、比表面积大小有关。按粒度大小，胶粉分为四类，见表5.11。

表 5.11　胶粉的分类

类别	粒度[μm(目)]	制造设备
粗胶粉	1400～500(12～59)	粗碎机、回转破碎机
细胶粉	500～300(40～79)	细碎机、回转破碎机
微细胶粉	300～75(80～200)	冷冻破碎装置
超微细胶粉	55 以下(200 以上)	胶体研磨机

其中，粒度大于60目的称为精细胶粉。精细胶粉与普通胶粉比，不仅粒径小，而且相同质量的精细胶粉因其直径小，比表面积比普通胶粉大很多倍。在显微镜下观察，普通胶粉表面呈立方体的颗粒状态，而精细胶粉表面呈不规则毛刺状，表面布满微观裂纹，这种表面性质使精细胶粉具有三个主要性质：能悬浮于较高浓度的浆状液体中、能较快速地溶入加热的沥青中、受热后易脱硫。

橡胶粗粉制造工艺相对简单，回用价值不大，而粒径小、比表面积大的精细胶粉则可以满足制造高质量产品的严格要求，市场需求量大，应用前景好。但粒径较大的胶粉经改性后，可取得和精细胶粉相似的性质。

胶粉的应用范围很广，既可直接用于橡胶工业，也可应用于非橡胶工业。如用于地板、跑道及铺路材料、压轮板、橡胶板、胶管、胶带、胶鞋、盖房顶材料等，参见表5.12。

表 5.12　废橡胶生产所得胶粉的应用

应用	产品	粒径
运动场地垫层	体育场馆地面、跑道、模制的橡胶砖(儿童游乐场)、足球场地(人造草坪的地层)	2～5mm/3～7mm
地毯工业	垫层 地毯背衬 汽车地毯	0.8～1.6mm/0.8～2.5mm 0.2～1.6mm 小于 0.8mm
土木建筑	屋面材料 街头设施和铁路岔道栏杆 外表涂覆层 砖石保护层	小于 0.8mm 0.8～2.5mm/1.6～4mm/2.5～4mm 小于 0.4mm 0.8～2.5mm

续表 5.12

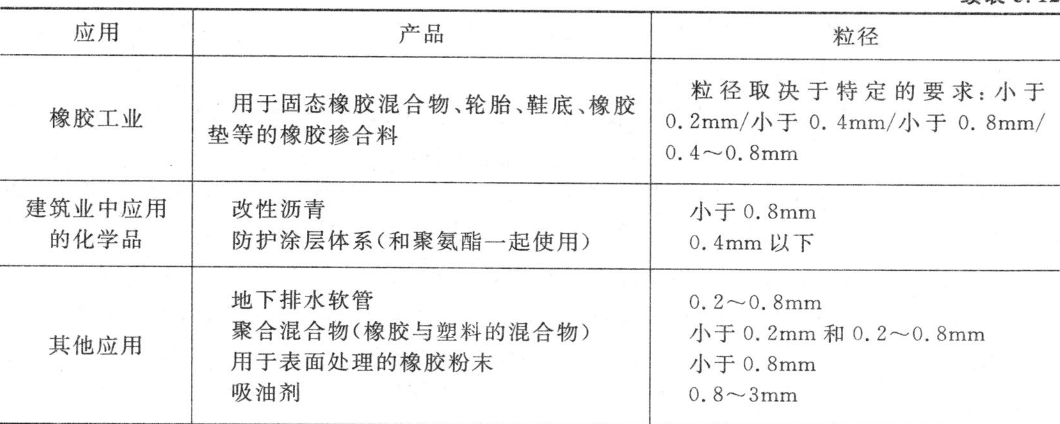

应用	产品	粒径
橡胶工业	用于固态橡胶混合物、轮胎、鞋底、橡胶垫等的橡胶掺合料	粒径取决于特定的要求：小于 0.2mm/小于 0.4mm/小于 0.8mm/0.4～0.8mm
建筑业中应用的化学品	改性沥青 防护涂层体系(和聚氨酯一起使用)	小于 0.8mm 0.4mm 以下
其他应用	地下排水软管 聚合混合物(橡胶与塑料的混合物) 用于表面处理的橡胶粉末 吸油剂	0.2～0.8mm 小于 0.2mm 和 0.2～0.8mm 小于 0.8mm 0.8～3mm

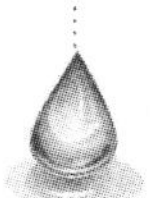

胶粉不仅可以直接利用，还可经过表面改性得到活性胶粉后使用。胶粉改性是为了提高胶粉配合物的性能而对其表面进行化学处理，通常通过机械搅拌 2h 或通过胶体磨进行改性。活性胶粉的应用范围比再生胶粉大为扩展，活性胶粉可等量代替或部分代替生胶料使用。实验证明，生产轮胎的天然胶配方与加入 60 目改性活性胶粉的配方相比较，其拉伸强度基本没什么变化，而活性胶粉的价格只有天然胶的 1/3，大大降低了橡胶制品的生产成本。在橡胶制品中加入这种活性胶粉，不仅扩大了橡胶原料来源，增强了产品的市场竞争力，还可以大大提高橡胶制品的耐疲劳性和改善胶料的工艺加工性能。

(3)热解用作能源

废橡胶(如废旧轮胎)的热解既可处理废物，又可回收炭黑、燃料油、煤气等油品和化学品，因而近年来成为发达国家研究和开发的热点。目前国外开发的废轮胎热解技术有：常压惰性气体热解、真空热解、熔融盐热解、催化热解等。热解利用一般要经过粉碎、热解、油回收、气体处理、二次污染的防止等工序。

进行热解的废橡胶主要是指天然橡胶生产的废轮胎、工业部门的废皮带和废胶管等。人工合成的氯丁橡胶、丁腈橡胶由于热解时会产生 HCl 和 HCN，不宜热解。

①废橡胶热解产物。废橡胶靠外部加热打开化学链，产生燃料气、燃料油和固体燃料。一般地，废轮胎热解温度为 250～500℃，有些报道为 900℃。当热解温度高于 250℃时，破碎的轮胎分解出的液态油和气体随温度升高而增加。当热解温度达到 400℃以上时，依采用的方法不同，液态油和固态炭黑的产量随气体产量的增加而减少。

废轮胎热解的产物非常复杂。根据德国汉堡大学研究，轮胎热解所得产品的组成中气体占 22%、液体占 27%、炭黑占 39%、钢丝占 12%(质量分数)。气体组成主要为甲烷 15.13%、乙烷 2.95%、乙烯 3.99%、丙烯 2.5%、一氧化碳 3.8%，水、二氧化碳、氢气和丁二烯也占有一定比例。液体组成主要是苯 4.75%、甲苯 3.62%和其他芳香族化合物 8.50%。在气体和液体中还有微量的硫化氢及噻吩，但硫含量低于标准。温度增加，气体含量增加；而油品减少，炭含量增加。

中国石油大学的钱家麟教授采用实验室小型固定床，针对我国常用型号的轮胎进行废橡胶的热解实验，实验结果表明：

a. 500℃时，废橡胶热解可以得到约 6%的气体组分、59%的液体组分及 35%的固体

组分；

b.热解气体具有较高的热值，可以为热解装置供热，或为附近其他工厂供能，还可以将其作为热解惰性气体使用；

c.液体产物经过分馏，制得的汽油、柴油馏分经进一步的调和、处理，可作为车用汽油及轻柴油组分使用，重油馏分可直接用作橡胶加工中的填充油；

d.固体组分。炭黑符合半补强炭黑标准，可用于许多橡胶制品，诸如轮胎胎体、胎侧、电缆护套和胶管等制品。

②废橡胶热解工艺。废轮胎的热解一般采用流化床和回转窑等热解炉，其典型热解操作过程为：处理的轮胎经称量后，整个或破碎后送入热解系统。破碎后的胶粉常采用磁分离技术除铁。进料通常用热解产生的气体来干燥和预热。热解气和惰性气体（如氮气）的混合物常用来去除氧气。

热解的两个关键因素是温度和原料在反应器内的停留时间。在反应器内保持正压能防止空气中的氧气渗入反应系统。热解产生的油被冷凝和浓缩，轻油和重油被分离，水分被去除，最后产品被过滤，热解旧轮胎产生的固态炭被冷却后，用磁分离器除去炭中剩余的磁性物质，对该炭作进一步的净化和浓缩将生成炭黑。热解产生的气体使整个系统保持一定压力并为系统提供热量。如图5.23、图5.24所示为流化床热解废橡胶和废轮胎工艺流程。

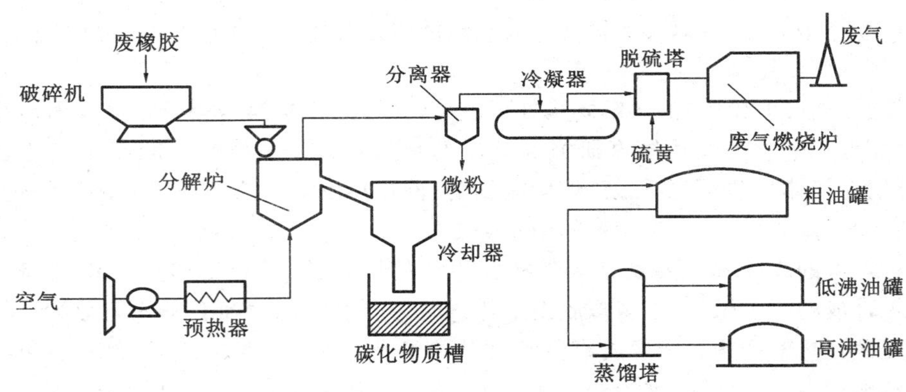

图5.23　流化床热解废橡胶工艺流程图

废轮胎经剪切破碎机破碎至小于5cm，轮缘及钢丝帘子布等绝大部分被分离出来，用磁选去除金属丝。轮胎颗粒经螺旋加料器等进入直径为5cm、流化区为8cm、底铺石英砂的电加热反应器中。流化床的气流速率为500L/h，流化气体由氮气及循环热解气组成。热解气流经除尘器与固体分离，再经静电除尘器除去炭黑，在深度冷却器和气液分离器中将热解所得油品冷凝下来，未冷凝的气体作为燃料气提供热解所需热能或作为流化气体使用。

由于热解设备以及操作费用昂贵且回收的炭黑质量与原炭黑不同，只能用于一般的橡胶制品。因此，热解利用尚难以大范围推广。今后若能提高回收品的质量或扩大其用途，将有利于废橡胶热解利用的发展。

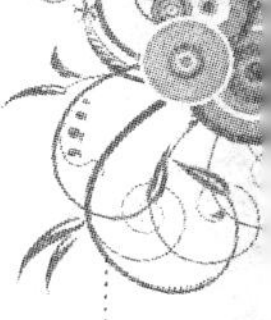

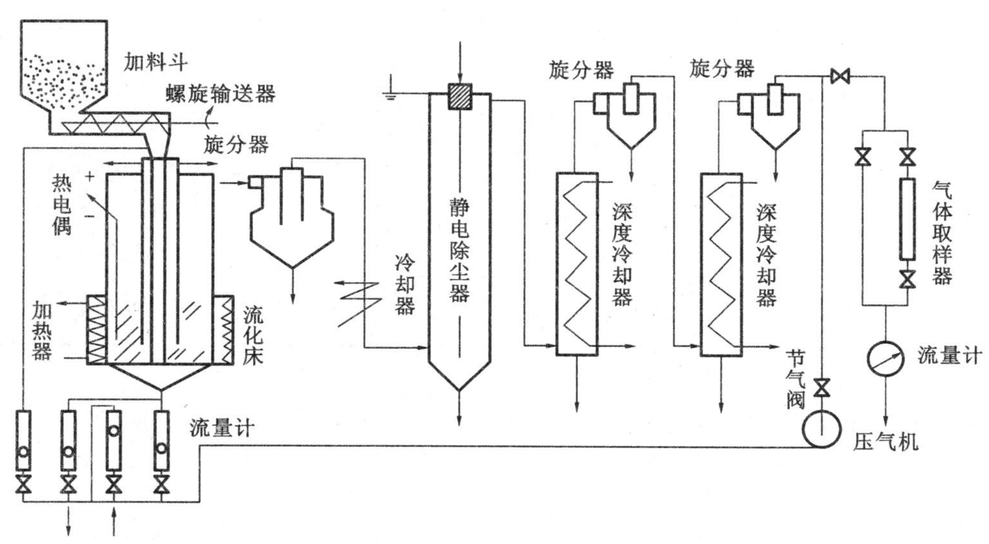

图 5.24　流化床热解废轮胎工艺流程图

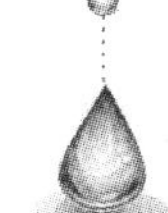

(4)燃烧热利用

20 世纪 70 年代日本将大量废轮胎燃烧作为热源应用于各个方面，燃烧废轮胎既可产生 27.31～33.49MJ/t 的热能，又操作简单，也是废弃物终结的解决办法。燃烧方法有三种：

①单纯废轮胎燃烧；

②废轮胎与其他杂品混合燃烧；

③与煤混合作水泥窑的燃料。

其中将废轮胎与煤混合燃烧生产水泥的利用方式，无二次公害，不影响水泥质量，而且不需要热解方式那么多的设备，所以可以充分利用水泥厂的原有设备。另外，水泥厂分布广，有利于废橡胶的就地回收利用，减少运输的费用。这类利用方法能否得到广泛推广，取决于燃烧装置的建设费用能否降低和废橡胶价格是否便宜。

发达国家废橡胶回收利用方法都是先发展废橡胶的再生利用，随后是翻修利用，最后是热能利用。随着时间的推移，再生利用比率和翻修量都会出现最大值，然后逐步下降，但前者下降幅度较大；而热能利用量则随时间的推移呈递增趋势。

5.3.3　废纸的再生利用

为了节约能源、减少森林砍伐和养息森林，废纸的回收利用被越来越重视，特别是废纸回收利用后带来的节约投资、降低成本以及减少污水治理等方面的效应，更给废纸的再生利用带来巨大的推动力。

5.3.3.1　废纸的种类

(1)按常见用途分类

按常见用途分类，废纸类别以及最终产品加工方法如表 5.13 所示。

表 5.13 废纸类别以及最终产品加工方法

废纸分类	制浆方法	成浆特点	最终用途
混合生活废纸	基本的碎浆和筛选	粗糙、中等洁净	瓦楞原纸
商业废纸	按纸种选别	优质纸浆取决于原来纸浆	印刷和书写纸，特种包装纸板
旧报纸(ONP)	碎浆、筛选、脱墨、漂白	洁净、中等白度	新闻纸和低档印刷纸
旧瓦楞箱纸板(OCC)	碎浆和筛选	高强度、本色	瓦楞纸和箱纸板
全化浆废纸	充分加工和漂白	强度、白度和洁净度均较高	高档纸

(2)按纤维原料组成、洁净程度进行分类

按纤维原料组成、洁净程度进行分类，废纸类别及最终用途如表 5.14 所示。

表 5.14 废纸类别及最终用途

废纸分类	包括的废纸种类	最终用途
白纸边	印刷厂和纸类制品厂切余的纸边	一般可作漂白料浆使用
白色而经轻度印刷的废纸	白纸经过轻度印刷的文件、刊物、打过字的白纸、用铅笔或墨水笔书写过的纸和笔记本、卷烟废纸等	可作漂白料浆使用
浅色而全部印刷的废纸	白色或颜色较浅的各种纸印刷的书籍、杂志、文件等废纸	用于抄写书纸和卫生纸等的生产
深色和重度印刷的废纸	深褐颜色或涂料印刷过的各种印刷品、招贴画、年画、商标纸以及画报等废纸	用于抄写书纸、印刷纸及卫生纸的生产
旧报纸	各种新闻纸和内部参阅的资料	用于抄写用纸(尤其是用于再抄新闻纸)、印刷纸及卫生纸等的生产
瓦楞废纸	不含或含少量硬质杂物和非纤维物质的各种旧纸箱、纸板、纸芯和纸卡等废纸	用于再造瓦楞原纸、纸板及油毡原纸等皮纸的生产
混合废纸	未经选别分类的各种杂项废纸、部分垃圾废纸和包装纸等	用于抄造低级包装纸或壁纸板、油毡原纸和白纸板的中间层的生产

5.3.3.2 废纸的再生加工

废纸的再生加工主要包括废纸碎解—筛选—除渣—洗涤和浓缩—分散和搓揉—浮选—漂白—脱墨等几个阶段。

(1)废纸的碎解

废纸碎解是废纸制浆流程的第一步。目前广泛采用水力碎浆机碎解废纸，它具有良好的疏散作用而无切断作用，在处理含有砂石、金属硬物等杂质的废纸时，不致损坏设备，所以是一种可靠和有效的碎解设备。碎解后还要进一步通过疏解机将小纸片充分疏解分散，才能转入下面的净化、筛选和浓缩等过程。

(2)废纸的筛选

筛选是为了将大于纤维的杂质除去。废纸浆中包含的杂质主要有薄片、塑料、胶黏物及其他颗粒，通常选用压力筛来进行筛选。

(3)废纸的除渣

除渣器一般可分为正向除渣器、逆向除渣器和通流式除渣器。一个除渣系统需要配置的段数视其生产量、所要求的制浆清洁程度以及允许的纤维流失量而定，通常采用四段至五段。

(4)洗涤和浓缩

洗涤是为了去除灰分、细小纤维以及小的油墨颗粒。根据洗浆浓缩范围，洗涤设备大致分为三类：①低浓洗浆机，出浆浓度最高至8%，如斜筛、圆网浓缩机等；②中浓洗浆机，出浆浓度8%～15%，如斜螺旋浓缩机、真空过滤机等；③高浓洗浆机，出浆浓度超过15%，如螺旋挤浆机、双网洗浆机等。

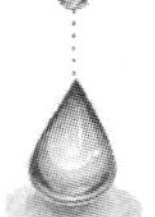

(5)分散和搓揉

分散和搓揉指的是在废纸处理过程中的一道工序，即用机械方法使油墨和废纸分离或分离后将油墨和其他杂质进一步碎解成肉眼看不见的颗粒，并使其均匀地分布于废纸浆中，从而改善纸成品外观质量。当今废纸处理工厂大多安装有各种分散机和搓揉机。

(6)浮选

浮选是一种选矿方法，后来逐渐被用于废纸的脱墨流程中。其基本原理是根据物质表面疏水性的不同，在一定的作业条件下，使疏水的物质附着于气泡而上浮、分离。前、后两道浮选法被较多使用。前浮选，通过化学药剂的作用，可使废纸浆的白度增加值超过10%，而后浮选一般不加化学药剂，白度增加值少于2%，主要起清洁作用。前、后浮选法的另一重大区别是二者的pH值不同，前浮选的pH值通常为7.5～9.5，而后浮选的pH值是中性或酸性。任何有机胶黏物，在经受pH值从碱性到中性或酸性的变化后，均可以黏性杂质的形式分离、选除。

(7)漂白

经除渣、洗涤、浮选等工序去除油墨后的废纸浆，色泽一般会发黄发暗，为了进一步提高白度，生产出符合市场需求的再生纸，必须进行漂白。

就传统的漂白而言，主要分为氧化漂白和还原漂白，氧化漂白主要是氧化降解并脱除料浆中的残留木质素而提高白度，兼具一定的脱色功能。所选用的漂白剂有次氯酸盐、二氧化氯、过氧化氢、臭氧等。现在普遍采用的方法有氧气漂白、高温过氧化氢漂白等。还原漂白主要用于脱色，所选用的漂白剂包括二亚硫酸钠、二氧化硫脲(FAS)、亚硫酸钠等。

(8)脱墨

脱墨方法有水洗和浮洗两种，在这两种工艺中脱墨所用的药剂又有所区别。水洗所用药剂主要是碱性($NaOH$、Na_2CO_3)清洗剂，再添加适量的漂白剂、分散剂和其他药剂。浮洗时的pH值为8～9，纸浆浓度为4%。解离时可用碱调节pH值，以达到最适宜的条件，捕收剂一般为脂肪酸，常用的为油酸，有时也用硬脂酸、煤油等廉价的捕收剂。

5.3.3.3　废纸的其他应用

(1)用于生产土木建筑材料

基于废纸的纤维材料可以彼此与胶黏剂混合，制作多种复合基土木建筑材料，如：①将废纸打散，与树脂混合后，用于房顶绝热覆盖物；②直接将多层废纸浸渍树脂后，加压熟化制成胶合硬纸板蜂窝板等，用于内墙装修；③将纸板与石膏混合制成石膏板，以代替砖或用湿法制成中密度纤维板，用于建筑物隔墙、天花板等；④利用废纸等原料模压出一种新型建筑材料——沥青瓦楞板；⑤将废纸打散与水泥相混合制成砌砖或糊墙用的灰泥材料；⑥将废纸打散盛于纸袋内，置于房顶下天花板、房屋板类隔墙内，起隔热作用，这种方法可节省其他取暖方式所消耗的燃料或电费等。

(2)用于园艺及改善农牧业生产

利用废纸的吸水性，将其切成条状用于铺设家畜业场地，用后还可作堆肥，既有利于清洁，又能改善牧场土壤且未检出对土地有任何副作用；或将旧报纸打散，用作蔬菜、稻田播种后的覆盖物，既有利于保温，又可增强肥力；也可将碎纸染成绿色，与草籽混合后散播地面，在草未长出前，草地已成为绿色。例如，美国亚拉巴马州的部分牧场中出现土坡板结、寸草不生的现象，该州土壤专家詹姆斯·爱德沃兹，根据废纸在土壤中不会很快腐烂变质的特性，采用碎废纸屑加鸡粪与原土壤混合来改善牧场的土质。混合比例为碎纸 40%、鸡粪 10%、原土壤 50%。由于鸡粪中基肥细菌的作用，废纸屑可迅速腐烂变质使土壤在 3 个月内即变得松软异常，不仅适于牧草的生长，也适合种植大豆、棉花和蔬菜等多种作物，且产量颇高；同时，未检出其对土地有任何副作用。

近年来，为了满足畜牧业发展的需要，补充饲料的不足，美国、英国和澳大利亚等国家都开发出将废纸加工成牛羊饲料的工艺方法。另外，废纸经打浆后可模制成小花盆，用于培育幼苗，移植时将幼苗连同花盆一起移栽，可以提高幼苗成活率。

(3)用于制作模制产品

用废纸制作模制产品也是废纸利用的一条重要途径。例如，利用 100%废纸制作蛋托及新鲜水果的托盘，用废纸制成小盘供食品包装时垫托，用旧杂废纸制成电器零件保护品等。美国模压纤维技术公司把旧报纸粉碎，加水打浆后模压成型，代替泡沫塑料用作包装缓冲填料，用来包装玩具、计算机、陶瓷器以及设备，甚至可用来包装机械部件、空调机等重物，用后可回收再制造，以利于环保。日本佳能公司推出的废纸浆模塑制品，能取代发泡苯乙烯制作高强包装材料包装复印机等设备。总之，废纸模制产品的适用范围很广，例如产品内包装的发泡塑料基本上都可以用废纸模制产品替代。

5.3.4 废纤维织物的处理利用

随着人们生活水平的不断提高，人们对服装、鞋帽、被服等纤维织物需求和更新速度日益加快。由于纤维织物特别是化学纤维织物，本身具有很强的不可降解性，积累过多便成了环境负担，且很多纤维织物还附带有一些致病菌，处理不当会造成疾病传播。但同时亦应当看到，废旧纤维织物也有其再生或综合利用价值，若开发得当，即可变废为宝，在减轻环境负荷的同时节约资源消耗。

5.3.4.1 废纤维织物的种类

纤维织物的纤维主要分为天然纤维和化学纤维两大类，如表 5.15 所示。

表5.15　纤维织物的纤维分类

大类	亚类	种类	举例
天然纤维	植物纤维	种子纤维	棉花、木棉
		韧皮纤维	亚麻、大麻、黄麻
	动物纤维	毛发纤维	绵羊毛、山羊毛、马海毛、兔毛
		泌腺纤维	桑蚕丝、柞蚕丝
化学纤维	再生纤维	再生纤维素纤维	粘胶、铜铵、醋酯
		再生蛋白质纤维	大豆、花生
	合成纤维	聚酰胺纤维	锦纶
		聚酯纤维	涤纶
		聚丙烯腈纤维	腈纶
		聚乙烯醇纤维	维纶
		聚氯乙烯纤维	氯纶
		聚丙烯纤维	丙纶
		聚乙烯纤维	乙纶
		聚氨酯纤维	氨纶

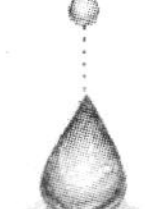

5.3.4.2　纤维织物的加工和综合利用

被淘汰的废纤维织物，如果成色较新，可以通过消毒、洗涤、干燥、熨烫等工序处理，也可以撕剪成条制作拖布。对于无穿着价值的废旧纤维织物，通过洗涤、干燥、撕裂等初级加工后，进行适当处理，可进行如下综合利用：

(1)植物纤维用作造纸原料

工艺流程为：

废纤维织物⟶撕裂⟶漂白⟶研磨⟶制浆⟶抄纸⟶整理

废旧的植物纤维织物，纤维素含量高长径比大，是制造高级耐久纸的优质原料，但由于缺乏半纤维素、树脂等胶黏成分，基本上没有结合力，因此，一般需采用机械研磨制浆。

对于有色废纤维织物，由于其主要使用有机染料，因此，可使用强氧化剂进行漂白。常用的强氧化剂有氯气、二氧化氯、次氯酸钠、过氧化氢、臭氧等。

(2)植物纤维制造纤维素衍生物

植物纤维织物含有丰富的纤维素，通过化学加工可以获得许多纤维素衍生产品，如纤维素硝酸酯、纤维素醚等。

①纤维素硝酸酯

纤维素硝酸酯又称为硝化纤维素，是制造炸药、油漆、赛璐珞等的重要材料。

其反应原理如下：

$$[C_6H_7O_2(OH)_3]_n + 3nHNO_3 \longrightarrow [C_6H_7O_2(ONO_2)_3]_n + 3nH_2O$$

在实际工业生产中并不是单独使用硝酸，而是硝酸∶浓硫酸＝1∶3(质量比)的混合物，其中硝酸为硝化剂，硫酸作脱水剂。纤维与混合酸的配合比约为100∶(15～30)，温

度 25～30℃。

硝化完成后，可采用乙醇或水进行处理，使其稳定化。用含氮量 11%左右的硝化纤维素 39%～45%、樟脑 8%～10%、浓度 95%的酒精 40%，混合、溶解，得到一种胶状物，再经过滤、成型、干燥处理，即成为赛璐珞，用于制作乒乓球、牙刷柄、眼镜架等。用硝化纤维素 40%～60%、树脂 20%～30%、软化剂 20%～30%、染料 5%～25%，加入溶剂和稀释剂溶解，可制得快干油漆。将含 N 量 13%～13.5%和含 N 量 11.5%～12.0%的两种硝化纤维素按 60：40 的比例混合即为无烟火药。

②纤维素醋酸脂

纤维素醋酸脂又称醋酸纤维素、乙酰纤维素，是将纤维素与冰醋酸、醋酸酐以及催化剂(硫酸、过氯酸或氯化锌)作用，在不同稀释剂中得到的一系列脂化产物，用于生产人造丝、电影胶片、油漆、电气绝缘材料等。反应原理如下：

$$2[C_6H_7O_2(OH)_3]_n+3n(CH_3CO)_2O \longrightarrow 2[C_6H_7O_2(OCOCH_3)_3]_n+3nH_2O$$

③纤维素醚

纤维素分子中羟基的 H 原子被烃基或芳烃基所取代的产物，称为纤维素醚。常用的主要有甲基纤维素、乙基纤维素、羟甲纤维素等。

甲基纤维素和羟甲纤维素用途相似，可溶于水，形成透明胶体，据此性质其具有广泛用途：在石油工业中被用作钻探泥浆稳定剂，在纺织工业作布料上浆剂，洗涤与化妆工业作吸附剂，食品工业作增黏剂，药业作胶囊和片剂外衣，造纸、涂料工业作增稠剂、稳定剂、增黏剂等。乙基纤维素具有优良的化学稳定性，能耐热、耐冷、耐弱碱和稀酸，在高温和低温下均能保持良好的强度和柔韧性。因此可用作制造汽车、飞机的零件，加工的薄膜常在电器、无线电设备中作绝缘材料。

(3)废蛋白质纤维再生毛毡

废毛织物、丝织物在没有严重虫蛀的情况下，纤维原本的性质基本上没有发生很大变化。经过剪断、疏解、脱色、洗涤、干燥等处理可以重新制成毛绒或丝绵。在剪断过程中可能对纤维的长度有所破坏，但对于纤维长度要求不高的制毡、制毯业而言，是完全能够满足要求的。

(4)废蛋白质纤维制泡沫剂

泡沫剂是一种亲水溶液，经搅拌后可以生成大量、细微、均匀、稳定气泡的材料，结构上属于表面活性剂。该类泡沫剂具有泡沫壁强度高、稳定性好的特点，主要用于泡沫水泥、泡沫石膏等建筑材料的生产。

废丝毛纤维泡沫剂的制造方法如下：①将废丝毛织物剪碎、脱色、洗涤、压滤；②配制浓度为 20%的 NaOH 溶液；③将废丝毛织物浆浸入 NaOH 溶液，在 80～90℃温度条件下保持 2～3h；④待废纤维全部溶解后，投入氯化铵中和，得到水解蛋白质；⑤配制 15%的硫酸亚铁溶液；⑥按水解蛋白质：硫酸亚铁溶液＝1：0.3(体积比)的比例混合，即得泡沫剂水溶液。

使用时，利用泡沫搅拌机或空气压缩机-发泡枪，先制得稳定的泡沫，然后按一定比例与胶凝材料料浆混合搅拌、浇注成型、凝固养护，即可得到一种内部具有微小气孔的轻质、绝热材料。

(5)废化学纤维解聚回收化工原料

对于极性高分子型化学纤维，如聚酰胺纤维——锦纶、聚酯纤维——涤纶、聚氨酯纤维——氨纶，通过水解、醇解、化学解聚等可以回收单体或形成再生树脂。

5.4　无机固体废物的资源化利用

5.4.1　废玻璃的资源化

5.4.1.1　废玻璃的产生

废玻璃质量占城市固体废物总量的8 %左右，其中90 %来自于玻璃瓶和其他玻璃容器。如各种酒瓶、饮料瓶、药瓶和化妆品用瓶等，其颜色大多为无色、绿色或者浅黄色；其余10%来自于各类玻璃制品和平板玻璃。玻璃回收的益处包括：循环利用玻璃材质，节约资源和能源，减少垃圾填埋处置量和填埋占地，提高垃圾堆肥产品的质量等。

5.4.1.2　废玻璃的回收利用

废玻璃很难通过自然循环和一般的物理化学方法加以分解和处理，严重影响了生态环境的净化。虽然可以通过许多手段对这些废玻璃等进行回收和再利用，但如何积极合理地利用这些废渣废料仍是一个值得注意的问题。目前，回收的玻璃大都用来生产新的玻璃容器和玻璃瓶，其余少量的玻璃用来生产玻璃棉、玻璃纤维绝缘体、玻璃沥青和建筑用品，如砖块、瓷砖、水磨石瓦片、轻质泡沫状混凝土等。

1.自身的循环再利用

自身循环利用主要集中在包装容器玻璃方面，如啤酒瓶和汽水瓶等。如果在有效期内，提高其重复使用次数，不仅可提高利用效率，而且可降低生产成本，使约占玻璃包装容器产量1/3的包装瓶，得到合理的再利用。

废玻璃经过分类检选和加工处理后，可作为玻璃生产的原料。虽然一般不用于平板玻璃、高级器皿玻璃和无色玻璃瓶罐的生产，但可用于对原料质量和化学成分、颜色要求低的玻璃制品的生产，如有色瓶罐玻璃、玻璃绝缘子、空心玻璃砖、槽形玻璃、压花玻璃和彩色玻璃球等玻璃制品。

2.生产玻璃容器

玻璃容器生产的原料是沙子、无水碳酸钠和石灰石等，在原料中添加部分碎玻璃可减少原材料的用量，并可显著降低熔化炉的温度，节省能量和延长熔化炉的使用寿命。因此，玻璃生产厂家比较乐意接受碎玻璃，并常愿意支付比原料略高的价格来收购。

使用回收玻璃生产玻璃容器也有不利的一面，那就是回收的玻璃常含有一些杂质，这些杂质会影响产品的颜色和质量。对用来生产新容器的玻璃，需要考虑的主要问题是颜色、耐熔性和杂质。颜色是影响玻璃回收和再利用的最主要的因素。不同颜色的玻璃混合在一起，不仅会影响新产品的颜色，还会影响其质量。由于不同颜色的玻璃混合到一起后很难分离开来，因此，一般要求玻璃按一定的颜色分类收集和存放，以便于生产不

同颜色的玻璃产品。玻璃的耐熔性也很重要，因为耐熔的玻璃（如硼硅酸盐耐热玻璃）比一般的玻璃有更高的熔点，耐熔的玻璃与一般玻璃混合熔化时，会导致较多的能量消耗，并且在产品中极易形成固体杂质。因此，一般不希望耐熔的玻璃与一般的玻璃混合到一起。此外，还要求玻璃不含过量的杂质，如尘土、石块、瓷片、金属物、纸制品等。若含杂质超过规定的标准，则需要进行预处理。在用作生产新容器的碎玻璃运到生产厂时，一般都需要进行抽样检验，在确定玻璃的颜色、耐熔材料和杂质符合要求后，才可使用。

3. 应用于建筑工程

欧美国家已成功地将废玻璃应用于建筑工程中，这是目前能大量消耗废玻璃的最有效的途径，对各种废玻璃无需分选，对颜色也无特殊要求。

(1)直接用于建筑工程

把废玻璃用在黏土砖生产中，替代部分黏土矿物组成和用作助熔剂，不仅提高了黏土砖的质量，而且节约了原材料，降低了生产成本。美国用废玻璃作为混凝土的骨料，含有35%废玻璃骨料的混凝土，其抗压强度、线收缩性、吸水性等指标，都达到美国材料测试协会的基本标准。美国和加拿大利用废玻璃作为沥青道路路面的填料，经过数年的使用，证明效果较好。

(2)生产建筑饰面材料

①微晶玻璃仿大理石板

利用废玻璃生产的微晶玻璃仿大理石板，不仅可用于建筑物的墙体装饰、地面装饰，而且还可用于物料运输的耐磨流槽、实验台板、桌面等，其产品质量优于天然石材、陶瓷制品。生产方法有熔融热处理法、熔融烧结法和一次烧结法。

a. 熔融热处理法：采用废玻璃、粉煤灰或矿渣、石灰石或白云石及一定量的着色剂和晶核剂、助熔剂，按精确的比例制成配合料，经高温窑炉（1400～1450 ℃）熔融成均匀的玻璃液，然后经平板玻璃成型设备制成一定厚度（8～20 mm）的玻璃板。在退火窑中进行热处理（热处理温度650～950 ℃）即为成品，再经切裁、检验，包装入库或出厂。

b. 熔融烧结法：采用的原料及配料过程与熔融热处理法相同，不同的是配合料被熔融成均匀的玻璃液后，首先被水淬成颗粒状玻璃。然后将干燥好的颗粒料按一定的颗粒级配加入成模型，经振动密实后，推入辊道窑烧结（烧结温度900～1150 ℃）和热处理（晶化温度600～1050 ℃），冷却后的半成品经抛光加工即为成品。

一次烧结法：用废玻璃粉和钢渣及一定量的着色剂、矿化剂和黏结剂，按一定的比例制成均匀的混合料，经加压成型后进行烧结，烧结温度一般为950～1200 ℃。着色剂的种类和用量，一般根据产品的颜色而定。常用的矿化剂有钛和铬的氧化物。此外，国外还利用废玻璃作主要原料，加入适量的粉煤灰（粉煤灰掺入量为25%～35%）作为填料，加入适量的水玻璃作为黏结剂，再加入一定量的水将其混合均匀，使配合料的水分达到6%～7%，使用高压成型机将粉料压制成坯体，经干燥后送入辊道窑等窑炉中进行充分烧结。烧结温度随粉煤灰的掺入量而定，一般为900～950 ℃。

②建筑面砖

利用废玻璃生产建筑面砖不仅能降低建筑饰面材料成本，从而降低工程造价，也能降低施工中工人的劳动强度，加快施工进度，而且能改善建筑饰面材料易脱落和面层易被磨损的自身缺陷，以及对天然矿物材料化学成分及含量严格选配的局限性，具有广阔的应用前景。制备建筑面砖的工艺简单，产品不仅具有耐酸碱、高强度、不易翘曲及变色、抗老化等优点，而且还能节约能源、保护环境、综合利用开发废物资源、节约土地等。

建筑面砖制备工艺流程见图5.25，具体过程为：先去除废玻璃渣中的杂质，再将其破碎、细磨，然后进行配料和成型，成型水分在8%～10%，成型压力在18～25 MPa。玻璃从固体状态到熔融状态的性质变化过程是连续的，在还未到可滴状态的温度范围内(950～1050℃)，将黏土填于未熔玻璃颗粒之间的空隙中，使之黏结，从而制得面砖。

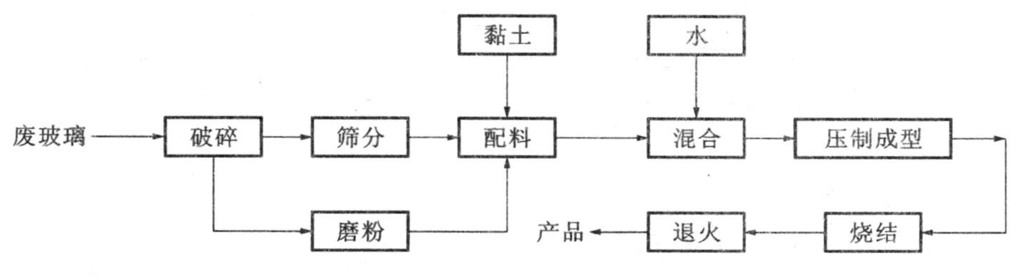

图5.25 建筑面砖制备工艺流程

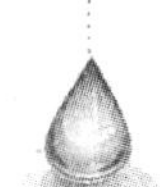

③玻璃马赛克

玻璃马赛克被广泛用作建筑物内外饰面材料或艺术镶嵌材料，其生产方法一般采用压制成形低温烧结法和熔融法。

以废玻璃为主要原料能够生产玻璃马赛克，低温烧结法是将废玻璃研磨成一定细度的玻璃粉并与约10%黏结剂、3%～4%的水及着色剂混合成均匀的配合料，一般采用干法将配合料压制成各种几何尺寸的坯，然后将干燥生坯送入燃烧温度控制在800～900℃的电熔窑、隧道窑、辊道窑、推板窑等窑中，烧结约15～25h，出窑后的玻璃马赛克温度为60～80℃，待制品冷却至20℃左右，即可进行挑选，将合格品进行铺贴。

熔融法生产玻璃马赛克是以20%～60%碎玻璃与硅砂、长石、纯碱、乳浊剂和着色剂制成配合料，经熔融均化成玻璃液再流入压延机辊压成一定厚度规格的小块，再经退火后得到制品。

④生产保温隔热、隔音材料

保温隔热、隔音材料广泛用于建筑物的屋顶、围护结构和楼层地板的隔热隔音材料、还可用于石油化工、热能利用、发酵酿造等工业，也可作为保冷材料，用于冷藏、冷冻等。

a. 泡沫玻璃：泡沫玻璃是一种密度较小、强度较高、整体充满小气孔的玻璃质材料，气相占制品总体积的80%～95%。与其他无机隔热、隔音材料相比较，它具有隔热、隔音性能好，不吸湿，耐腐蚀，抗冻，不燃，可钉，可锯，易黏结加工成各种所需形状的优点。如果在生产时掺入着色剂，还可以生产出各种色彩艳丽的泡沫玻璃，具有良好的装饰效果。并且它还可以作为建筑物的承重墙体材料。

泡沫玻璃的生产方法有多种，其中已被国内外广泛采用的有两种：一种是粉末焙烧法，另一种是浮法。粉末焙烧法是将废玻璃洗净烘干后，按精确的配比与废玻璃颗粒料、发泡剂、外掺剂和着色剂进行混合，然后一起送入球磨机进行粉磨，直至成品配合料的粒度能过150目筛即可，将其从机内排出，倒入模框中，在隧道窑内加热到一定温度使之熔

化、膨胀、发泡、成形，然后脱模送入窑内进行退火，至常温后，按产品要求的尺寸切裁，最后成品包装入库。浮法是将达到细度和均匀度要求的配合料，用带式输送机送入盛有熔锡的锡槽中。配合料在锡液面上被加热、熔化，形成泡沫玻璃带。泡沫玻璃带在600～650 ℃的温度下达到一定的强度，然后被拉出锡槽，送入退火窑进行退火。退火后，按规定的尺寸进行切割，即得成品。

可用作泡沫玻璃发泡剂的物质较多，主要有碳酸盐、硫酸盐和炭黑三类，常用的有碳酸钙和炭黑。常用的外掺剂有硼砂、水玻璃等。着色剂可根据产品所需颜色选用。

b. 玻璃棉：玻璃棉是一种呈蓬松棉絮状的短纤维。其特点是密度小、导热系数低、吸声系数高，是高效、优质的保温材料和吸声材料。它是将清洗干燥好的废玻璃加入到玻璃熔化炉中，熔融好的玻璃液从漏板流出，然后被喷吹成细短纤维。细纤维经集棉输送带回收成棉层，经固化后，制成软质卷毯、半硬板或硬板。

(3)其他用途

①生产玻璃微珠

玻璃微珠一般分为实心玻璃微珠和空心玻璃微珠两种。由于它主要是用废玻璃生产出来的，因而具有玻璃所具有的坚硬、透明、良好的耐腐蚀、耐磨、耐热和电绝缘、化学稳定性以及独特的定向光反射性等特性。而且由于其为球状小珠，圆整度好，流淌性好，被广泛应用于各行业。它可作为染料、制药等精细化工的研磨介质，机械加工工业中精加工的喷丸抛光剂，工程塑料、橡胶等有机材料工业的增强填充材料，交通、电影、航海、纺织、美术、广告等行业的反光材料，化学工业的催化剂载体，而且可作为固体浮力材料，宇航工业、医疗技术和尖端科研的超低温材料和绝热材料等。

利用废玻璃生产玻璃微珠，一般常采用两种方法：一种是一次成型法，即用处理好的废玻璃在玻璃窑炉中熔化成玻璃液，通过吹、喷、抛等方法而得微珠。这种方法可生产出实心和空心两种微珠。另一种是烧结制珠法，但它只能生产实心微珠。其烧结法工艺流程如图 5.26 所示。

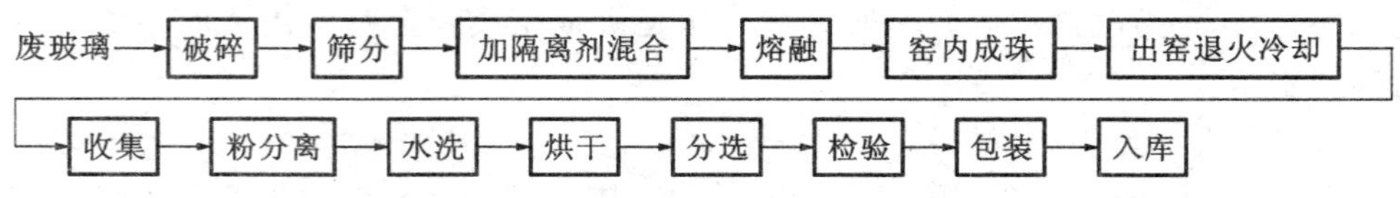

图 5.26　玻璃微珠烧结法工艺流程图

②制造硅微晶玻璃复合材料

这种复合材料是在玻璃粉末中加入无机掺入相，通过烧结晶化，成为具有致密微晶结构和掺入相骨料的复合材料，这种复合材料又称为硅微晶玻璃混凝土。

硅微晶玻璃混凝土生产工艺过程为：在细度为 0.02～0.07mm 的玻璃粉末中加入 10%～14%的掺入相，掺入相一般为黏土陶瓷、石英砂、莫来石，其粒度为 0.14～1.25mm，并加入 1%～3%的结晶催化剂，用天然或合成的黏结剂作为成型临时黏结剂。用半干法压制或其他成型方法使混合物成型。采用何种成型方法，与混合物流变性质有关。这些半成品按一定工艺进行烧结和晶化，使其玻璃基体产生微晶，并与掺入相很好地黏结。

用废玻璃生产各类玻璃制品和建筑材料的工艺，目前在国际上发展很迅速，许多国

家都竞相研究和开发各类新型材料。对我国来讲，这方面工作尚处于起步阶段。随着我国轻工业、建筑建材业和再生资源利用业的蓬勃发展，回收、利用废玻璃的工作必然会取得更为广阔的前景。

5.4.1.3　玻璃回收利用的技术要求

如前所述，玻璃的颜色和杂质成分对玻璃的回收利用有重要的影响。回收的玻璃需要先进行分类（按颜色），然后再去除其杂质成分。只有在颜色和杂质成分都满足使用要求的前提下，厂家才会接收产品。玻璃的分类和对杂质的要求有一定的标准。表 5.16 是美国玻璃颜色分类技术标准；表 5.17 是对按颜色分类后的玻璃中超标杂质成分的说明。这些技术标准和说明为玻璃的收集、存放、运输和处理提供了指导，对玻璃的回收利用工作有重要的指导作用。

表 5.16　美国玻璃颜色分类技术标准

允许的颜色混杂程度(%)				
颜色	无色	浅黄色	绿色	其他
无色	97～100	0～3	0～1	0～3
浅黄色（黄褐色）	0～5	95～100	0～5	0～5
绿色	0～10	0～15	85～100	0～10

表 5.17　按颜色分类后的玻璃中超标杂质成分的说明

杂质	超标杂质成分（拒绝玻璃的理由）
磁性金属	任何大于 6×6×12 英寸^3 的碎块； 小于 6×6×12 英寸^3，但大于 0.5 英寸的碎块超过 1%； 小于 0.5 英寸的碎块超过 0.05%
非磁性金属（铝、铅等）	大于 0.75 英寸的玻璃包装用材料（如铝箔等）超过正常包装需要的量（即高度包装）； 大于 0.75 英寸的非玻璃包装用材料（如铅、铜、黄铜等）超过包装材料的 0.5%
有机材料（标签、商标等）	玻璃包装用有机材料（如商标等）超过正常包装需要的量； 非玻璃包装用材料（如纸、木材、橡胶等）超过包装材料的 5%
难熔材料（陶瓷、餐具、瓦片等）	在一个 50 磅的样品中，存在任何大于 8 目的难熔材料的颗粒；或小于 8 目、大于 20 目的难熔材料的颗粒多于 1 个；或小于 20 目、大于 40 目的难熔材料的颗粒多于 40 个
废玻璃尺寸限制	小于 0.75 英寸的碎玻璃超过 25%
其他杂质	以下杂质含量超标：灰尘、瓦砾、陶瓷、沥青、混凝土、石灰石、垃圾、水分、白炽灯泡、日光灯管、平板玻璃、汽车用玻璃、硼硅酸盐耐热玻璃、玻璃容器烧制时产生的杂质等

注：

①1 英寸＝2.54cm。

②1 磅＝0.4536kg。

5.4.2 建筑垃圾的资源化

5.4.2.1 建筑垃圾的组成及特点

建筑垃圾是指新建、扩建、改建和拆除各类建筑物、构筑物、管网以及居民装修装饰过程中所产生的废弃料及其他废弃物。

城市建筑垃圾的成分很复杂，按来源大致可分为土地开挖垃圾、道路开挖垃圾、建筑施工垃圾、旧建筑物拆除垃圾、建材生产垃圾五类，各类别的产生方式及内容如表 5.18 所示。我国建筑垃圾的主要来源是建筑施工垃圾和旧建筑物拆除垃圾，这两种类别的组成成分基本相同，但是不同成分的含量有所差异。表 5.19 为建筑施工垃圾与旧建筑物拆除垃圾的组成成分比较，由表中数据可知，在建筑垃圾中，混凝土块、碎石块以及渣土这三种成分所占的比例最大，所占的比例之和分别为 72.8% 和 77.90%，其他组分含量则不大。

表 5.18 建筑垃圾按来源分类

类别	产生方式及内容
土地开挖垃圾	由开挖基坑、沟槽，进行地质勘探或其他方式产生的
道路开挖垃圾	由开挖或者凿除原废弃的沥青、混凝土道路产生的
建筑施工垃圾	建筑物施工和装饰装修过程中产生的碎石、混凝土、砌块等
旧建筑物拆除垃圾	由拆除旧建筑物产生的，主要有砌块、碎石、混凝土、钢材等几类，数量巨大，组成复杂
建材生产垃圾	建筑材料生产和加工运输过程中产生的废料、废渣、碎块、碎片等

表 5.19 建筑施工垃圾和旧建筑物拆除垃圾组成成分比较

成分	百分比(%)	
	建筑施工垃圾	旧建筑物拆除垃圾
沥青	0.15	1.59
混凝土块	18.42	54.26
碎石块	23.83	11.68
渣土、泥浆	30.55	11.96
瓷砖	5.02	6.35
砂石	1.72	1.44
碎玻璃	0.56	0.20
废金属料	4.34	3.41
废塑料	1.13	0.61
竹料、木材	10.95	7.46
其他有机物	3.05	1.29
其他杂物	0.27	0.12
合计	100	100

建筑垃圾最显著的特点是产量大。有关数据显示：2005 年，我国城市建筑垃圾产量

约为4亿t、美国1.3亿t、奥地利4100万t、德国2.45亿t(2004年)。数量庞大的城市建筑垃圾占到城市垃圾总量的40%以上,而城市建筑垃圾中80%以上来自于旧有建筑的拆除。随着城市建筑不断的老化、更新,建筑垃圾的产量会在一定条件下不断增加。大量的建筑垃圾给城市带来了诸多的问题,也带来了很多机遇。城市建筑垃圾具有潜在的资源开发性。由于建筑垃圾数量巨大,具有一定的普遍性,所以建筑垃圾中很大一部分组成都具有可回收利用价值。如占建筑垃圾较大比重的混凝土材料,因数量巨大,材质稳定,只经过简单的加工就能够重新被利用。利用破碎的混凝土材料具有较好抗压性、稳定性,可将经过简单筛选、粉碎的较大颗粒状混凝土材料制成建筑或道路工程的基础填充材料;经过精细研磨处理,大块的混凝土又可以形成细沙大小的颗粒,能够将其制成建筑砌块,或进一步分为沙、砾石、水泥等材料应用在建筑中,这样可以减少不必要的新料的使用。

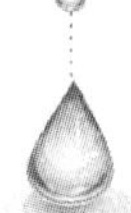

5.4.4.2　建筑垃圾的危害

我国的建筑垃圾基本是运到城市郊外或农村露天堆放,导致建筑垃圾的各种有害物质、重金属直接对土壤、水体、空气产生污染,此外建筑垃圾在运输过程中,产生的污泥和粉尘,也污染了城市路面,影响市容市貌。特别在乡镇、偏远山区,建筑垃圾直接拉到河流、树林进行堆放严重影响了饮用水质和土壤环境。

1.堆放安全隐患

目前我国建筑垃圾大多是随意性堆放,而且很多施工场地附近都有建筑垃圾,并多为随意堆放,在没有安全措施的情况下有可能会出现地面塌陷、崩塌、阻碍道路等现象,同时建筑垃圾堆放点还会降低该区域储水能力、地表排水能力和排洪能力。

2.对水体资源的危害

建筑垃圾的油漆、沥青等物质经过水体浸泡或冲刷后产生含有污染物的渗滤液,会对水体产生严重污染。渗滤液中的污染物有重金属、非重金属等物质,而且成分复杂,因此建筑垃圾填埋点区域的水资源一旦受到污染后直接饮用,会对人体产生危害。

3.对空气质量的影响

建筑垃圾露天堆放,在雨水冲刷和阳光照射等环境因素作用下,建筑垃圾中的油漆、沥青、石膏等物质通过分解,会产生有害气体和刺激性气体例如硫化物、氨等,给附近居民生活产生严重影响。

4.影响土壤质量

伴随建筑垃圾的增加,填埋面积也在增加。目前填埋场大都露天堆放建筑垃圾,建筑垃圾中的油漆、涂料、重金属等污染物质通过渗滤液渗入土壤会发生化学和生物反应,甚至被植物吸取后,对土壤产生影响,导致土壤质量降低。此外,建筑垃圾中含有的碎石、沙土也会破坏土壤结构,影响土壤的生产力。

5.4.4.3　建筑垃圾国内外处理现状

(1)国外建筑垃圾处理现状

早在20世纪90年代,国外有些学者对建筑垃圾的再生利用就展开了研究,提出建筑闭合循环的概念。他们认为建筑材料在一定的条件下能形成一个完整的闭合循环,即通过各种手段将建筑垃圾还原到最初的建筑材料的阶段。部分发达国家尤其重视建筑

垃圾的处理问题，建筑垃圾的再生利用率可以达到95%，有些甚至达100%。德国是世界上最早进行建筑垃圾再生利用的国家，第二次世界大战产生大量的建筑垃圾，城市重建需要大量建筑材料等，都推动着德国开展对建筑垃圾回收利用的研究。建筑垃圾的回收利用极大缓解了建筑材料供需矛盾，同时降低了现场清理费用和建材成本。美国也遭受过严重的环境污染，因此高度重视对建筑垃圾进行无害化处理。此外，美国还针对建筑垃圾处理问题制定了一套完整的法律体系和政策，明确指出，对违反规定的企业单位或城市进行相应处罚。新加坡更是将建筑垃圾处理的相关内容加入注册结构工程师和注册建筑承包商的从业条例中，并且要求相关业内工作人员提高减少废物排放的意识，在工程建设过程中严格遵守相关条例，将控制减少建筑垃圾列为其中一项工作目标。

(2)国内建筑垃圾处理现状

与发达国家相比，我国对建筑垃圾的研究起步相对较晚，虽然目前国内正在推进建筑垃圾再生利用研究，但是一些与之配套的政策规定、法律法规、管理模式、技术手段都需进一步改进完善。尽管国家和政府发布了一些关于建筑垃圾管理的文件，但极少有涉及资源化再利用方面的相关条例和内容。城市大多数地方建筑垃圾消纳场地大小不一，垃圾处理技术参差不齐，资源化利用率特别低；法律法规不完善，尚存监管空白，缺少系统完整的政策法规。建筑垃圾乱填、乱埋现象依然时有发生，偷倒建筑垃圾的行为往往发生在偏远农村午夜至凌晨时段，因为目前我们缺乏对农村建筑垃圾乱倒等行为处理的相关法律依据和处罚标准，给执法部门的监管工作带来困难。

目前我国对于建筑垃圾处理方面的技术还不成熟，更多的偏向于理论研究，缺乏实践经验。相关机械设备制造水平落后于其他国家，在工作效率、噪声、能源消耗、自动化程度等各方面与其具有一定差距。缺乏完备、成体系的技术操作流程，主要是由于我国对建筑垃圾处理方面的研究起步较晚，机械技术水平需要进一步提升。

对于建筑垃圾管理缺乏创新，很少有真正行之有效的管理方法和措施，管理上往往是被动的，存在滞后管理的问题。这就让部分违章者抱有侥幸心理，一再违反有关规定，导致建筑垃圾乱倒乱放问题难以得到有效的根治。而且，很多管理人员缺乏创新意识，管理手段过于陈旧，不懂变通，将旧问题的解决方法硬加在新出现的问题上，这样做的效果可想而知。此外，建筑垃圾的管理涉及多个部门，然而目前对于建筑垃圾的管理却缺少部门之间的协调与配合。

5.4.4.4 建筑垃圾资源回收系统

建筑垃圾资源化，是指通过采用先进的技术设备、高效的工艺处理流程和严格的管理体系，使建筑垃圾经过加工处理后，具备重新可以利用的功能。这种方式可以有效减少资源浪费、提高资源利用率。

合理地处理和利用建筑垃圾，是当前亟须解决的问题。建筑垃圾资源化与循环再应用，将为国家的发展带来社会效益与经济效益，在控制污染、节约资源、能源、优化生态环境等方面均有重要的意义。实现建筑垃圾资源化利用，应建立从建筑材料到建筑垃圾再利用的循环系统。建筑垃圾主要包括施工各个阶段产生的砂浆、混凝土、砖石、钢筋混凝土桩头、废金属、木料、包装材料等废料，各种物质的含量和利用价值不同。因此，在对建筑垃圾资源化利用的过程中，根据其成分加以处理和利用。

(1)建筑垃圾资源化工艺

图 5.27 是建筑垃圾资源化的工艺流程图。为解决原料来源复杂的问题，首先加强原料源头的管理，要求在装车进厂前尽量先在拆旧工地做好物品分类。其次在工厂原料堆放场地上对原料进行预处理，剔除部分无用成分，并将超尺寸的大块原料、钢筋打碎剪切成符合生产需求的尺寸。物料被粗破后由人工分拣将原料中一些木块、织物、有机物等拣出，并通过除铁器把铁质杂质除去。经过分拣的物料再次通过水利浮选机过滤掉大部分轻物质和泥沙。最终的成品再由轻物质分离器将剩余的轻物质碎屑除掉。在原料成分基本保证的情况下，整个工艺流程可以有效地去除产品中的杂质，生产出符合质量要求的成品。该工艺中用到的设备及设备性能参数如表 5.20 所示。

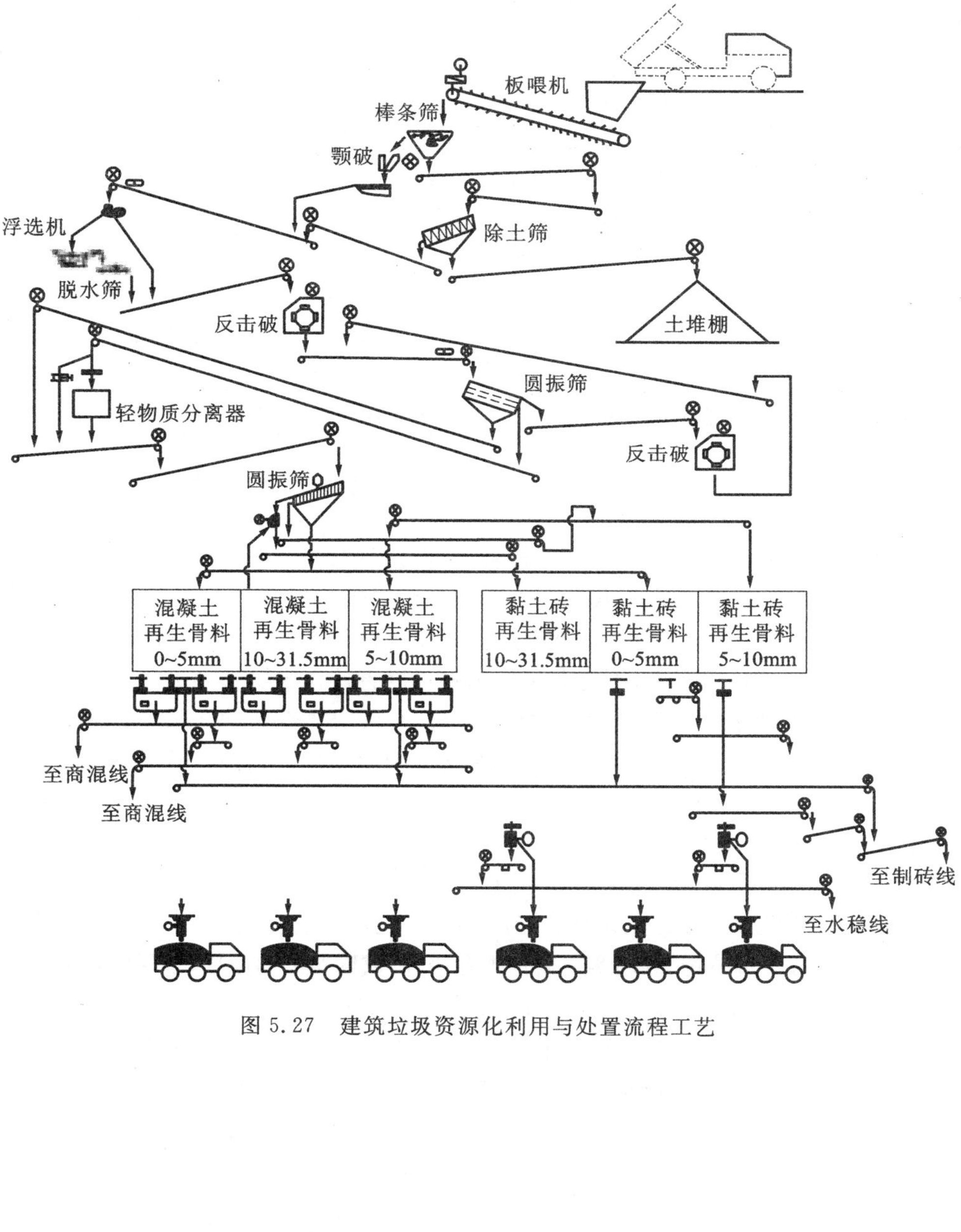

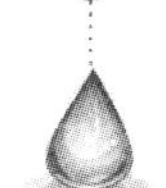

图 5.27　建筑垃圾资源化利用与处置流程工艺

表 5.20 建筑垃圾资源化利用处置项目主要设备配置及性能参数

设备名称	规格性能及设计指标	数量(台)	年利用率(%)
重型筛分给料机	ZSFA6015;处理能力 460～660t/h;最大进料粒度≤1000mm;功率:18.5kW	1	38.05
颚式破碎机	JC443;入料粒度≤680mm;出料粒度 90～210mm;处理能力 300～350t/h;功率 160kW	1	38.05
振动给料机	GZG 125-4;处理能力 500t/h;功率 2×1.5kW	1	38.05
浮选机	BHF-1600;耗水量 10t/h(循环利用);功率:24kW	1	38.05
双层脱水筛	2ZK2460;给料粒度≤200mm;处理能力 30～570t/h;功率 2×22kW	1	38.05
反击破碎机	HC579;入料粒度≤500mm;处理能力 300～350t/h;功率 2×200kW	1	38.05
高效圆振筛	3YK3075;处理能力 550～800t/h;分离粒径 31.5mm×31.5mm;功率 2×30kW	1	38.05
反击破碎机	HC359;入料粒度≤400mm;处理粒度<35mm;处理能力 160～250t/h;功率 250kW	1	38.05
轻物质分离器	SWJ-100;处理能力 150～250t/h;功率 11kW	1	
制砖系统双向独立计量配料机	4 仓×30m^3;功率 20.5kW	1	
砌块成型机	规格 6390mm×2600mm×3050mm;功率 136kW	1	
混凝土搅拌系统	CTS4500/3000;3m^3;功率 154kW	2	

(2)建筑垃圾资源化处理措施

①废弃木材的资源化利用。废弃木材是建设过程中比较常见的建筑垃圾,废弃的木材可以通过分层利用的方式提高其利用价值。对废弃的木材进行检查,部分木材经过简单的处理可再次使用,部分可以改进加工后做成复合板材,或将碎木、锯末等运用到燃料堆肥原料厂和侵蚀防护工程中,不能利用的木材可以直接作为燃料。

②旧砖瓦的再利用。建筑拆除的过程会产生大量的废弃砖块。旧砖块可以经过分类后溶解、重铸,如做成免烧砖,可以作为铺路基础工程的水稳骨料,或将其重新加工烧制为空心砖、做水泥原料等。

③废弃沥青的资源化利用。沥青路面的整体性能在使用一定时间后有所下降,在对其进行修补和养护的过程中,会产生大量的废旧材料。沥青路面再生利用,可节约工程项目中所需的大量沥青、砂石等原材料。废料经过处理得到有效利用,有利于保护环境。废弃的沥青材料可通过分选、分离实现循环再利用,制成铺筑路面面层、基层的材料。

④废弃混凝土的资源化利用。废弃的混凝土常见的再利用方法是将其粉碎后,作为建筑基础垫层或用于道路基层。近年来,随着我国对混凝土的回收再利用进行大量的研究和试验,废弃混凝土再生利用的技术日益成熟,利用率已大幅度提高。目前,废弃的混凝土可用于新型墙体材料的生产,将废弃的混凝土粉碎后,生产混凝土砌块砖、铺道砖等

建材制品，还可用于再生混凝土和再生水泥的生产。废弃混凝土资源化利用，解决了大量混凝土堆积的问题，节省了水泥、石灰石等原材料资源。

⑤细粉料资源化利用。建筑垃圾中的细粉料可以加以利用。对废弃混凝土磨细矿物掺料和废弃碎砖磨细矿物掺料的成分、不同细度时的标准稠度等相关物理性能的研究发现，可通过在水泥中掺入适量及一定细度的细粉料提高水泥性能。由于混凝土的主要成分为硅酸盐、碳酸盐混合物，废弃磨细粉中碳酸钙、水泥凝胶和未水化水泥颗粒，分别具有形成水化碳铝酸钙与水化碳硅酸钙，作为水泥水化晶胚和继续水化形成凝胶产物的能力。建筑垃圾中的细粉料是制作免烧建筑墙体材料的原料，混凝土细粉料被有效利用，可以产生巨大价值。

⑥废弃塑料和玻璃的再次利用。在建筑垃圾中，会产生废弃塑料和废弃玻璃，大部分塑料在自然环境中难以降解，长期堆积会造成严重的环境污染。如果将塑料焚烧会产生有害气体，造成空气污染。废弃的玻璃堆积会带来安全隐患。因此，废弃的塑料应统一回收，由专业的塑料制品公司进行加工；废弃的玻璃可以重新熔解，经过再加工成为新的玻璃材料。

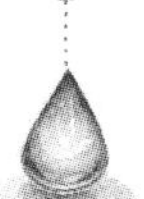

5.4.4.5　建筑垃圾的分选回收系统

成分混杂、性质各异是我国建筑垃圾的特点，根据不同的分选对象，分选的方法各不相同，简单概括成两类：人工分选和机械分选。人工分选是最早出现的分选方法，适合用在建筑垃圾产生现场、转运站或建筑垃圾处理厂。机械分选是根据建筑垃圾中各成分的物质特性，利用机械设备实现杂质分选。从建筑垃圾处置过程来看，可以把建筑垃圾分选划分为三个部分：源头的分类收集、破碎前的预分选和破碎过程中的分选。

(1)源头的分类收集

建筑垃圾成分复杂的主要原因是源头没有分类收集，因此，应在建筑垃圾产生现场严格实行分类拆除、分类堆放和分类运输，做到从源头降低建筑垃圾的混杂程度，以利于节约资源化利用成本，提高效率和再生产品的质量。

(2)破碎前的预分选

建筑垃圾中的大体积废金属、废竹木和废塑料等杂物不容易破碎，在进入破碎机之前，需要在传送带两旁设置人工拣选，这种分选方法不仅降低了破碎的难度，减少了后续分选的工作量，而且保护了破碎设备。

(3)破碎过程中的分选

破碎之后的废混凝土颗粒需要经过多道分选工艺分选出废混凝土中的杂质才能得到再生骨料。尺寸过大的颗粒，需要再次破碎、分选。破碎过程主要的分选技术有以下几种：

①磁力分选法

建筑垃圾中的金属物质以钢筋为主，钢筋和其他成分存在磁性差异，可以采用磁选法分选钢筋。常见的磁选法为悬吸式磁选法，主要设备为跨带式磁选机和永磁滚筒磁选机，通过传送带将破碎后的建筑垃圾输送穿过磁场，磁性金属被选出，其他物质不受磁场控制，保持原来的运动。

②涡电流分选法

对建筑垃圾中没有磁性的金属，可以利用其导电性与其他成分的不同进行分选。具

有导电性的金属通过传送带经过磁场时，金属内部产生涡电流，涡电流形成一个和原磁场方向相反的新磁场，金属受到排斥，从建筑垃圾中分选出来，其他物质则不受影响。

③离心分选法

破碎后的建筑垃圾经过筛分，同一粒级各成分之间的粒径差别较小，混凝土的颗粒密度比竹木、纤维布料的颗粒密度大，经过离心力的作用，混凝土颗粒向上运动，竹木、纤维布料颗粒向下运动，从而实现混凝土颗粒与竹木、纤维布料颗粒的分离。

④风选法

建筑垃圾中的废纸板、废竹木、废塑料等杂质称为轻物质，常采用风选机进行分离，是目前使用最为广泛的轻物质分选技术。按照气流的作用方式可分为鼓风式和吸风式：鼓风式将轻物质吹向上方或者沿水平方向吹向远处，重物质则由于重力大在水平方向抛射距离较近；吸风式工作原理和吸尘器类似，轻物质在负压的作用下，从建筑垃圾中被吸出。为优化分选效果，风选机的风速和截面尺寸可以调节。

⑤浮选法

建筑垃圾中轻物质的密度小于水的密度，利用轻物质在水中的可浮性从废混凝土颗粒中分选出来。建筑垃圾中的轻物质，如废竹木、废塑料等的可浮性和废混凝土颗粒的可浮性差异较大，不需要加浮选药剂，仅通过自然可浮性就可以实现分选。建筑垃圾浮选法可一次处理大量的建筑垃圾，分选效率高，除杂效果好。但是浮选法以水为介质，随意排放会造成二次污染，需要回收处理，这样就导致成本增加。

⑥光电分选法

利用各物质表面光反射特性差异分离建筑垃圾的方法称为光电分选。光电分选系统主要由给料系统、光检系统和分离系统三部分组成。建筑垃圾经过破碎筛分之后，由给料系统均匀地运输到光检系统，光检系统识别出物质的颜色，经过分析判断，颜色不符合要求的物质由分离系统剔除并加以收集，颜色符合要求的物质不受分离系统控制，继续保持原有的运动运输出去。光电分选法分离建筑垃圾中的轻物质效果较好，但是目前仅处于实验室研究阶段。

5.4.4.6 我国建筑垃圾资源化的对策建议

建筑垃圾资源化产业涉及专业和行业较多，需要政府的监督管理及支持引导，也需要建筑企业和社会大众等参与主体共同努力来推动建筑垃圾资源化产业。为了推进我国建筑垃圾资源化的长远发展，从以下四个方面提出相关的对策建议：

(1)加强源头管控，落实核准制度

建筑垃圾严重威胁着城市发展进程，需要建筑企业树立全生命周期的管理理念，从根源上控制和减少建筑垃圾的产生量和排放量。同时，还应颁布和实施更加严格的垃圾处理程序和核准制度，从根本上解决建筑垃圾清运难、处置难的问题。

(2)建立管理体系，完善法律制度

为了保障建筑垃圾资源化工作的有序开展，政府应建立科学合理的管理体系和法律制度。同时，建立科学规范的资源化标准体系，如建筑垃圾资源化指标体系、考核监督管理体系等，确保每一个环节和产生的建筑产品都有相应的考核依据和标准，使得建筑垃圾资源化过程有章可循。

(3)重视企业工作,做好规划引导

建筑垃圾资源化可采取“政府引导、社会参与、市场运作”的投资和运营方式,政府应当充分调研城市建筑垃圾的产生量、类别、分布位置等详细情况,在此基础上,合理布局垃圾处理厂的选址、数量等。同时,可以借鉴国外先进的建筑垃圾资源化理念和技术设备,采用先试点、再改进、再推行、再创新的模式,探索出一条适合我国国情的建筑垃圾资源化发展之路。

(4)做好宣传教育,转变群众观念

推动建筑垃圾资源化发展,是一项较为长期、艰巨的工作,不但需要政府和企业的引导支持,更需要每个公民的积极参与。可以通过网络媒体、电台广播、微信和网络直播等新媒体平台进行宣传引导,推广建筑垃圾管理的重要性和资源化利用的必要性,以此来提高人们对垃圾资源化的认知,加快建筑垃圾资源化的利用进程。

5.5 电子废物的回收与综合利用

5.5.1 废电池的回收与综合利用

5.5.1.1 概述

废电池对人体产生危害主要是由所含的锡、铅、汞、铝、镍、锌、锰等重金属以及酸、碱等电解质溶液所致。进入环境的废电池会因长期腐蚀而破损,导致重金属、酸、碱泄漏。特别是集中堆放的废电池,当部分电池发生腐蚀后,由于电化学腐蚀的微电池作用,加剧其他电池包壳的腐蚀和污染物泄漏速度,加快并加剧对环境的污染。此外,废电池中因含有的残余能量,还存在爆炸的潜在危险性。

5.5.1.2 废电池的资源化利用

目前国际上通行的废旧电池处理方式大致有三种:固化深埋、存放于废矿井、回收利用。废电池一般都运往专门的有毒、有害垃圾填埋场,但这种做法不仅花费太大而且还造成资源的极大浪费,因为其中尚有不少可作原料的有用物质,所以废电池的资源化利用也大有潜力并势在必行。

(1)废镍氢电池的资源化

将废镍氢电池外壳剥开,从电池芯中分选出负极片,用超声波震荡和其他物理方法,得到失效负极粉,再经化学处理得到处理后的负极粉,将此负极粉压片,在非自耗真空电弧炉中反复熔炼3～4次。除去熔炼铸锭表面的氧化层,将其破碎,混合均匀后,用电感耦合等离子体(ICP)方法测其混合稀土、镍、钴、锰、铝各元素的含量,根据储氢合金元素流失的不同,以镍元素的含量为基准,补充其他必要元素,再进行冶炼,最终得到性能优良的回收合金。

(2)废锂电池的资源化

锂离子电池是目前世界上技术性能最好的可充电化学电池,具有工作电压高、比能

量大、循环寿命长、自放电小、无记忆效应、无污染等优点，广泛用于移动通信、笔记本电脑、便携式工具、电动自行车等领域。锂电池消耗量巨大，对不可再生的金属资源的消耗是相当大的。因此，回收锂离子电池中经济价值高、含量较大的金属，对于实现节能减排和可持续发展，具有重要意义。

锂离子电池中需要重点回收的钴和铝主要集中在正极材料钴锂膜上。常用的钴锂膜处理方法有硫酸溶解法、碱煮-酸溶法、还原焙烧-浸出法、浮选法等。处理钴锂膜是要实现钴、铝和乙炔黑三者的分离，现有处理方法中对钴、乙炔黑的分离较为成功，而对钴、铝分离效果不够理想，且分离过程复杂、条件较难控制、成本高。现在有一种新工艺，通过有机溶剂 NMP(N-甲基吡咯烷酮)溶解钴酸锂的黏结剂 PVDF，使钴酸锂从铝箔上脱落下来，直接回收单质铝箔，不需要进行传统锂电池回收工艺中的钴铝分离，简化整个废旧锂电池回收流程并增加回收产品，该工艺如图 5.28 所示。这种有机溶剂法处理废旧锂离子电池，快速、彻底分离了钴、铝元素，创新性地回收了单质铝箔，大大简化了工艺流程，同时实现有机溶剂零排放。

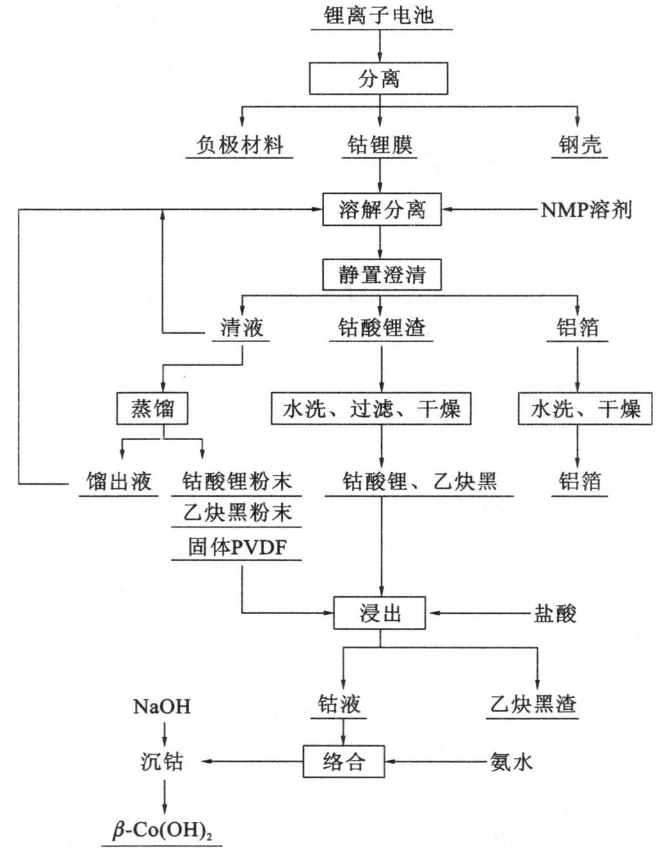

图 5.28 回收处理锂电池工艺流程

(3)废锌锰干电池的资源化

①湿法冶金法

湿法冶金法基于 Zn、MnO_2 可溶于酸的原理，将电池中的 Zn、MnO_2 与酸作用生成可

溶性盐进入溶液，溶液经过净化后电解生产金属锌和电解 MnO_2 或生产其他化工产品、化肥等。湿法冶金又分为焙烧-浸出法和直接浸出法。

焙烧-浸出法是将废电池焙烧，使其中的氯化铵、氯化亚汞等挥发成气相并分别在冷凝装置中回收，高价金属氧化物被还原成低价氧化物，焙烧产物用酸浸出，然后从浸出液中用电解法回收金属，其工艺流程参见图 5.29。

直接浸出法是将废干电池破碎、筛分、洗涤后，直接用酸浸出其中的锌、锰等金属成分，经过滤，滤液净化后，从中提取金属并生产化工产品，其工艺流程参见图 5.30。

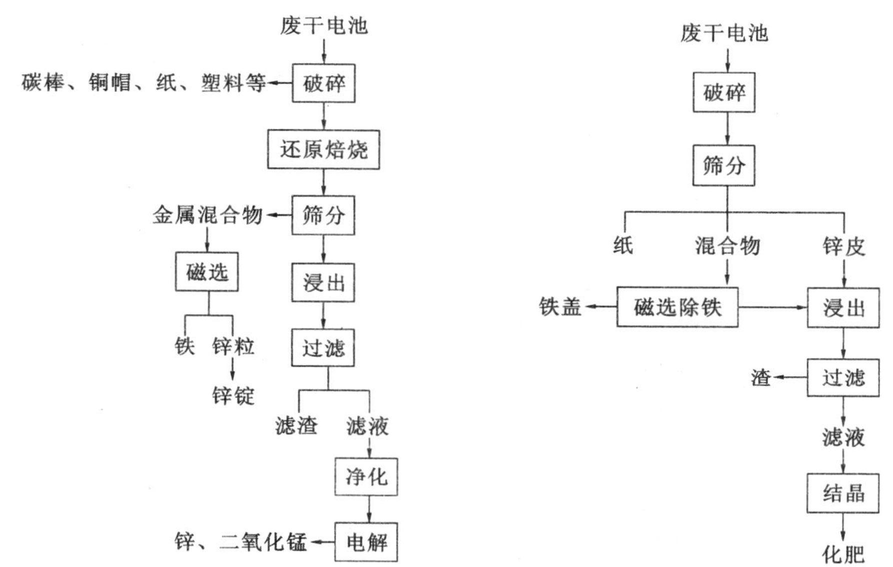

图 5.29　废干电池的还原焙烧-浸出法工艺流程　　图 5.30　废干电池直接浸出法工艺流程

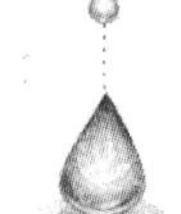

②常压冶金法

常压冶金法是在高温下使废电池中的金属及其化合物氧化、还原、分解和挥发以及冷凝的过程。

a. 在较低的温度下，加热废干电池，先使汞挥发，然后在较高的温度下回收锌和其他重金属。

b. 先在高温下焙烧，使其中的易挥发金属及其氧化物挥发，残留物作为冶金中间产品或另行处理。其典型的工艺流程参见图 5.31。

湿法冶金法和常压冶金法处理废电池，在技术上较为成熟，但都具有流程长、污染源多、投资和消耗高、综合效益低的共同缺点。日本 TDK 公司对再生工艺作了大胆的改革，将回收单项金属变为回收磁性材料。这种做法简化了分离工序，使成本大大降低，从而大幅度提高了干电池再生利用的效益。近年来，人们又开始尝试研究开发一种新的冶金法——真空冶金法。基于废电池各组分在同一温度下具有不同的蒸气压，在真空中通过蒸发与冷凝，使其分别在不同温度下相互分离从而实现综合利用和回收。由于是在真空中进行，大气没有参与作业，故减小了污染。这种方法明显克服了湿法冶金法和常压冶金法的一些缺点。

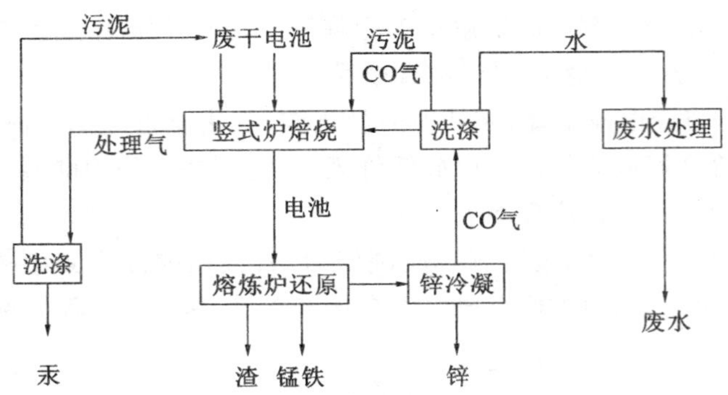

图 5.31　废干电池的常压冶金法工艺流程

(4)废镍镉电池的资源化

镍镉电池含有大量的镍、镉和铁，其中镍是钢铁、电器、有色合金、电镀等方面的重要原料，镉是电池、颜料和合金等方面使用的稀有金属，又是有毒重金属，故日本较早就开展了废镍镉电池再生利用的研究开发，其工艺也有干法和湿法两种。干法主要利用镉及其氧化物蒸气压高的特点，在高温下使镉蒸发而与镍分离。湿法则是将废电池破碎后，一并用硫酸浸出后再用硫化氢分离出镉，其典型工艺流程见图 5.32。

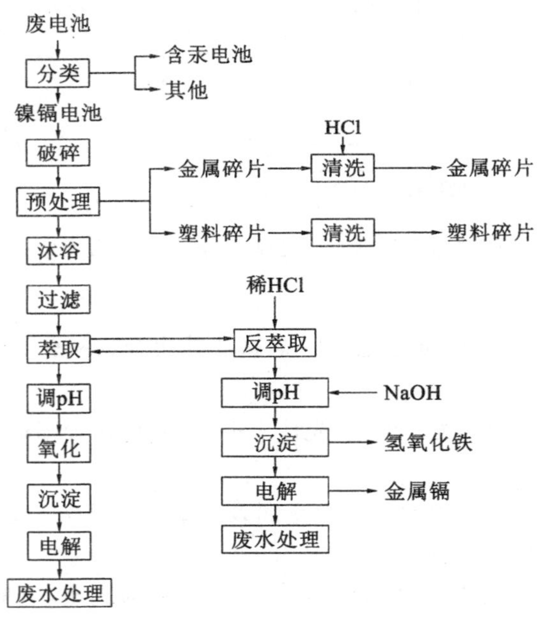

图 5.32　废旧镍镉电池湿法处理典型工艺流程

(5)废铅酸蓄电池的资源化

铅酸蓄电池的体积较大而且铅的毒性较强，所以在各类电池中，最早进行回收利用，故其工艺也较为完善并在不断发展中。

目前世界上废铅酸蓄电池资源化处理的工艺流程主要有三种：①废铅酸蓄电池经去壳倒酸等简单处理后，进行火法混合冶炼，得到铅锑合金；②废铅酸蓄电池经破碎分选后分出金属部分和铅膏部分，二者分别进行火法冶炼，得到铅锑合金和精铅；③废铅酸蓄电池经破碎分选后分出金属部分和铅膏部分，铅膏部分脱硫转化，然后二者再分别进行火法冶炼，得到铅锑合金和软铅。在发达国家，废铅酸蓄电池预处理技术主要采用机械破碎分选，并进行脱硫等预处理，主要采用回转短窑冶炼，也有采用鼓风炉、回转短窑联合冶炼流程。在中等发达国家主要采用锯切预处理技术，将废铅酸蓄电池在低速锯床上解体，取出极板，并主要采用反射炉与鼓风炉冶炼流程。在发展中国家，大部分只是进行手工解体，去壳倒酸等简单的预处理分解，一般采用小型反射炉及土炉较多。随着人们环保意识的逐步提高，环保政策法规逐步健全，全湿法再生铅技术因其无污染的特点，将是再生铅技术的发展趋势。典型的工业废铅酸蓄电池资源化处理的工艺流程如图5.33所示。

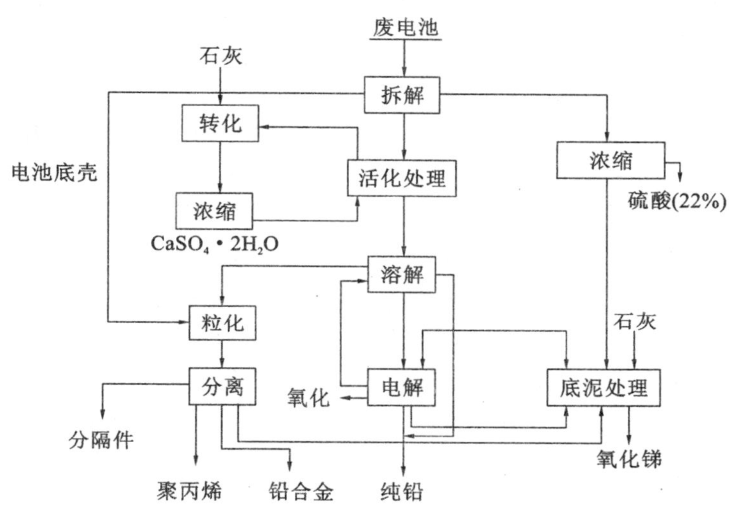

图5.33 典型的工业废铅酸蓄电池资源化处理的工艺流程

(6)混合电池的资源化

对于混合型废电池目前采用的主要资源化技术是模块化处理。即首先对于所有电池进行破碎、筛分等预处理，然后按类别分选电池。瑞士Recytec公司采用火法与湿法结合的方法处理不分拣的混合废电池，并分别回收其中的各种金属。图5.34为其资源化处理流程。

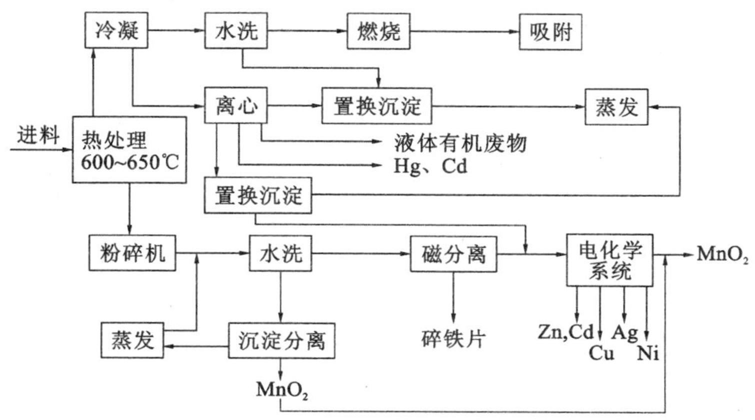

图5.34 Recytec废电池资源化处理流程

5.5.2 电子废物的资源化

5.5.2.1 概述

电子废物是指废弃的电子电器产品、电子电气设备(以下简称产品或者设备)及其废弃零部件、元器件和国家环境保护行政机关会同有关部门规定纳入电子废物管理的物品、物质。包括工业生产活动中产生的报废产品或者设备、报废的半成品和下脚料,产品或者设备维修、翻新、再制造过程产生的报废品,日常生活或者为日常生活提供服务的活动中废弃的产品或者设备,以及法律法规禁止生产或者进口的产品或者设备。实际上,从大型家用电器如电冰箱、空调到手机、计算机,电子废物包含一系列范围广泛且不断增加的电子产品。电子废物主要产生于下面几个领域:个人、家庭和小商家、大公司、研究机构和政府、最初的设备制造商等。

工业电子废物是指在工业生产活动中产生的电子废物,包括维修、翻新和再制造工业单位以及拆解利用处置电子废物的单位(包括个体工商户),在生产活动及相关活动中产生的电子废物。

电子类危险废物是指列入国家危险废物名录或者根据国家规定的危险废物鉴别标准和鉴别方法认定的具有危险特性的电子废物。包括含铅酸电池、镉镍电池、汞开关、阴极射线管和多氯联苯电容器等的产品或者设备等。

我国的《电子废物污染环境防治管理办法》于 2007 年 9 月 7 日经原国家环境保护总局 2007 年第三次局务会议通过并公布,已于 2008 年 2 月 1 日起施行。另外,《废弃电器电子产品回收处理管理条例》已经于 2008 年 8 月 20 日国务院第 23 次常务会议通过,自 2011 年 1 月 1 日起施行。

5.5.2.2 电子废物处理的一般方法

电子废物处理的典型工艺流程大致如图 5.35～图 5.37 所示。

不难看出,无论是哪一种处理工艺,都以资源化回收利用为最终目标。

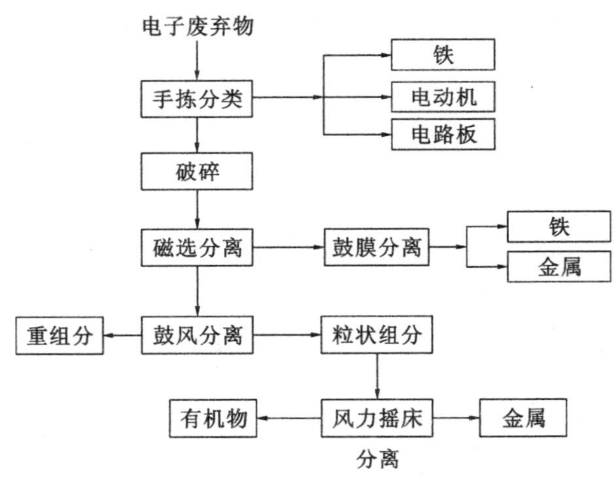

图 5.35 电子废弃物处理工艺流程一

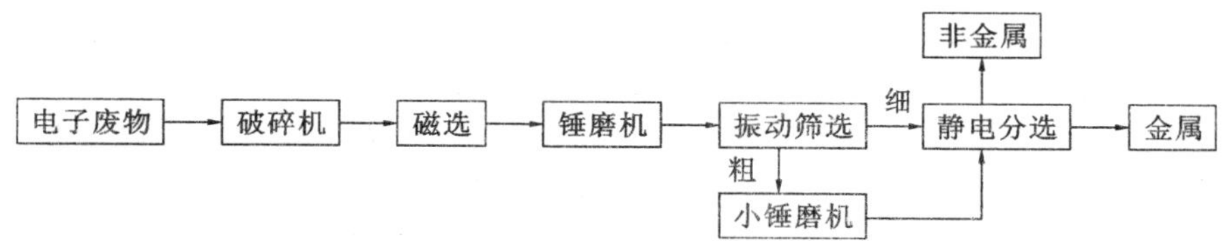

图 5.36 电子废弃物处理工艺流程二

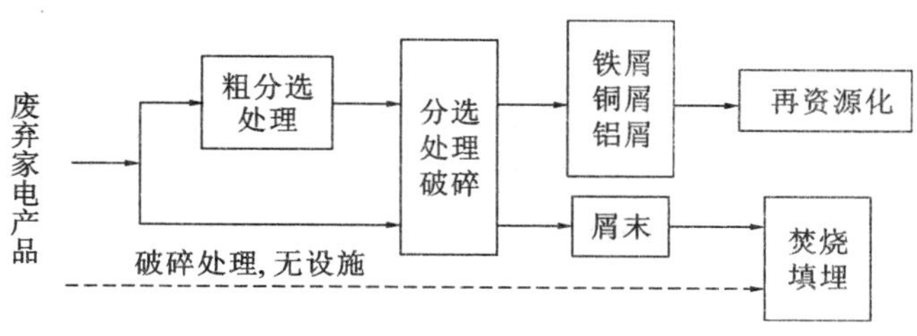

图 5.37 废旧家电的处理工艺流程

5.5.2.3 电子废物中印刷电路板的资源化

(1)印刷电路板简介

印刷电路板又称印制电路板,英文简称 PCB 或 PWB,是重要的电子部件,是电子元器件的支撑体,是电子元器件电气连接的提供者。由于它采用电子印刷术制作,故被称为"印刷"电路板。印刷电路板的材料组成和结合方式十分复杂,如个人电脑中的 PCB 的典型组成见表 5.21。

表 5.21 个人电脑中的 PCB 的典型组成元素分析

成分	含量	成分	含量	成分	含量	成分	含量
Ag	3300g/t	Br	0.54%	Ga	35g/t	Sn	1.0%
Al	4.7%	C	9.6%	Mn	0.47%	Te	1g/t
As	<0.01%	Cd	0.015%	Mo	0.003%	Ti	3.4%
Au	80g/t	Cl	1.74%	Ni	0.47%	Sc	55g/t
S	0.1%	Cr	0.05%	Zn	0.5%	I	200g/t
Ba	200g/t	Cu	26.89%	Sb	0.06%	Hg	1g/t
Be	0.1g/t	F	0.09%	Se	41g/t	Zr	30g/t
Bi	0.17%	Fe	5.3%	Sr	10g/t	SiO_2	15%

在印刷电路板(PCB)的生产中,总会产生报废品和裁切边框,而电子废物中印刷电路板更是数量巨大。实际上,在电子废弃物中,以电路板的回收价值最大,具有相当高的经济价值。电路板中的金属品位相当于普通矿物中金属品位的几十倍,金属的含量高达10%~60%,含量最多的是铜,此外还有金、银、镍、锡、铅等金属,其中还不乏稀有金属,而自然界中富矿金属含量也不过3%~5%。1t 电脑部件平均要用去 0.9kg 黄金、270kg 塑料、128.7kg 铜、1kg 铁、58.5kg 铅、39.6kg 锡、36kg 镍、19.8kg 锑,还有钯、铂等贵重

金属等。由表5.22也可知在电路板中所含的贵金属含量远远高于天然矿石的工业品位，其回收利用前景比天然矿石要好得多。由此可见，废旧电路板是一座有待开发的“金矿”。

废弃PCB的再利用，企业在采用技术上一般要从三个方面应获得效益来考虑：①获得环境效益。达到对全球性或地区性的环境保护的效益，即对空气、水质、土壤以及人类健康不再产生影响。②再利用效益。达到废弃PCB的再利用、再商品化，并以尽量把无法再利用的废弃物量减少到最低限度为原则。③低成本效益。对废弃PCB的再利用的加工，需要的费用应低。而获得这种低成本效益，是与在加工处理中运用什么样的工艺技术密切相关的。

目前对废弃电路板一般有三种处理方法：一是采用烧的方法，把非金属烧掉，提取铜，这种方法会产生严重的污染，燃烧的烟气具有毒性，人和牲畜闻到会呕吐、恶心，严重时会中毒。第二种方法是，采用机械粉碎，再用水分离金属和非金属材料，但污水会对环境产生再次污染，而且这种方法工艺流程多，劳动强度较大。一般采用第三种方法，其基本原理为通过二次机械粉碎，使PCB板成为金属与非金属的混合粉，再通过适当分离技术，把金属与非金属完全分离并收集。整个处理过程在一条生产线上实现，全封闭运行，生产中不会产生其他污染。回收的金属铜和玻璃纤维等可以被再使用。

(2)废印刷电路板的机械处理方法

机械处理方法主要利用拆卸、破碎、分选等具体手段，经过机械处理后的物料必须经过冶炼、填埋、焚烧等后续处理。

废电路板主要由强化树脂板和附着其上的铜线组成，硬度较高且韧性较强，采用具有剪切作用的破碎设备可以达到比较好的解离效果。常用的破碎设备主要有锤碎机、锤磨机、切碎机等。

废电路板破碎后，可以利用其材料的磁性、电性、密度等特性上的差异将其中的塑料、金属与其他非金属物质分离。常用的分选设备有涡流分选机、静电分选机、旋风分离器等。

(3)废印刷电路板的回收利用技术

目前废电路板的回收利用技术一般分为电子元器件的再利用、金属的回收利用、塑料的回收利用等。

①废PCB中金属的回收利用

目前从废弃PCB中回收金属主要是采用金属冶炼法(此方法简称为干式法)。另外还出现了通过化学方法溶出金属的方法(此方法简称为湿式法)、生物法等其他回收方法。

本节主要介绍干式法(具体为金属冶炼法)回收废弃PCB中的金属等物质。采用金属冶炼法回收废弃PCB中的金属，在冶炼加工之前要实施前述的机械处理，将金属和搭载在PCB上的电子元器件等进行分离。

通过筛选、分离手段，将被回收物中的金属含有率提高后，再投入铜的精炼加工。利用炼铜方法，将废弃PCB中的铜成分予以提取，其方法是，首先将废弃PCB投入到自熔炉中，然后通过转炉、精炼炉进行熔炼，并利用电解将铜提取出来。在熔炼中得到的炉渣,含有大量的(玻璃纤维中的)SiO_2 成分,通过对它的回收,使之成为用于胶黏剂原料(填充材料)、铺路用材料等再生品。

当前,日本在开展废弃 PCB 回收再利用的研究中,其重点是放在回收的前处理工程上。研究如何通过有效的手段将金属以外的成分去除,以提高金属回收的效率,因此在粉碎、破碎方法上,在筛选方法上,在日本出现了不少的研究成果。

日本 NEC 公司已开发出对废弃 PCB 可分门别类地获得电子部件、富铜粉、树脂、玻璃纤维成分的装置,其工艺流程见图 5.38。

而比利时一家冶炼厂也提出了从废弃 PCB 中回收金属的方案(示意图见图 5.39)。它的处理过程是将废弃 PCB 中的不纯金属物与硫酸混合,产生硫酸气体,同时生成粗铜,再从炉渣中精制贵金属(Au、Ag、Pt、Pd 等)。

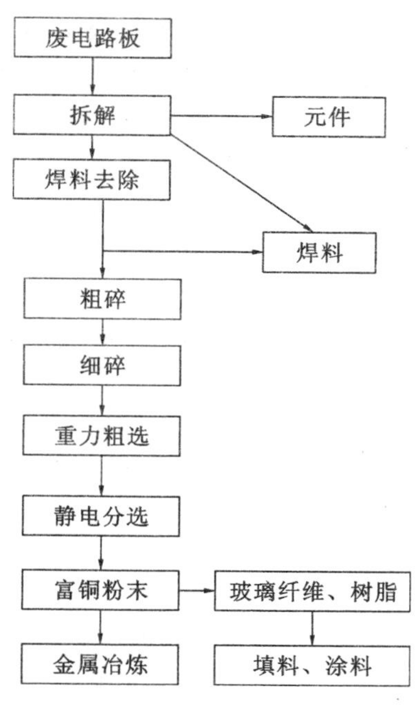

图 5.38 日本 NEC 公司的废电路板处理工艺流程

179

②废 PCB 中非金属的回收利用

在所有电子垃圾中,环氧树脂印刷电路板(PCB)大约占据了全部质量的 3%。环氧树脂印刷电路板(PCB)由玻璃纤维、强化树脂和多种金属化合物混合制成,废旧电路板如果得不到妥善处置,其所含溴化阻燃剂等致癌物质,会严重污染环境和危害人类健康。目前的电路板回收技术主要着眼于其中的金属成分,比如铜;而剩余的非金属部分,大约占 70%,则被送进了填埋场或者焚烧站。如何有效地进行废弃环氧树脂印刷电路板(PCB)资源化回收处理,已经成为当前关系到我国经济、社会和环境可持续发展,及我国

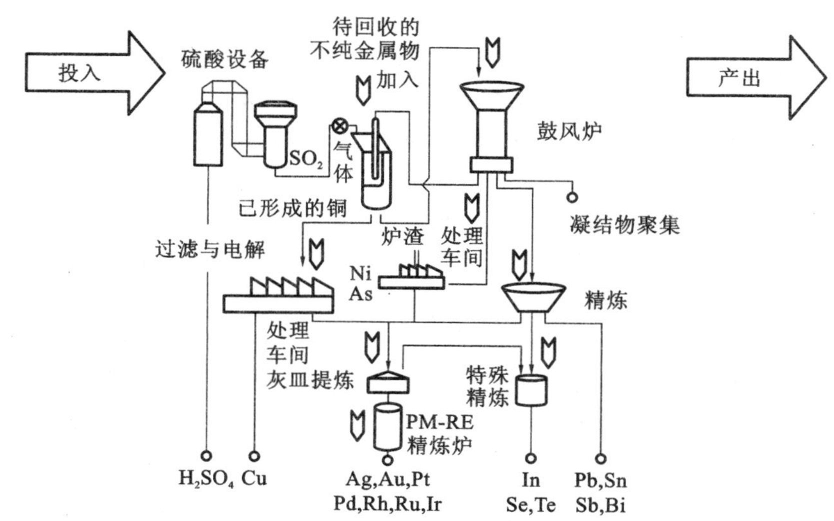

图 5.39 采用金属冶炼法对废弃 PCB 进行金属回收的方案

再生资源回收利用的一个新课题，引起了我国政府的高度重视。

上海交通大学的许振明教授及其研究团队，采用了另外一种方式来处理PCB，将环氧树脂印刷电路板（PCB）粉碎，然后与树脂和高聚物混合，在热压下成型为具有混凝土强度的耐用材料。这一技术选择了成本较为低廉的不饱和聚酯作为聚合反应的原料，对成品的机械性能测试显示，混合了环氧树脂印刷电路板（PCB）的产品，性能甚至比纯聚酯还要好。在同等制备条件下，通过废弃环氧树脂印刷电路板（PCB）制成的产品，在性能上能与其他制备的材料相当；在成本上废弃环氧树脂印刷电路板（PCB）制成的产品，还是有一定优势的。这种工艺技术，在解决废PCB回收问题的同时，制成的材料也有望成为木材的替代品，比如可以将其制作成公园里的长椅。

湖南万容科技有限公司是一家专业从事工业废弃物综合利用开发的科技企业，通过与北京航空航天大学等相关院所合作，在“废旧电路板综合利用处理”领域成功地研发出废旧电路板综合利用及无害化处理的整套设备及技术，并将该项技术产业化，在广东、江苏分别建成了年处理废旧PCB板3000t的无害化综合处理生产线和非金属材料深加工示范生产线。

5.5.2.4 废旧手机的资源化利用

根据工业和信息化部的数据，全球65%以上的智能手机和彩电在国内生产。现在我国消费电子产品的产销规模均居世界第一，由此产生的手机电子垃圾数量也十分巨大，而且，大量废旧手机、手机电池未能回收利用，既造成资源的极大浪费，也带来了严重的环境问题。由于处理技术和处理条件的限制，废弃手机无论送到堆埋区或焚化炉处理，都会带来特别的难题，因为电池和其他配件中含有诸如砷、汞、锑、镍、金等有毒金属元素。手机废弃后不做任何处理，一埋了之，就成了严重污染环境的定时炸弹，会严重污染土壤和地下水，易使人类，尤其是儿童患癌症和神经系统紊乱。而选择焚烧，会造成空气污染，最终形成酸雨。

随着经济和社会快速发展，从资源、环境等方面考虑，对废旧手机进行废弃物质的回收，实现资源循环利用是必然的趋势。

从资源回收及再利用方法的考虑，可把手机分为电池与剩余部分（简称机壳），其中各自含有不同的有用物质。机壳除塑料外，还含有铜、金、银、钯等有价金属，含量约为：金280g/t、银2kg/t、铜100kg/t、钯100g/t。即使金矿含金量品位低至3g/t，也具有开采价值，即使经选矿得到的金精矿也只有70g/t左右，不可能达到280g/t。我国铂族金属资源主要是铜镍矿床，铂族金属平均品位只有0.4g/t，世界铂族金属矿的品位为0.6～23g/t。铜矿、银矿也达不到上述含量。而手机电池有三种：镍镉（Ni-Cd）、镍氢（Ni-H）、锂离子电池。现在手机主要使用后两种电池。Ni-H电池解体可得正负极。正极主要为镍，负极为储氢合金（以镧系为例），电解液为氢氧化锂。电极材料的有价金属含量如表5.22所示，其他还包括铝和铁等金属。随着技术进步，电池部分与剩余机壳部分所含金属的物质的量乃至品种都有可能变化。不难看出，废旧手机的资源化回收利用存在巨大的资源价值。

表 5.22　手机电池中有价金属含量

镍氢电池正极(g/g)		镍氢电池负极(g/g)				锂离子二次电池(g/kg)			
镍	钴	镍	钴	镧	钕	钴	铜	镍	锂
0.47	0.0367	0.445	0.0945	0.111	0.0575	168	78～96	10～11	24～28

现在常用的方法是，废弃手机先粉碎成粉末状，与铜矿石一起投入冶炼炉，除去混杂塑料、铅、锌，剩下铜、金、铂等重金属。接着再将这种混合物投入硫酸溶液通电，于是纯度较高的铜集中到阴极上，其他贵金属则在溶液中凝固、沉淀。此后再把贵金属块投入硝酸溶液中通电，可获取纯度较高的银，同时又有沉淀物出现。最后把沉淀物投入盐酸溶液中通电，能提炼纯度较高的金。简单地说，即是通过硫酸来除去塑料等杂物并提炼银，最后又通过盐酸提炼金。目前这种设备每年可处理 50t 废弃手机，并从中回收贵金属。

5.5.2.5　废旧计算机的资源化利用

根据国际电子回收企业协会的调查，每年大约有 1 亿件电脑设备被扔掉，成为“电子垃圾”，2010 年已达到 10 亿件。而在所有这些垃圾当中，每年只有 4000 万个 CPU、显示器和打印机经过合理“拆装”，从而可以安全地处置电脑里面的危险的废弃物、回收可以重复使用的材料。如今，电脑处理市场的发展速度超过了电脑购买市场。

废电脑中的材料与报废前的电脑和生产电脑所用的材料是基本一样的，可以分为无机材料(金属、玻璃等)和有机材料(塑料、树脂等)两大类型。通常将废电脑中的材料分为显像管材料(约占 28.3%)、含铁金属材料(22%)、印刷电路板材料(约占 11.3%)，树脂和塑料(约占 6.7%)、电缆(约占 1.6%)、变流装置(约占 1.6%)、含铜合金(约占 1.2%)、含铝合金(约占 1.1%)、含贵金属的合金(约占 1%)及其他物质。

电脑中的各类板卡是电脑中最多和最重要的组成单元。电脑板卡是由各种电子元器件组成的。电脑板卡上的电子元器件的种类和数量很多，金、银、钌、锗、钯、铱、铂及根据需要组成的贵金属复合材料，是板卡上的大部分元器件必不可少的制备材料。从化学元素或材料角度看，废弃的电脑其实浑身是宝。

目前，国内外废电脑的回收利用以金属(包括铜、镍、铅、锡、铁等贱金属和金、银等贵金属)为主，回收贵金属的工艺技术主要分为火法冶金、湿法冶金和生物技术。

(1)火法冶金提取贵金属

火法冶金从电子废物中提取贵金属一直是主要的贵金属回收技术之一。火法冶金技术从废电脑中回收金属的原理是利用高温使电脑板卡等部件中的非金属物质与金属物质相互分离，部分非金属物质变成气体逸出熔融体系，另一部分呈浮渣形式浮于金属熔融物料上层，可分离去除。贵金属在熔融状态下与贱金属形成合金，除去表面的浮渣后，将熔融合金注入相应模具中冷却，再通过精炼或电解处理使贵金属与贱金属分离，同时使各贵金属相互分离。火法冶金从电子废物中提取贵金属的一般工艺流程如图 5.40 所示。

火法冶金提取贵金属的工艺技术最明显特点是工艺简单、操作方便和贵金属回收率高(可达 90%以上)。但从环保角度和废电脑的无害化处理的要求来看，缺点非常明显，主要有以下几个方面：

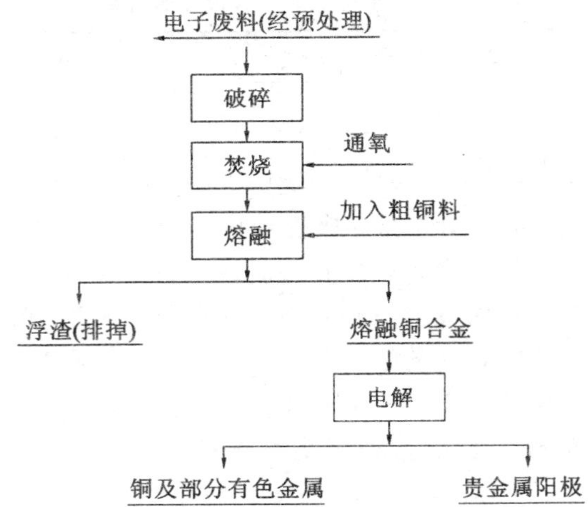

图 5.40　火法冶金从电子废物中提取贵金属的一般工艺流程

①在冶金炉内焚烧板卡等电脑部件时,所含有机物质经焚烧后会产生大量有害气体形成二次污染。个别企业或回收人员简单地采取在电脑板卡等部件上浇上煤油或汽油,在露天空地进行焚烧,污染极其严重。

②在熔融过程中,电脑板卡基底材料中的玻璃纤维、陶瓷材料和部分有机物质会形成大量浮渣,是难以处理的二次固体废弃物,增加了环保的难度,同时浮渣中残存的一些有用金属也被弃掉,造成了资源的浪费。

③贵金属以外的其他有色金属的回收率较低,低沸点的铅等重金属跑到空气中较多。

④能源消耗大,大量有机物质不能综合利用,处理设备昂贵,经济效益不高。

因此,用火法冶金技术回收板卡等电脑部件中的贵金属,尚有许多问题有待解决,与无害化处置电子废物的要求相距还很远。

(2)湿法冶金提取贵金属

湿法冶金提取贵金属始于 20 世纪 70 年代的西方发达国家。20 世纪 80 年代之后,随着对环保的重视和从电子废物中回收贵金属已变得有利可图,许多科研工作者开始从事这方面的研究并在技术上取得了突破,研究成果应用于工业生产,使湿法冶金提取贵金属技术日趋完善。

湿法冶金技术回收废电脑中的金属的基本原理是利用废电脑中的绝大多数金属(包括金等贵金属和贱金属)能在硝酸、王水等强氧化性介质中溶解而进入液相的特性,使绝大部分贵金属和其他金属进入液相而与废电脑中的其他物料分离,然后从液相中分别回收金等贵金属和其他贱金属。

湿法冶金提取贵金属的废气排放少、提取贵金属后的残留物易于处理、经济效益显著、工艺流程简单,因此,它比火法冶金提取贵金属应用得更为广泛。但湿法工艺回收废电脑中金属的最大缺点是所用的硝酸和盐酸等化学试剂消耗量大,后处理难,产生的二次废水和废渣多,从经济和环保角度看,也不是很好的工艺,在实际生产中还有许多方面需要改进和完善。

(3)生物技术提取贵金属

20世纪80年代开始出现用生物技术来提取贵金属,这一方法是利用许多生物体对金银等贵金属有特殊的亲和力,用细菌浸取贵金属。生物技术提取贵金属的基本原理是利用Fe^{3+}的氧化性将贵金属合金中的其他金属氧化或溶解,贵金属裸露便于回收,还原得到的Fe^{2+}可被细菌氧化成Fe^{3+}再用于浸取贵金属。用含10g/L的Fe^{3+}和细菌溶液浸取电子废料,温度为20～30℃,pH值小于2.5,2d后,金的回收率达到97%,且含细菌的浸取液可以再生反复使用。

生物技术提取贵金属具有工艺简单、操作方便、费用低等优点,但浸取时间长、浸取率较低。由于该方法能够大大减少贵金属二次资源处置过程中的酸碱和氰化物的使用量以及减少火法冶金处置过程中的烟尘排放量,从经济效益和环境保护的角度看,具有较大的应用前景,代表着未来技术的发展方向。

除了上述几种技术以外,目前正在研究和开发的废电脑回收利用技术还包括活性炭、特种树脂等多孔性物质的吸附技术及其他多种技术。

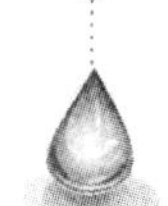

5.5.2.6 其他废旧家电的资源化利用

日本家用电器协会于1995年进行了"废旧家电一条龙处理系统"的开发研究,并于1998年建成示范工厂,进行了试验运行。该厂设计的目的是使废旧家电回收利用过程既安全又高效,基本理念是强调有价物的高效回收及污染环境的物质解体分离和处理,处理工程中对体积大的物体,在考虑安全的前提下实现机械化和自动化。图5.41～图5.44分别为四种常用废旧家电的资源化回收处理流程。

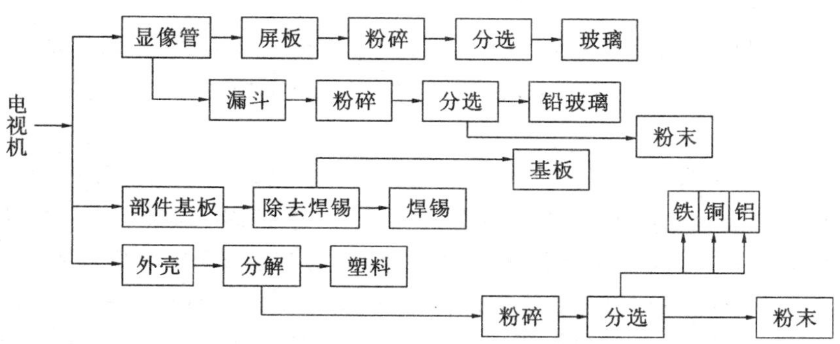

图5.41 废旧电视机资源化回收处理流程

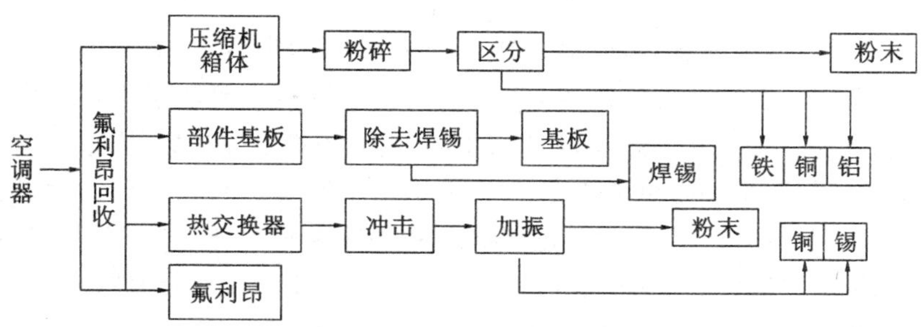

图5.42 废旧空调器资源化回收处理流程

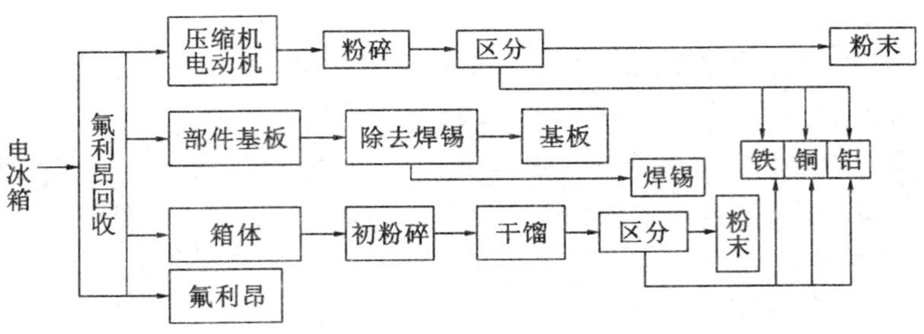

图 5.43　废旧电冰箱资源化回收处理流程

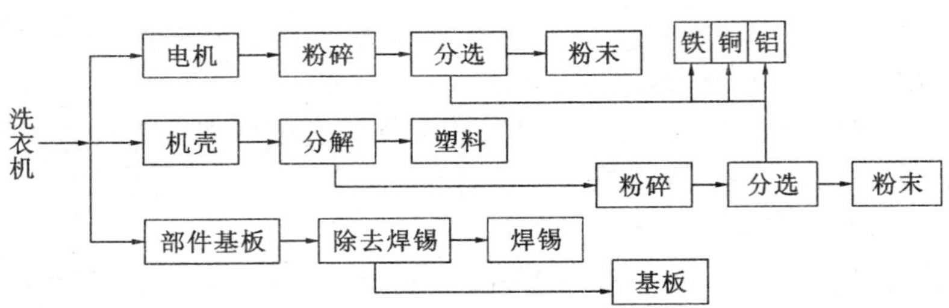

图 5.44　废旧洗衣机资源化回收处理流程

5.5.3　废金属的资源化回收

5.5.3.1　概述

通常，人们根据金属的颜色和性质等特征把金属分成两大类，黑色金属和有色金属。黑色金属主要指铁、锰、铬及其合金，如钢、生铁、铁合金、铸铁等。黑色金属以外的金属称为有色金属。

废金属是指暂时失去使用价值的金属或合金。金属制品使用过程中的新旧更替现象是必然的，由于金属制品的腐蚀、损坏和自然淘汰，每年都有大量的废旧金属产生。如果随意弃置这些废旧金属，既造成了环境的污染，又浪费了有限的金属资源。

当前，全世界的金属材料总产量中钢铁约占95%，是金属材料的主体，因此废金属中也以黑色金属占绝大比例，在90%以上。回收1t废钢铁可炼得好钢0.9t，与用矿石冶炼相比，可节约成本47%，同时还可减少空气污染、水污染和固体废弃物。

而废有色金属是指生产与消费过程中已完成使用寿命的器件中所含有的有色金属部件及材料。例如，旧电线、旧蓄电池、旧电器、旧飞机、报废汽车、废弃船舶等，都含有一定数量的有色金属。在一些发达国家，有色金属生产原料主要依赖于再生资源，再生有色金属工业已成为一个独立的产业，如日本的再生铝产量是原生铝的近200倍。世界再生铅占据“半壁江山”，美国是世界上最大的再生铅生产国，德国、法国、意大利、日本、英国再生铅产量比例均超过50%；法国每年铜产量原料的80%来自废铜再生。同时，回收废有色金属也是节约能源、减少环境污染的有效手段。以铝为例，回收一个废弃的铝质易拉罐要比制造一个新易拉罐节省20%的资金，同时还可节约90%～97%的能源。同样，钢、铅、锌再生金属的节能率分别达到82%、72%和63%，金、银、铂等贵金属和镍、

铬、钛、铌、钴等稀有金属的再生金属的节能率约为60%～90%。

本章选择比较典型的废黑色金属与废有色金属进行资源化介绍。

5.5.3.2 废黑色金属的资源化方法

废黑色金属以废钢铁为主。

(1)废钢铁回收常用的处理方法

①磁选

磁选是分选铁基金属最有效的方法，将固体废物输入磁选机后，磁性颗粒在不均匀磁场作用下被磁化，从而受到磁场吸引力的作用，使磁性颗粒吸进圆筒上，并随圆筒进入排料端排出；非磁性颗粒由于所受的磁场作用力很小，仍留在废物中。磁选所采用的磁场源一般为电磁体或永磁体两种。

②清洗

清洗是用各种不同的化学溶剂或热的表面活性剂，清除钢件表面的油污、铁锈、泥沙等。常用来大量处理受切削机油、润滑脂、油污或其他附着物污染的发动机、轴承、齿轮等。

③预热

废钢经常粘有油和润滑脂之类的污染物，不能立刻蒸发的润滑脂和油会对熔融的金属造成污染。露天存放的废钢受潮后，由于夹杂有水分和其他润滑脂等易汽化物料，会因炸裂作用而迅速在炉内膨胀，也不宜加入炼钢炉。为此，许多钢厂采用预热废钢的方法，使用火焰直接烘烤废钢铁，烧去水分和油脂，再投入钢炉。在金属预热系统中，主要需解决两个问题：第一，不完全燃烧的油脂能产生大量的碳氢化合物，会造成大气污染，必须设法解决；第二，由于输送带上的废钢大小不同，厚度不同，造成预热及燃烧不均匀，废钢上的污染物有时不能彻底清洗。

④机械加工

机械加工法就是用专门的废钢加工机械对废钢加工处理，达到提高废钢质量，利于入炉冶炼和便于运输的目的。废钢铁加工机械品种很多，用户可按废钢铁的加工要求和企业生产规模及经济承受能力选用合适的废钢加工设备。

当前，废钢加工设备分加工设备及辅助上料设备。常用的加工方法有打包、压块、剪断、破碎等。

(2)废不锈钢的再生利用

废不锈钢的分类和不锈钢的用途密切相关，主要有以下两方面来源：一是生活废料，即日常生活中使用过的报废不锈钢器具等(旧料)，我国从日本、韩国进口的废不锈钢大部分是属于此类，只能回炉做炉料使用。二是工业废料，也就是工业生产过程中剪切、冲压下来的边角料(新料)，包括一些可直接利用的管、棒、板等，数量较少。城市景观工程主要以不锈钢焊管为主，车行业主要是汽车排气管，其他行业如城市供水工程、环保及石化、电力行业，也有不少废不锈钢产生。油、气、酸的泵及容器是大量产生废不锈钢罐、管、泵、阀的大市场。

事实上，废不锈钢是冶炼不锈钢的重要原料。目前不锈钢的冶炼主要有三种方法：一步法、二步法、三步法。

①一步法：即电炉一步冶炼不锈钢。由于一步法对原料要求苛刻(需返回不锈钢废钢、低碳铬铁和金属铬)，生产中原材料、能源介质消耗高，成本高，冶炼周期长，生产率低，产品品种少，质量差，炉衬寿命短，耐火材料消耗高，因此目前很少采用此法生产不锈钢。

②二步法：1965 年和 1968 年，VOD 和 AOD 精炼装置相继产生，它们对不锈钢生产工艺的变革起了决定性作用。将这两种精炼设施的任何一种与电炉相配合，这就形成了不锈钢的二步法生产工艺。

VOD 法是一种在真空条件下吹氧脱碳并吹氩搅拌生产高铬不锈钢的炉外精炼技术，是真空吹氧脱碳法的简称，采用电炉与 VOD 二步法炼钢工艺比较适合小规模多品种的兼容厂的不锈钢生产。其工艺流程见图 5.45。

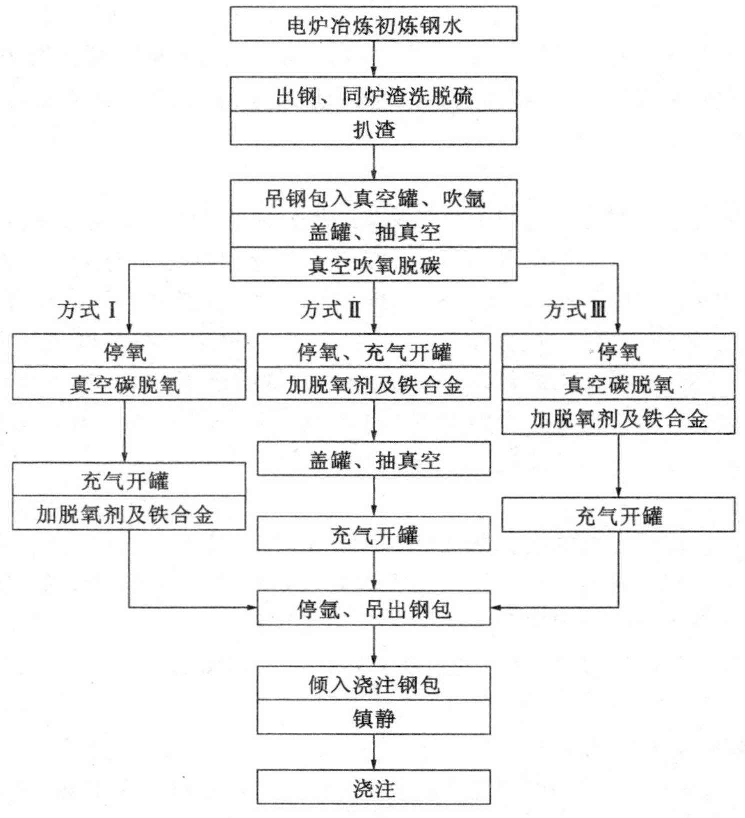

图 5.45　电炉-VOD 炉工艺流程

AOD 法是用氩气和氧气稀释气体来脱碳的精炼技术，是氩氧精炼法的简称。AOD 炉二次精炼工艺的诞生为大量生产高质量的不锈钢开辟了道路。世界上大部分不锈钢都是用 AOD 生产的。

AOD 精炼工艺是把电炉粗炼好的钢水倒入 AOD 内，用一定比例的氧和氩的混合气体从炉体下部侧部吹入炉内，在 O_2-Ar 气泡表面进行脱碳反应。由于 Ar 对所生成的 CO 的稀释作用降低了气泡内的 CO 分压，因此促成了脱碳，防止了铬的氧化。图 5.46 是 AOD 炉的示意图。

AOD 法一般为电炉→AOD 炉双联工艺。电炉炉料以废不锈钢、车屑和高碳铬铁合金为主。炉料成分除了碳、硅、硫外，应接近钢号标准成分。电炉钢水还原和成分调整后，达到 1500℃左右出钢。对电炉渣的处理，有少数钢厂是随钢水倒入钢水包，以提高铬的回收率（可达到99.5%），并减少电炉冶炼时间。但是这种方法需要 AOD 炉增加还原时间和排除炉渣，因此增加了冶炼时间。电炉钢水倒入 AOD 炉后首先吹入氩氧混合气体进行脱碳，脱碳后期为了控制出钢温度并有利于炉衬寿命，需添加清洁的本钢种废钢冷却钢水。脱碳终了后根据冶炼钢种不同可以进行扒渣处理。随后加入硅铁、硅铬、铝等还原剂和石灰造渣材料调整成分温度合适即可出钢。

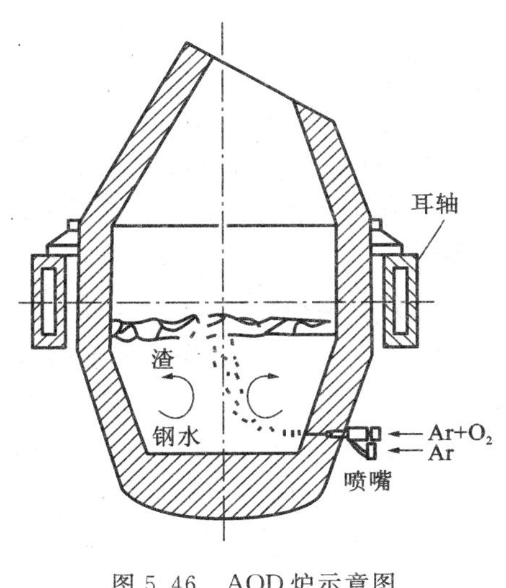

图 5.46　AOD 炉示意图

典型的 AOD 智能精炼系统冶炼不锈钢工艺流程如图 5.47 所示。钢水经称量调整后兑入 AOD 炉，操作人员将冶炼钢种的编号、温度、钢水重量、相应钢水成分的初始值和目标值输入智能系统，然后选择冶炼的阶段，系统将自动按不同冶炼阶段，选择不同比例的惰性气体和氧气的混合气体从风口和顶枪同时进行吹炼。操作人员可通过计算机提示加入合金及渣料，达到终点碳后，系统计算还原剂加入量，并进行还原冶炼。

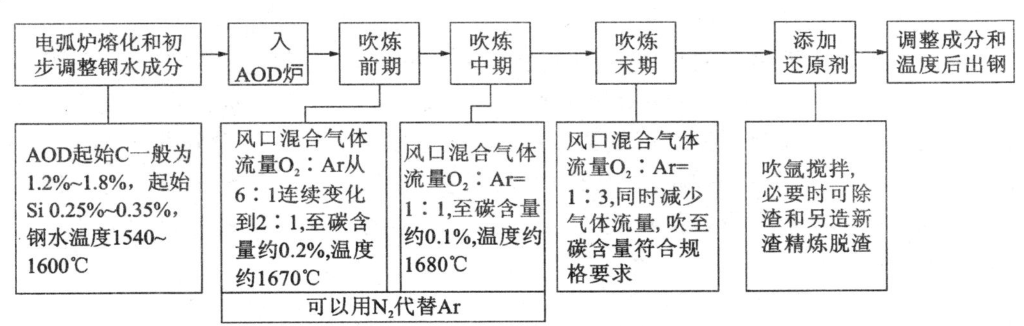

图 5.47　AOD 智能精炼系统冶炼不锈钢工艺流程

采用电炉与 AOD 的二步法炼钢工艺生产不锈钢具有许多优点：该工艺对原材料要求较低；脱碳效果较好；生产周期相对 VOD 较短，灵活性较好；生产系统设备总投资较 VOD 贵，但比三步法少。但该工艺也有一些缺点：炉衬使用寿命短，还原硅铁消耗大，钢中含气量较高，氧气消耗量大。

目前世界上 88%不锈钢采用二步法生产，其 76%是通过 AOD 炉生产。因此它比较适合大型不锈钢专业厂使用。但这种冶炼方法所用的不锈钢废钢约占原料总量的 50%～80%，若没有不锈钢废钢资源，就成了“无米之炊”。

③三步法：即电炉＋复吹转炉＋VOD 三步冶炼不锈钢。其特点是电炉作为熔化设备，只负责向转炉提供含 Cr、Ni 的半成品钢水，复吹转炉主要任务是吹氧快速脱碳，以达

到最大回收 Cr 的目的。VOD 真空吹氧负责进一步脱碳、脱气和成分微调。三步法比较适合氩气供应比较短缺的地区，并采用含碳量较高的铁水作原料，且生产低 C、低 N 不锈钢比例较大的专业厂采用。

(3) 废旧钢桶的回收利用

人们大多对包装生产中所产生的废料(有时为边角余料)处理并不关心，因为这些废料比较单一，而且生产企业也较容易将它们回收利用。然而公众却关心消费使用后的包装废弃物。钢桶在工业上广泛使用，这也导致大量废旧钢桶的产生。回收利用工作一般包括下列步骤：收集→再加工→制成产品→销售。当然，废旧钢桶回收利用工作需要下面四个条件的支持：一是有连续不断的废桶来源；二是有可行的回收和再处理工艺；三是用废桶生产出的产品有用途、有市场；四还要具有较好的经济效益。废旧钢桶的回收利用一般有三种方法，一是将废钢桶进行清洗、脱漆、整形、重新涂装后继续投入使用，二是利用旧桶板料制造其他产品，三是将废钢桶熔化后铸成钢锭。

5.5.3.3 *废有色金属的资源化方法*

对废有色金属回收时应先进行分选，其目的是对废有色金属作一初步的分类选择回收，以便于后续的资源化处理。

①废有色金属的物理分选

废有色金属的物理分选技术同样是以粒度、密度、磁性、电性、光学性质差别等颗粒物理性质差别为基础，如筛分、粉磨、重力分选、浮选、磁流体分选、电场分选、拣选等，本节不再重复赘述。

②废有色金属的化学分选

将固体物料加入液体溶剂内，让固体物料中的一种或几种有用金属溶解于液体溶剂中，以便下一步从溶液中提取有用金属。按浸出剂的不同，浸出方法又可分为水浸、酸浸、碱浸、盐浸和氰化浸等。如可用盐酸浸出物料中的铬、铜、镍、锰等金属；从煤矸石中浸出结晶三氯化铝、二氧化钛等。在生产中，应根据物料组成、化学组成及结构等因素，选用浸出剂。浸出过程一般是在常温常压下进行的，但为了使浸出过程得到强化，也常常使用高温、高压浸出。

③废有色金属的生物分选

生物分选又称细菌冶金，是利用某些微生物的生物催化作用，使矿石或固体废物中的金属溶解出来，从而能够较为容易地从溶液中提取所需要的金属。与普通的“采矿—选矿—火法冶炼”相比，设备简单，操作方便，特别适宜处理废矿、尾矿和炉渣，可综合浸出，分别回收多种金属，但该法目前主要在铜、铀的冶炼方面比较成熟。

④废有色金属的人工手选

从传送带上进行人工手选，效率低，不能适应大规模再生利用系统。不过，仅靠机械设备分选，虽然速度快，但往往达不到非常理想的效果，所以通常都采用机械结合人工分选的方法。

下面介绍几种废有色金属的资源化方法。

(1)废铜的回收加工与利用

在所有金属中，铜的再生性能最好，废铜是铜工业的一个重要原料来源。废铜的主

要来源有两类。一类是新废铜，它是铜工业生产过程中产生的废料。冶金厂的叫“本厂废铜”或“周转废铜”。铜加工厂产生的废铜屑及直接返回供应厂的叫作“工业废杂铜”、“现货废杂铜”或“新废杂铜”。另一类是旧废铜，它是使用后被废弃的物品，如从旧建筑物及运输系统抛弃或拆卸的叫旧废杂铜。铜和铜基材料，不论处于裸露状态，还是被包在最终产品里，在产品寿命周期的各个阶段都可回收再生。一般来说，用于再生的废铜中新废铜占一半以上。而全部废杂铜经再加工后有大约1/3以精炼铜的形式返回市场，另2/3以非精炼铜或铜合金的形式重新使用。

由于废杂铜来源各异，种类繁多，化学成分与物理规格各不相同，因而处理的方法不同，回收利用技术和工艺也有所不同，熔炼的目的也有别。但一般都将其分为预处理和再生利用两部分。所谓预处理就是对混杂的废杂铜进行分类、挑选出机械夹杂的其他废弃物，除去废铜表面的油污等，最终得到品种单一，相对纯净的废铜，为熔炼提供优良的原料，从而简化了熔炼过程。废杂铜再生利用的方法很多，主要可分为两大类，即废杂铜的直接利用和间接利用。直接利用是将高质量的废铜直接熔炼成精铜或铜合金，间接利用是通过冶炼除去废杂铜中的其他金属，并将其铸成阳极板，再经过电解得到电解铜。下面将分别介绍废铜的预处理技术及再生利用工艺。

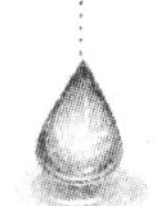

①废电线、电缆的预处理

废电线、电缆的预处理目的主要使铜线和绝缘层分离，方法主要有以下四种：

a. 机械分离法：该法又可分为两种。一是滚筒式剥皮机加工法。该法适合处理直径相同的废电线和电缆。该工艺有如下特点：可综合回收废电线电缆中的铜和塑料、综合利用水平较高；产出的铜屑基本不含塑料，减少了熔炼时塑料对大气的污染；工艺简单，易于机械化和自动化；但此种设备的缺点是工艺过程中耗电较高，刀片磨损较快。二是剖割式剥皮机加工法，该法适合处理粗大的电缆和电线。

b. 低温冷冻法：即用低温冷冻法使废电线的铜与绝缘层分离。该法适合处理各种规格的电线和电缆。废电线电缆先经冷冻使绝缘层变脆，然后经震荡破碎使绝缘层与铜线分离。

c. 化学剥离法：该方法采用一种有机溶剂将废电线的绝缘层溶解，达到铜线与绝缘层分离之目的。此法的优点是能得到优质铜线，但缺点是产生的废液处理比较困难，而且溶剂的价格较高，该技术的发展方向是研究一种廉价实用的有效溶剂。

d. 热分解法：该法用热分解的方法烧掉绝缘层，然后得到铜线。废电线电缆先经过剪切，然后由运输给料机加入热解室热解，热解后的铜线由炉排运输机送到出料口水封池，然后被装入产品收集器中，铜线可作为生产精铜的原料。热解产生的气体送到补燃室中烧掉其中的可燃物质，然后再送入反应器中用氧化钙吸收其中的氯气后排放，生成的氯化钙可作为建筑材料。

②废杂铜再生工艺

实际上所有的废铜都可以再生。再生工艺一般是：首先把收集的废铜进行分拣，没有受污染的废铜或成分相同的铜合金可以回炉熔化后直接利用，被严重污染的废铜要进一步精炼处理去除杂质；对于相互混杂的铜合金废料，则需熔化后进行成分调整，通过这样的再生处理，铜的物理、化学性质不受损害，使它得到完全的更新。

目前我国生产再生铜的方法主要有两种。

a.将废杂铜直接熔炼成不同牌号的铜合金或精炼铜，所以又称直接利用法。

b.将杂铜先经火法处理铸成阳极铜，然后电解精炼成电解铜并在电解过程中回收其他有价元素，用第二类方法处理含铜废料时，通常又有三种不同的流程，即一段法、二段法和三段法。

一段法是将分类过的黄杂铜或紫杂铜直接加入反射炉精炼成阳极铜的方法。其优点是流程短、设备简单、建厂快、投资少，但该法在处理成分复杂的杂铜时，产出的烟尘成分复杂，难以处理；同时精炼操作的炉时长，劳动强度大，生产效率低，金属回收率也较低。

二段法是将杂铜先经鼓风炉还原熔炼得到金属铜，然后将金属铜在反射炉内精炼成阳极铜；或杂铜先经转炉吹炼成粗铜，再在反射炉内精炼成阳极铜。由于这两种方法都要经过两道工序，所以称为二段法。鼓风炉熔炼得到的金属铜杂质含量较高，呈黑色，故称为黑铜。

三段法是将杂铜先经鼓风炉还原熔炼成黑铜，黑铜在转炉内吹炼成次粗铜，次粗铜再在反射炉中精炼成阳极铜。原料要经过三道工序处理才能生产出合格的阳极铜，故称三段法。

三段法具有原料综合利用好，产出的烟尘成分简单、容易处理、粗铜品位较高、精炼炉操作较容易、设备生产率也较高等优点，但又有过程较复杂、设备多、投资大且燃料消耗多等缺点。因此，我国除规模较大的企业或需处理某些特殊废渣外，一般的废杂铜处理流程多采用二段法和一段法。

德国凯塞冶炼厂就是典型的再生铜厂，采用两段法与三段法相结合的工艺流程。主要产品是电解铜，同时还生产铜线锭、硫酸铜、硫酸镍、氧化锌、铅锡合金等产品。

c.再生铜加工铜材

德国好望金属制品厂是一个大型铜加工厂，以电解铜为原料生产各种铜材。同时利用部分高品位(92%以上)的紫杂铜，经过相当于阳极炉的火法精炼后，直接与其他铜熔融体混合浇铸成棒坯或板坯。主要产品有各种类型的紫铜管、紫铜带、紫铜板、铜合金棒材、型材。这一工艺经济效益好，为保证产品质量，废杂铜的分类与管理应十分严格。

d.从混合废料中回收铜

处理含铜量波动很大的高含铜量混合废料，在工艺过程中，高含量的混合废料经过破碎→风选→磁选→切碎处理后，用三层筛分成粗、中、细三种物料，然后三种物料根据所含的金属量、形态和种类不同，采用不同的重选工艺进行处理。

e.从含砷的废料中回收铜

将含砷高的烟尘造浆后加入高压釜中浸出，浸出液除钼后用铁屑置换，产出的海绵铜返回熔炼系统生产金属铜，置换沉铜后的母液再回收锌和镉，然后再送水处理车间回收砷。

(2)废铝的资源化

①废铝的基本情况

铝是目前世界上除钢铁外用量最大的金属。在有色金属中，铝无论在储量、产量、用

量方面均属前列，铝的使用范围十分广泛，民用、军用、建筑、运输、交通、电子通信、家用电器、电力、机械等，各行各业中，铝合金几乎无所不在。随着产量、使用量的增加，废弃铝制品量也越来越大。而且，许多铝制品都是一次性使用，从制成产品至产品丧失使用价值时间较短。因此，这些废弃杂料成了污染之源。如何利用再生的问题十分迫切。从矿石中提取金属铝，再到铝制品成本极高、耗能巨大。仅电解一道工序生产 1t 金属铝就需电 13000～15000kW・h。而由废弃金属铝再生、再用能使能耗、辅料消耗大大降低，节约资源、成本。因此，废弃铝的回收、再利用，无论对节约地球上资源、能耗、成本，缩短生产流程周期，还是对环境保护、改善人类生态环境等各方面都具有十分巨大的意义。

②废杂铝的再生加工工序

废杂铝的再生加工，一般经过以下四道基本工序：

a. 废铝料的备制：首先，对废铝进行初级分类，分级堆放，如纯铝、变形铝合金、铸造铝合金、混合料等。对于废铝制品，应进行拆解，去除与铝料连接的钢铁及其他有色金属件，再经清洗、破碎、磁选、烘干等工序制成废铝料。对于轻薄松散的片状废旧铝件，如汽车上的锁紧臂、速度齿轮轴套以及铝屑等，要用液压金属打包机打压成包。对于钢芯铝绞线，应先分离钢芯，然后将铝线绕成卷。

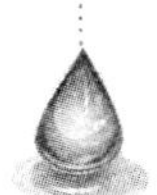

铁类杂质对于废铝的冶炼是十分有害的，铁质过多时会在铝中形成脆性的金属结晶体，从而降低其机械性能，并减弱其抗蚀能力。含铁量一般应控制在 1.2%以下。对于含铁量在 1.5%以上的废铝，可用于钢铁工业的脱氧剂，商业铝合金很少使用含铁量高的废铝熔炼。目前，铝工业中还没有很成功的方法能令人满意地除去废铝中过量铁，尤其是以不锈钢形式存在的铁。

废铝中经常含有油漆、油类、塑料、橡胶等有机非金属杂质，在回炉冶炼前，必须设法加以清除。对于导线类废铝，一般可采用机械研磨或剪切剥离、加热剥离、化学剥离等措施去除包皮，目前国内企业常用高温烧蚀的办法去除绝缘体，烧蚀过程中将产生大量的有害气体，严重地污染空气。如果采用低温烘烤与机械剥离相结合的办法，先通过热能使绝缘体软化，机械强度降低，然后通过机械揉搓剥离下来，这样既能达到净化目的，同时又能够回收绝缘体材料。废铝器皿表面的涂层、油污以及其他污染物，可采用丙酮等有机溶剂清洗，若仍不能清除，就应当采用脱漆炉脱漆。只要废物料在脱漆炉内停留足够的时间，一般的油类和涂层均能够清除干净。

对于铝箔纸，用普通的废纸造浆设备很难把铝箔层和纸纤维层有效分离，有效的分离方法是将铝箔纸首先放在水溶液中加热、加压，然后迅速排至低压环境减压，并进行机械搅拌。这种分离方法，既可以回收纤维纸浆，又可回收铝箔。

废铝的液化分离是今后回收金属铝的发展方向，它利用一个允许气体微粒通过的过滤器，在液化层，铝沉淀于底部，废铝中附着的油漆等有机物在 450℃以上分解成气体、焦油和固体炭，再通过分离器内部的氧化装置完全燃烧。废料通过旋转鼓搅拌，与仓中的溶解液混合，砂石等杂质分离到砂石分离区，被废料带出的溶解液通过回收螺旋桨返回液化仓。这一方法将废铝杂料的预处理与重新熔铸相结合，既缩短了工艺流程，又可以最大限度地避免空气污染，而且使得净金属的回收率大大提高。

b. 配料：根据废铝料的备制及质量状况，按照再生产品的技术要求，选用搭配并计算

出各类料的用量。配料应考虑金属的氧化烧损程度，硅、镁的氧化烧损较其他合金元素要大，各种合金元素的烧损率应事先通过实验确定。废铝料的物理规格及表面洁净度将直接影响到再生成品质量及金属实收率，除油不干净的废铝，最高将有 20%的有效成分进入熔渣。

c. 再生变形铝合金：用废铝合金可生产的变形铝合金有 3003、3105、3004、3005、5050 等，其中主要是生产 3105 合金。为保证合金材料的化学成分符合技术要求及压力加工的工艺需要，必要时应配加一部分原生铝锭。

d. 再生铸造铝合金：废铝料只有一小部分再生为变形铝合金，约 1/4 再生成炼钢用的脱氧剂，大部分用于再生铸造用铝合金。再生铸造铝合金的工艺流程如图 5.48 所示。

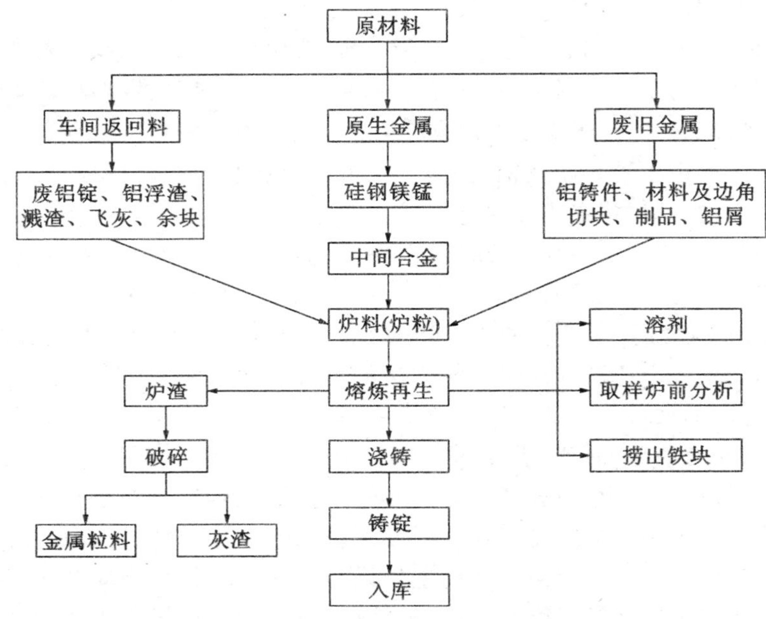

图 5.48　再生铸造铝合金的工艺流程

③废易拉罐的回收利用

易拉罐是一种常用的消耗品，用过即废。我国年生产易拉罐 100 亿只，消耗 3004 合金 18 万 t。我国每年至少产生 8 万 t 废易拉罐，另外还进口一部分废易拉罐，总量可达 20 万 t 以上。易拉罐所用材料是一种档次较高的铝合金，但由于技术落后，废易拉罐几乎全部被降级使用。我国目前在利用的废铝中，废易拉罐的利用还处在初级阶段。而一些外商看准了中国废易拉罐回收利用的巨大潜力和广阔的市场前景，多次到中国进行考察，并有意在中国开发这一市场。

易拉罐的罐身、罐盖、拉环所含的元素成分均不同，如罐身含小于 1%的镁，而含铜、锰较少，罐盖含镁超过 2%，铜、锰含量均超过 1%，至于拉环，虽然在易拉罐中所占比例甚少，但含锰、铜量却也在 1%以上。

目前还没有一种简单、经济的方法将易拉罐的三种不同成分的合金分开，只能采用全部重熔的方法回收易拉罐以得到含有较多合金成分的重熔铝锭，该种重熔铝锭的成分一般含镁 1%～2%、铜 0.2%～0.3%、锰 0.4%左右，余量基本为铝，但受到熔炼中其他杂质元素的污染而有所变化，如精炼剂的用量及成分。

易拉罐的回收，主要有两个发展方向：一个是生产合金铝锭，另一个是重熔生产等外铝锭，这种铝锭可用于诸如铁合金、炼钢等行业。但重熔法生产等外铝锭，在严格操作的情况下（不管是采用反射炉还是采用坩埚炉），铝的直收率最高只能达到 83%左右，其中还包括了从铝渣中经精炼回收的次等铝。

发达国家废易拉罐的回收利用率较高，可以达到 60%～80%。国外废易拉罐的利用途径主要是：生产炼钢脱氧剂；生产再生铝锭；生产一种近似纯铝锭的产品，做合金配料的原料；熔炼成原牌号（3004）的铝合金，直接用于生产易拉罐。其中，利用废易拉罐生产原牌号的铝合金是最佳途径。

我国是世界上废易拉罐回收率最高的国家，几乎没有浪费，同时，我国又是世界上废易拉罐利用水平较低的国家，回收的废易拉罐（包括进口的废易拉罐）都被降低档次使用。目前国内对废易拉罐的利用途径有以下几种：

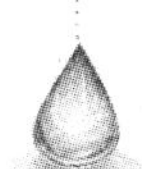

a. 直接熔炼成粗铝锭：把废易拉罐在熔炼炉中混炼，最终得到一种类似于熟铝的金属锭，但这种杂铝锭有时在市场上假冒纯铝锭，影响不良。

b. 用于冶炼某些牌号合金：一些比较规范的企业在熔炼铸造铝合金时，需要加入一些纯铝锭调整成分，但往往会增加合金的镁含量，此种办法对生产含镁较高的合金比较实用。

c. 与其他废熟铝混炼，生产杂铝锭。

d. 制造成炼钢的脱氧剂。

e. 生产铝粉：将废易拉罐在旋转式回转窑中进行脱漆处理，然后进行加工，生产低级铝粉。

④废铝屑的回收利用

铝铸件进行切削加工时，切屑约占铸件重量的 20%，最高达 30%左右。回收机加工过程中的铝屑可降低生产成本，具有良好的经济效益。铝屑回收工作应注意以下几点：①当某一材质牌号的工件加工完毕后，应及时回收，以防铝屑混号。回收时，应把参加切削的各种机床底盘中的铝屑全部清理干净。②回收的铝屑应严格按牌号分类分号堆放于贮放场规定的格仓中，并标明铝屑的种类牌号，有条件时应及时重熔，避免混号。③应避免泥沙、棉纱等杂物混入铝屑。

(3)废铅的回收与再生

废铅主要来自蓄电池极板、电缆铠装、管道、铅弹和铅板。只要将这些废铅收集起来送到再生铅厂再熔、重炼，即可生产出精炼铅、软铅和各种铅基合金。废蓄电池和电缆包皮回收的铅，含有少量的锑和其他金属，这种再生铅一般仍转卖给蓄电池制造厂家。

含锡的再生铅大多重新用来制造焊条、轴承合金与其他铅锡合金。一般汽油和染料中的铅无法回收，是铅造成环境污染的主要因素。箔材、焊条、热处理和电镀中的铅，目前还难以回收。

(4)废旧贵金属的再生回收

贵金属即金(Au)、银(Ag)、铂(Pt)、钯(Pd)、锶(Sr)、锇(Os)、铑(Rh)和钌(Ru) 8 种

金属。由于这些金属在地壳中含量稀少，提取困难，但因性能优良、应用广泛、价格昂贵而得名贵金属。除人们熟知 Au、Ag 外，其他 6 种金属元素称为铂族元素（铂族金属）。

贵金属在地壳中的丰度极低，除银有品位较高的矿藏外，50%以上的金和 90%以上的铂族金属均分散共生在铜、铅、锌和镍等重有色金属硫化矿中，其含量极微、品位低(mg/kg)。

①金的回收技术

a. 从贴金文物回收金：采用氧化焙烧法从废贴金文物回收金。废贴金文物放入特制焙烧炉内，于 800℃恒温氧化焙烧 30min，取出放入水中，贴金层附在氧化铜鳞片上与铜基体脱离。然后用稀硫酸溶解，溶解渣分离提纯黄金。此法特点是焙烧时无污染废气。用此法处理废文物铜 300kg，回收黄金 1.5kg。金回收率＞98%，基体铜回收率＞95%，副产品硫酸铜可作杀虫剂。

b. 从废电子元件中回收金：可以采用硫脲和亚硫酸钠作电解液，石墨作阴极板，镀金废料作为阳极进行电解退金。通过电解，镀层上的金被阳极氧化为 Au^{+} 后即与硫脲形成阳离子 $Au[SC(NH_2)_2]^{2+}$，随即被亚硫酸钠还原为金，沉于槽底，将含金沉淀物分离提纯获得纯金粉。基体材料可回收镍钴。此工艺金的回收率为 97%～98%。产品金纯度＞ 99.95%。

c. 从废催化剂中回收金和钯：采用盐酸加氧化剂多次浸出，使金和钯进入溶液，锌粉置换，盐酸加氧化剂溶解，草酸还原得纯金粉；还原母液用常规法提纯钯。金、钯纯度均可达 99.9%，回收率分别为 97%和 96%。

②银的回收技术

a. 电解退银新工艺：以石墨板为阴极，不锈钢滚筒为阳极，滚筒上有许多细孔。枸橼酸钠和亚硫酸钠为电解液，镀银件从滚筒首端进入，从滚筒尾端送出。镀件表层上的银进入电解液，镀件基体完好无损可返回重新电镀使用。银回收率 97%～98%，银粉纯度 99.9%。

b. 废银锌电池的回收利用：废银锌电池含银 52.55%、含锌 42.7%。锌为负极，氧化银为正极涂在铜网骨架上。物资再生利用研究所采用稀硫酸分别浸锌和铜，银粉直接熔锭。稀硫酸浸铜时加入氧化剂，含锌液经浓缩结晶生产硫酸锌，含铜液浓缩结晶生产硫酸铜。锌回收率＞98%，银回收率 98%，银锭纯度＞99%。

c. 从废胶片中回收银：

方法一：使用稀硫酸液洗脱彩片上含银乳剂层，氯盐加热沉淀卤化银，用氯化焙烧或有机溶剂洗涤除有机物，碱性介质用糖类固体悬浮还原得纯银。银纯度 99.9%，直收率 98%。此法已申请专利。

方法二：采用硫代硫酸钠溶液溶解废胶片上的卤化银，溶解过程中加入抑制剂阻止胶片上明胶的溶解，溶解液经电解回收银，片基回收利用。银浸出率＞99%，回收率 98%，银纯度 99.9%，此法已应用于工业生产。

d. 从废定影液中回收银：感光材料经过曝光、显影、定影之后，黑白片上约有 70%～80%的银进入定影液中，彩色片的银几乎全部进入定影液。从废定影液中回收银，在国内外均得到高度重视，进行了大量的研究工作，采用的回收方法为离子沉淀法、电解法、金属置换法、药物还原法、离子交换法等。电解法的优点是提银后的定影液可返回作定

影使用，一般较大的电影制片厂均使用此法的回收银。

③铂族金属的回收技术

a. 硝酸工厂中回收铂的方法：硝酸生产所用铂、钯、铑三元合金催化剂网，生产中耗损的贵金属大部沉积在氧化炉灰中。工艺流程如下：炉灰→铁捕集还原熔炼→氧化熔炼→酸浸→渣煅烧→湿法提纯→铂钯铑三元合金粉。Pt、Pb、Rh 直收率 83%，总收率 98%，产品纯度 99.9%。旧铂网回收工艺简单，废网经溶解、提纯、还原后再配料拉丝织网，其回收率>99%。

b. 玻璃纤维工业中铂的回收：

方法一：将 Pt、Rh、Au 合金废料用王水溶解，赶硝转钠盐，过氧化氢还原分离金，离子交换除杂质，水合肼还原得纯 Pt、Rh。铂铑产品纯度 99%，回收率 99%。

方法二：用“白云石-纯碱混合烧结法”从废耐火砖、玻璃渣中回收铂铑的工艺。废耐火砖经球磨、熔融、水碎、酸溶、过滤、滤渣用王水溶解，赶硝，离子交换；水合肼还原，获铂铑产品。铂铑总收率>99%，产品纯度 99.95%。

c. 从废催化剂中回收铂、钯：

方法一：溶解贵金属法，采用高温焙烧、盐酸加氧化浸出，锌粉置换，盐酸加氧化剂溶解，固体氯化铵沉铂，煅烧得纯铂，产品铂纯度 99.9%，回收率 97.8%。

方法二：物资再生利用研究所与核工业部五所合作采用“全熔法”浸出，离子交换吸附铂(或钯)，铂的回收率>98%，钯的回收率>97%，产品纯度均>99.95%。

方法三：废催化剂经烧炭，氯化浸出，氨络合，酸化提纯，最后水合肼还原获纯度>99.95%海绵钯，络合渣等废液中少量钯经树脂吸附回收。钯回收率>98%。

d. 废铂、铼催化剂回收：

方法一：采取“全溶法”浸出，离子交换吸附铂铼，沉淀剂分离铂铼的方法。铂回收率>98%，铼回收率>93%，铂铼产品纯度均>99.95%，尾液硫酸铝可作为生产催化剂载体原料。

方法二：用萃取法回收废催化剂中的铂铼，废催化剂用 40%硫酸溶解，溶解液中用 40%二异辛基亚砜萃取铼，反萃液生产铼酸钾，硫酸不溶渣灼烧除碳，酸溶液浸铂，浸铂液经 40%二异辛基亚砜萃取铂，反萃液还原沉铂。铂的萃取率>99%、反萃率>99%、直收率>97%，产品铂纯度 99.9%；铼的萃取率>99%、反萃率>99%。

e. 铂铑合金分离提纯：铂铑合金用铝合金“碎化”，稀盐酸浸出铝，得到细铂铑粉，盐酸加氧化剂溶解，溶液用三烷基氧化膦萃取分离铂铑，离子交换提纯铑。铑纯度 99.99%，铑回收率 92%～94%。

f. 从锇铱合金废料提纯锇：采用通氧燃烧分离锇铱，碱液吸收氧化锇，硫化钠沉淀，除硫得粗锇，再氧化，盐酸液吸收，氯化铵沉淀，氢还原，制取纯锇粉，锇回收率>98%。此方法适用于含锇 3%～8%的废料。

g. 笔尖磨削废料中钌的回收：生产自来水笔笔尖所用的特种耐磨合金，主要为钌基及锇铱基贵金属合金。这类原料目前我国仍靠进口，然而在制造笔尖的加工过程中，有近 50%混进磨削废料。故及时对磨削废料回收再生，不仅有利于贵金属的周转使用，而且对提高经济效益及节约外汇方面均有好处。用浮选法回收含钌 0.4%～1%的笔尖磨削废料。油酸钠为浮选剂，$2^{\#}$ 油为起泡剂和酸性介质。所得精矿含钌＞5％，尾矿含钌＜0.2％，钌回收率＞90％。

h. 从废催化剂渣中回收钯和铜：

方法一：用 $HCl\text{-}H_2O_2$ 二段逆流浸出，黄药沉淀富集钯与铜分离法从含 Pd 0.8％、Cu 26.2％的废催化剂泥渣中回收铜和钯。回收率 Pd＞98％，Cu＞95％。

方法二：用稀 HCl 浸铜，铁置换铜，浸出渣氧化焙烧，稀王水浸出，锌粉置换，粗钯二氯二氨络亚钯法提纯，钯纯度 99.99％，回收率＞ 98％，铜回收率 92％。

小　　结

本章介绍了固体废物资源化回收利用的概念、原则和基本途径以及固体废物中废旧物资资源化的新思路、新技术及发展方向；着重介绍了城市生活垃圾、污泥、废塑料、废橡胶、废纸、废纤维织物、电子废物及废电池等典型废旧物资的资源化回收利用。

思考题与习题

1. 请举例说明固体废物资源化利用的途径。从废纸、废塑料、废橡胶、废玻璃、废金属中任选一种。

2. 结合自己的生活与学习环境，了解身边典型废旧物资的来源、特点、资源化回收利用现状，提出可行的资源化措施与改进建议。

3. 何种垃圾适于焚烧？焚烧法的优点是什么？

4. 简述废电池的种类及其在回收问题上的注意事项。

5. 废旧干电池的回收处理方法有哪几种？

第 6 章　工业固体废物的处理与利用

学习目标

了解典型工业固体废物资源化回收利用途径；能结合本章学习，举出矿业、冶金工业、能源工业、化学工业、石油化学工业等领域固体废物资源化利用实例；着重掌握冶金、能源、化学工业中固体废物资源化的新思路、新技术及发展方向。

必备知识

在掌握固体废物处理处置一般方法的基础上，重点掌握各行业典型固体废物的资源化回收利用的新思路、新技术。

选修知识

关注国内外典型固体废物资源化利用的新动向及发展方向。

兴趣导入

第九届中国循环经济发展论坛在京召开

2014 年 05 月 16 日　14:28　新浪财经

由新华社所属中国新闻发展公司、联合国[微博]环境规划署——同济大学环境与可持续发展学院联合主办，新华社《中国名牌》杂志社承办的第九届中国循环经济发展论坛于 5 月 15 日在京召开。

作为循环经济与绿色发展领域最具规模和影响力的盛会之一，中国循环经济发展论坛是中国北京国际科技产业博览会的重要组成部分，也是展示和推动美丽中国与生态文明建设的一个重要平台。循环经济论坛的成果曾对推动我国循环经济发展起到积极促进作用。

据悉，在秉承历届论坛优良传统的基础上，此次论坛除探讨循环经济领域的前沿议题外，还特别关注“水资源的保护与循环利用”。来自全国人大环资委、工信部、水利部、

环保部等部门的领导，国内外知名循环经济专家学者，发展循环经济的城市、园区及企业代表等出席论坛并发言。与会嘉宾还围绕“促进水循环经济与新型城镇化协调发展”、“科技创新与水循环发展”、“循环经济理念的可持续推广”等话题展开深度对话。

论坛期间，来自基层的循环经济实践案例受到特别关注。2013 年度“中国循环经济优秀品牌”城市推荐榜同期发布。北京市延庆县、海南省万宁市、宁夏回族自治区中宁县、云南省宾川县等十个地区获得推荐。

作为优秀城市品牌的代表，宁夏回族自治区中宁县县委书记陈建华表示，通过横向耦合、纵向闭合与区域内整合，中宁县的循环经济已实现系统化发展。2013 年，以循环经济为起点和支撑点的工业发展，对中宁县 GDP 增长贡献达 50%。发展循环经济，使中宁县的发电厂实现粉煤灰零排放；仅电解铝一项，一年可节省 8 万吨标准煤。

课前思考题

1. 试叙尾矿、废石的组成及性质特点。
2. 试叙煤矸石和粉煤灰的来源及其综合利用。
3. 冶金工业固体废物主要包括哪些方面？
4. 石油化工企业的固体废物资源化利用途径。

6.1 矿业固体废物的处理与利用

矿业固体废物简称矿业废物，指开采和选洗矿石过程中产生的废石和尾矿。矿石开采过程中，需剥离围岩，排出废石，采得的矿石亦需经选洗，提高品位，排出尾矿。对环境的危害：矿业废物大量堆存，污染土地，或造成滑坡、泥石流等灾害；废石风化形成的碎屑和尾矿，可被水冲刷进入水域，被溶解渗入地下水，被风吹进入大气；废物中有的含砷、镉等剧毒元素或放射性元素，直接危害人体健康。为消除污染应对矿业废物进行无害化处理，开展废石和尾矿的综合利用。

6.1.1 矿业固体废物的种类与性质

6.1.1.1 矿业废渣的种类

(1)按原矿的矿床学分类。根据矿体赋存的主岩及围岩类型，并考虑到矿业废渣的矿物组成情况，可将其分为基性岩浆岩、自变质花岗岩、金伯利岩、玄武-安山岩等 28 个基本类型。

(2)按选矿工艺分类。根据选矿工艺的不同，矿业废渣可分为手选、重选、磁选、电选及光电选、浮选、化学选矿等矿业废渣。

(3)按主要矿物成分分类。根据矿物成分的不同，矿业废渣可分成以石英为主的高硅型、以长石及石英为主的高硅型、以方解石为主的富钙型以及成分复杂型矿业废渣。

6.1.1.2　矿业废渣的成分与性质

(1)矿业废渣的化学成分

无论何种类型的矿业废渣，其主要化学组成元素是O、Si、Al、Fe、Mn、Mg、Ca、Na、K、P等；但在不同类型的矿业废渣中，含量差别较大，且具有不同的结晶化学特性。

(2)矿业废渣的矿物成分

矿物成分一般以各矿物所占的质量分数表示，由于岩矿鉴定一般在显微镜下进行，不便于称量，因此，有时也采用在显微镜下统计矿物颗粒数目的方法，间接地推算各矿物的大致含量。

6.1.2　矿业固体废物的综合利用技术

(1)冶金矿山固体废物的综合利用

冶金矿山固体废物包括矿石开采过程中剥离的表土、围岩及产生的废石，及选矿过程中排出的尾矿。

①矿山废石的利用

矿山废石可用于各种矿山工程中，如铺路、筑尾矿坝、填露天采场、筑挡墙等，每年可消耗废石总量的20%～30%。

②利用尾矿做建筑材料

利用尾矿做建筑材料，既可防止因开发建筑材料而造成对土地的破坏，又可使尾矿得到有效的利用，减少土地占用，消除对环境的危害。但用尾矿做建筑材料，要根据尾矿的物理化学性质来决定其用途。

有色金属尾矿按其主要成分可分为三类：

以石英为主的尾矿，该类尾矿可用于生产蒸压硅酸盐矿砖；石英含量达到99.9%，含铁、铬、钛、氧化物等杂质低的尾矿可用作生产玻璃、碳化硅等的原料。

以含方解石、石灰石为主的尾矿，该类尾矿主要用作生产水泥的原料。

以含氧化铝为主的尾矿，含二氧化硅和氧化铝高的尾矿可用作耐火材料。

③从尾矿中回收有价元素

近年来由于技术进步及普遍对综合回收利用资源的重视，各矿山开展了从尾矿回收有价金属的实验研究工作，许多已在工业规模上得到了应用。

目前，从矿山尾矿中回收的有价元素主要有：从锡尾矿中回收锡和铜及一些其他伴生元素；从铅锌尾矿中回收铅、锌、钨、银等元素；从铜矿中回收萤石精矿、硫铁精矿；从其他一些尾矿中回收锂云母和金等矿物和元素。

④其他利用

a. 覆土造田。矿山的废石和尾矿属无机砂状物，不具备基本肥力。采取覆土、掺土、施肥等方法处理，可在其表面种植各种作物。这种与矿山开采相结合的覆土造田法，既解决了矿区剥离物的堆存占地问题，又可绿化矿区环境，尤其适用于露天矿的废渣处理。

另外，采用矿区的生活污水浇灌尾矿库，改造尾矿性质，提高尾矿肥力，变废料堆为良田，可谓一举两得。

b. 井下回填。井下采矿后的采空区一般需要回填，避免造成地表塌陷、危害矿区的

生命和建筑安全。

回填采空区有两种途径：一种是直接回填法，即上部中段的废石直接倒入下部中段的采空区，这可节省大量的提升费用，但需对采空区采取适当的加固措施；另一种是将废石提升到地面，进行适当破碎加工，再用废石、尾矿和水泥拌和后回填采空区。这种方法安全性好，又可减少废石占地，但处理成本较高。

井下尾矿充填系统如图 6.1 所示，该系统包括废石、尾矿的分级和储存系统；料浆搅拌装置；料浆的地面和井下输送系统；以及充填工作面的凝固等部分。

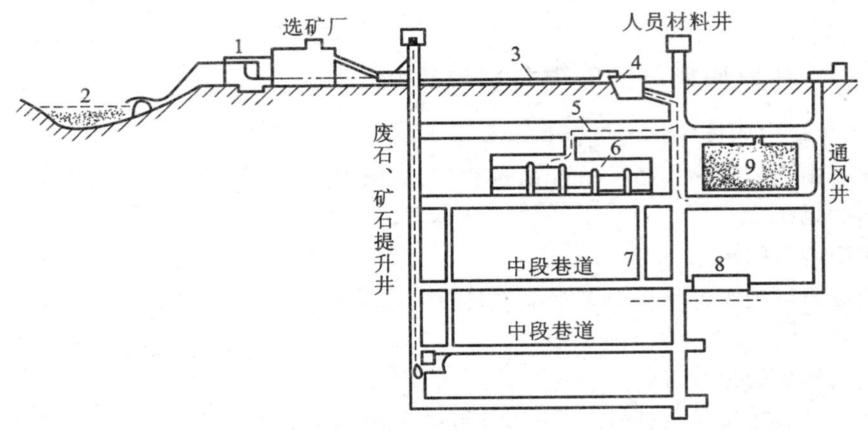

图 6.1 井下尾矿充填系统示意图

1—废石尾砂分级站；2—尾砂坝(堆存细粒级尾砂)；3—浆料输送管；4—料浆贮仓；5—井下充填管；6—充填工作面；7—导水钻孔；8—水池和水泵房；9—已充填工作面

(2)煤矸石的综合利用

煤矸石是采煤和洗煤过程中排出的固体废物，是一种在成煤过程中与煤伴生的含碳量较低、比煤坚硬的黑色岩石。煤矸石的产量约占原煤产量的 15%，每年至少新增 2 亿 t。煤矸石是我国排放量较大的工业废渣之一，历年积存的煤矸石约为 30 亿 t，占地约 10 万亩，而且仍在增加。因此，如何治理和综合利用煤矸石，是摆在我们面前的重要任务。

煤矸石是由多种矿岩组成的混合物，属沉积岩。主要岩石种类有黏土岩类、砂岩类、碳酸岩类和铝质岩类。

煤矸石的化学成分见表 6.1，为煤矸石煅烧后灰渣的成分。

表 6.1 煤矸石的化学组成

单位：%

组成	SiO_2	Al_2O_3	CaO	MgO	Fe_2O_3	R_2O	烧失量
含量	40～65	15～35	1～7	1～4	2～9	1～2.5	2～17

煤矸石的岩石种类和矿物组成直接影响煤矸石的化学成分，如砂岩矸石 SiO_2 含量最高可达 70%，铝质岩矸石 Al_2O_3 含量大于 40%，钙质岩矸石 CaO 含量大于 30%。

煤矸石的活性大小与其矿物相组成和煅烧温度有关。黏土岩类煤矸石一般加热到 700～900℃时，结晶相分解破坏，变成无定形非晶体，使煤矸石具有活性。

我国煤矸石的发热量多在 6300kJ/kg 以下，各地煤矸石的热值差异很大，其合理利用途径与其热值直接相关。不同热值煤矸石的合理利用途径见表 6.2。

表 6.2　不同热值煤矸石的合理利用途径

热值(kJ/kg)	合理用途	说　明
< 2095	回填、筑路、造地、制骨料	制骨料以砂岩类未燃煤矸石为宜
2095～4190	烧内燃砖	CaO 含量<5%
4190～6285	烧石灰	渣可作骨料和水泥混合料
6285～8380	烧混合材、制骨料、代煤、节煤烧水泥	用小型沸腾炉供热产汽
8380～10475	烧混合材、制骨料、代煤、烧水泥	用大型沸腾炉供发电

①利用煤矸石生产建筑材料

目前,技术较为成熟、利用量较大的煤矸石资源化途径是生产建筑材料。

a. 生产水泥。用煤矸石生产水泥,是由于煤矸石和黏土的化学成分相近,可以代替黏土提供硅质和铝质成分;煤矸石能释放一定热量,可以代替部分燃料;煤矸石中的可燃物有利于硅酸盐等矿物的熔解和形成;此外煤矸石配的生料表面能高,硅铝等酸性氧化物易于吸收氧化钙,可加速硅酸钙等矿物的形成。

用作水泥原燃料的煤矸石质量要求见表 6.3,其生产工艺过程与普通水泥基本相同。

表 6.3　煤矸石用作水泥原燃料的质量要求

级别	$n=SiO/(Al_2O_3+Fe_2O_3)$	$p=Al_2O_3+Fe_2O_3$	MgO(%)	R_2O(%)	塑性指数
一级品	2.7～3.5	1.5～3.5	<3.0	<4.0	>12
二级品	2.0～2.7 和 3.0～4.0 ①	不限	<3.0	<4.0	>12

注:① 当 $n=2.0$～2.7 时,一般需掺用硅质校正原料,如粉砂岩等。当 $n=3.0$～4.0 时,一般需掺用铝质校正原料,如高铝煤矸石、高铝煤灰等。

② 塑性指数小于 12 时,应在成球工艺上采用预湿后成球,或其他提高生料塑性的措施。

b. 煤矸石制砖。包括用煤矸石生产烧结砖和作烧砖内燃料。煤矸石砖以煤矸石为主要原料,一般占坯料质量的 80%以上,有的全部以煤矸石为原料,有的外掺少量黏土。经过破碎、粉磨、搅拌、压制、成型、干燥、焙烧而成,焙烧时基本无需再外加燃料。

煤矸石砖规格与性能和普通黏土砖相同。用煤矸石作烧砖内燃料,节能效果明显。用煤矸石作烧砖内燃料制砖工艺与用煤作内燃料基本相同,只是增加了煤矸石的粉碎工序。

c. 生产轻骨料。轻骨料和用轻骨料配制的混凝土是一种轻质、保温性能较好的新型建筑材料,可用于建造大跨度桥梁和高层建筑。适宜烧制轻骨料的煤矸石主要是碳质页岩和选矿厂排出的洗矸,矸石的含碳量不宜过大,一般应低于 13%。用煤矸石烧制轻骨料有两种方法,即成球法和非成球法。

成球法是将煤矸石破碎、粉磨后制成球状颗粒,然后焙烧。将球状颗粒送入回转窑,经预热、脱碳、燃烧、膨胀,然后冷却、筛分出厂。其密度一般为 $1000kg/m^3$。

非成球法是把煤矸石破碎到 5～10mm 粒度,铺在烧结机炉排上直接焙烧。烧结好的轻骨料经喷水冷却、破碎、筛分出厂。其密度一般为 $800kg/m^3$。

②生产化工产品

a. 制结晶氯化铝、固体聚合铝。结晶氯化铝是以煤矸石和盐酸为主要原料，经破碎、焙烧、磨碎、酸浸、沉淀、浓缩结晶和脱水等工艺加工而成。结晶氯化铝分子式为 $AlCl_3 \cdot 6H_2O$。外观为浅黄色结晶颗粒，易溶于水，是一种新型净水剂，也是精密铸造型壳硬化剂和新型造纸凝胶沉淀剂。可广泛应用于石油、冶金、造纸、铸造、印染、医药等行业。

将结晶氯化铝在 170～180℃条件下进行热解(使产品的碱化度控制在 70%～75%左右)，然后加水溶解热解后的氯化铝，溶解过程中不断搅拌，溶液由稀变稠，到一定浓度后，进行风干，就制得固体聚合铝。

b. 制水玻璃。将浓度为 42%的液体烧碱、水和酸浸后的煤矸石(酸浸后的煤矸石中主要含氧化硅)，按一定比例混合制浆进行碱解，再用蒸汽间接加热物料，当反应达到预定压力 0.2～0.25MPa，反应 1h 后，放入沉降槽沉降，清液经真空抽滤即可得到水玻璃。水玻璃可广泛应用于纸制品、建筑等行业。

c. 生产硫酸铵化学肥料。将煤矸石内的硫化铁在高温下生成二氧化硫，再氧化而生成三氧化硫，三氧化硫遇水生成硫酸，并与氨化合生成硫酸铵。其方法是：将未经自燃的煤矸石堆成堆，放入木柴和煤，点燃后闷烧 10～20d，待堆表面出现白色结晶时，焙烧即告完成。选择那些已燃烧过但未烧透、表面成黑色的煤矸石，其烧结层间和表面凝结了白色的硫酸铵结晶。将所选的原料破碎至 25mm 以下，放入水池中浸泡约 4～8h，经过滤、澄清、中和后，将浸泡澄清液进行蒸发、浓缩，结晶、烘干后，即可得到成品硫酸铵。

6.2 冶金工业固体废物的处理与利用

冶金废渣是指冶金工业生产过程中产生的各种固体废弃物。主要指炼铁炉中产生的高炉渣、钢渣；有色金属冶炼产生的各种有色金属渣，如铜渣、铅渣、锌渣、镍渣等；以及从铝土矿提炼氧化铝排出的赤泥以及轧钢过程产生的少量氧化铁渣。每炼 1t 生铁排出 0.3～0.9t 钢渣，每炼 1t 钢排出 0.1～0.3t 钢渣，每炼 1t 氧化铝排出 0.6～2t 赤泥。国际上早在 20 世纪 40 年代就已感到解决冶金污染“渣害”的迫切性，经过努力，钢渣在 20 世纪 70 年代达到了产用平衡，主要用于制造各种建筑或工业用材。我国冶金污染利用起步较晚，目前高炉渣利用率在 70%～85%，钢渣利用率约为 25%。

6.2.1 冶金工业固体废物的种类及其性质

6.2.1.1 高炉矿渣

高炉矿渣是指冶炼生铁时从高炉中排放出来的废物。

(1)高炉矿渣的分类

目前，高炉矿渣主要按下列两种方法进行分类：

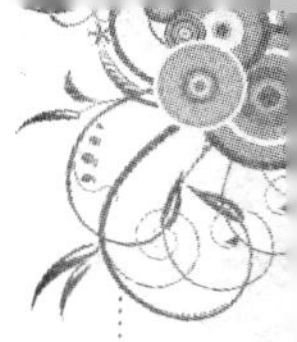

①按照冶炼生铁的品种分类

铸造生铁矿渣，指冶炼铸造生铁时排出的矿渣；

炼钢生铁矿渣，指冶炼炼钢生铁时排出的矿渣。

②按照矿渣的碱度进行分类

高炉矿渣的化学成分中，碱性氧化物与酸性氧化物的比值，称为高炉矿渣的碱度或碱性率，一般用Mo表示，即：

$$Mo=(CaO+MgO)/(SiO_2+Al_2O_3)$$

在冶炼炼钢生铁和铸造生铁中，当炉渣中的 Al_2O_3 和 MgO 含量变化不大时，炉渣碱度用 CaO 与 SiO_2 的比值表示，并将其表示为三类：碱性矿渣 Mo>1；酸性矿渣 Mo<1；中性矿渣 Mo=1。

(2)高炉矿渣的化学组成

高炉矿渣的化学成分包括二氧化硅、三氧化二铝、氧化钙、氧化镁、氧化锰、氧化铁等十五种以上的化学成分。其中氧化钙、二氧化硅、三氧化二铝便占到了大约百分之九十以上。表6.4所示为我国高炉矿渣的化学成分统计表。

表6.4 我国高炉矿渣的化学成分 单位：%

名称＼成分	CaO	SiO_2	Al_2O_3	MgO	MnO	Fe_2O_3	TiO_2	V_2O_5	S	F
普通渣	38～49	62～42	6～17	1～13	0.1～1	0.15～2			0.2～1.5	
高钛渣	23～46	20～35	9～15	2～10	<1		20～29	0.1～0.6	<1	
锰钛渣	28～47	21～37	11～24	2～8	5～23	0.1～1.7			0.3～3	
含氟渣	35～45	22～29	6～8	3～7.8	0.15～0.19					7～8

6.2.1.2 钢渣

钢渣是炼钢过程中排出的废渣，主要由铁水和废钢中的元素氧化后生成的氧化物、金属炉料带入的杂质、加入的造渣剂和氧化剂、被侵蚀的炉衬及补炉材料等。钢渣的产生量一般约占粗钢产量的15%～20%。

(1)钢渣的分类

按炼钢炉型分，可分为转炉钢渣、平炉钢渣、电炉钢渣。

按生产阶段分，可分为电炉渣——氧化渣、还原渣；平炉渣——初期渣、后期渣。

按化学性质分，可分为碱性渣、酸性渣。

(2)钢渣的化学及矿物组成

钢渣的化学成分主要为铁、钙、硅、镁、铝、锰、磷等元素的氧化物，其中钙、铁、硅的氧化物占绝大部分。表6.5所示为我国不同钢渣的化学成分。

表 6.5　不同钢渣的化学成分　单位:%

名称＼成分	CaO	FeO	Fe_2O_3	SiO_2	MgO	Al_2O_3	MnO	P_2O_5
转炉钢渣	45～55	5～20	5～10	8～10	5～12	0.5～1	1.5～2.5	2～3
平炉初期渣	20～30	27～31	4～5	9～34	5～8	1～2	2～3	6～11
平炉精炼渣	35～40	8～14		16～18	9～12	7～8	0.5～1	0.5～1.5
平炉后期渣	40～45	8～18	2～18	10～25	5～15	3～10	1～5	0.2～1
电炉氧化渣	30～40	19～22		15～17	12～14	3～4	4～5	0.2～0.4
电炉还原渣	55～65	0.5～1		11～20	8～13	10～18		

钢渣呈黑色,外观像水泥熟料,其中夹带部分铁粒,硬度较大,密度为 1700～2000kg/m^3,其成分组成基本稳定。钢渣的主要矿物组成为橄榄石($2FeO \cdot SiO_2$)、硅酸二钙($2CaO \cdot SiO_2$)、硅酸三钙($3CaO \cdot SiO_2$)、铁酸二钙($2CaO \cdot Fe_2O_3$)及游离氧化钙 f-CaO等。

(3)钢渣的主要化学性质

①碱度。指钢渣中 CaO 与 SiO_2 和 P_2O_5 的含量比,即 $R=CaO/(SiO_2+P_2O_5)$。根据碱度的高低,可将钢渣分为低碱度渣(R=0.78～1.8),中碱度渣(R=1.8～2.5)和高碱度渣(R>2.5)。如表 6.6 所示,随着碱度的不同,钢渣中主体矿物相亦有所差别。钢渣利用主要以中碱度钢渣为主。

表 6.6　不同碱度钢渣的主体矿物相

碱度	主体矿物相	碱度	主体矿物相
0.9～1.4	钙镁橄榄石	1.6～2.4	硅酸二钙
1.4～1.6	镁辉石	>2.4	硅酸三钙

②活性。指钢渣中 $3CaO \cdot SiO_2(C_3S)$、$2CaO \cdot SiO_2(C_2S)$等具有水硬胶凝性活性矿物的含量。当钢渣碱度 R 为 1.8～2.5 时,其中的 C_3S 和 C_2S 的含量之和为 60%～80%;R>2.5时,钢渣中的主要矿物为 C_3S。但活性矿物的水硬性需很长时间才能表现出来。研究表明,掺钢渣的水泥或混凝土在几年、十几年甚至更长时间内其强度仍有较大幅度的增长。为利用钢渣的活性矿物,可采用细磨的方式降低其粒度,并采用外加剂激发其活性。钢渣水泥一般具有早期强度低、后期强度高的特点。

③稳定性。指钢渣中 CaO、MgO、C_2S、C_3S 等不稳定组分的含量。这些组分在一定条件下都具有体积不稳定性。碱度高的熔融炉渣缓慢冷却时,C_3S 在 1100～1250℃温度区域会分解出 C_2S 和 CaO;C_2S 在 675℃发生相变,由 β-C_2S 转变为活性很低的 γ-C_2S,体积膨胀 10%;CaO 水化消解为 $Ca(OH)_2$,体积成倍增大;MgO 消解为 $Mg(OH)_2$,体积膨胀 77%。只有等基本消解完毕后,体积才会趋于稳定。

④易磨性。钢渣的耐磨程度与其矿物组成和结构有关,钢渣结构致密,含铁量高,因此较耐磨。钢渣比矿渣耐磨,所以宜作路面材料。易磨性可用相对易磨系数表示,将物料与标准砂在相同条件下粉磨,所得比表面积之比即为相对易磨系数。表 6.7 为不同物

料的易磨性比较。

表 6.7　不同物料的易磨性比较

指标＼物料	钢渣	水渣	旋窑熟料	立窑熟料	标准砂
比表面积(cm^2/g)	3150	4320	4270	5170	4500
相对易磨系数	0.70	0.96	0.95	1.15	1.00

6.2.1.3　铁合金渣

铁合金渣是冶炼铁合金过程中排出的废渣。由于铁合金产品种类很多，原料工艺各不相同，产生的铁合金渣也不同。

(1)铁合金渣的分类

按冶炼工艺分：可分为火法冶炼废渣、浸出渣。

按铁合金品种分：可分为锰系铁合金渣、铬铁渣、硅铁渣、钨铁渣、钼铁渣、磷铁渣。

(2)铁合金渣的化学成分

我国一些铁合金渣的化学成分见表 6.8。

表 6.8　我国铁合金废渣的主要成分　　单位：%

名称＼成分	MnO	SiO_2	Cr_2O_3	CaO	MgO	Al_2O_3	FeO Fe_2O_3	V_2O_5	TiO_2
高炉锰铁渣	5～10	25～30		33～37	2～7	1.4～1.9	1～2		
碳素锰铁渣	8～15	25～30		30～42	4～6	0.7～1	0.4～1.2		
硅锰合金渣	5～10	35～40		20～25	1.5～6	1～2	0.2～2		
碳素铬铁渣		27～30	24～3	2.5～3.5	26～46	1.6～1.8	0.5～1.2		
硅铁渣		30～35		11～16	1	13～30	3～7		
钨铁渣	20～25	35～50		5～16		5～15	3～9		
钼铁渣		48～60		6～7	2～4	10～13	13～15		
磷铁渣		37～40		37～44		2	1.2		
钒浸出渣	2～4	20～28		0.9～1.7	1.5～2.8	0.8～3	8～10	1.1～1.4	
钒铁冶炼渣		25～28		50～55	5～10	8～10		0.35～5	
金属铬浸出渣	Na_2CO_3 3.5～7	5～10	2～7	23～30	24～30	3.7～8			
金属铬冶炼渣	NaO 3～4	1.5～2.5	11～14	0～1	1.5～2.5	72～78			
钛铁渣	0.2～0.5	0～1		9.5～10.5	0.2～0.5	73～75	0～1		13～15
硼铁渣		1.13		4.63	17.09	65.35	0.24		

6.2.1.4　有色金属渣

有色金属渣是指冶炼有色金属过程中产生的废渣。

(1)有色金属渣的分类

①按生产工艺分:可分为火法冶炼形成的熔融矿渣;湿法冶炼生成的残渣;冶炼过程排出的烟尘和污泥。

②按金属矿物的性质:可分为重金属渣、轻金属渣和稀有金属渣。

(2)有色金属废渣的化学成分

国内几种有色金属废渣的化学成分见表6.9。

表6.9　几种有色金属废渣的化学成分　　单位:%

成分 种类	SiO_2	CaO	MgO	Al_2O_3	Fe	Cu	Pb	Zn	Ag	Sb	As	Ge	Ni
铜渣	30～40	4～15	1～5	2～4	25～38	0.2～1	<2	2～3	0.5	0.2			
铅渣	20～30	14～22	1～5	10～24	20～40	0.3	0.2～0.4	2					
锌渣	12～14				33	0.7	0.5	2			0.03	0.004	
镍渣	42～44	2～3			20～25								0.12～0.13

6.2.2　冶金工业固体废物的加工与处理

6.2.2.1　高炉矿渣的加工处理

在利用高炉矿渣之前,需对其进行加工处理,用途不同,加工处理方法不同。我国通常把高炉矿渣加工成水渣、矿渣碎石等方式加以利用。

(1)高炉矿渣水淬处理工艺

高炉矿渣水淬处理工艺是将熔融状态的高炉矿渣置于水中急速冷却,限制其结晶,并使其粒化。目前常用的水淬方法有渣池水淬和炉前水淬两种。

①渣池水淬。渣池水淬是用渣罐将熔渣拉到距离高炉较远的地方,直接倒入水池中,熔渣入水后急剧冷却成水渣。水渣用吊车抓出,放置于堆场装车外运。

此法优点是节约用水,主要缺点是易产生大量渣棉和硫化氢气体,污染环境。属逐渐淘汰的处理工艺。

②炉前水淬。炉前水淬是利用高压水使高炉渣在炉前冲渣沟内淬冷成粒状,并输送到沉渣池形成水渣。水渣经抓斗抓出,堆放脱水后外用。

根据过滤方式的不同,炉前水淬可分为炉前渣池式、炉前渣车式、水利输送式、沉淀池过滤式、旋转滚筒式及脱水仓式等。

(2)高炉重矿渣碎石工艺

高炉重矿渣碎石是高炉熔渣在渣坑或渣场自然冷却或淋水冷却,形成结构较为致密的矿渣后,经破碎、磁选、筛分等工序加工成的一种碎石材料。

重矿渣碎石处理工艺主要有热泼法和渣场堆存开采法两种。

①热泼法。热泼法有炉前热泼法和渣场热泼法两种形式。

炉前热泼法是让熔渣经渣沟直接流到热泼坑,每泼一层熔渣便要淋一次水,促使其

加速冷却和破裂。待泼到一定厚度后，便可进行挖掘，运至处理车间进行破碎、磁选和筛分，得到不同规格的碎石。目前国外多采用薄层多层热泼法，渣层薄，气体易析出，因此渣石密度大、强度高。

渣场热泼法是将熔渣用渣罐车运到渣场热泼，其后处理工艺同炉前热泼。该工艺的优点是工艺简单、处理量大、产品性能稳定。缺点是占地面积大。

②渣场堆存开采法。该方法是用渣罐车将熔渣运至堆渣场，分层倾倒，形成渣山后，再进行开采。

高炉重矿渣碎石工艺的优点是设备简单，投资省，生产成本低。一般情况下，建一条重矿渣碎石生产线的基建投资约为建同等能力的天然石场的1/2～1/3，渣石成本约为天然碎石的2/3～1/2。

(3)膨胀矿渣珠(膨珠)生产工艺

膨珠生产工艺是20世纪70年代发展起来的高炉渣处理新技术。如图6.2所示，高温熔渣经渣沟流到膨胀槽上，与高压水接触后，即开始膨胀，并流至滚筒上，被高速旋转的滚筒击碎并抛甩出去，冷却成珠落入膨胀池内。膨珠具有多孔、质轻、表面光滑的特点，既可同水渣一样利用，又可作轻骨料。

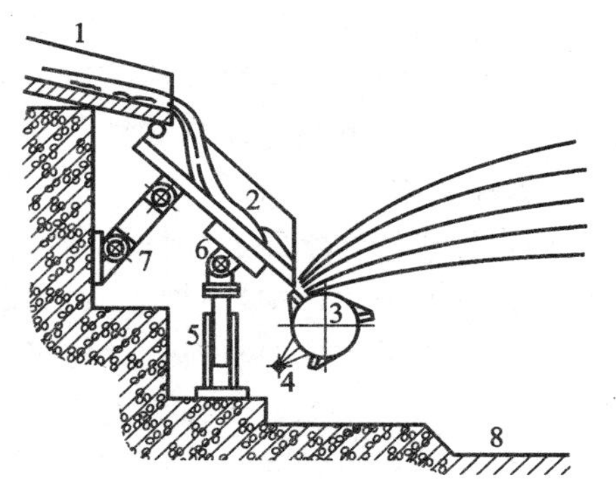

图6.2　高炉渣膨珠生产工艺

1—熔渣槽；2—膨胀槽；3—滚筒；4—冷却水管；5—升降装置；6,7—调节器；8—膨珠池

该工艺的优点是比水淬法用水量少，环境污染小，可抑制H_2S气体的产生；比热泼法占地面积小，处理效率高；投资省，成本低。

6.2.2.2　钢渣的加工处理

钢渣处理工艺主要有下列几种：

(1)热泼法。热熔钢渣倒入渣罐后，用车辆运到钢渣热泼车间，利用吊车将渣罐的液态渣分层泼倒在渣床上(或渣坑内)喷淋适量的水，使高温炉渣急冷碎裂并加速冷却，然后用装载机、电铲等设备进行挖掘装车，再运至弃渣场。需要加工利用的，则运至钢渣处理间进行粉碎、筛分、磁选等工艺处理。

(2)盘泼水冷(ISC)法。在钢渣车间设置高架泼渣盘，利用吊车将渣罐内液态钢渣泼在渣盘内。渣层一般为30～120mm厚，然后喷以适量的水促使急冷破裂。再将碎渣翻倒在渣车上，驱车至池边喷水降温，再将渣卸至水池内进一步降温冷却。钢渣粒度一般为5～100mm，最后用抓斗抓出装车，送至钢渣处理车间，进行磁选、破碎、筛分、精加工。

(3)水淬法。热熔钢渣在流出、下降过程中，被压力水分割、击碎，再加上熔渣遇水急冷收缩产生应力集中而破裂，使熔渣粒化。由于钢渣比高炉矿渣碱度高、黏度大，其水淬难度也大。为防止爆炸，有的采用渣罐打孔，在水渣沟水淬的方法并通过渣罐孔径限制最大渣流量。

(4)风淬法。渣罐接渣后，运到风淬装置处，倾翻渣罐，熔渣经过中间罐流出，被一种特殊喷嘴喷出的空气吹散，破碎成微粒，在罩式锅炉内回收高温空气和微粒渣中所散发

的热量并捕集渣粒。经过风淬而成微粒的转炉渣，可做建筑材料。

(5)钢渣粉化处理。由于钢渣中含有未化合的游离氧化钙(f-CaO)，用压力0.2～0.3MPa，100℃的蒸汽处理转炉钢渣时，其体积增加23%～87%，小于0.3mm的钢渣粉化率达50%～80%。在钢渣中主要矿相组成基本不变的情况下，消除了f-CaO，提高了钢渣的稳定性。此种处理工艺可显著减少钢渣破碎加工量并减少设备磨损。

6.2.3 冶金工业固体废物的利用

6.2.3.1 高炉矿渣的综合利用

根据高炉矿渣的化学组成和矿物组成可知，高炉矿渣属硅酸盐材料的范畴，适于加工制作水泥、碎石、骨料等建筑材料。

(1)水淬矿渣作建筑材料

利用水淬矿渣作水泥混合材是国内外普遍采用的技术。我国75%的水泥中掺有高炉水淬渣。在水泥生产中，高炉矿渣已成为改进性能、扩大品种、调节标号、增加产量和保证水泥安定性的重要原材料。目前使用最多的主要有以下几种：

①矿渣硅酸盐水泥。简称矿渣水泥，是我国产量最大的水泥品种，是用硅酸盐水泥熟料和粒化高炉矿渣加3%～5%的石膏磨细制成的水硬性胶凝材料。水渣加入量一般为20%～70%。

与普通硅酸盐水泥相比，矿渣水泥的主要特点是：具有较强的抗溶出性及抗硫酸盐侵蚀的性能，故可适用于海上工程及地下工程等；水化热较低，可用于浇筑大体积混凝土工程；耐热性好，用于高温车间及容易受热的地方比普通水泥好。此外，在干湿、冷热变动较为频繁的场合，其性能不如普通硅酸盐水泥，故不宜用于水位经常变动的水工混凝土建筑中。

②石膏矿渣水泥。由80%左右的高炉矿渣，加15%左右的石膏和少量硅酸盐水泥熟料或石灰，混合磨细后得到的水硬性胶凝材料。石膏矿渣水泥成本较低，有较好的抗硫酸盐侵蚀和抗渗透性能。但周期强度低，易风化起砂，一般适用于水工建筑混凝土和各种预制砌块。

③矿渣混凝土。以矿渣为原料，加入激发剂(水泥熟料、石灰、石膏等)，加水碾磨后与骨料拌和。其配合比见表6.10。

矿渣混凝土的各种物理性能，如抗拉强度、弹性模量、耐疲劳性能和钢筋的黏结力等均与普通混凝土相似，其优点在于具有良好的抗水渗透性能，可制成性能良好的防水混凝土；耐热性好，可用于工作温度在600℃以下的热工工程，能制成强度达50MPa的混凝土。

表6.10 矿渣混凝土配合比

项目	不同标号混凝土配合比			
	C15	C20	C30	C40
水泥(32.5级)			≤15	20
石灰	5～10	5～10	≤5	≤5

续表 5.10

项目	不同标号混凝土配合比			
	C15	C20	C30	C40
石膏	1～3	1～3	0～3	0～3
水	17～20	16～18	15～17	15～17
水灰比	0.5～0.6	0.45～0.55	0.35～0.45	0.35～0.4
浆∶矿渣(质量比)	(1∶1)～(1∶1.2)	(1∶0.75)～(1∶1)	(1∶0.75)～(1∶1)	(1∶0.5)～(1∶1)

④矿渣砖。用水渣加入适量水泥等胶凝材料，经过搅拌、轮碾、成型、蒸汽养护等工序而成。一般配比为水渣85%～90%，磨细生石灰10%～15%。矿渣砖的抗压强度一般可达10MPa以上，适用于上下水或水中建筑，不适用于高于250℃的环境下使用。矿渣砖性能如表6.11所示。

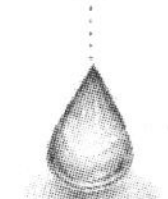

表6.11 矿渣砖性能

规格(mm)	抗压强度(MPa)	抗折强度(MPa)	密度(kg/m^3)	吸水率(%)	导热系数[W/(m·K)]	磨损系数
240×115×53	9.8～19.6	24～30	2000～2100	7～10	0.5～0.6	0.94

(2)矿渣碎石做基建材料

未经水淬的矿渣碎石，其物理性能与天然岩石相近，其稳定性、坚固性、耐磨性及韧性等均满足基建工程的要求。在我国一般用于公路、机场、地基工程、铁路道砟、混凝土骨料和沥青路面等。还可配制矿渣碎石混凝土。

矿渣碎石混凝土是指用矿渣碎石作为骨料配制的混凝土，在我国已经有几十年的使用历史。矿渣碎石混凝土不仅具有与普通碎石混凝土相似的物理力学性能，而且还具有较好的保温、隔热、耐热、抗渗和耐久性能。现已广泛应用于500号以下的混凝土、钢筋混凝土及预应力混凝土工程中。

①用于地基工程。矿渣碎石的极限抗压强度一般都超过了50MPa，因此完全满足地基处理的要求。我国早在20世纪30年代就使用高炉矿渣加固地基，新中国成立后使用更加普遍。实践表明，用高炉矿渣作为软弱地基的处理材料，其特点是技术合理、安全可靠、施工方便、价格低廉。

②修筑道路。矿渣碎石具有较为缓慢的水硬性，对光线的漫射性能好，摩擦系数大，适宜用作各种道路的基层和面层。实践表明，利用矿渣铺路，其路面强度、材料耐久性及耐磨性方面都有较好的效果。且矿渣碎石摩擦系数大，用其铺筑的矿渣沥青路面具有良好的防滑效果，缩短车辆的制动距离。

③用作铁路道砟。高炉矿渣具有良好的坚固性、抗冲击性、抗冻性，且具有一定的减振和吸收噪声的功能。承受循环荷载的能力较强。目前各大钢铁公司几乎都在使用高炉矿渣作为专用铁路的道砟。

(3)膨珠作轻骨料

近年来发展起来的膨胀矿渣珠生产工艺生产的膨珠，具有质轻、面光、自然级配好、

吸音隔热性能强的特点。用作混凝土骨料可节省 20%左右的水泥，一般用来制作内墙板、楼板等。

用膨珠配制的轻质混凝土密度为 1400～2000kg/m^3，抗压强度为 9.8～29.4MPa，导热系数为 0.407～0.582W/(m·K)。具有良好的抗冻性、抗渗性和耐久性。

(4)高炉矿渣的其他应用

高炉矿渣除用于建材生产外，还可以用来生产一些具有特殊性能的矿渣产品，如矿渣棉、微晶玻璃、热铸矿渣及矿渣铸石等。

①生产矿渣棉。矿渣棉是以高炉矿渣为主要原料，加入白云石、玄武岩等调整成分，加热熔化后采用高速离心法或喷吹法制成的一种丝状矿物纤维。具有质轻、保温、隔声、隔热、防震等性能，可以加工成各种板、毡、管等制品，广泛用于冶金、机械、建筑、化工和交通等部门。

矿渣棉的物理性质如表 6.12 所示。

表 6.12　矿渣棉的物理性质

等级	容积密度(kg/m^3)	导热系数[W/(m·K)]	烧结温度(℃)	纤维直径(μm)	渣球含量(%)直径＜0.5mm	使用温度范围(℃)
一级	＜100	＜0.004	800	＜6	＜6	－200～700
二级	＜150	＜0.046	800	＜8	＜10	－200～700

②生产微晶玻璃。微晶玻璃是近几十年发展起来的一种用途广泛的新型无机材料。其主要原料是高炉矿渣(62%～78%)、硅石(22%～38%)和其他非铁冶金渣等。一般需要由下列化合物组成：二氧化硅 40%～70%，三氧化二铝 5%～15%，氧化钙 15%～35%，氧化镁 2%～12%，氧化钠 2%～12%，晶核剂 5%～10%。

矿渣微晶玻璃生产工艺如下：在固定式或回转式炉中，将高炉矿渣与硅石和结晶催化剂一起熔化成液体，然后用吹、压等一般玻璃成型的方法成型，并在 730～830℃下保温 3h，最后升温至 1000～1100℃并保温 3h，使其结晶、冷却即为成品。

矿渣微晶玻璃产品比高碳钢硬，比铝轻，机械性能比普通玻璃大 5 倍多，耐磨性不亚于铸石，热稳定性好，电绝缘性能与高频瓷接近。矿渣微晶玻璃可广泛用于冶金、化工、煤炭、机械等工业部门的各种容器设备防腐的保护和金属表面的耐磨保护层，同时可以制造溜槽、管材等。

6.2.3.2　钢渣的综合利用

钢渣利用的研究始于 20 世纪初，由于成分复杂多变，其利用率一直不高。20 世纪 70 年代以后，随着资源的日趋紧张及炼钢和综合利用技术的日趋发展，各国钢渣的利用率迅速提高。我国起步较晚，钢渣利用率较低。目前钢渣利用的主要途径是用作冶金原料、建筑材料，以及农业应用等。

(1)用作冶金原料

①作烧结熔剂。烧结矿的生产一般需加石灰作熔剂。转炉钢渣一般含 40%～50%的 CaO，1t 钢渣相当于 0.7～0.75t 石灰石。把钢渣加工到小于 10mm 的钢渣粉，便可替代部分石灰石直接作烧结配料用。配加量视矿石品位及含磷量确定，品位高、含磷低的

精矿，可配加 4%～8%。

钢渣作烧结熔剂不仅可回收利用钢渣中的钙、镁、锰、铁等元素，还可提高烧结机的利用系数和烧结矿的质量，降低燃料消耗。

②作高炉炼铁溶剂。钢渣中除 CaO 外，还含有 10%～30%的 Fe，2%左右的 Mn，若将其直接返回高炉作熔剂，不仅可回收钢渣中的铁，还可把 CaO、MgO 等作为助熔剂，从而节省大量的石灰石、白云石资源。钢渣中的钙、镁等均以氧化物的形式存在，不需经过碳酸盐的分解过程，因而可节省大量热能。使用时，要将钢渣处理成 10～40mm 的颗粒，使用数量视具体情况而定。

③回收废钢铁。钢渣一般含有 7%～10%的废钢铁，加工磁选后，可回收其中约 90%的废钢铁。

(2)用作建筑材料

①生产钢渣水泥。高碱度钢渣含有大量的 C_3S 和 C_2S 等活性矿物，水硬性好，因此可成为生产无熟料及少熟料水泥的原料，也可作为水泥掺合料。钢渣水泥具有水化热低、后期强度高、抗腐蚀、耐磨性好等特点，是理想的道路水泥和大坝水泥，且具有投资省、成本低、设备少、节省能源和生产简便等优点。缺点是早期强度低、性能不够稳定。不同钢渣水泥的配比见表 6.13。

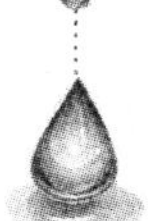

表 6.13　不同钢渣水泥的配比

品种	标号	配比(%)				
		熟料	钢渣	矿渣	沸石	石膏
无熟料钢渣矿渣水泥	22.5～32.5		40～50	40～50		8～12
少熟料钢渣矿渣水泥	27.5～32.5	10～20	35～40	40～50		3～5
钢渣沸石水泥	27.5～32.5	15～20	45～50		25	7
钢渣硅酸盐水泥	32.5	50～65	30	0～20		5
钢渣矿渣硅酸盐水泥	32.5～42.5	35～55	18～28	22～32		4～5
钢渣矿渣高温型石膏白水泥	32.5		20～50	30～55		12～20

②作筑路及回填材料。钢渣碎石具有密度大、抗压强度高、稳定性好、表面粗糙、与沥青结合牢固等特点，因而广泛应用于铁路、公路及工程回填。因钢渣具有活性，易板结成大块，因此特别适宜于在沼泽、海滩筑路造地。钢渣用作公路碎石，耐磨防滑性能好，且具有良好的渗水及排水性能。

但钢渣具有体积膨胀的特点，故必须陈化后才能使用，一般要洒水堆放半年，且粉化率不得超过 5%。要有合理级配，最大块直径不能超过 300mm，最好与适量粉煤灰、炉渣或黏土混合使用。同时严禁将钢渣碎石用作混凝土骨料。

③生产建材制品。把具有活性的钢渣与粉煤灰或炉渣按一定比例混合、磨细、成型、养护，即可生产出不同规格的砖、瓦、砌块等建筑材料，其生产的钢渣砖与黏土制成的红砖的强度和质量差不多。

但生产建材制品的钢渣一定要控制好 CaO 的含量和碱度。

(3)用于农业

钢渣是一种以钙、硅为主,含多种养分的、具有速效又有后劲的复合矿物质肥料。除硅、钙外,钢渣中还含有微量的锌、锰、铁、铜等元素,对作物生长起一定促进作用。由于在冶炼过程中经高温煅烧,其溶解度已大大改变,所含主要成分易溶量达全量的1/3～1/2,容易被植物吸收。

①做钢渣磷肥。含 P_2O_5 超过 4%的钢渣,可直接作为低磷肥料用,相当于等量磷的效果,并超过钙镁磷肥的增产效果。钢渣磷肥不仅适用于酸性土壤,在缺磷碱性土壤也可增产,实践表明,施加钢渣磷肥后,一般可增产 5%～10%。我国许多地区土壤缺磷或呈酸性,充分利用钢渣资源,对促进农业生产具有积极意义。

②做硅肥。硅是水稻生产需求量较大的元素,含 SiO_2 超过 15%的钢渣,磨细至 60 目以下,即可作硅肥用于水稻田,一般每亩使用 100kg,可增产水稻产量 10%左右。

③做土壤改良剂。钙、镁含量高的钢渣,磨细后,可作为酸性土壤改良剂,并且也利用了磷和其他微量元素。它用于农业生产,还可增强农作物的抗病虫害能力。

6.2.3.3　有色冶金废渣的综合利用

(1)从铜转炉渣中回收铁

日本铜转炉渣含铜 2.1%～7.2%,部分直接返回鼓风炉熔炼,60%左右的铜转炉渣经选矿处理后,回收的铜精矿返回冶炼系统。含铜低的尾矿含铁高达 58%,称铁精矿,因其二氧化硅含量高,粒度细,部分用作炼铁原料,大部分用作水泥原料。

(2)粗铅火法精炼碱性浮渣提取碲

首先将浮渣磨细后,在 70～80℃温度下用水浸出,使碲进入碱性溶液,碲的浸出率在 96%以上。然后用电解法在碱性溶液中析出碲,碲的回收率为 99%左右。

(3)电炉-电解法处理锌窑渣

锌窑渣是湿法炼锌过程中经过回转窑处理后的残渣,含铁、锌、银较高,并含有 20%左右的碳。先采用电炉熔炼,然后进行电解处理可回收其中的有价金属。其工艺是首先将渣进行磁选,选出磁性铁,并在电炉中熔融成含铜生铁。炉料中的锌、铅和部分铟在烟尘系统收集下来,含铜生铁铸成阳极进行电解,其中的铜、铟、金、银等沉积于阳极泥中回收。

(4)从镍钴渣提取硝酸钴

将镍钴渣用浓盐酸在高温下进行溶解,钴、镍、锰、铜、铁进入溶液,过滤后将滤渣弃去。将酸浸后的溶液加热到 80～90℃,用铁丝置换除铜,沉淀渣用作回收铜。除铜后的溶液加热到 60～80℃,采用氯酸钠作氧化剂将二价铁氧化为三价铁,再加入碳酸钠调 pH 值在 3.5 附近,使铁完全沉淀。除铁后的溶液在 80℃和 pH 值为 1.5～2 时,加入次氯酸钠可将钴、锰沉淀,溶液送去回收镍。钴、锰渣再加入硝酸溶解,使钴进入溶液而锰仍留在渣中。硝酸钴溶液经蒸发浓缩后可得到含钴 8%的硝酸钴。

6.3　能源工业固体废物的处理与利用

能源工业固体废物主要包括煤炭、电力等部门所排出的固体废物,如粉煤灰、炉渣等。

6.3.1　粉煤灰的性质

粉煤灰是煤粉经高温燃烧后形成的一种类似火山灰质的混合材料，是冶炼、化工、燃煤电厂等企业排出的固体废物。2009年，我国每年粉煤灰的排放量已达到3.75亿t，大量的粉煤灰长期堆放既占用农田又造成了大量的环境污染，粉煤灰的资源化已成为我国亟待解决的问题。

6.3.1.1　粉煤灰的化学及矿物组成

粉煤灰的化学成分是评价粉煤灰质量优劣的重要技术基础。粉煤灰的化学组成与黏土类似，主要成分为SiO_2(40%～60%)、Al_2O_3(17%～35%)、Fe_2O_3(2%～15%)、CaO(1%～10%)和未燃炭。其余为少量K、P、S、Mg等的化合物和As、Cu、Zn等微量元素。

粉煤灰的矿物组成非常复杂，主要有无定形相和结晶相两大类。无定形相主要为玻璃体，约占粉煤灰总量的50%～80%，此外，未燃尽的炭粒也属于无定形相。结晶相主要有石英、莫来石、云母、长石、赤铁矿等。

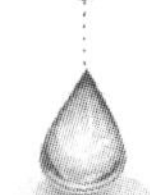

6.3.1.2　物理性质

粉煤灰外观是灰色或灰白色的粉状物，含炭量大的粉煤灰呈灰黑色。粉煤灰颗粒多半呈玻璃状态，在形成过程中，由于表面张力的作用，部分呈球形，表面光滑，微孔较小。小部分因熔融状态下互相碰撞而粘连，形成表面粗糙、棱角较多的组合颗粒。

粉煤灰的密度与化学成分相关，低钙灰的密度一般为1800～2800kg/m^3，高钙灰一般为2500～2800kg/m^3。空隙率一般为60%～75%，粒度一般为45μm，比表面积2000～4000cm^2/g。

6.3.1.3　活性

粉煤灰的活性是指粉煤灰与石灰、水混合后显示的凝结硬化性能。粉煤灰含有较多的活性氧化物，如二氧化硅、三氧化二铝等。它们分别与氢氧化钙在常温下起化学反应生成较稳定的水化硅铝酸钙，与石灰、水泥熟料等碱性物质混合加水拌和后，能凝结、硬化并具有一定的强度。

粉煤灰的活性不仅取决于它的化学组成，而且与它的物相组成和结构特征有密切关系。高温熔融并经过骤冷的粉煤灰，含大量的表面光滑的玻璃微珠，具有较高的化学内能，是粉煤灰活性的主要来源。玻璃体中活性二氧化硅和三氧化二铝含量越高，粉煤灰的活性越强。

6.3.2　粉煤灰的加工与处理

根据粉煤灰的排放方式可分为湿排粉煤灰和干排粉煤灰两种。

(1)湿排粉煤灰的脱水

湿排粉煤灰是采用较多量的水，直接从湿式除尘器或静电除尘器下将粉煤灰稀释成流体，其含水率高达95%～98%，需进行脱水处理才能使用。粉煤灰的脱水工艺主要有自然沉降法、自然沉降-真空脱水法、浓缩真空过滤脱水法(图6.3)等，可将其含水率降至35%～40%。

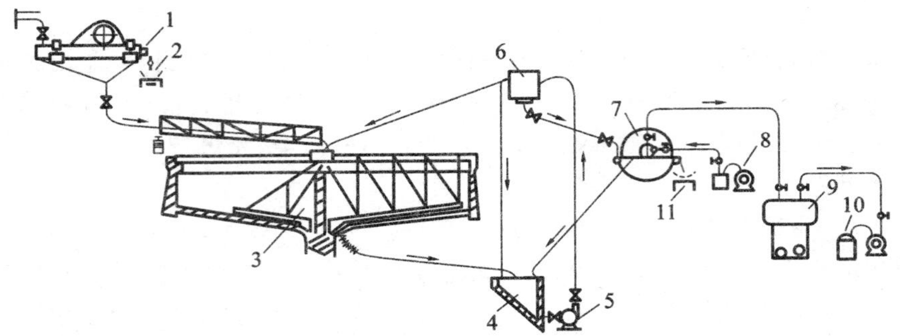

图 6.3　浓缩真空过滤脱水工艺流程

1—脱水箱；2,11—胶带运输机；3—耙式浓缩机；4—灰浆池；5—砂泵；
6—搅拌机；7—真空过滤机；8—空压机；9—自动排液装置；10—水环式真空泵

(2)干排粉煤灰的分选与活化

干排粉煤灰是将除尘器收集下来的粉煤灰，通过气力输送装置直接输送至储灰仓。

对粉煤灰的分选，主要是将粒度不同的粉煤灰，按要求分成不同的粒级，以提高粉煤灰的活性和产品的强度。常用的分选设备为旋风式粗细分离器。

除了粒度外，粉煤灰的活性还与其成分、结构和表面性质密切相关。目前，对粉煤灰的活化处理一般采用两条途径：一是增钙处理，即在电厂磨煤时专门掺入一定量的石灰或石灰岩，在燃烧过程中与粉煤灰中的氧化硅、氧化铝反应，生成具有水硬性的硅酸钙、铝硅酸钙；二是将粉煤灰用球磨机进一步磨细，使其在细度增加的同时产生具有活性的新表面。若在磨细的同时，再掺入一部分化学活化剂，则活化效果更好，该工艺被称为物理-化学联合活化，其工艺流程如图 6.4 所示。

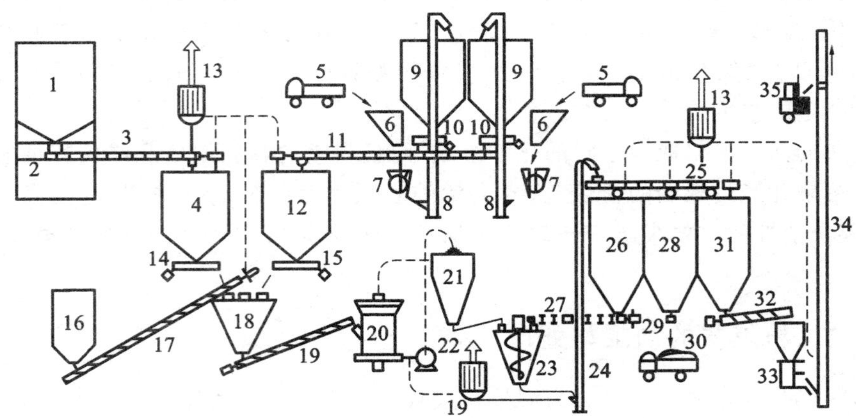

图 6.4　粉煤灰物理-化学联合活化工艺流程

1—粉煤灰库；2—锁气器；3,11,17,19,25,27,32—管式螺旋输送机；4—粉煤灰缓冲仓；5—自卸汽车；
6—受料斗；7—颚式破碎机；8,24—斗式提升机；9—激发材料仓；10,14,15—电振给料机；12—激发材料缓冲仓；
13—袋式除尘器；16—外加剂料仓；18—给料机；20—摆式磨粉机；21—旋风收尘器；22—循环风机；23—混合机；
26,28,31—成品仓；29—卸料器；30—散装水泥车；33—包装机；34—胶带输送机；35—叉车

6.3.3 粉煤灰的综合利用

目前，我国粉煤灰的主要利用途径是生产建筑材料、筑路和回填；此外，还可用作农业肥料和土壤改良剂，回收工业原料和制作环保材料等。1990—2000年我国粉煤灰产生量和利用情况见表6.14。

表6.14 我国1990—2000年粉煤灰产生量及利用情况

项目＼年份	1990年	1991年	1992年	1993年	1994年	1995年	2000年
灰渣总量(万t)	6779	7483	7982	8602	9114	10200	15300
综合利用量(万t)	1880	2020	2547	2993	3700	3400	4500
利用率(%)	26.6	26.99	31.9	34.8	40.6	33.33	29.41
排入灰场(万t)	5459	6049	6553	6689	5305	6800	10800
比例(%)	80.5	80.84	82.05	77.78	58.21	66.67	70.59
排入江河(万t)	394		240	181	125		
比例(%)	5.81		3.0	2.10	1.37		

6.3.3.1 粉煤灰用作建筑材料

粉煤灰用作建筑材料，是我国粉煤灰的主要利用途径之一，包括配制水泥、混凝土、烧结砖、蒸养砖、砌块及陶粒等。

① 粉煤灰水泥。粉煤灰水泥是由硅酸盐水泥和粉煤灰加入适量的石膏磨细而成的水硬性胶凝材料。粉煤灰的成分与黏土类似，可以代替黏土生产水泥。还可利用其残余炭，在煅烧水泥过程中节省燃料。粉煤灰中含有大量的活性 Al_2O_3、SiO_2 及 CaO 等，当掺入少量生石灰或石膏时，可生产无熟料水泥，也可掺入不同比例熟料生产各种规格的水泥。如以熟料为主，加入20%～40%粉煤灰和少量石膏磨制，可制成粉煤灰硅酸盐水泥，其中也允许加入一定量的高炉水淬渣。但粉煤灰与水淬渣混合材料的掺入量不得超过50%，其标号有225、275、325、425、525号5个。粉煤灰水泥水化热低、抗渗和抗裂性能好。该水泥早期强度低，但后期强度高，能广泛应用于一般民用、工业建筑工程及水利工程和地下工程。

② 粉煤灰混凝土。粉煤灰混凝土是以硅酸盐水泥为胶结料，砂、石子等为骨料，并以粉煤灰取代部分水泥、加水拌和而成。实践表明，粉煤灰能减少水化热、改善和易性、提高强度、减少干缩率、有效改善混凝土的性能。

③ 粉煤灰制砖。粉煤灰的成分与黏土相似，可以替代黏土制砖，粉煤灰的加入量可达30%～80%。粉煤灰蒸养砖是以粉煤灰为主要原料，掺入适量骨料、生石灰及少量石膏，经碾磨、成型、蒸汽养护而成。粉煤灰的掺入量在65%左右，制成品一般可达100～150号，但抗折性较差。

④ 粉煤灰陶粒。粉煤灰陶粒是用粉煤灰作主要原料，掺入少量黏结剂和固体燃料，经混合、成球、高温焙烧而制得的一种轻质骨料，粉煤灰陶粒的生产一般包括原材料处理、配料及混合、生料球制备、焙烧、成品处理等工艺过程。粉煤灰陶粒的主要特点是质

量轻、强度高、热导率低、化学稳定性好等,比天然石料具有更为优良的物理力学性能。粉煤灰陶粒可用于配制各种用途的高强度混凝土,可用于工业与民用建筑、桥梁等许多方面。采用粉煤灰陶粒混凝土可减轻构件自重,改善使用性能,节约材料、降低造价,特别在大跨度和高层建筑中,粉煤灰陶粒混凝土的优越性更为显著。

6.3.3.2 筑路回填

① 筑路。粉煤灰能代替砂石、黏土用于公路路基、修筑堤坝。目前我国常采用粉煤灰、黏土、石灰掺合作公路路基材料。掺入粉煤灰后路面隔热性能好,防水性和板体性也有提高,适于处理软弱地基。

② 回填。煤矿区采煤后易塌陷,形成洼地,利用粉煤灰对矿区的煤坑、洼地进行回填,既降低了塌陷程度、消化了大量的粉煤灰,还能复垦造田,减少农户搬迁,改善矿区生态。粉煤灰还可调节粗粒尾砂的级配,改善黏土质尾砂的通水透气性能。

6.3.3.3 粉煤灰用于农业生产

① 作土壤改良剂。粉煤灰具有良好的物理化学性能,可用于改造重黏土、生土、酸性土和盐碱土。这些土壤加入粉煤灰后,密度降低,孔隙率增加,通水透气性能得到明显改善,酸性得到中和,团粒结构得到改善,并具有抑制盐碱作用,从而有利于微生物生长繁殖,加速有机物的分解,提高土壤的有效养分含量和保温保水能力,增强作物的防病抗旱能力。

利用电磁场处理含 Fe_2O_3 约 10%的粉煤灰,可获得磁化粉煤灰。磁化粉煤灰施入土壤后,能增加磁性,促进土壤微团聚体的形成,改善土壤结构和孔隙率,提高通水、连气和保水能力,疏松土壤,提高土壤的易耕性,促进土壤的氧化还原反应,从而有利于有机组分的矿质化,提高营养元素的有效态含量;磁化粉煤灰还可使植物根系稳定,促进细胞分裂和生长,提高农作物产量。

② 作农业肥料。粉煤灰含有大量的枸溶性硅、钙、镁、磷等农作物必需的营养元素。当含有较高枸溶性钙镁时,可作改良酸性土壤的钙镁肥;当含有大量枸溶性硅时,可作硅肥;若含磷量较低时,也可添加磷矿石等,制成钙镁磷肥;添加适量石灰石、钾长石、煤粉等,经焙烧制成硅钾肥;此外,粉煤灰中含有大量 SiO_2、CaO、MgO 及少量 P_2O_5、S、Fe、Mo、B、Zn 等有用成分,因而也被用作复合微量元素肥料。

此外,粉煤灰中的微量元素,可参与植物的生物化学过程和酶的作用,影响植物的代谢和蛋白质、糖类的合成。土壤中加入粉煤灰可增强植物的防病抗虫能力,可减少农药的使用。如粉煤灰可有效防止水稻因缺少硅、硫等而出现的稻瘟病;粉煤灰中的 Mo 可防止小麦发生麦锈病等。

6.3.3.4 回收工业原料

① 回收煤炭。一般粉煤灰中含碳量约 5%～16%左右。粉煤灰中含碳量太多,对粉煤灰建材(尤其蒸养制品)的质量和从粉煤灰中提取漂珠的质量有不良影响,同时也浪费了宝贵的炭资源。回收煤炭的方法主要有两种,一种是用浮选法回收湿排粉煤灰中的煤炭,回收率约为 85%～94%,尾灰含碳量小于 5%。浮选回收的粉煤灰具有一定的吸附性,可直接作吸附剂,也可用于制作粒状活性炭。另一种是干灰静电分选煤炭,利用灰、炭介电性能的不同,使二者在高压电场的作用下发生分离。静电分选工艺的炭回收率一

般在85%～90%之间，尾灰含碳量在5.5%左右。回收煤炭后的灰渣适于作建筑材料。

② 回收金属物质。粉煤灰中含有Fe_2O_3、Al_2O_3和大量稀有金属，在一定条件下，这些金属物质都可回收。粉煤灰中含Fe_2O_3一般为4%～20%，最高达43%。粉煤灰中的铁可通过磁选法进行回收，其回收率可达40%以上。粉煤灰中含Al_2O_3一般为7%～5%，一般要求Al_2O_3含量大于25%时方可回收。目前铝回收的方法主要有高温熔融法、热酸淋洗法、直接熔解法等。

③ 分选空心微珠。空心微珠是由51%～60%的SiO_2、26.2%～39.9%的Al_2O_3、2.2%～8.7%的Fe_2O_3以及少量钾、铁、钙、镁、钠、硫的氧化物组成的熔融结晶体。空心微珠的密度一般只有粉煤灰的1/3，粒径为0.3～300μm。目前，国内主要用干法机械分选和湿法分选两种方法来分选空心微珠。空心微珠具有质量小、强度高、耐高温和绝缘性能好等多种优异性能。现已成为一种多功能的无机材料，主要用作塑料的填料、轻质耐火材料、高效保温材料，以及石化工业的催化剂、填充剂、吸附剂和过滤剂等，可用作人造大理石的填料，此外还可用作航天航空设备的表面复合材料和防热系统材料。

6.3.3.5　用作环保材料

① 环保材料开发。粉煤灰因其独特的理化性能而被广泛用于环保产业，如用于垃圾卫生填埋填料，用于制造人造沸石和分子筛、利用粉煤灰制絮凝剂，另外用作吸附剂等。

② 用于废水处理。粉煤灰可用于处理含氟废水、电镀废水及含重金属离子废水和含油废水。粉煤灰中含沸石、莫来石、炭粒和硅胶等，具有无机离子交换特性和吸附脱色作用。粉煤灰处理电镀废水，对其中铬等重金属离子具有很好的去除效果，去除率一般在90%以上。若用$FeSO_4$处理含铬废水，铬离子去除率可达99%以上。此外，粉煤灰还可以处理含汞废水，吸附了汞的饱和粉煤灰经焙烧将汞转化成金属汞回收，回收率高，其吸附性能优于粉末活性炭。

6.4　化学工业固体废物的处理与利用

化学工业固体废物主要包括无机盐、氯碱、磷肥、纯碱、硫酸、有机合成原料、染料、感光等原料和材料生产过程所产生的固体废物，如废催化剂、废化学药品、废酸碱、废三泥(底泥、浮渣、污泥)、废纤维丝、废片基等。

6.4.1　化学工业废渣的种类与特性

6.4.1.1　化学工业废渣的分类

① 按行业和工艺过程分：可分为无机盐工业废物(铬渣、氰渣、磷泥等)、氯碱工业废物(盐泥、电石渣等)、氮肥工业废物(主要是炉渣)、硫酸工业废物(主要是硫铁矿烧渣)、纯碱工业废物等。

② 按废物主要组成分：可分为废催化剂、硫铁矿烧渣、铬渣、氰渣、盐泥、各类炉渣、碱渣等。

6.4.1.2　化学工业废渣的特性

化工废渣主要有如下特点：

① 固废产生量大。根据统计，一般每生产 1t 化工产品便会产生 1～3t 固体废物，有的产品甚至产生 8～12t 固体废物。全国化工企业每年产生约 3.72×10^{7}t 固体废物，约占全国工业固体废物产生量的 6.16%。因此，化工废渣是较大的固体废物污染源之一。

② 危险废物种类多，有毒物质含量高，对人体健康和环境危害大。化工废渣中相当一部分具有急性毒性、反应性及腐蚀性等特点，尤其是危险废物中有毒物质含量高，对人体和环境会造成较大危害。

③ 再生资源化潜力大。化工固废中有相当一部分是反应的原料和反应副产品，而且部分废物中还含有金、银、铂等贵重金属。通过专门的回收加工工艺，可以将有价值的物质从废物中回收，以取得经济、环境双重效益。

6.4.2　化学工业废渣的处理与回收

6.4.2.1　铬渣的综合利用

(1)铬渣的来源与组成

铬渣即铬浸出渣，是冶金和化工企业在金属铬和铬盐生产过程中，由浸滤工序滤出的不溶于水的固体废弃物。

铬浸出渣为浅黄绿色的粉状固体，呈碱性。每生产 1t 重铬酸钠约产生 1.8～3t 铬渣，每生产 1t 金属铬约产生 12～13t 铬渣。根据有关统计，我国每年的铬渣产出量约为 200kt。

铬渣的化学与矿物组成见表 6.15、表 6.16。

表 6.15　铬渣的化学组成　　单位：%

化学组成	Cr_2O_3	六价铬	SiO_2	CaO	MgO	Al_2O_3	Fe_2O_3
质量分数	3～7	0.3～1.5	8～11	23～36	20～33	5～8	7～11

表 6.16　铬渣的矿物组成　　单位：%

矿物组成	方镁石	硅酸二钙	铁铝酸钙	亚铬酸钙和尖铬晶石		铬酸钙
质量分数	20	25	25	5～10		2～3
矿物组成	四水铬酸钠	铬铝酸钙	碱式铬酸铁	碳酸钙	水合铝酸钙	氢氧化铝
质量分数	1～3	1～3	<0.5	2～3	1	1

(2)铬渣的危害

铬的毒性与其存在的形态有关，铬化合物中六价铬(Cr^{6+})毒性最剧烈，具有强氧化性和体膜透过能力，对人体的消化道、呼吸道、皮肤、黏膜及内脏都有危害。铬的化合物还有致癌作用。六价铬在酸性介质中易被有机物还原成三价铬(Cr^{3+})，三价铬在浓度较低的情况下毒性较小。

研究表明，铬渣中含有六价铬的六种组分的相对量为：四水铬酸钠占 41%，(游离)铬酸钙占 23%，铬铝酸钙与碱式铬酸铁占 13%，硅酸钙-铬酸钙固溶体占 18%，铁铝酸钙-铬

酸钙固溶体占5%。其中四水铬酸钠及游离铬酸钙(共占64%)具有水溶性,易被地表水、雨水溶解,形成污染,其余四种组分虽难溶于水,但在长期露天堆存过程中,空气中的CO_2和水能使其水化,造成铬渣对环境的中长期污染。

(3)铬渣的综合利用

含铬废渣在被排放或综合利用之前,一般需要进行解毒处理。由于铬的化合物具有较强的氧化作用,所以铬渣解毒的基本原理就是在铬渣中加入还原剂,在一定的温度和气氛条件下,将有毒的六价铬还原成无毒的三价铬,从而达到消除铬污染的目的。

①铬渣作玻璃着色剂。我国在20世纪60年代开始用铬渣代替铬铁矿作为绿色玻璃的着色剂。在高温熔融状态下,铬渣中的六价铬离子与玻璃原料中的酸性氧化物、二氧化硅作用,转化为三价铬离子而分散在玻璃体中,达到解毒和消除污染的目的,同时铬渣中的氧化镁、氧化钙等组分可替代玻璃配料中的白云石和石灰石原料,大大降低原材料的消耗量。

②铬渣制钙镁磷肥。将铬渣与磷矿石、白云石、焦炭、蛇纹石等按一定比例加入电炉或高炉中,经高温熔融还原,将铬渣中的六价铬还原成三价铬,以Cr_2O_3形式进入磷肥半成品玻璃体中固定下来;其余六价铬被还原成金属铬元素进入副产品磷铁中,从而达到解毒的目的。

生产钙镁磷肥的主要原料是铬渣和磷矿石,其化学成分如表6.17所示。

表6.17　生产钙镁磷肥原料的化学成分　　单位:%

成分 / 原料	Cr_2O_3	CaO	MgO	SiO_2	P_2O_5	Al_2O_3	Fe_2O_3
铬渣	2~7	28~33	26~33	5~8		6~11	7~12
磷矿石		40~50		7~15	28~35		

用铬渣替代蛇纹石生产钙镁磷肥,为铬渣的综合利用找到了一条经济且适用的出路。由于工艺过程有CO和C等还原剂的存在,而且温度高达1350~1450℃,使六价铬的高温熔融还原反应得以充分进行,还原较彻底。生成的Cr_2O_3进入磷肥玻璃体中被固定了下来,使用中不会再发生氧化反应生成六价铬。该工艺所用设备简单,易在小炼铁厂及磷肥厂中推广应用,一台$28m^3$小高炉每年可处理铬渣8~10kt。

③铬渣炼铁。用铬渣代替白云石、石灰石作为生铁冶炼过程的添加剂。在高炉冶炼过程中,铬渣中的六价铬可以被完全还原,脱除率达97%以上,同时使用铬渣炼铁,还原后的金属进入生铁中,使铁中的铬含量增加,其机械性能、硬度、耐磨性、耐腐蚀性等均有所提高。

6.4.2.2　工业废石膏的回收利用

(1)工业废石膏的来源及组成

工业废石膏主要包括磷酸、磷肥工业中产生的废磷石膏、烟气脱硫过程中产生的二水石膏、其他无机化学部门用硫酸浸蚀各类钙盐所产生的废石膏。我国以磷石膏为主,由于每生产1t磷酸要产生5t废磷石膏,因此其产生量非常大。在许多国家,磷石膏排放量已超过天然石膏的开采量。

磷石膏的主要组成及含量见表 6.18。

表 6.18 磷石膏的主要成分及含量

成分	可溶性 P_2O_5	不溶性 P_2O_5	氟化物	Al_2O_3	Fe_2O_3	SiO_2	Na_2O	有机碳
含量(%)	<0.25	<0.1	0.1～0.4	0.1～0.5	0.05～0.25	0.5～6	0.002～0.01	0.0004～0.0025

(2)磷石膏的提纯处理

在一般情况下,必须对磷石膏进行提纯处理,才能实现回收利用的目的。提纯是为了清除硫酸钙饱和溶液中的杂质,避免影响产品质量。磷石膏提纯处理的基本工艺是:先用水洗涤提取出磷石膏中的可溶杂质,然后通过湿法过筛清除其中的大颗粒,再通过旋风分离法和过筛清除磷石膏中的细粉,然后经过分解、活化得到可以应用的熟石膏。

(3)磷石膏的综合利用

①磷石膏生产纸面石膏板。用经过提纯处理过的磷石膏和护面纸为主要原料,掺加适量纤维、胶黏剂、促凝剂、缓凝剂等,经过料浆培植、成型、切割、烘干等工艺流程即可制得纸面石膏板。其生产工艺流程见图 6.5。

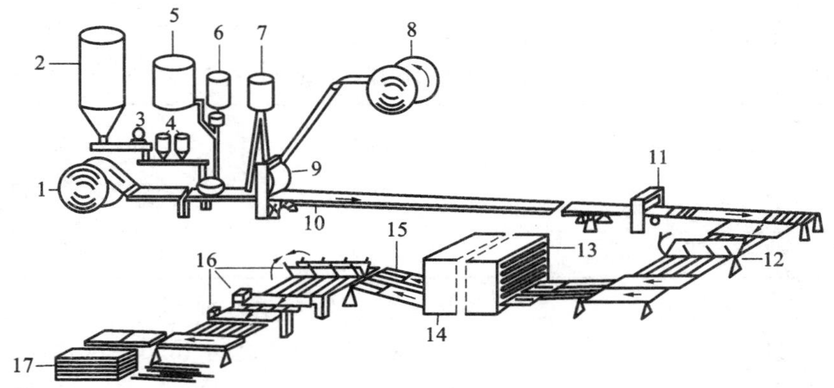

图 6.5 纸面石膏板生产工艺流程

1—正面用纸;2—石膏料仓;3—配料称量;4—添加剂;5—水;6—混合器;7—胶料;8—背面用纸;9—成型站;10—皮带机;11—切割机;12—翻板台;13—烘干入口;14—烘干机;15—烘干出口;16—刨边机;17—堆垛台

②磷石膏生产水泥。将提纯处理后的磷石膏破碎后,经过计量,与水泥熟料、混合材等一起送入水泥磨,粉磨后即得成品水泥。

③磷石膏用于改良土壤。磷石膏呈酸性,pH 值一般为 1～4.5,可以代替石膏改良碱土、花碱土和盐土,改善土壤理化性状及微生物活动条件,提高土壤肥力。

6.4.2.3 硫铁矿烧渣的综合利用

(1)硫铁矿烧渣的来源及组成

硫铁矿烧渣是生产硫酸时焙烧硫铁矿产生的废渣,硫铁矿是我国生产硫酸的主要原料。

硫铁矿烧渣的组成与矿石来源有很大关系,不同硫铁矿焙烧生成的矿渣成分不同,但基本成分主要包括三氧化二铁、四氧化三铁、金属硫酸盐、硅酸盐、氧化物及少量的铜、

铅、锌、金、银等有色金属。

表 6.19 为较典型硫铁矿烧渣的化学组成。

表 6.19　我国部分硫酸企业硫铁矿烧渣的化学组成　　单位：%

企业＼组成	Fe	FeO	Cu	Pb	S	SiO_2	Zn
大化公司化肥厂	35				0.25		
铜陵化工总厂	55～75	4～6	0.2～0.35	0.015～0.04	0.43	10.06	0.043～0.083
吴径化工厂	52		0.24	0.054	0.31	15.96	0.19
四川硫酸厂	46.73	6.94		0.05	0.51	18.50	
杭州硫酸厂	48.83		0.25	0.074	0.33		0.72
衢州硫酸厂	41.99		0.23	0.0781	0.16		0.0952

(2)硫铁矿烧渣的综合利用

①制矿渣砖。将消石灰粉(或水泥)与硫铁矿烧渣混合，经过成型和养护即可制成矿渣砖。矿渣砖的主要原料是硫铁矿烧渣(约占 84%)，是解决硫铁矿烧渣污染环境的有效途径之一。

硫铁矿烧渣制砖方法分为蒸养制砖和自然养护制砖两种，主要取决于原料烧渣和辅料的特性。

②磁选铁精矿。硫铁矿烧渣中含有丰富的铁元素，利用磁选法回收其中的铁是硫铁矿烧渣综合利用的有效方法之一。

磁选前要将含铁量 49%～52%的烧渣加水后形成浓度为 10%～20%的矿浆，然后在球磨机中进行研磨，当料浆粒度小于 200 目的占到 80%以上时，将料浆控制适当流量送至磁选机进行磁选，磁选所得的精矿中夹带的泥砂可用水力冲洗的方法将其除去。磁选后的成品铁精矿中含铁量约为 55%～60%，硫铁矿烧渣铁回收率大于 60%。

③制作铁系颜料。硫铁矿烧渣中含有丰富的铁元素，因此可利用硫酸与硫铁矿烧渣反应制取硫酸亚铁，再经过一定工艺生产铁系颜料，这也是硫铁矿烧渣回收利用的有效途径之一。

主要化学反应方程式为：

$$Fe + H_2SO_4 = FeSO_4 + H_2$$

$$FeSO_4 + 2NaOH = Fe(OH)_2 + Na_2SO_4$$

$$4Fe(OH)_2 + O_2 = 4FeOOH + 2H_2O$$

硫铁矿烧渣制作铁系颜料的工艺流程如图 6.6 所示。

将硫铁矿烧渣及适量浓度的硫酸加入反应桶，反应后静置沉淀，经过滤后，得到硫酸亚铁溶液。向部分硫酸亚铁溶液加入氢氧化钠溶液，控制温度、pH 值和空气通入量，获得 FeOOH 晶种。将制备好的晶种投入氧化桶，加入硫酸亚铁溶液进行反应。氧化过程结束后，将料浆过滤除去杂质，然后经漂白、吸滤、干燥、粉磨等过程，即可得到铁黄颜料。铁黄颜料经 600～700℃煅烧脱水，即制得铁红颜料。

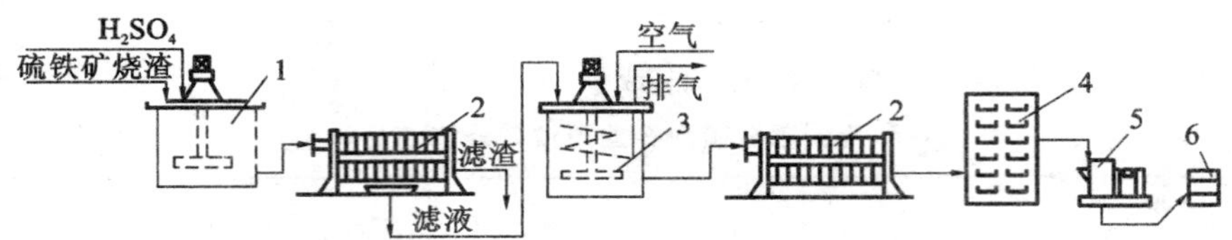

图 6.6 硫铁矿烧渣制铁系颜料工艺流程

1—反应桶;2—过滤;3—结晶;4—干燥;5—粉碎;6—包装

6.5 石油化学工业固体废物的处理与利用

石油化学工业固体废物主要包括石油炼制、石油化工、石油化纤等生产过程所产生的固体废物,如废化学药剂、废催化剂、废三泥、聚合单体废块、废酸碱、废丝等。

6.5.1 概述

6.5.1.1 来源及分类

石油化学工业固体废物主要包括在生产过程中产生的固态、半固态以及容器盛装的液体、气体等危险废物。按生产行业可分为石油炼制行业固体废物、石油化工行业固体废物和石油化纤行业固体废物。石油炼制行业固体废物主要有酸碱废液、废催化剂和页岩渣;石油化工、石油化纤行业固体废物主要有废添加剂、聚酯废料、有机废液等。按化学性质可分为有机固体废物和无机固体废物。

6.5.1.2 石油化学工业固体废物的特点

① 有机物含量高。原油处理过程中的损失率为 0.25%,除通过水、气损失外,其他大部分将含在固体废物中。石油化工、化纤行业产生的固体废物中绝大多数为有机废液。

② 危险废物种类多。石油化学工业产生的固体废物大多数为危险废物,对人体健康和环境危害很大。

③ 资源化途径繁多。废催化剂含有的贵重稀有金属铂、铼、银等,只要采取适当的物理、化学、熔炼等加工方式就可以加以回收;含油量较高的底泥可用作燃料;废酸碱液经适当处理可以回收利用;页岩渣是多功能的建筑材料。

6.5.2 处理利用方法

6.5.2.1 废碱液的处理利用

(1)硫酸中和法回收环烷酸、粗酚

常压直馏汽、煤、柴油的废碱液中环烷酸含量高,可以直接采用硫酸酸化的方法回收环烷酸和粗酚。回收过程是先将废碱液在脱油罐中加热,静置脱油后往罐内加入浓度为98%的硫酸,控制 pH 值为 3~4,发生中和反应生成硫酸钠和环烷酸,经沉淀可将硫酸钠

的废水分离出去，将上层有机相进行多次水洗以除去硫酸钠和中性油，即可得到环烷酸产品。若用此法处理二次加工的催化汽油、柴油废碱液，即可得到粗酚产品。

(2)二氧化碳中和法回收环烷酸、碳酸钠

为减轻设备腐蚀和降低硫酸消耗量，可采用二氧化碳中和法回收环烷酸。此法一般是利用7%～11%(体积分数)的CO_2的烟道气碳化常压油品碱渣。回收过程是先将废碱液加热脱油后进入碳化塔，在塔内通入含CO_2的烟道气进行碳化，碳化液经沉淀分离。上层产品为环烷酸，下层为碳酸钠水溶液，碳酸钠水溶液经喷雾干燥即得到固体碳酸钠，纯度可达90%～95%。

(3)其他方法

采用化学精制处理常压柴油产生的废碱液，可用加热闪蒸法生产贫赤铁矿浮选剂，用以代替一部分塔尔油和石油皂，可使原来的加药量减少48%。液态烃碱洗液含有硫化钠和烧碱，可用于造纸行业。

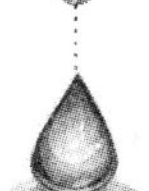

6.5.2.2　废酸液的处理利用

(1)硫热解法回收硫酸

目前国内回收硫酸多送到硫酸厂，将废酸喷入燃烧热解炉中，废酸与燃料一起在燃烧室中分解为SO_2。裂解产生的气体经文丘里洗涤器除尘后，冷却至90℃左右，再通过冷却器和静电酸雾沉降器，除去酸雾和部分水分，经干燥塔除去残余水分，以防止设备腐蚀和转化器中催化剂失效。在V_2O_5的催化作用下，SO_2转化生产SO_3，用稀酸吸收，制成浓硫酸。

(2)废酸液浓缩

废酸液浓缩的方法很多，目前使用比较广泛的成熟方法为塔式浓缩法。此法可将70%～80%的废酸液浓缩到95%以上。

6.5.2.3　页岩渣的处理利用

(1)作矿井填充和筑路材料

页岩渣满足填充废弃矿井的物料要求，而且费用大大低于用河沙充填。茂名石油工业公司约2/3的干馏页岩渣用于矿井填充或作路基材料。

(2)利用赤页岩粉作菱镁制品的改性填料

菱苦土是一种凝胶材料，其制品可用于各种建筑结构，但其耐水性差，故在使用上受到了限制。抚顺市有关建材厂经大量探索性试验，发现赤页岩粉灰是改善菱苦土耐水性能的良好填料。赤页岩粉中的活性硅和活性铝可与菱苦土进行化学反应，产生不溶于水的硅酸镁和硅酸铝，改善菱苦土的耐水性能，其效果显著，且提高了其强度和安定性。

(3)生产水泥

抚顺水泥厂曾采用湿法配制水泥生料，配料中掺入了28%的页岩渣，所生产的水泥标号可达425号。

(4)页岩渣制陶粒

将含碳3%左右的页岩渣干燥、磨细，然后与红黏土混合，加水制成料球，代替黏土以及白土粉作隔离剂，再经烘干制成较干的陶粒生球。生球经300～400℃的烟气烘干、预热，再进入高温炉焙烧，保持炉温在1150℃，陶粒即膨胀至最大粒径，出炉冷却后即得陶粒。

小　　结

本章介绍了典型的固体废物的资源化回收利用，分别对矿业、冶金工业、能源工业、化学工业和石油化学工业几个方面的固体废物的资源化利用方式和途径进行论述，并有实际案例和具体工艺供学生掌握学习。

思考题与习题

1. 何谓固体废物资源化?
2. 简述固体废物资源化的原则和基本途径。
3. 钢渣处理工艺有哪几种? 试比较各自优缺点?
4. 利用粉煤灰可回收利用哪几种工业原料? 简述各种回收方法。
5. 试简述硫铁矿烧渣的回收利用方式。

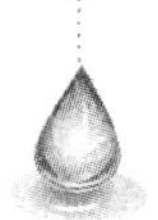

第7章　农业固体废物的资源化利用

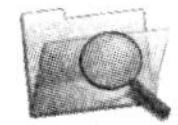

学习目标

了解典型农业固体废物资源化回收利用途径；能结合本章学习，举出农业生产、畜牧养殖等领域产生的植物纤维性固体废物、畜禽粪污、塑料地膜等农业固体废物的资源化利用实例；着重掌握植物纤维废物、畜禽粪污、塑料地膜固体废物资源化的新思路、新技术及发展方向。

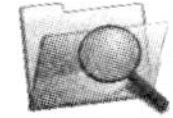

必备知识

在掌握农业固体废物处理处置一般方法的基础上，重点掌握典型农业固体废物的资源化回收利用的新思路、新技术。

选修知识

关注国内外典型农业固体废物资源化利用的新动向及发展方向。

兴趣导入

人类在开发利用自然资源进行社会化大生产的同时，必然产生许多废弃物。以我国为例，我国是一个农业大国，农业生产中的废弃物种类繁多，数量巨大，但仅有1/5农业废弃物被利用，农业资源被严重破坏和浪费。此外，种植业和养殖业只注重粮、肉、蛋、奶等产品的利用，对大量的副产品弃之不顾。据报道，我国每年种植业产生的废弃物（秸秆、蒿草、壳蔓）有10亿t左右、养殖业畜禽粪便300万t左右、林业（锯末刨花）160万t左右。这些废弃物既是宝贵资源，又是严重污染源，若不经妥善处理排入环境，将会严重污染环境。如大量的秸秆被简单地烧掉，会严重污染大气环境；畜禽粪便等有机废液不经妥善处理直接排入水体，造成严重的地下水体和地表水系的污染等。如果这一状况进一步恶化，必将会制约农业生产的发展。另一方面，农村乡镇工业迅速发展对商品能源的需求也会日益增加。

美国北卡罗来纳州A&T大学的畅·塞欧先生一直在探索利用农业废弃物提高水

质的方法，他认为玉米芯、豆荚一类农副产品下脚料可用于处理废水。美国密西西比州佛罗拉的ERT公司开发了棉花废弃物的一种全新用途：利用棉籽棉绒吸收、生物降解碳氢化合物，其主要是利用棉籽加工废弃物纤维素中固有的一种细菌。ERT公司通过创造某种特殊的环境营养细菌，促其繁殖，从而制成一种带生物活性的吸收剂。这种产品外形像精细的木屑，对动植物无毒害，把它施放到受油类污染的地表面、水面或土壤中，它将如同胶囊一样包裹住碳氢化合物或其他有毒物质，然后产品中的细菌破裂出来降解油类，清除污染。此产品常被用来清洁人们难以清除的有油类溢出物的湿软地区（如沼泽地）、汽车事故地或车库，并可附带用在运油车上。

课前思考题

1. 农业固体废物的种类有哪些？
2. 农业固体废物有哪些特点？
3. 植物纤维性农业固体废物资源化利用途径。
4. 畜禽粪污资源化利用途径。
5. 塑料地膜资源化利用途径。

7.1 农业固体废物分类及特征

7.1.1 农业固体废物的分类

农业固体废物是指在农业生产活动中产生的固体废物，也称为农业垃圾，主要是指在农业生产中产生的废塑料、各种植物残渣、人畜粪便及废农具等。按其成分，主要包括植物纤维性废弃物（农作物秸秆、谷壳、果壳及甘蔗渣等农产品加工废弃物）、废弃农用薄膜、畜禽粪污三大类，是农业生产和再生产链环中资源投入与产出在物质和能量上的差额，是资源利用过程中产生的物质能量流失份额。一般意义上的农业固体废物，主要是指农业生产和农村居民生活中不可避免的一种非产品产出。从资源经济学的角度上看，农业固体废物是某种物质和能量的载体，是一种特殊形态的农业资源。

1. 农业固体废物的特点

由于农业产品的品种和产地的不同，农业固体废弃物的种类也千差万别，它们的理化性质存在着很大差异，但也有其共同的特点。

(1)元素组成

除C、O、H三元素的含量高达65%～90%外，还含有丰富的N、P、K、Ca、Mg、S等多种元素。

(2)化学组成

通常又可分为两大类：一类是天然高分子聚合物及其混合物，如纤维素、半纤维素、

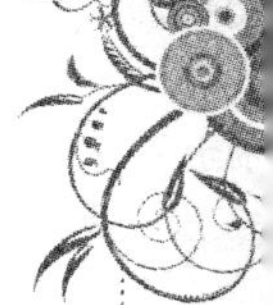

淀粉、蛋白质、天然橡胶、果胶和木质素等；另一类是天然小分子化合物，如生物碱、氨基酸、单糖、抗生素、脂肪、脂肪酸、激素、黄酮素、酮类、粘烯类和各种碳氢化合物。尽管天然小分子化合物在植物体内含量甚微，但大多具有生理活性，因而具有重要的经济价值。

(3)物理性质

普遍具有表面密度小、韧性大、抗拉、抗弯、抗冲击能力强的特点。植物类废弃物干燥后对热、电的绝缘性和对声音的吸收能力较好，且具有较好的可燃性，并能产生一定的热量，热值一般为12～16MJ/kg，虽比煤的低，但含硫量极少，燃烧清洁，且燃烧后产生的灰分用途也很广泛。

2. 农业固废的种类

农业固体废弃物的种类很多，通常根据它们的来源来分类。农业固体废弃物按其来源可分为四种类型。

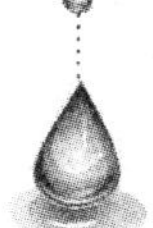

(1)第一性生产废弃物，主要是指农田和果园残留物，如作物的秸秆或果树的枝条、杂草、落叶、果实外壳等。

(2)第二性生产废弃物，主要是指畜禽粪便和栏圈铺垫物等。

(3)第三性生产废弃物，主要指农副产品加工后的剩余物。

(4)第四性生产废弃物，主要指农村居民生活废弃物，包括人粪尿及生活垃圾。

7.1.2　第一性生产废物的特征分析

1. 第一性生产废物的特征及其利用方式

第一性生产废弃物是指作物秸秆、枯枝落叶等，是农业废弃物中最主要的部分。它是自然赐予人类宝贵的生物资源，其中含有丰富的有机质、纤维素、半纤维素、粗蛋白、粗脂肪和氮、磷、钾、钙、镁、硫等各种营养成分，可广泛应用于饲料、燃料、肥料、造纸、轻工食品养殖、建材、编织等各个领域。

2. 有效开发我国的秸秆资源

我国秸秆资源丰富，开发利用潜力很大。根据我国农村现状，应在以下几方面加强工作，有效地开发秸秆资源：

(1)根据地区农业经济和能源实际情况，因地制宜，进行秸秆还田。

(2)按照“因地制宜，多能互补，综合利用，讲求效益”的原则，解决全国农村能源短缺问题。要充分合理地利用秸秆资源，扩大秸秆作为饲料、原料和还田的比例，根据地区差异，因地制宜地解决好农村能源问题。

(3)优化秸秆编织技术和建材生产技术。有些地区有秸秆编织的传统绝技，比如陕西关中农村具有利用麦秆、玉米棒苞叶等编织的历史和传统。有关部门应从政策上予以扶持和鼓励，有条件的地方可组织民间编织协会；利用秸秆生产建材，吸收和引进这方面的新技术，尽可能做到变废为宝，造福于人类。

7.1.3　第二性生产废物的特征分析

1. 第二性生产废物的产量及分布

我国是传统的农业国，畜禽种类繁多，主要的畜禽有猪、牛、羊、马、驴、骡、骆驼七种

和鸡、鸭、鹅、兔四种。畜禽每天产生的粪尿量，随其种类、体型大小、饲料以及环境的温度和湿度而改变。若按新鲜粪尿计，那么猪平均每头一昼夜产粪 2kg，尿 2kg，每头每年产生粪尿约 1830kg；羊平均每只一昼夜产粪 1.5kg，尿 0.75kg，每只每年产生粪尿约 821.5kg；牛平均每头一昼夜产粪 20kg，尿 10kg，每头每年产生粪尿约 10950kg；马平均每匹每年产生粪尿约 7300kg；至于驴、骡、骆驼，与马差不多。各种家禽，鸡和兔平均每只一昼夜产粪 0.05kg，每只每年产粪约 18.25kg；鸭和鹅，平均每只一昼夜产粪 0.15kg，每只每年产粪约 54.75kg。按上述标准测算，再根据各地区畜禽饲养量，那么，全国畜的全年排泄量约 25.7 亿 t，禽的排泄量约 1.3 亿 t，全年畜禽总的产粪尿量约 36.4 亿 t。如此多的畜禽粪便，不仅污染了养殖场周围的环境，而且导致了水体的污染。随着生产的发展和人口的进一步增加，畜禽粪便的产生量正以年均 5%～10%的速度递增。我国牲畜排粪量由高到低排序，排出最高的几个省区为：四川、河南、山东、云南、湖南、广西、内蒙古；畜禽排粪量由高到低排序，排出最高的几个省区为：广东、山东、四川、安徽、河南、广西、福建。目前，发展畜牧业已成为农民致富的主要途径。据调查，农村户均生猪存栏在 3 头以上，养禽 5 只以上，大牲畜平坝区约 0.35 头，山区半山区在 1.5 头以上。以农村户均 4 人，养猪 3 头，禽 5 只（以鸡计），大牲畜（以牛计）0.35 头，按人均排泄粪便 1.2kg/d，猪排泄粪便 15kg/d、牛 30kg/d、鸡 0.05kg/d 计算，农村户均每天产生人畜粪便 61kg，是城镇（以户均 3 人计）的 17 倍。

2. 第二性生产废物的利用途径和开发价值

各种畜禽粪都含有丰富的有机质，含有较高的 N、P、K 及微量元素，是很好的制肥原料。有机质在积肥、施肥过程中，经过微生物的加工分解及重新合成，最后形成腐殖质贮存在土壤中。腐殖质对改良土壤、培肥地力的作用是多方面的：它能调节土壤的水分、温度、空气及肥效，适时满足作物生长发育的需要；能调节土壤的酸碱度，形成土壤团粒结构；能延长和增进肥效，促进水分迅速进入植物体，并有催芽、促进根系发育和保温等作用。但畜禽粪便有臭味，难以作为一种商品肥料出售，因此，需要采取发酵除臭、化学除臭及物理化学除臭法。

7.1.4 农副产品加工后剩余物的特征分析

1. 农副产品废物的种类

农副产品废弃物依其来源大致可以分为作物残体、畜产废弃物、林产废弃物、渔业废弃物和食品加工废弃物五大类。

2. 农副产品废物的特征

(1)作物残体

作物残体是指作物中不可食用的，在收获后仍留于田间的部分。作物残体的成分因其种类、成熟度而有所不同。一般作物残体以纤维素、半纤维素和木质素为主，另外亦含有可溶性物质、糖类、蛋白质等。例如，稻草含纤维素 38.70%、半纤维素 18.30%、木质素 15.00%、粗蛋白质 4.10%和灰分 12.20%。

(2)畜产废物

畜禽排泄物的性质受饲养方式、饲料成分影响很大。例如，饲料不同，则猪的排泄物

性质亦不同。使用配合饲料时，其尿的BOD、浮游物质、蒸发残留物、总氮素、磷和钾等含量皆比用厨余物饲养时高。

(3)林业废物

林业废弃物主要为木质废弃物。例如，硬木含纤维素45%～50%、半纤维素20%～25%、木质素20%～25%和其他成分1%～5%。

(4)渔业废物

淡水鱼一般头大、内脏多，采肉量仅为鱼体质量的30%，加工时鱼头、内脏、鱼鳞、鱼刺、鱼皮等下脚料被白白丢弃。如，鳗鱼头含水分69.6%、蛋白质11.65%、脂肪10.47%和灰分3.92%。

(5)食品工厂废物

由于经济及工业的快速发展，生活水准不断提升，加工食品为人们重视。部分食品加工时，其不可食部分的废弃物由于水分含量高，而且易为微生物分解、易腐败，如处理不当常容易造成环境污染。

7.1.5　农村居民生活废弃物的特征分析

1. 我国农村的生活垃圾数量及其成分特点

(1)农村生活垃圾数量

由于城市产生的生活垃圾都运往郊区农村堆放处理，垃圾场地一般都设在城镇郊区，所以农村承受了农村和城镇共同产生的生活垃圾，农村生活垃圾的数量实际是农村和城镇生活垃圾产生量之和。随着人民生活水平的提高，生活垃圾的数量在不断变化。20世纪80年代以来，每年生活垃圾正在以7%～10%的速度增长。

(2)我国农村生活垃圾的成分及其特点

随着农村经济的发展和城镇化进程的加快，农村垃圾由过去易自然腐烂的菜叶瓜皮，发展为由塑料袋、建筑垃圾、生活垃圾、农药瓶和作物秸秆、腐败植物组成的混合体，成分复杂，其中许多东西无人回收，不可降解。

由于不同地区经济水平、生活和饮食习惯不同，产生的生活垃圾成分也各不相同。按农村生活垃圾的化学成分，农村生活垃圾可分两类：一类是作物的养料成分，如氮、磷、钾、有机质和微量元素；另一类是有毒有害物质，如重金属、化学药品残液和在垃圾堆放过程中产生的一些无机或有机化合物。我国广大农村生活垃圾容积密度约为641～678kg/m^3，其中无机成分(玻璃、陶瓷、砖砾、电池、金属)约为4.01%～5.42%，有机成分(橡胶、塑料、毛发、碎布、木片、杂骨、秸秆、皮革、废纸)约为1.14%～1.27%，灰泥约为84%～88%。

2. 农村生活垃圾处理处置现状及存在的问题

(1)作物残体

农村生活垃圾通常由农田来消纳，农民把柴灰直接施入农田作肥料，其他生活垃圾往往与人畜粪便或植物秸秆等一起在田间地头自觉与不自觉地制作堆肥。受经济条件和传统习惯影响，农村垃圾既没有固定的存放点，也没有处理场所，大多随意堆放在道路两旁、田边地头、水塘沟渠，经过日积月累，垃圾越堆越多，不少垃圾散发出恶臭气味。一

方面污染了农村环境，影响了村容村貌；另一方面，随着风吹雨淋，流入、侵入河流和湖泊，对水体造成严重污染。

农村集镇垃圾一般都有清洁工人收集，并在镇郊固定场地堆放。在20世纪70年代中期以前，农村集镇的生活垃圾一般由周围农民运去作肥料。但当开始使用化肥和农药后，农民利用集镇生活垃圾作肥料也就日渐减少，加之运费提高等因素，离得较远的农民就不运了。我国目前普遍使用的裸弃堆放处置生活垃圾，未经覆盖处置的垃圾污秽不堪，散发臭气，滋生蚊蝇老鼠，尘土、纸和塑料片等随风飘舞，对周围的生态破坏严重。

7.2 植物纤维性废物资源化利用技术

7.2.1 植物纤维性废物资源与特点

1. 植物纤维性废物的来源

据估计，地球上每年生产的植物纤维性废弃物约为135亿t。农作物秸秆是世界上数量最多的一种农业生产副产品。我国各类农作物秸秆资源十分丰富，总产量达7亿多吨。在我国，植物纤维性废弃物一般可分为以下几个类别，具体见表7.1。

表7.1 我国主要植物纤维性废物分类

类别	具体名称
秸秆类(22种)	棉秆、麻秆、烟秆、高粱秆、玉米秆、葵花秆、稻草、小米秆、蓖麻秆、油菜秆、芝麻秆、黄豆秆、蚕豆秆、豌豆秆、红薯秆、木薯秆、香蕉秆、棕榈秆、麦秆、芦苇、剑麻秆(头)、次小杂竹
壳类(7种)	稻壳、花生壳、椰子壳、葵花子壳、茶壳、果壳、菜籽壳
渣屑类(6种)	蔗渣、麻屑、甜菜渣、拷胶渣、麻黄渣、竹屑

2. 植物纤维性废物的特点

植物纤维性废弃物主要由植物细胞壁组成，它含有大量的粗纤维和无氮浸出物，也含有粗蛋白、粗脂肪、灰分和少量其他的成分。植物细胞壁包含的纤维素和半纤维素较易被生物降解，而木质素除本身难以分解外，在植物细胞壁中，还常与纤维素、半纤维素、碳水化合物等成分混杂在一起，阻碍纤维素分解菌的作用，使得秸秆难以被生物所分解利用。

3. 植物纤维性废物的利用

植物纤维性废弃物利用，就是根据其物质组成、结构构造或物理技术特性的某一特点，通过一定的加工而得以充分利用，来满足人们的某一特殊需求。按照利用目的的不同来说，其价值主要体现在如下几方面：

(1)利用其含热值和可燃性作为能源使用。

(2)利用其营养成分制作肥料和饲料，以及加工生产淀粉、糖、酒、醋、酱油、食品等生

化制品。

(3)提取其有机化合物和无机化合物，生产化工原料和化学制品。

(4)利用其物理技术特性，生产质轻、绝热、吸声的植物纤维增强材料。

(5)利用其特殊的结构构造，生产吸附脱色材料、保温材料、吸声材料、催化剂载体等。

7.2.2　废物还田技术

秸秆中含有丰富的有机质和氮、磷、钾、钙、镁、硫等肥料养分，是可利用的有机肥料资源。秸秆直接还田作肥料是一种简便易行的方法，不同地区都适用。

秸秆还田利用可增加土壤有机质和速效养分含量，培肥地力，缓解氮、磷、钾比例失调的矛盾，并可改良土壤结构，使土壤容重下降，孔隙度增加，更加有利于涵养水分。同时，秸秆还田还为土壤微生物提高了充足的碳源，促进微生物的生长、繁殖，提高土壤的生物活性。秸秆覆盖地面，干旱期可减少土壤水分的地面蒸发量，保持耕田的蓄水量；雨季可缓冲雨水对土壤的侵蚀，抑制杂草生长，改善地-空热交换状况。此外，秸秆还田还可降低病虫害的发病率，减轻土壤盐碱度，增加作物的产量，提高作物的品质，优化农田生态环境。秸秆还田增产的机理主要是养分效应、改良土壤效应和农田环境优化效应。因此，秸秆还田与土壤肥力、环境保护、农田生态环境平衡等密切联系，已成为持续农业和生态农业的重要内容，具有十分重要的意义。秸秆作为有机肥料还田，利用方法有三种：秸秆直接还田、间接还田(高温堆肥)和利用生化快速腐熟技术制造优质有机肥。

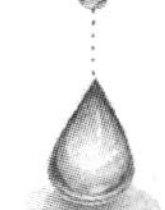

1.秸秆直接还田

秸秆直接还田采用秸秆还田机作业，机械化程度高，工作效率高，秸秆处理时间短，腐烂时间长，质量好，是用机械对秸秆简单处理的方法，适于大面积推广使用。秸秆直接还田又可分为机械直接还田、覆盖栽培还田、机械旋耕翻埋还田三种。机械还田是一项高效低耗、省工、省时的有效措施，易于被农民普遍接受和推广。但是秸秆机械还田存在两个方面的弱点：一是耗能大，成本高，难于推广；二是山区、丘陵地区田块面积小，机械使用受限。秸秆覆盖栽培还田可减少土壤水分蒸发，强化降水入渗，减轻土壤流失，抗御土壤风蚀，提高水分利用率；促进植株地上部分生长，缩小昼夜温差，有效缓解气温激变对作物的伤害，抑制田间杂草等覆盖效应；同时还具有改善土壤结构，提高土壤有机质含量，补充氮、磷、钾和微量元素含量，增加土壤微生物数量，激活土壤酶活性，加速土壤中物质的生物循环等培肥效应，是一项简便易行、省工节能、成本低廉的有效措施。

2.秸秆间接还田

间接还田(高温堆肥)是一种传统的积肥方式，它是利用夏秋高温季节，采用厌氧发酵沤制而成的，其特点是时间长，受环境影响大，劳动强度高，产出量少，成本低廉。包括堆沤腐解还田、烧灰还田、过腹还田、沼渣还田、菇渣还田等。堆沤腐解还田不同于传统堆制沤肥还田，主要是利用快速堆腐剂产生大量纤维素酶，在较短的时间内将各种作物秸秆堆制成有机肥。烧灰还田主要有两种形式：一是作为燃料；二是在田间直接焚烧。田间焚烧不但污染空气、浪费能源、影响飞机升降与公路交通，而且会损失大量有机质和氮素，保留在灰烬中的磷、钾也易被淋失，同时易引起火灾，应大力提倡作物秸秆田间禁

烧。过腹还田是一种效益很高的秸秆利用方式，是秸秆经过青贮、氨化、微贮处理，饲喂畜禽后，以畜粪尿施入土壤。秸秆过腹还田，不但可以缓解发展畜牧业饲料粮短缺的矛盾，增加禽畜产品，还可为农业增加大量的有机肥，培肥地力，降低农业成本，促进农业生态系统良性循环。沼渣还田是将秸秆发酵后产生的沼渣、沼液等优质的有机肥料应用于农业生产过程，这些肥料养分丰富，腐殖酸含量高，肥效缓速兼备，是生产无公害农产品、有机食品的良好选择。菇渣还田是利用作物秸秆培育食用菌，然后再经菇渣还田，经济、社会、生态效益三者兼得。

3.秸秆生化腐熟快速还田

生化快速腐熟技术是将秸秆制造成优质生物有机肥的先进方法。其原理是：采用先进技术培养能分解粗纤维的优良微生物菌种，生产出可加快秸秆腐熟的化学制剂，并采用现代化设备控制温度、湿度、数量、质量和时间，经机械翻抛、高温堆腐、生物发酵等过程，将农业废弃物转化为优质有机肥。其特点是：自动化程度高，腐熟周期短，产量高，无环境污染，肥效高。包括催腐剂堆肥、速腐剂堆肥、酵素菌堆肥等方法。

(1)催腐剂堆肥

秸秆发酵腐解过程是在微生物的参与繁殖活动下进行的，而微生物的繁殖活动必须有足够的营养才能快速进行，因此需要施用催腐剂。该项技术简便易行，在玉米、小麦秸秆的堆沤中应用效果很好。

催腐剂是化学与生物技术相结合的科技产品。其原理是根据微生物中的钾细菌、氨化细菌、磷细菌、放线菌等有益微生物的营养要求，以有机物(包括作物秸秆、杂草、生活垃圾等)为培养基，选用适合有益微生物营养要求的化学药品配制成定量 N、P、K、Ca、Mg、Fe、S 等营养的化学制剂，有效改善了有益微生物的生态环境，加速了有机物分解腐烂。使用催腐剂堆腐秸秆可加速天然有益微生物的繁殖，促进粗纤维、粗蛋白等的分解，并释放大最热量，使堆温快速提高，平均堆温可达到 54.4℃。不仅能杀灭秸秆中的致病真菌、虫卵和杂草种子，加速秸秆腐解，提高堆肥质量，而且能定向培养钾细菌、放线菌等有益微生物，增加堆肥中活性有益微生物数量，使堆肥成为高效活性生物有机肥。

(2)速腐剂堆肥

秸秆速腐剂是在“301”菌剂的基础上发展起来的，是由多种高效有益微生物和数十种酶类及无机添加剂组成的复合菌剂。将速腐剂加入秸秆中，在有水条件下，菌株能大量分泌纤维酶，在短期内可将秸秆粗纤维分解为葡萄糖，因此施入土壤后可迅速培肥土壤，减轻作物病虫害，刺激作物增产，实现用地养地相结合。

秸秆速腐可按如下步骤进行：

第一步：添加速腐剂。按秸秆重的 2 倍加水，使秸秆湿透，含水率约达 65%，再按秸秆重的 0.1%加速腐剂，另加 0.5%～0.8%的尿素调节 C/N 比，也可用 10%的人畜粪尿代替尿素。

第二步：分层堆沤。秸秆堆沤分三层，第一、二层各厚 60cm，第三层(顶层)厚 30～40cm，速腐剂和尿素用量比自下而上按 4∶4∶2 分配，均匀撒入各层，将秸秆堆垛宽 2m，高 1.5m。

第三步：压实密封。秸秆堆好后用铁锹轻轻拍实，就地取泥封堆并加盖农膜，以保

水、保温、保肥，防止雨水冲刷。

速腐剂堆肥还田的优点如下：

①提高堆肥质量，增强培肥效果。

②能杀灭堆肥中的主要致病真菌、虫卵和杂草种子。

③堆肥肥分高。

④能溶解土壤中被固定的磷钾元素。

⑤堆肥速度快，腐熟质量好，无毒无污染。

⑥不受季节和地域限制、成本低、效果好、简便易行。

(3)酵素菌堆肥

酵素菌是由能够产生多种酶的好(兼)氧细菌、酵母菌和霉菌组成的有益微生物群体。其原理是把原材料接菌堆制后，好气性细菌、霉菌吸收原材料间隙和材料中的氧气，进行生理活动及分解碳水化合物，释放二氧化碳，产生发酵热，进而使堆制的材料进一步分解发酵。在酵母菌的作用下，糖化的碳水化合物形成了酒精。这些物质为放线菌提供了充足的营养，促进了其对纤维质的分解。在及时翻堆、供给充足氧气的条件下，好气性细菌、霉菌、酵母菌和放线菌快速繁殖，菌量增多，使配料不断分解、发酵及熟化，最终形成优质的堆肥。

堆腐方法是：先将秸秆在堆肥池外喷水湿透，使含水量达到 50%～60%，依次将鸡粪均匀铺撒在秸秆上，麸子和红糖(研细)均匀撒到鸡粪上，钙镁磷肥和酵素菌均匀搅拌在一起，再均匀撒在麸子和红糖上面；然后用叉拌匀后，挑入简易堆肥池里，底宽 2m 左右，堆高 1.8～2m，顶部呈圆拱形，顶端用塑料薄膜覆盖，防止雨水淋入。

优质堆肥的标准是培养发酵温度必须升至 60～70℃，堆肥变成黄褐色至棕褐色，有光泽；腐熟好的堆肥无氨味、无酸臭味，有点霉味和发酵味最优；用嘴品味，舌头无刺激感为优；手握堆肥配料松软，有弹性感，纤维变脆，轻压便碎。酵素菌秸秆堆肥的优点如下：

①含有多种有益微生物和多种酶。

②升温快，成肥快，一般 2～3d 堆内温度即可达 70℃，20d 左右即可腐熟。

③有机质含量高，氮、磷、钾三元素含量均衡。

④堆肥过程中可杀死部分病原菌及虫卵和草籽。

⑤促使作物提高产量，改善品质，抗病虫害。

⑥无毒、无污染，能分解化学农药的残留物及毒素。

7.2.3 饲料化利用技术

由于秸秆中的木质素与糖类结合在一起，使得瘤胃中的微生物和酶很难分解这样的糖类；此外，秸秆中的蛋白质含量低和其他必要营养物质的缺乏，导致秸秆饲料不能被动物高效地吸收利用，直接用作饲料往往效果欠佳，需要进一步加工处理。秸秆饲料化利用技术主要有微生物贮存技术、青贮技术、氨化技术和热喷处理技术等。

1.微生物贮存技术

(1)微贮作用与机理

秸秆微生物发酵贮存技术是指利用微生物菌剂对秸秆进行厌氧发酵处理的一种方

法。该方法有时也简称为“微贮技术”。作物秸秆经收割、晒干、粉碎处理后，按比例加入微生物发酵菌剂、辅料及补充水分，并放入密闭设施中形成厌氧环境，进行发酵。由于生物转化剂分解大鼠纤维素、半纤维素和部分木质素，并将其转化为易于消化的糖类，因而可提高秸秆的消化效率；同时，由于糖分又经有机酸发酵菌转化为乳酸和挥发性脂肪酸，使原料的 pH 值下降至 4.5～5.0，从而抑制了有害的丁酸菌、腐败菌等的繁殖，有利于秸秆的长时间贮存；此外，秸秆经微贮发酵后，带有酸香味，牲畜喜食，采食量增加。

(2)微贮饲料的优点

①成本低，效益高；②消化率高；③适口性好，采食量增加；④原料来源广；⑤保存期长；⑥制作季节长，技术简单易掌握。

(3)微贮工艺

秸秆微贮工艺流程图如图 7.1 所示。微贮原料必须是清洁的，应选择发育中等以上、无腐烂变质的各种作物秸秆，品种越多越好，至少要选择三种以上的原料，从而可以保证原料之间的营养进行互补。同时，秸秆切断有利于提高微贮窖的利用率，保证微贮饲料的制作质量。

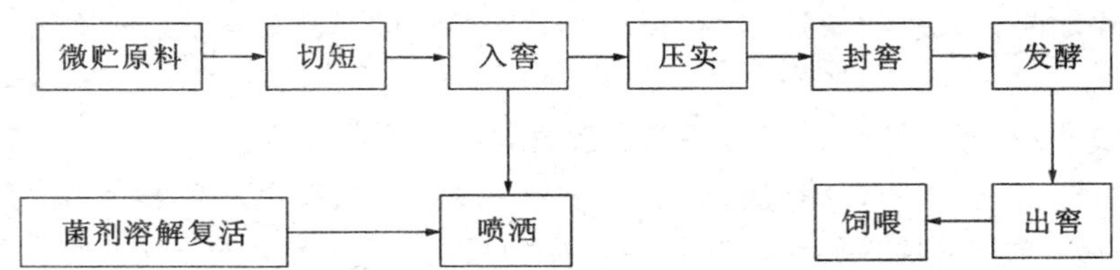

图 7.1　秸秆微贮工艺流程

(4)微贮饲料的品质评定

优质秸秆微贮饲料具有醇香味和果香气味，并具有弱酸味。微贮原料中水分过多和高温发酵会造成饲料有强酸味，当压实程度不够和密封不严，有害微生物发酵，会造成饲料有腐臭味、发霉味。详细的微贮饲料的感官鉴定评价见表 7.2。

表 7.2　微贮饲料感官鉴定评价

级别	颜色	气味	质地结构
优质	橄榄绿或金黄色，有光泽	具有醇香和果香气味，并有弱酸味	湿润、松散柔软、不粘手
低等	墨绿色或褐色	有腐臭味、霉味或强酸味	腐烂、发黏、结块或干燥粗硬

2.青贮法

(1)青贮作用与机理

秸秆的青贮是将新鲜的秸秆切短或铡碎，装入青贮池或青贮塔内，通过封埋等措施造成厌氧条件，利用厌氧微生物的发酵作用，以提高秸秆的营养价值和消化率的一种方法，这是生物处理法中应用最广泛、操作最简单的方法。制作青贮饲料的主要目的是贮藏生长旺盛期或刚刚收获作物后的青绿秸秆，以供饲料短缺之时的需要，是保证常年均衡供应家畜饲料的有效措施。

秸秆青贮是一个复杂的微生物活动和生物化学变化过程。其实质是将新鲜植物紧实地堆积在不透气的容器中，通过微生物（主要是乳酸菌）的厌氧发酵，使原料中所含的糖分转化为有机酸，主要是乳酸。当乳酸在青贮原料中积累到一定浓度时，就能抑制其他微生物的活动，并制止原料中养分被微生物分解破坏，从而将原料中的养分很好地保存下来。乳酸发酵过程中产生大量热能，当青贮原料温度上升到50℃时，乳酸菌也就停止了活动，发酵结束。通过此发酵过程，秸秆的营养成分发生了变化，不易消化的成分变成了易于消化的成分，从而使秸秆的饲料价值和消化率得到了提高。此外，由于青贮原料是在密闭并停止微生物活动的条件下贮存的，因此可以长期保存不变质。

（2）青贮秸秆的特点

①青贮秸秆养分损失少，蛋白质、纤维素保存较多，营养价值比干秸秆的高；②青贮饲料可长期保存，良好的青贮饲料管理得当，可以贮存多年，最长可达20～30年；③青贮可扩大饲料来源，一般农作物秸秆都可以青贮，其中以玉米秸秆青贮为最多；④青贮饲料可以预防家畜和农作物的病虫害，便于使用各种饲料添加剂；⑤青贮法技术简单、方便推行。

（3）青贮工艺

使青贮原料能够正常发酵，最关键的两点是：青贮原料要有足够的糖分，即必须含有最低需要的含糖量；青贮中保证排尽空气，装填紧密，造成无氧条件。在一定的酸度下，原料中的糖类含量越高，以乳酸菌为主的微生物生长得越好。所以，选用含糖分超过6%的原料可以制成优质青贮，而含糖量低于2%的则制不成优质的青贮。排气是为了造成无氧条件，除制作青贮时压紧外，可加水提高排气成效。装填压紧排除空气，是制作青贮最主要的技术措施。

青贮时，首先要选好青贮原料。在选用青贮原料时，应选用有一定含糖量的秸秆。秸秆的含水量要适中，要求控制在55%～60%为宜，以保证乳酸菌的正常活动。然后，需要对秸秆进行切碎处理，长度以1.5～2cm为宜，切短的主要目的在于装填紧实、取用方便、牲畜易采食；同时，秸秆切短或粉碎后，易使植物细胞渗出汁液，湿润饲料表面，有利于乳酸菌的生长繁殖。切短程度应根据原料性质和牲畜需要来决定。切碎后的秸秆入窖，经压实、密封后贮存。

青贮秸秆容器可采用青贮塔、青贮窖和塑料袋三种形式。青贮塔造价高、容积大、难于压实，新建的动物牛羊场一般很少采用；而塑料袋青贮仅适用于养殖少量牲畜的养殖户。现在养殖量大的养殖户基本不采用上述两种方法，而是采用青贮窖进行青贮。

青贮塔（窖）内的适宜温度为30℃。要保证其密封压实，否则，青贮原料进入青贮塔（窖）后会保持较强的呼吸，碳水化合物氧化成二氧化碳和水，温度继续升高，易导致青贮秸秆腐败。为防止原料营养损失，提高青贮的饲喂价值，尤其是当青贮数量比较大时，常常在青贮制作过程中加一些青贮添加剂。青贮添加剂主要有三类：一是发酵促进剂，促进乳酸菌发酵，达到保鲜贮存的目的；二是保护剂，抑制青贮原料中有害微生物的活动，防止青贮原料腐败、霉变，减少养分损失；三是添加含氮的营养性物质，提高青贮原料的营养价值，改善青贮原料的适口性。常用的添加剂有乳酸菌、纤维素酶、营养添加剂、尿素、石灰粉、氨、酱渣等。

秸秆青贮工艺流程如图7.2所示。它包括原料切碎、入窖、压实、密封、贮存等工艺

过程。

图 7.2 秸秆青贮工艺流程图

(4)青贮饲料的品质评定

青贮饲料品质优劣的评定分为感官评定和实验室评定两种方式。青贮饲料的质量取决于如下三个因素：

①饲料的化学成分。

②青贮塔(窖)内的空气是否排放干净。

③微生物的活动情况。

质量好的青贮饲料手感松散，而且质地柔软湿润，详细的感官评定标准见表 7.3。

表 7.3 青贮饲料感官评定标准

级别	颜色	气味	质地结构	pH 值
优良	绿色或黄绿色，有光泽	芳香味重，给人舒适感	湿润、松散柔软、不粘手，茎、叶、花能分辨清楚	3.8～4.4
中等	黄色或暗绿色	有刺鼻酒酸味，芳香味淡	柔软、水分多，茎、叶、花能分清	4.5～5.4
低劣	黑色或褐色	有刺鼻的腐败味或霉味	腐烂、发黏、结块或过干，结构分不清，不能做饲料用	5.5～6.0

3. 氨化法

(1)氨化作用与机理

秸秆氨化处理技术，就是在秸秆中加入一定比例的氨水、无水氨(液氨)、尿素等，在密闭条件下通过它们的作用，破坏木质素与纤维素之间的联系，促使木质素与纤维素、半纤维素分离，使纤维素及半纤维素部分分解、细胞膨胀、结构疏松，从而提高秸秆的消化率、营养价值和适口性的加工处理方法。氨化秸秆的原理分三个方面。

①碱化作用

秸秆的主要成分是粗纤维。粗纤维中的纤维素、半纤维素可以被草食性畜消化利用，木质素基本不能被家畜利用。秸秆中的纤维素和半纤维素有一部分与不能消化的木质素紧紧地结合在一起，阻碍牲畜消化吸收。碱的作用可使木质素和纤维素之间的酯键断裂，打破它们的镶嵌结构，溶解半纤维素和一部分木质素及硅酸盐，纤维素部分水解和膨胀，反刍家畜瘤胃中的瘤胃液易于渗入，消化率提高。

②氨化作用

氨吸附在秸秆上，增加了秸秆粗蛋白质含量。氨随秸秆进入反刍家畜的瘤胃，微生物利用氨合成微生物蛋白质。尽管瘤胃微生物能利用氨合成蛋白质，但非蛋白氮在瘤胃中分解速度很快，特别是在饲料可发酵能量不足的情况下，不能充分被微生物利用，多余的则被瘤胃壁吸收，有中毒的危险。通过氨化处理秸秆，可减缓氨的释放速度，促进瘤胃微生物的活动，氨进一步提高秸秆的营养价值和消化率。

③中和作用

氨呈碱性,与秸秆中的有机酸化合,中和了秸秆中的潜在酸度,形成适宜瘤胃微生物活动的微碱性环境。由于瘤胃内微生物大量增加,形成了更多的菌体蛋白,加之纤维素、半纤维素分解可产生低级脂肪酸(乙酸、丙酸、丁酸),可促进乳脂肪、体脂肪的合成。氨盐可改善秸秆的适口性,提高家畜对秸秆的采食量和利用率。

(2)氨化秸秆的优点

①由于氨具有杀灭腐败细菌的作用,氨化可防止饲料腐败,减少家畜疾病的发生;②氨化可以增加被处理秸秆的含氮量,家畜尿液中含氮量的提高,对提高土地肥力有好处;③提高适口性和消化率;④提高秸秆饲料的能量水平,因为氨化可分解纤维素和木质素,可使它们转变为糖类,糖就是一种能量物质;⑤氨化秸秆饲料制作投资少、成本低、操作简便、经济效益高,并能灭菌、防霉、防鼠、延长饲料保存期;⑥由于节省了家畜的采食消化时间,从而减少了能量的消耗并提高了秸秆单位容积的营养含量,从而有利于家畜发挥生产能力。

(3)氨化工艺

各种农作物秸秆都可进行氨化处理。氨化方法应根据因地制宜、就地取材、经济实用的原则确定,主要有堆垛氨化法、氨化池法、氨化炉法、塑料袋氨化法等,其中,使用最多的是堆垛氨化法。

堆垛氨化法是先在干燥向阳平整地上铺一层聚乙烯塑料薄膜,膜厚度约 0.2mm,长宽依堆大小而定,然后在底膜上铺厚 20cm 的秸秆,薄膜周边留出 70cm 左右。铡短的风干秸秆用尿素或碳铵处理时,加入占秸秆总量 40%的水,尿素用量为 3%～5%,碳铵为 8%～14%,溶解于所需水中,搅到充分溶解。然后边铺秸秆边洒溶解液边踩实,直到垛顶,最后覆盖塑料罩膜,并使四边留有 70cm 左右的条边,将罩膜和底膜的余边折叠在一起,从边缘向里卷起,用土压紧、封严,不使其漏气,经过 7～15d 后饲喂。

氨化的要求是:物料含水率 25%～40%,湿度不够,需用喷洒或浸湿方法补充水分,并且物料最好成捆铺放整齐且压实;氨化的适宜温度为 0～35℃;堆垛场地应选择在交通方便、向阳、背风及排水良好的地方;氨化剂最好使用氨水或无水氨,无水氨(液氨)是最为经济的氨源。堆垛法氨化秸秆工艺流程如图 7.3 所示。

图 7.3 堆垛法氨化秸秆工艺流程

(4)氨化效果评定

氨化秸秆饲料质量感官法评定标准见表 7.4。

表 7.4 氨化秸秆饲料质量感官法评定标准

评定内容	氨化秸秆饲料质量			
	氨化好	未氨化好	霉变	腐烂
颜色	新鲜秸秆呈深黄或黄褐色,发亮,颜色越深质量越好;陈年秸秆呈褐色或灰色	颜色与氨化前相同	呈白色,或发黑,有霉点	呈深红色或酱色

续表 7.4

评定内容	氨化秸秆饲料质量			
	氨化好	未氨化好	霉变	腐烂
气味	开封时有强烈氨味，放氨后有糊香或酸面包味	无氨味，与原秸秆味无大差别	有强烈发霉味	有霉烂味
质地	柔软、松散，放氨后干燥	与原秸秆一样，仍较坚硬	变得糟损，有时发黏	发黏，出现酱块状
温度	手插入时温度不高	手插入时温度不高	手插入时有发热感	手插入时有发热感

4. 热喷处理

(1)热喷作用与机理

热喷处理就是将铡碎成约 8cm 长的农作物秸秆，混入饼粕、鸡粪等，装入饲料热喷机内，在一定压力的热饱和蒸汽下，保持一定时间，然后突然降压，使物料从机内喷爆而出，从而改变其结构和某些化学成分，并消毒、除臭，使物料可食性和营养价值得以提高的一种热压力加工工艺。

(2)热喷饲料的优点

①通过连续的热效应和机械效应，消除了非常规饲料的消障碍因素，使表面角质层和硅细胞的覆盖基本消除，纤维素结晶低，有利于微生物的繁殖和发酵；②由于细胞的游离，饲料颗粒变小，密度增大，总体积变小而总表面积增加，经热喷处理的秸秆饲料可提高其采食量和利用率；③通过利用尿素等多种非蛋白氮作为热喷秸秆添加剂，可提高粗蛋白水平，降低氨在瘤胃中的释放速度；④热喷装置还可以对菜籽饼、棉籽饼等进行脱毒，对鸡、鸭、牛粪等进行去臭、灭菌处理，使之成为蛋白质饲料；⑤该法既便于工厂机械化规模处理各类秸秆，还能将其他林木副产品及畜禽粪便处理转化为优质饲料，并能通过成型机把处理后的饲料加工成颗粒、小块及砖型等多种成型饲料，既便于运输，饲喂起来也经济、卫生。

(3)热喷工艺

秸秆饲料热喷技术是由特殊的热喷装置完成的。热喷设备包括热喷主机和辅助设备两大部分，热喷主机由蒸气锅炉和压力罐组成。蒸气锅炉提供中低压蒸气，压力罐是一个密闭受压容器，是对秸秆原料进行热蒸气处理并施行喷放的专用设备。辅助设备由切碎机、贮料仓、传送带、泄力罐及其他设备等组成。热喷装置的构造如图 7.4 所示。

原料经铡草机切碎，进入贮料罐内，经进料漏斗，被分批装入安装在地下的压力罐内，将其密封后通入 0.5～1.0MPa 的蒸气(蒸气由锅炉提供，进气量和罐内压力由进气阀控制)，维持一定时间(1～30min)后，由排料阀减压喷放，秸秆经排料阀进入泄力罐。喷放出的秸秆可直接饲喂牲畜或压制成型贮运，秸秆热喷工艺流程如图 7.5 所示。

(4)热喷饲料的品质评定

热喷饲料的品质评定分为感观鉴别法和化学分析法。

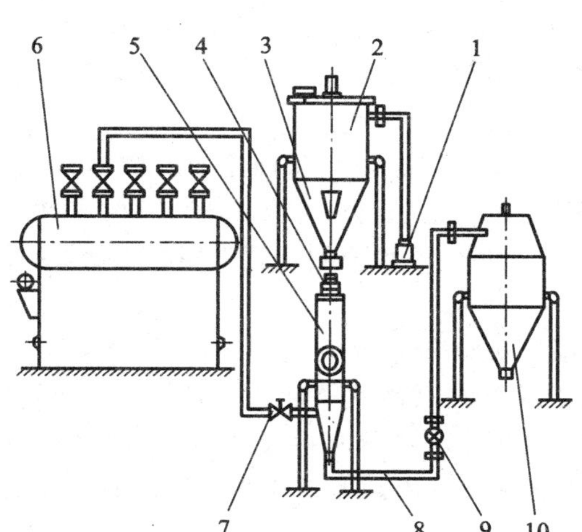

图7.4　热喷装置的构造示意图

1—铡草机；2—贮料罐；3—进料漏斗；4—进料阀；5—压力罐；
6—锅炉；7—供气阀；8—排气管；9—排料阀；10—泄力罐

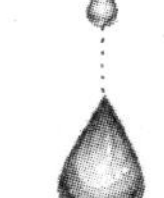

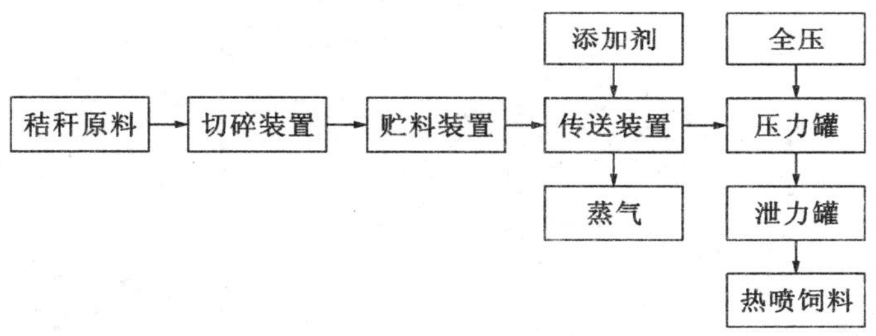

图7.5　秸秆热喷工艺流程图

①感观鉴别法

秸秆在高温高压条件下经骤然减压过程的处理，一般都具有色泽鲜亮，气味芳香，质地蓬松，适口性好，易于消化吸收的特点，具有以上特点的产品可以认为是优质产品。

②化学分析法

化学分析可以进行化学组成成分的分析和秸秆微细胞结构的分析，如粗蛋白含量、粗纤维含量、细胞壁的疏松度、空隙度等项目的测定。有条件的还可以进行色谱分析，观察其结构性多糖降解产物的增减变化，分析溶解木质素、半纤维素程度的强弱。如果以上指标比未处理秸秆提高20%～40%，可以认为是优质产品。

7.2.4　气化技术

气化是指含碳物质在有限供氧条件下产生可燃气体的热化学转化。植物纤维性废弃物由C、H、O等元素和灰分组成，当它们被点燃时，供应少量空气，并且采取措施控制其反应过程，使其变成CO、CH_4、H_2等可燃气体，生物质中大部分能量都被转化到气体中。气化后的可燃气体可作为锅炉燃料与煤混燃，也可作为管道气为城乡居民集中供

气；将气化后的可燃气经过净化除尘与内燃机连用，可取代汽油或柴油，实现能量系统的高效利用；气化后的可燃气还可进行气化发电，该技术可以在较小规模实现较高的利用率，并能提高能源的档次。

在植物纤维性废弃物气化反应器方面，目前主要有固体床反应器（又分为上吸式和下吸式两种）、流化床反应器和气流（旋风）床反应器三种。气化的工作介质有空气、氧气、空气/水蒸气、氧气/水蒸气等。下面介绍几种常用的气化炉的结构和性能特点。

(1)上吸式气化炉

上吸式气化炉的气-固呈逆向流动，运行过程中，湿物料从顶部加入后，被上升的热气流干燥而将水蒸气排出；干燥了的原料下降时被热气流加热而发生热分解，释放出挥发组分；剩余的炭继续下降，并与上升的 CO_2 及水蒸气发生反应，CO_2 及水蒸气被还原为 CO 和 H_2 等；最后的灰渣从底部排出。上吸式气化炉的结构和反应过程如图 7.6 和图 7.7 所示。

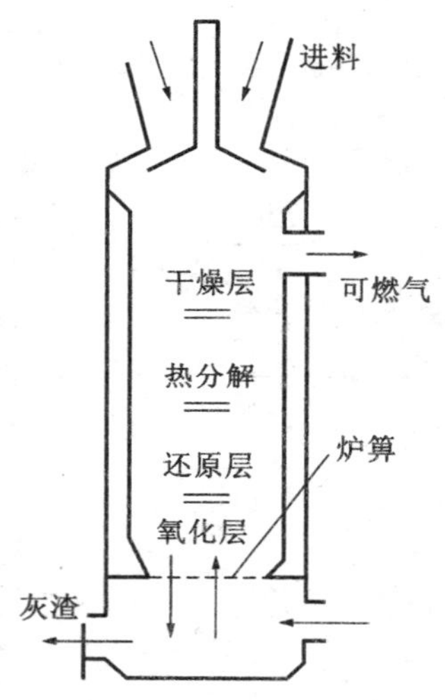

图 7.6　上吸式气化炉的结构

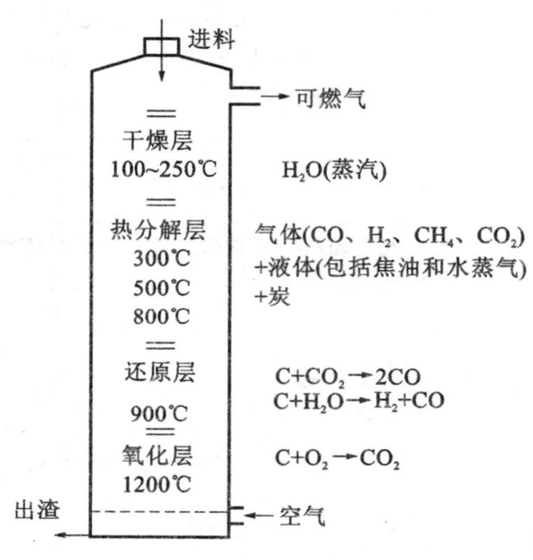

图 7.7　上吸式气化炉的反应过程

(2)改进的上吸式气化炉

改进的上吸式气化炉克服了上吸式气化炉的缺点，将干燥区和热分解区分开(图 7.8)。原料中的水分蒸发后随空气进入炉内参加还原反应，不再混入产品气中，提高了产品气中碳氢化合物的含量。

(3)下吸式气化炉

在下吸式气化炉内气体与固体顺向流动，物料由上部储料仓向下移动，边移动边进行干燥与热分解的过程，其结构如图 7.9 所示。空气由喷嘴进入，与下移的物料发生燃烧反应；生成的气体与炭一起同向流动，使焦油裂解并同时进行还原反应。

(4)层式下吸式气化炉

层式下吸式气化炉的特点是敞口，其结构如图 7.10 所示。炉顶不需要加盖密封，加料操作简单，容易实现连续加料；炉身为直筒状，结构简单。在层式下吸式气化炉的运行过程中，空气从敞口的顶部均匀地流经反应区的整个截面，因此沿反应床截面的温度分

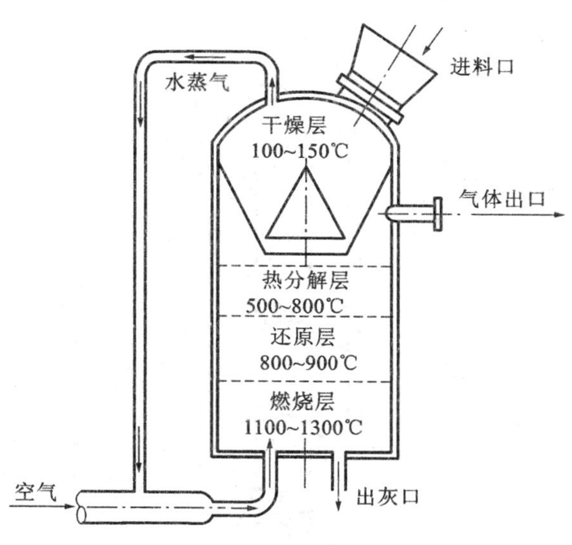

图7.8　改进的上吸式气化炉

布均匀；氧化与热分解在同一区域内同时进行，这个区是整个反应过程的最高温度区，所以气体中焦油含量较低，有利于减轻后续净化处理的负担。层式下吸式气化炉适于在负压下运行。

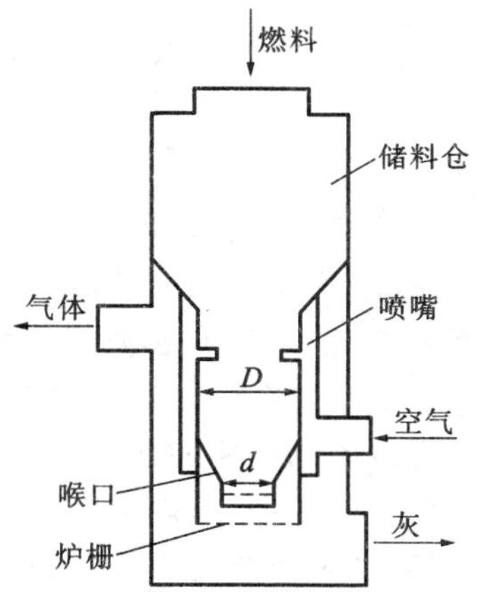

图7.9　下吸式气化炉结构

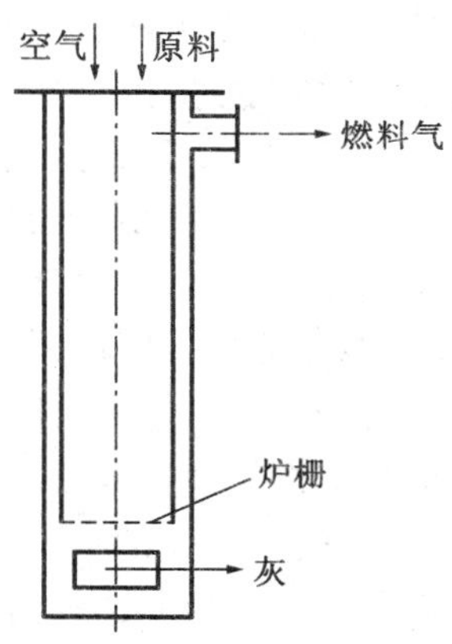

图7.10　层式下吸式气化炉结构

(5)循环流化床气化炉

气化过程由燃烧、还原及热分解三个过程组成。热分解是气化过程中最主要的一个反应过程，大约有70%～75%的原料在热分解过程中转换为燃料气体，有25%～30%左右的炭剩余。在三个反应过程中，热分解过程最快，燃烧反应其次，还原反应需要的时间最长。循环流化床气化炉结构简图如图7.11所示。循环流化床能够快速加热、快速热分解，且保持炭的长时间停留，是一种理想的气化反应器。

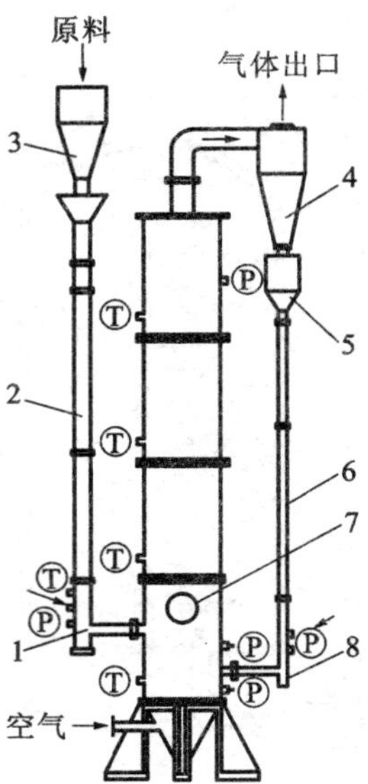

图 7.11　循环流化床系统示意图

1,8—L形阀;2—下料直管;3—原料缓冲罐;4—旋风分离器;5—炭受槽;
6—循环管;7—气化炉;P—测压点;T—测温点

7.2.5　固化、炭化技术

固化、炭化技术是将松散的植物纤维性废弃物原料压制成棒(块)状,放入炭化设备中炭化后制成生物质炭的过程。

1. 固化技术

秸秆质地疏松,能量密度小,给贮存、运输和使用都带来许多不便。固化技术就是将秸秆粉碎,用机械的方法在一定的压力下挤压成型。这种技术能提高能源密度,改善燃烧特性,实现优质能源转化。秸秆的加压成型就是对秸秆加热,以木质素为胶黏剂,以纤维素、半纤维素为骨架,在一定的温度和压力下把碎散的秸秆制成所需规格形体的过程。压缩燃料成型机的工作关键参数是温度和压力。成型所需的温度应能使秸秆中的木质素塑化成胶黏剂,促使秸秆分子结构发生变化,并使秸秆被压成型,外表面炭化,通过模具时能滑动而不会粘连。温度选择过低,成型物中的木质素未能塑化变黏,物料不能粘接成型;温度过高,则会使成型物体表面出现裂纹,严重时会出现成型物出模具后就开散,造成成型失败。成型所需的压力是使秸秆的物相结构发生改变,加固分子之间的凝聚力,提高成型体的强度和刚度,并使秸秆获得通过模具的动力。成型时施加的压力选用过小,则成型物不能粘接,还会不足以克服摩擦阻力,无法成型;施加压力过高,则会使成型物在模具内滞回时间减少,物料升温不足,仍然不能成型。因此,温度和压力参数值选得过高或过低都会导致成型失败。成型时所需要的温度和压力参数,要根据实际情况通过试验优化确定。

2. 炭化技术

炭化技术就是利用炭化炉将生物质压块进一步加工处理,生产出可供烧烤等使用的

木炭。固体成型燃料具有易着火、使用方便、燃烧效率高等特点，而且造成的环境污染相对较小，因此被称为“生物煤”。

7.2.6 制备生产原料技术

植物纤维是地球上巨大的再生性生物高分子资源。大力研究和开发植物纤维性废弃物制备生产原料是当前环境绿色高技术的重要内容，是保护环境和开发环境友好的绿色产品的一个长远发展方向，具有现实与深远的重要意义。下面介绍利用植物纤维性废弃物制备生产原料的几种技术方法。

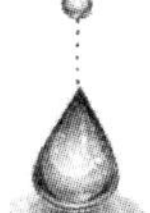

1. 膨化改性植物纤维技术

目前在植物纤维改性深度加工方面，主要采用水解、酶解、软化、菌解、膨化等五种技术方法。水解、酶解、软化、菌解等方法的共同特点是投资大、工艺复杂、成本高，在生产过程中还会排出酸、碱、有机废水等，并且植物纤维分解利用的程度低。而利用膨化改性技术生产的改性植物纤维，具有组织结构疏松，分子量小，可塑性好，热成型产品强度高，产品表面光滑，有害成分少等优点。同时具有加工成本低，加工机械化程度高，劳动强度小，无“三废”污染，经济效益高等特点，可促进相关产业的迅速发展。作为生产原料，可以广泛地用于石油钻探（钻井液用植物改性纤维油气层保护暂堵剂）、化工（改性纤维吸附剂）、材料（一次性餐具材料、家具材料）、造纸（原料膨化处理）、园艺绿化材料等生产加工领域。

（1）膨化原理

采用高性能电磁感应加热改性植物纤维膨化机，加入3%～5%碳酸盐类助膨化剂，在进料温度控制在80～110℃、出料温度为250～300℃的条件下，调整植物纤维原料含水率为25%，pH值为7～8，并配套相应的预处理（如粉碎等）和后处理（如分级过筛等），实现了植物纤维的规模化、工业化膨化改性生产。膨化机设备结构如图7.12所示，主要工艺流程如图7.13所示。

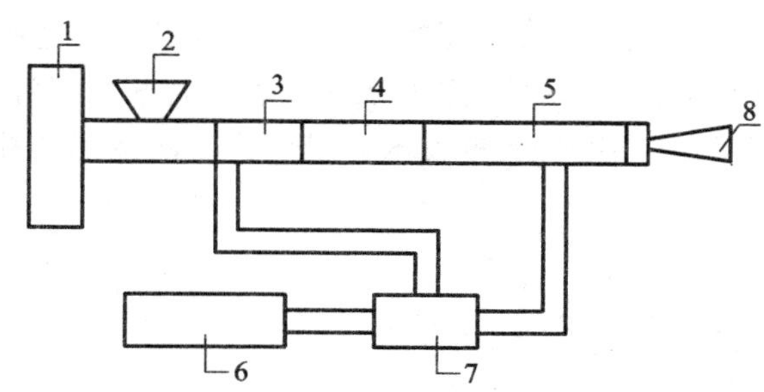

图7.12 膨化机设备结构示意图

1—动力；2—进料口；3—一级电磁感应加热（80～110℃）；4—膨化腔；
5—二级电磁感应加热（250～300℃）；6—高频转换器（≥2kHz）；7—自动控制器；8—出料口

（2）技术应用

①利用改性植物纤维研发钻井液用油气层保护暂堵剂

利用助膨化加工得到的不规则形状和长短级配的多种裂解改性植物纤维初级产品，再配合以刚性粒子、变形粒子等，制成钻井液用油气层保护暂堵剂。由于裂解的植物纤

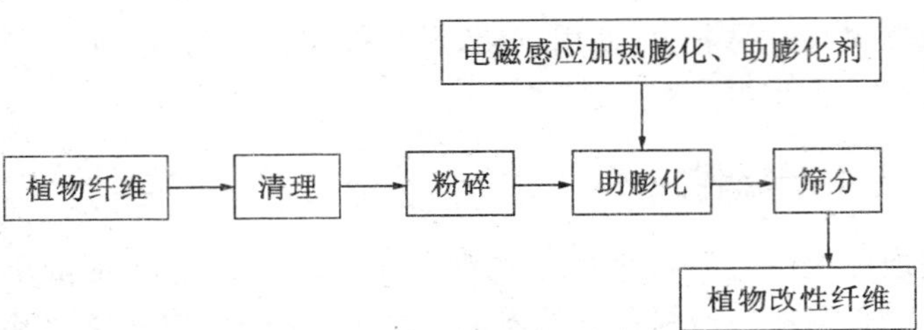

图 7.13　植物纤维高效膨化工艺流程

维不溶于水，有利于在封堵中形成纤维网，架桥的刚性粒子具有不同粒径的骨架支撑；变形粒子能进行有效填充，当封堵剂和泥浆中的胶体颗粒进入地层时，在井壁周围迅速形成薄且致密的屏蔽环，保护油气层，在测试或开采时，降低井筒内液柱压力，形成负压差，可自动解堵。同时，改性植物纤维快速封堵剂随钻加入泥浆，不会被振动筛筛出，对下部地层有防漏作用，而且具有对环境无残留危害的绿色环保特性。生产钻井液用油气层保护暂堵剂工艺流程如图 7.14 所示。

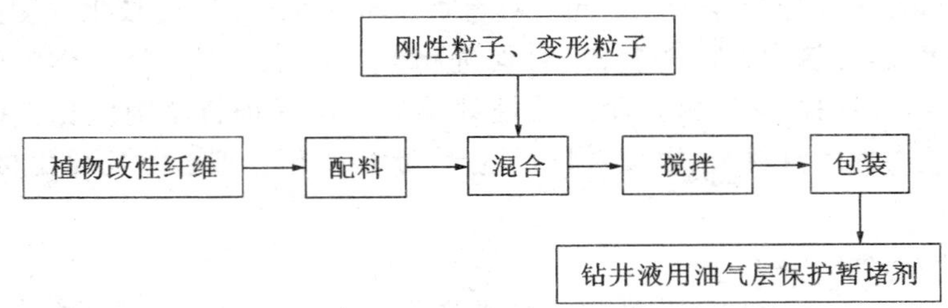

图 7.14　生产钻井液用油气层保护暂堵剂工艺流程图

②利用改性植物纤维开发吸附剂

助膨化加工得到的植物改性纤维，具有纤维含量高，表面呈微孔状，半纤维素、木质素等填充在微孔网络中等特点，是一种理想的吸附剂制备原料。将助膨化改性后的植物纤维经活化处理，制成改性纤维系列吸附剂，这种吸附剂具有较高吸附率和较强吸附能力。改性植物纤维吸附剂的开发既进一步扩大了秸秆改性纤维资源化利用的范围，又是开发了一条新型吸附剂研发应用的有效技术途径。生产改性植物纤维吸附剂工艺流程如图 7.15 所示。

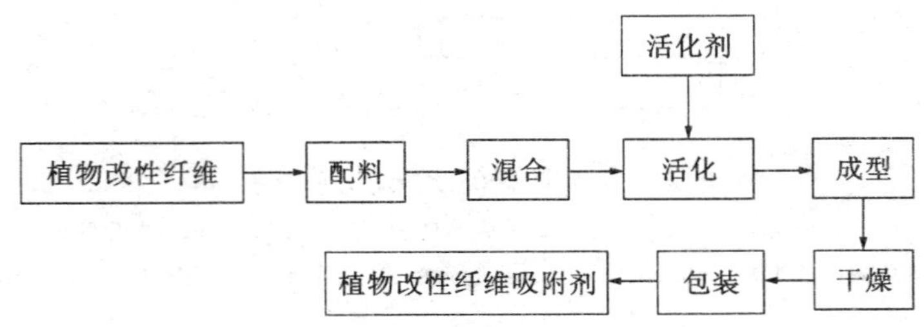

图 7.15　生产改性植物纤维吸附剂工艺流程

③改性植物纤维、木质素的高效分离与应用

将助膨化改性后的植物纤维原料与专用有机溶剂、催化剂等经机械密闭混合后，密闭回流浸渍，使有机溶剂渗透进植物纤维原料细胞间隙和细胞内，分离、水解或溶解木质素，混合浆料经压(过)滤，分离出高纯纤维，滤液经密闭浓缩分离出高纯木质素，有机溶剂回收再利用。改性植物纤维、木质素分离的工艺流程如图7.16所示。

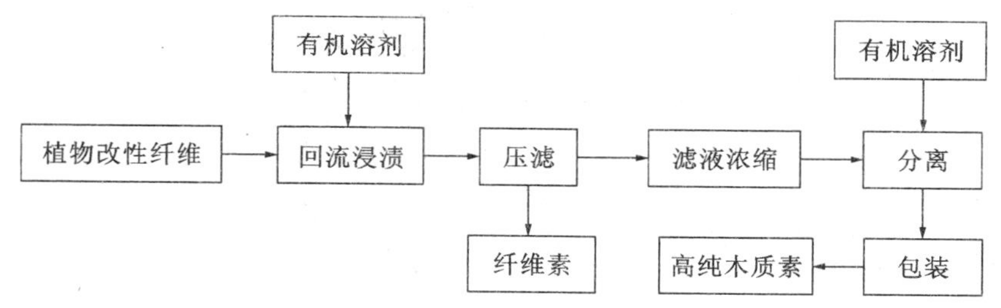

图7.16　改性植物纤维、木质素分离的工艺流程

2. 制备阳离子交换树脂吸附重金属离子技术

工业废水中的重金属毒物主要指铬、铅、镉、锌、钴、铜等重金属离子。这些重金属离子排入江河湖海，将会使水体受到污染，严重危害人体健康及渔业和农业的生产，所以转化、回收废水中的重金属离子十分重要。近年来，为了环境保护和节约成本的需要，对利用植物纤维性废弃物制备阳离子交换树脂吸附重金属离子技术的研究越来越多。目前研究使用的植物纤维性废弃物包括制糖甜菜废丝、甘蔗渣、稻草、大豆壳、花生皮、玉米芯等。这些原料的天然交换能力和吸收特性来自于组成它们的聚合物：纤维素、半纤维素、果胶、木质素和蛋白质。这些聚合物的巯基、氨基、邻醌和邻酚羟基是结合重金属离子活性部位，通过共聚和交联作用等化学改性方法，可以提高其对重金属的结合能力。

3. 制备食用菌培养技术

利用植物纤维性废弃物如农作物秸秆、棉籽皮、树枝叶等，按一定比例粉碎混合，可用来栽培食用菌，栽培效果好，营养价值高。食用菌一般是真菌中能形成大型子实体或菌核类组织并能提供食用的种类，绝大部分属于担子菌，极小部分属于囊菌，其中较大面积栽培的有20多种。

7.2.7　制备复合材料技术

利用植物纤维性废弃物可生产纸板、人造纤维板、轻质建材板等包装和建筑装饰复合材料。如以硅酸盐水泥为基体材料，玉米秆、麦秆等农业废弃物(经表面处理剂处理后)作为增强材料，再加入粉煤灰等填充料后可制成植物纤维水泥复合板，产品成本低，保温、隔音性能好；以石膏为基体材料，植物纤维性废弃物为增强材料，可生产出植物纤维增强石膏板，产品具有吸音、隔热、透气等特性，是一种较好的装饰材料；另外，以秸秆、稻壳、甘蔗渣等植物纤维性废弃物为原料，通过粉碎，加入适量无毒成型剂、黏合剂、耐水剂和填充料等助剂，经搅拌捏合后成型制成可降解快餐具，以替代一次性泡沫塑料餐具。利用植物纤维性废弃物生产复合材料，具有良好的应用前景。

7.2.8　制取化学品技术

以植物纤维性废弃物为原料制取化学制品，也是综合利用农业废弃物、提高其附加

值的有效方法。如甘蔗渣、玉米芯、稻壳等含有1/4～1/3的多缩戊糖，经水解可制得木糖；稻壳、麦秸、高粱秆、玉米皮和豆荚可制得淀粉；稻壳可作为生产白炭黑、活性炭的原料；用甘蔗渣、玉米渣皮等可以制取膳食纤维。另外，以植物纤维性废弃物为原料还可制取草酸、酒精等。

7.3 畜禽粪便资源化利用技术

7.3.1 畜禽粪便资源与特点

畜禽粪便资源总量巨大。据资料显示，全世界家畜数量有39亿，每年排粪便以百亿吨计。我国畜禽粪便产生量也很大，1999年产生总量约为19亿t，2000年产生量超过2亿t，远远超过我国工业废水和生活废水的排放量的总和。畜禽粪便作为总量巨大的资源，其特点如下：

(1)富含的营养资源潜力大

畜禽粪便中含有大量畜禽口粮中没有被转化的有机质，以及氮、磷、钾等营养元素。由于大量添加钙、磷等矿物元素以及铜、铁、锌、锰、钴、硒和碘等微量元素，未被吸收的过量矿物元素又从畜禽粪便中排出。因此，畜禽粪便所含营养丰富。

(2)不同畜禽的粪便成分差异大

不同畜禽种类粪便的成分有较大差异。常见的畜禽种类中，鸡粪的有机质含量最丰富，而猪粪的有机质含量最低，牛粪的含水率最高。另一方面，由于不同畜禽饲养方式的差异更直接加剧了这种差异的程度。因此，应该根据饲养畜禽的种类不同而采用适宜的资源化技术和相应的污染防治措施。

(3)不同畜禽的粪便量差异大

我国的畜禽养殖主要有猪、牛、马、羊、驴、骡、鸡、鹅、鸭等种类，此外还有少量的鹿、兔、狐狸、狗、鸵鸟、鸽等特种养殖种类。不同种类畜禽个体产生粪便量的差异较大。畜禽粪便排泄系数的大小为：牛＞猪＞羊＞鸭和鹅＞鸡。

(4)粪便量分布不均匀

我国养殖业过去是以农家畜牧分散养殖为主，而现在规模化和集约化的商品养殖生产已占主要地位。养殖业在地域上存在分布不均匀的特点，大中型养殖场主要分布在人口密集的沿海一带，进一步加重了这些较发达地区环境污染的程度。

(5)距居民生活区近

我国许多规模化畜禽养殖场地处城郊，30%～40%的规模化养殖场距离居民或水源地最近距离不超过150m，对居民生活有影响。

7.3.2 粪便肥料化技术

随着集约化畜禽养殖的发展，畜禽粪便也日趋集中，在一些地区兴建了一批畜禽有机化肥生产厂。采用的方法有堆肥法、快速烘干法、微波法、膨化法、充氧动态发酵法。经过减量化无害化处理后，制成优质的有机肥，用于无公害、绿色食品的生产。

堆肥是将畜粪和垫草、秸秆、稻壳等固体有机废弃物按一定比例堆积起来，调节堆肥物料中的碳、氮比，控制适当水分、温度、氧气与酸碱度，在微生物的作用下，进行生物化学反应而将废弃物中复杂的不稳定的有机成分加以分解，并转换为简单的稳定的有机物质成分。随着堆肥温度的升高而杀灭堆肥物料中的病原菌、虫卵和蛆蛹，处理后的物料作为一种优质有机肥料。好的堆肥对改善土壤结构、培肥地力起到重要的作用。利用堆肥方法不但能处理畜禽粪便，也能处理其他有机废弃物，是一种集废弃物处理和资源循环再生利用于一体的好方法。

新鲜或未腐熟畜禽粪便如果直接长期施用于土壤会引起不良后果，如土壤氮磷营养化、产生有机酸或土壤还原性物质阻碍农作物的生长、粪便中含有的有害微生物污染水源、传播疾病等。因此，堆肥化过程中应让有机物充分腐熟，杀死其中的有害微生物，使它转变为安全、稳定的高品质有机质肥料。

1. 堆肥过程中关键因素及指标控制

(1)微生物菌种

微生物起着有机物分解与堆肥稳定化的重要作用。不同的堆积材料如果能接种适当的微生物菌种，可以加速堆肥发酵，缩短堆肥化的周期。高效率的堆肥化技术，是维持和保证微生物最适宜的生长条件，使微生物能够充分生长和繁殖的关键。

(2)调整碳氮比

堆肥化过程中，微生物需要碳元素用作生命活动的能量来源，同时也需氮元素来维持生命及构成细胞的有机组成。研究表明：堆肥过程中适合于微生物的碳氮比为（20：1）～(30：1)，碳氮比太高时，会因氮素缺乏，致使微生物无法大量繁殖，堆肥化过程进行得相当缓慢；如果碳氮比太低，微生物分解出过多的氨容易从堆肥中挥发出来，导致氮元素损失。

(3)pH 值

堆肥的微生物一般嗜微碱性，pH 值为 7.0～8.0。通常堆肥的 pH 值不容易由外来普通堆积物而改变，在发酵初期如果堆积材料的 pH 值过高，则容易导致氨的挥发，并造成氮元素的损失。当堆肥完全腐熟时其 pH 值会呈近中性或微碱性。贮藏时间久而 pH 值降低时，可用石灰调整。

(4)温度

温度反映了堆积材料中某些微生物的活动情况。一般堆肥化过程基本上可划分成高温期(60℃以上)、中温期(50～60℃)及低温期(50℃以下)。首先作用的是嗜温与耐高温的微生物，然后是嗜中温微生物，之后随堆肥逐渐腐熟，温度呈下降至恒温的低温期。

(5)含水率

堆肥的影响因素中，对有机物腐烂分解影响最大的是水分，堆肥发酵的最适含水率为 60％～65％，含水量影响堆肥的生物和化学反应，是堆肥好坏的一个重要指标。水分太多，抑制气体交换，容易造成堆肥厌气或兼性厌氧的环境，不利于好氧发酵；水分太少，又会抑制微生物繁殖，不利于堆肥的腐熟。所以，保持堆肥适当的水分，是堆肥中最关键

的技术要领。调整水分常见方法有四种：添加稻壳、木屑或甘蔗渣等当地容易获得的农副产品；添加已发酵的堆肥；干燥；机械脱水。

(6)通气

堆肥化作用以好氧性分解较佳，充分供给氧气为基本条件。氧气可依靠翻堆或打气方法进入堆积物之中，形成好氧状态。氧气的需求量，依据有机废弃物性质、水分含量、温度、微生物群落大小和类别等不同而有差别。

(7)腐熟度

堆肥腐熟程度的高低将影响施用堆肥的安全性和经济效益，有关堆肥腐熟度可以用若干物理指标及化学成分分析法作为判断的依据。

(8)混合均匀

为了保证堆肥的品质一致，应尽量混合均匀。

2. 堆肥化设备

对微生物而言，堆肥化设备是为其提供生长的环境。最主要的控制因子是通气状况，由机械设施使微生物维持在好氧状态下，以提高堆肥化效率，使生产过程更为经济有效。若将堆肥化设施视为一个生产单元，则其操作过程包括进料及出料方式、物料停留时间、停留时间内堆制物料理化性质的变化是影响物料变化的因素等。

堆肥化设施大致可分为传统式(野积式)、通气静堆式及槽式三类：前两者的区别在于堆肥化过程空气提供的方式不同，野积式主要由堆积体的表面或人工翻堆来提供好氧微生物所需的氧气，其效率较低；而通气静堆式则是由通气系统和翻堆机械强制性地提供氧气；槽式是一种堆肥化设备，堆肥化过程的操作过程(进出料的方式、通气量等)由设备组件来控制，可算是半自动化生产设备(因整个生产流程尚需包括前段物料调整及后续腐熟等过程)。

3. 堆肥的品质鉴定

有机质肥料因其材料来源和种类差异，品质参差不齐。我国到目前为止，对堆肥尚未制定明确的堆肥标准，但国外及一些地区已有标准。表 7.5 所示为中国台湾的堆肥鉴定标准。

表 7.5　中国台湾堆肥鉴定标准

品名	保证成分	有害成分最高含量	其他规定事项
一般堆肥	氮 0.6%、磷酐 0.3%、氧化钾 0.3%、有机质(干重)60%	铜 0.01，锌 0.08	水分 35%以下，沼渣堆肥 40%以下，须经腐熟发酵
蛋鸡粪堆肥	氮 2.0%、磷酐 2.0%、氧化钾 1.0%、有机质(干重)40%	铜 0.01，锌 0.08	水分 35%以下，须经腐熟发酵
混合有机肥料	氮及磷酐，或氮及氧化钾含量合计 6.0%。氮、磷酐、氧化钾 1.0%	镉 0.00008，砷 0.01	固态有机质 40%以上，水分 35%以下
树皮堆肥	碳量 40%～50%， 碳氮比(20～40)：1 阳离子交换容量 60mmol/100g		电导度 4.0mΩ/cm 以下，水分 40%以下

7.3.3　粪便饲料化技术

畜禽粪便被用作饲料，即粪便资源的饲料化，是畜禽粪便综合利用的重要途径。畜禽粪便中含有未消化的粗蛋白、消化蛋白、粗纤维、粗脂肪和矿物质，可作为饲料来利用。畜禽粪便经过适当的处理后可杀死其中的病原菌，便于运输、贮存、改善适口性，提高蛋白质的消化率和代谢能。

1. 畜禽粪便饲料化的方法

畜禽粪便饲料化的方法，主要有干燥法、青贮法（无氧发酵法）、有氧发酵法和分离法。

(1)干燥法

干燥法是饲料化的常用处理方法，尤以鸡粪处理用得最多。干燥法按照是否加入人为动力可分为：自然干燥法和人工干燥法。

(2)青贮法

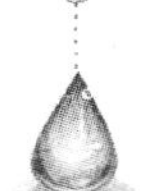

青贮发酵是一种简便易行且经济效益较高的固体有机废弃物的处理方法。联合国粮农组织认为，青贮是很成熟的畜禽粪便加工方法，可防止粗蛋白的损失，杀灭几乎所有的有害微生物。畜禽粪便青贮饲料，是把畜禽粪便单独或与其他青绿饲料（秸秆、蔬菜、糠麸等）采用青贮技术保存饲料中主要营养成分的一类饲料。其主要原理是利用畜禽粪便和青绿饲料厌氧发酵过程中产生的大量乳酸菌，降低饲料酸碱度，抑制或杀死青贮材料中的其他微生物繁殖，从而达到保存饲料营养成分的目的。可以平衡全年的饲料供应。

(3)有氧发酵法

该方法投资少、改变了粪便本身的许多特点，产品适合于作动物的饲料。在处理过程中，需要充气、加热、产品干燥，所以消耗大量的能源。

(4)分离法

目前，许多牧场采用冲洗式的清洗系统（尤其是猪场），收集的粪便大多是液体或半液体。若采用干燥法、青贮法处理粪便，消耗能源过大，造成资源的浪费。采用分离法，就是选用一定的冲洗速度，筛选，将畜禽粪便中固体和液体部分分离开，可以获得满意结果。

7.3.4　粪便燃料化技术

目前，国内外的畜禽粪便燃料化途径主要有沼气处理法和直接焚烧法两种。

1. 直接焚烧法

直接焚烧法是废弃物热处理中最重要的方法，它是利用可燃性废弃物在高温下与氧气发生反应的原理，将废弃物转变成气体，同时可以利用燃烧产生的热量进行发电。

2. 沼气法

沼气法处理畜禽粪便的原理是利用受控制的厌氧细菌的分解作用，将有机物（碳水化合物、蛋白质和脂肪）经过厌氧消化作用转化为沼气和二氧化碳。沼气法是一种多功能的生物技术，能够建造良性的生态环境，治理污染，开发新能源，并为农户提供优质无害化的肥料，取得综合效益。沼气法不但适于畜禽的工厂化大规模生产，而且对于家庭的小规模养殖也非常有效。

沼气法的处理系统主要由前处理系统、厌氧消化系统、沼气输配及利用系统、有机肥生产系统、后消化液处理系统组成。根据目的不同可分为生态型和环保型两种。

(1)生态型

生态型的工艺流程如图 7.17 所示。

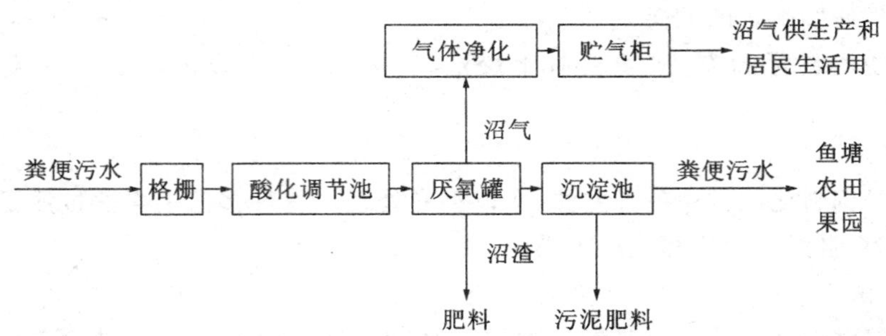

图 7.17 生态型模式工艺流程图

生态型工艺的特点为：①畜禽粪便污水可全部进入处理系统；②厌氧工艺可采用全混合厌氧池、厌氧接触反应器(ACR)、升流式污泥床反应器(UASB)；③沼气利用方式为小规模集中管网供气；④沼液、沼渣进行综合利用，建立以沼气为纽带的良性循环生态系统，提高沼气工程的综合效益。⑤工艺简单，管理、操作方便，但工艺处理单元的效率不高；⑥沼气获得量高，但处理后的沼渣浓度仍很高，就地消化综合利用时配套所占用的土地面积大；⑦工程投资少，运行费用低，投资回收期较短。

生态型工艺的使用条件为：①日处理粪便污水量 $50m^3$ 以下；②养殖场周围有较大规模的鱼塘、农田、果园和蔬菜地供沼液、沼渣的综合利用；③沼气用户距养殖场距离小于 2km。

(2)环保型

环保型的工艺流程如图 7.18 所示。

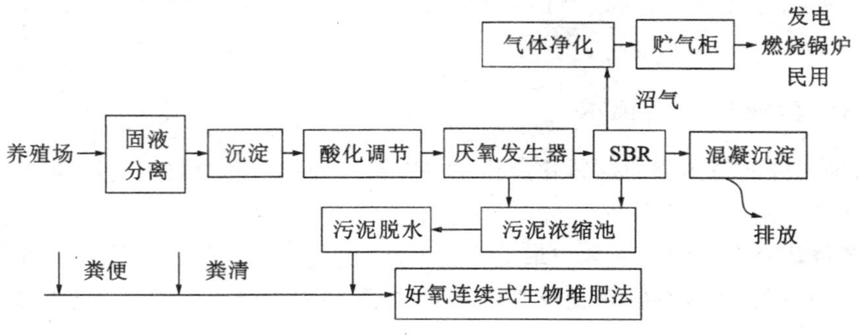

图 7.18 环保型模式工艺流程图

环保型工艺的特点为：①养殖场必须实行严格清洁生产、干湿分离，畜禽粪便直接用于生产有机肥料，只有畜禽舍冲洗污水和尿进入处理系统；②污水必须先进行预处理，强化固液分离、沉淀，严格控制 BOD_5 ＜5000mg/L；③厌氧工艺可采用 USAB；④好氧处理工艺采用 SBR 反应器，在去除 COD 物质的同时，具有脱氮除磷的效果；⑤混凝沉淀出水能达到《污水综合排放标准》的二级排放标准，出水经消毒处理后可作农田、果园和绿化灌溉用水；⑥厌氧、好氧产生的污泥，经浓缩、机械脱水压成含水率为 75%～80%的泥饼，可用于制作有机肥或作为菌种出售；⑦沼气利用方式为用作发电、燃烧锅炉或进行肥料烘干。⑧有机肥的生产应优先采用好氧连续式生物堆肥工艺；⑨沼气回收与污水达标、环境治理结合得较好，适用范围广；⑩工艺处理单元的效率高，工程规范化管理操作自动化水平高，但该工艺对管理、操作技术要求高，工程投资较大，运行费用相对较高；⑪对 COD、NH_3-N 的去除率高，出水能达标排放；⑫有机肥料开发充分，资源综合利用率较高，对周围环境影响小，没有二次污染。

环保型工艺的使用条件为：①日处理粪便污水量 50～1500m^3 甚至更大的养殖场；②污水排放要求高的地区，如城市近郊的养殖场、饮用水源区域等。

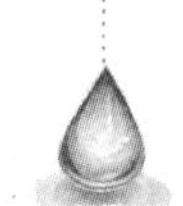

7.4　塑料地膜的资源化利用技术

我国的农用地膜发展极为迅猛，产量和覆盖面积已跃居世界第一，人们称它是继化肥、种子之后农业上的第三次革命，也称“白色革命”。塑料是一种高分子材料，它具有不易腐烂、难于消解性能，使用过的农膜由于开裂、破碎会被埋进土壤中，完全降解约需 200～400 年。土壤中残膜量的不断增加，会阻碍作物根系的发育及对水分、养分的吸收，使土壤的透气性降低，这就是通常说的“白色污染”。

7.4.1　废弃塑料地膜污染特征分析

1. 白色污染

大量的废旧农用薄膜、包装用塑料膜、塑料袋和一次性塑料餐具(以下统称为塑料包装物)在使用后被抛弃在环境中，给景观和生态环境带来很大破坏。由于废旧塑料包装物大多呈白色，因此造成的环境污染被称为“白色污染”。塑料棚膜比较容易回收，因此造成塑料农膜污染的主要来源是塑料地膜。在收获植物后，使用过的塑料地膜应该及时捡拾清除，否则留在农田里会造成污染。少量的残留塑料地膜虽不至于对作物生长造成危害，但是其留在农田中，或随风飞扬，也会造成视觉污染。有的残膜如被牲畜误食，严重时会造成牲畜死亡。

2. 白色污染的危害

(1)危害农田生态系统

白色污染危害农田生态系统主要表现在以下三个方面：①影响农田土壤的物理性状；②影响农作物的长势；③影响农作物的产量。

(2)造成化学污染

农用塑料膜是聚乙烯化合物，在生产过程中需加 40%～60%的增塑剂，即邻苯甲酸

二异丁酯，其化学性能对植物的生长发育毒性很大，特别是对蔬菜毒性更大。

(3)危害动物健康

残留地膜碎片会随农作物的秸秆和饲料进入农家，牛羊等家畜误食残膜碎片后，可导致胃肠功能失调，膘情下降，严重时会引起厌食和进食困难，甚至导致死亡。

7.4.2 焚烧回收热能技术

废旧塑料地膜的热能利用，是指将其作为燃料，通过控制燃烧温度，充分利用废旧塑料地膜焚烧时放出的热量。

1. 焚烧废旧塑料地膜的方式

现行的焚烧废旧塑料地膜的方式主要有三种：

①使用专用焚烧炉焚烧废旧塑料地膜回收利用能量法。这种方法使用的专用焚烧炉有流化床式焚烧炉、浮游焚烧炉、转炉式焚烧炉等。

②作为补充燃料与生产蒸汽的其他燃料掺用法。应用此法热电厂可将农用塑料废弃物作为补充燃料使用。

③通过氢化作用或无氧分解，转化成可燃气体或可燃物再生热法。这既是一种能量回收方法，又属于农用塑料废弃物在特殊条件下的分解。

2. 废旧塑料地膜的能量回收

废旧塑料地膜的能量回收是通过对它在焚烧炉内焚烧时释放热能的有效利用来达到回收目的的方法 。废旧塑料地膜能量回收工艺过程大致如图 7.19 所示：

图 7.19 废旧塑料地膜能量回收工艺

这种将废旧塑料地膜焚烧转化为热能的方法具有明显的优点：

①不需复杂预处理，也不需与生活垃圾分离，特别适用于难以分拣的混杂型塑料制品。

②废旧塑料地膜的产热值几乎与相同种类的燃料油相当，产热量可观。

③从处理废弃物的角度看是十分有效的，焚烧后可使其质量减少 80%以上，体积减小 90%以上，燃烧后的废渣密度较大，作填埋处理也很方便。

7.4.3 洗净、粉碎、改型、造粒技术

废塑料地膜回收利用的关键是对其回收并再生，主要是熔融再生。熔融再生技术分为简单再生和复合再生处理。简单再生是针对塑料生产过程中的边角碎料而言，这些废塑料品种单一，较少被污染，一般经简单处理便可直接加工成粒料或片料。而复合再生则是针对从流通、消费领域回收的废塑料，经过分选、预处理、熔炼、造粒(有的不经过造粒，直接成型)、成型等工序再生。

1. 预处理

预处理包括分选、破碎、清洗和干燥。再生所用的废料主要来源于使用和流通后从不同途径收集到的塑料废弃物，它们在造粒前必须经过清洗、破碎和干燥等预处理工序。

具体情况因不同情况而异。

(1)清洗和干燥

对于污染不严重且结构不复杂的大型废旧塑料地膜,宜采取先清洗、后破碎的工艺。首先用带洗涤剂的水浸洗,以去除一些胶黏剂和油污等,然后用清水漂洗,清洗完后取出风干。

对于有污染的废旧地膜,应首先进行粗洗,除去砂土、石块和金属等异物,以防止其损坏破碎机。废旧塑料经粗洗后离心脱水,再送入破碎机破碎。破碎后再进一步进行精洗,以除去包藏在其中的杂物。清洗后需干燥,以便下一步熔融造粒。

清洗工艺目前在我国仍采取人工清洗和机械清洗两种方法。人工清洗的工作效率低,机械清洗的效果很好,特别适用于清洗废旧农膜。其工作原理是将被清洗的废旧塑料制品放在温热的洗涤液中,如果是被油污染的制品,用适量浓度的碱水即可奏效。先浸泡数小时,再用机械搅拌,通过彼此摩擦和撞击可除去杂质和污物。

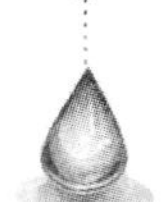

(2)破碎

对于较大制件的塑料地膜在造粒前应先粗破碎后细破碎。根据需要可选择不同型号和功能的破碎设备。

2. 再生料的成型前处理

(1)配料

回收的废塑料经一系列的预处理得到干燥的粉料后,或直接塑化成型,或经造粒后再成型。在此之前,往往需要进行配料,加入各类配合剂,如稳定剂,着色剂、润滑剂、增塑剂、填充剂和各类改性剂等。废旧塑料地膜一般都有不同程度的老化,为了保证再生塑料制品的稳定性能,应当加入稳定剂。如热氧稳定剂、防紫外线稳定剂等。在使用稳定剂时,应注意其毒性和污染性。如再生聚氯乙烯(PVC)料中盐基性铅类有一定毒性,不宜制作与食品接触的塑料制品;弹性体的稳定剂中4010颜色深,不宜制作浅色制品。再生PVC料中可选取配合盐基性铅类、脂肪皂类、复合稳定剂,聚乙烯(PE)、聚丙烯(PP)再生料可用1010稳定剂。

废旧塑料常有一定程度的污染,故常选用深色的着色剂,如炭黑、铁红、塑料棕等。

润滑剂也是回收料中必不可少的助剂。再生聚氯乙烯(PVC)料中加入极性润滑剂比非极性润滑剂效果好,如用氯化石蜡比用普通石蜡好,而对于聚丙烯(PP)、聚苯乙烯(PS)、聚乙烯(PE)再生料用普通石蜡即可。

回收聚氯乙烯(PVC)料往往需要增塑剂。由于原塑料制品中的小分子增塑剂易在制品中发生迁移现象,所以再生的聚氯乙烯(PVC)制品中需要补充一些增塑剂,用量视制品要求的硬度而定。

填充料有碳酸钙、陶土、滑石粉、硫酸钡、赤泥、木粉等。加入填充料时需注意三个问题:①要注意回收料中钙塑回收品的比率,如已经含有大量填充剂,不宜再加入相应的填充剂;②在不影响加工流动性并保证其基本力学性能指标的前提下,可适当增加填充量;③填充剂应经偶联剂(如钛酸酯偶联剂)活化。针对不同种类填充剂,选择适宜型号的钛酸酯。

(2)捏合

再生回收料与各类添加剂的捏合是十分必要的,捏合能使要配合的各组分在塑化混

熔前达到宏观上的均匀分散，而成为一个均态多组分的混合物。在选定捏合设备与配合组分后，捏合的效果主要取决于捏合工艺（如温度、时间、加料顺序、搅拌速度等）的控制。回收塑料的捏合一般在混合造粒之前；如果再生料粉碎后不需造粒而直接加工成型，那么捏合应在成型之前进行。捏合的温度、时间、搅拌速度、加料顺序等操作及调控，可参照新生塑料捏合工艺。

(3)造粒

不论何种废塑料制品，在制备回收废塑料的再生粒料前，首先应进行预处理：鉴别、分选、清洗、粉碎（硬制品）或切碎（软制品），然后经过两段热风干燥，使水分含量不超过5%。这样处理过后的粉料经与其他组分的配合、捏合后即可造粒。有的回收料[如回收聚氯乙烯(PVC)软制品]也可不经切碎而直接用开炼机塑化、放片、切粒。制备聚乙烯(PE)、聚丙烯(PP)的再生钙塑料粒可采用开炼或密炼工艺，其工艺流程基本相同，只是捏合后经开炼机塑化、混炼、放片后切粒，也可由密炼机塑化、混炼，接开炼机放片后切粒。

回收聚氯乙烯(PVC)料因其熔体黏度高，宜在开炼机上人工控制，不论是否是钙塑再生料，皆可采用开炼工艺。

3.成型

(1)模压成型

模压成型也称作压制成型或压缩模塑成型。废塑料的模压成型工艺是生产再生热塑性塑料制品的基本手段。

(2)挤塑成型

挤塑成型也称挤出成型。通常使用螺杆挤出机完成塑化和挤出，即利用加热和螺杆剪切作用使塑料变成熔体，然后在压力作用下通过塑模直接制备连续的型材（如管、棒、丝、板、片及异形材等）。

(3)注塑成型

注塑成型工艺是热塑性树脂和再生塑料重要的成型工艺。注塑成型有注入熔体和模塑冷却两个主要环节。与模压、挤塑工艺相比，注塑成型操作较复杂，有温控、自控、液压、电控等系统；注塑设备的一次性投资较大；对物料的熔体流动性也有较高的要求 。

(4)压延成型

压延成型是热塑性塑料加工的主要工艺之一。对于生产回收热塑性塑料片材来说，是较佳的生产工艺。它是将已熔融的塑料通过相向旋转的数个辊筒组（至少由两个辊筒组成）中的辊筒间隙，通过压延作用而生产连续片材的成型方法。

(5)吹塑成型

吹塑成型是指将熔融状态的塑料型胚或管膜，通过压缩空气直接或间接地吹胀成型，冷却后得到相应制品的一种热塑性树脂的成型加工工艺。

7.4.4 制备氯化聚乙烯技术

回收利用农用薄膜进行废聚乙烯制备氯化聚乙烯是非常有必要的，一方面是高密度聚乙烯紧缺，另一方面是氯化聚乙烯作为聚氯乙烯的优良改性剂和特种橡胶应用已被世

界公认。

聚乙烯(粉状)树脂进行氯化,可制得系列氯化聚乙烯(CPE,chlorinated PE),因其含氯量不同而特性各异,用途也各不相同。其中商品化的 CPE 具有非常广泛的用途。对回收 PE 进行与 PE 树脂类似的氯化,也可制得氯化再生聚乙烯料。

CPE 的生产工艺有溶液法、悬浮法和固相法三种:溶液法是较早使用的方法,因有机溶剂用量大、环境污染大、生产成本高,现已很少使用;悬浮法是现今国内外普遍采用的方法,但存在设备腐蚀和“三废”处理困难等问题;固相法对设备腐蚀小,基本无“三废”,生产成本低,是生产氯化聚乙烯的方向。在此仅介绍固相法基本工艺。

1. 配方

固相法工艺基本配方见表 7.6。

表 7.6　固相法工艺基本配方

原料	用量(g)	原料	用量(g)
废聚乙烯(PE)	70	水	280
助剂	3	氢氧化钠(NaOH)	8
液氯	8		

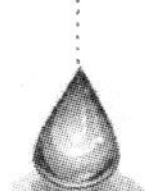

2. 工艺流程

固相法工艺流程如图 7.20 所示。

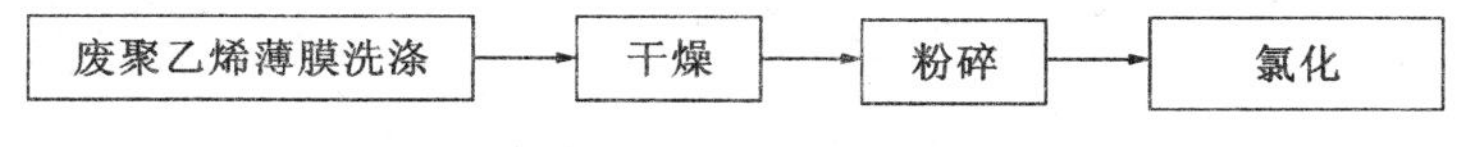

图 7.20　固相法工艺流程

3. 操作步骤

氯化工艺是将粉碎好的废料加入反应釜中,加入一定量的引发剂、水、助剂,边搅拌边加热,加热到一定温度时通入氯气,进行氯化,氯化过程中放出的氯化氢由酸吸收槽吸收。通过此槽吸收可控制氯含量,未反应的氯气通过循环泵和循环槽循环使用,一直到达到预定的含氯量为止。产物经洗净、中和、干燥后即为产品。该产品作为进一步制备氯化聚乙烯的原料。

聚乙烯氯化改性料的显著特点是:氯化基本上仅一步,所以氯化改性工艺比较简单;可制得软质和硬质塑料、类橡胶弹性体、涂料等系列氯化改性产品,这些产品具有阻燃、耐油、耐臭氧、耐气候变化、抗撕裂等良好特性。尤为引人注目的是 CPE 弹性体(含氯量约 35%左右),可以作为大分子增韧剂及高聚共混物的增容剂。

7.4.5　还原油化技术

由于废塑料是石油化工产品,从化学结构上看,塑料为高分子碳氢化合物,而汽油、柴油则是低分子碳氢化合物。废聚乙烯裂解制取油品与化学品(简称油化工艺)有如下几种方法:热解法、催化热解法(一步法)、热解-催化改质法(两步法),以下分别论述。

1. 热解法油化工艺

该工艺是将废聚乙烯或废聚乙烯与其他废塑料混合进行热解,制取蜡、油品、炭黑等

产品。中国石油大学对此类油化工艺的研究结果证实：在促进剂作用下单独热解废聚乙烯可得油品与合格的地蜡，蜡产率50%～90%，制取地蜡较制取油品的经济效益要高。

2.催化热解法(一步法)油化工艺

该工艺是将废聚乙烯或废聚乙烯与其他废塑料的混合物及催化剂加入反应釜，热解与催化热解同时进行。一步法油化工艺的优点是：裂解温度低，全部裂解所用时间短，液体回收率高，设备投资少。其缺点是：催化剂用量大，而且催化剂与废塑料裂解产生的炭黑及塑料中所含的杂质混在一起，难以分离回收，使此工艺的推广受到限制。

3.热解-催化改质法(两步法)油化工艺

该工艺是将废聚乙烯与其他废塑料混合，先进行热解，然后对热解产物进行催化改质，得到油品。该工艺在废塑料处理行业应用最多。两步法油化工艺较为成熟，应用广泛。一步法油化工艺裂解时间短、温度低，但催化剂用量大，不易回收，推广应用受到限制。热解法处理混合废塑料所得油品蜡含量高、质量差，但采用此方法处理废聚乙烯可得高质量地蜡，经济效益较制取油品高。催化热解-催化改质工艺在热解段可使用少量催化剂，以缩短裂解时间和降低裂解温度。而催化热解-催化改质工艺处理混合废塑料及热解法处理废聚乙烯，则是两种有发展前景的工艺。

小　结

本章介绍了几种典型的农业固体废物的资源化回收利用技术，分别对植物纤维性废弃物、畜禽粪便、废弃农用薄膜三大类农业固体废物的资源化利用方式和途径进行论述，并有实际案例和具体工艺供学生掌握学习。

思考题与习题

1.何谓农业固体废物资源化?

2.简述农业固体废物资源化的原则和基本途径。

3.植物纤维性固体废物资源化工艺有哪几种？试比较各自优缺点?

4.畜禽粪便固体废物资源化工艺有哪几种?

5.塑料地膜的资源化回收利用方式有哪些?

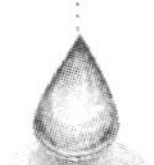

第 8 章　危险废物处理处置与利用

学习目标

了解危险废物的来源和分类；熟悉危险废物的概念和特性，危险废物的运输要求和相关要求，危险废物的转移管理；理解危险废物的固化/稳定化的技术原理；掌握危险废物的收集贮存方式、危险废物贮存设施的运行管理；学会危险废物的分析与鉴别；会选择合适的容器、选择适宜的运输工具。

必备知识

《中华人民共和国危险废物贮存污染控制标准》、《中华人民共和国危险废物焚烧污染控制标准》、《中华人民共和国危险废物填埋污染控制标准》、《国家危险废物名录》；危险废物的法律定义、分类及危险废物污染控制方法等。

选修知识

《关于开展资源综合利用若干问题的暂行规定的通知》、《关于坚决控制境外废物向我国转移的紧急通知》、《医疗废物管理条例》等行政法规、规范性文件，以及部门规章、地方性法规等。

兴趣导入

视频新闻：江西卫视《经典传奇》播报的“夜半‘鬼剃头’”；安徽卫视《每日新闻报》播报的“21 岁女孩做烫发染发，头发脱落成‘鬼剃头’”；中央电视台《走进科学》播报的“捉鬼夜半鬼剃头”。

课前思考题

1. 你所了解的危险废物是指什么？包括哪些危害？
2. 你所在的城市有哪些危险废物？这些危险废物是如何收集处理的？

8.1 危险废物的来源与分类

8.1.1 危险废物的概念

危险废物又称为“有害废物”、“有毒废渣”等。对危险废物的定义不同的国家和组织各有不同的表述，联合国环境规划署（UNEP）把危险废物定义为：“危险废物是指除放射性以外的那些废物（固体、污泥、液体和装在容器内的气体），由于它的化学反应性、毒性、易爆性、腐蚀性和其他特性引起或可能引起对人体健康或环境的危害，不管它是单独的或与其他废物混在一起，不管是产生的或是被处置的或正在运输中的，在法律上都称危险废物。”而世界卫生组织（WHO）的定义是：“危险废物是一种具有物理、化学或生物特性的需要特殊的管理与处置以免引起健康危害或产生其他环境危害的废物。”美国在其《资源保护和回收法》中将危险废物定义为：“危险废物是固体废物，由于不适当的处理、贮存、运输、处置或其他管理方面，它能引起或明显地影响各种疾病和死亡，或对人体健康或环境造成显著的威胁”。日本《废物处理法》将“具有爆炸性、毒性或感染性及可能产生对人体健康或环境危害的物质”定义为“特别管理废物”。

我国 2020 年 4 月 29 日第十三届全国人民代表大会常务委员会第十七次会议最新修订的《中华人民共和国固体废物污染环境防治法》中将危险废物规定为：“危险废物是指列入国家危险废物名录或者根据国家规定的危险废物鉴别标准和鉴别方法认定的具有危险特性的固体废物”。

8.1.2 危险废物的来源

危险废物包括工业危险废物、医疗废物和其他社会源危险废物。危险废物的来源主要为工业生产、居民生活、商业机构、农业生产、医疗服务、环保设施运行等过程（表 8.1）。工业生产如煤炭采选、黑色金属冶炼、化工产品制造以及机械、电气、电子设备制造等；居民生活如废弃的家用洗涤剂、个人护理用品、涂料、电池、家用电器等；商业机构产生的危险废物如打印店的油墨、干洗店的溶剂、冲印店的药剂、汽车修理店的清洁剂及颜料商店的颜料和稀释剂等；农业生产中产生的危险废物主要是杀虫剂、除草剂等农药；医疗垃圾因其极大的传染性被列为危险废物的一种，主要包括手术过程中产生的人体组织器官、残余物、一次性医疗用品、过期药品、废显影液以及与病人接触过的物品等；环保设施运行中产生的危险废物主要是废水处理过程中的污泥，需要及时处理和处置以避免对环境造成二次污染 。

表 8.1　危险废物的主要来源

废物产生行业	可能产生的废物类别
机械加工及电镀	废矿物油、废乳化液、废油漆、表面处理废物、含铜废物、含锌废物、含铅废物、含汞废物、无机氰化物废物、废碱、石棉废物、含镍废物等
金属冶炼、铸造及热处理	含氰热处理废物、废矿物油、废乳化液、含铜废物、含锌废物、含镉废物、含锑废物、含铅废物、含汞废物、含铊废物、废碱、废酸、石棉废物、含镍废物、含钡废物等
塑料、橡胶、树脂、油脂等化学生产及加工	废乳化液、精(蒸)馏残渣、有机树脂类废物、新化学品废物、感光材料废物、焚烧处理残渣、含酸类废物、含醚废物、废卤化有机溶剂、废有机溶剂、含有机物废物、含重金属废物、废油漆等
建材生产及建材使用	含木材防腐剂废物、废矿物油、废乳化液、废油漆、有机树脂类废物、废碱、废酸、石棉废物等
印刷纸浆生产及纸加工	废油漆、废乳化液、废碱、废酸、废卤化有机溶剂、废有机溶剂、含重金属的废涂液等
纺织印染及皮革加工	废油漆、废乳化液、含铬废物、废碱、废酸、废卤化有机溶剂、废有机溶剂等
化工原料及石油产品生产	含木材防腐剂废物、含有机溶剂废物、废矿物油、废乳化液、含多氯联苯废物、精(蒸)馏残渣、有机树脂类废物、废油漆、易燃性废物、感光材料废物、含铍废物、含铬废物、含铜废物、含锌废物、含硒废物、含锑废物、含铅废物、含汞废物、含铊废物、有机铅化物废物、无机氰化物废物、废碱、废酸、石棉废物、有机磷化物废物、含醚类废物、废卤化有机溶剂、废有机溶剂、含有氯苯并呋喃类废物、多氯联苯二噁英类废物、有机卤化物废物、含镍废物、含钡废物等
电力、煤气厂及废水处理	废乳化液、含多氯联苯废物、精(蒸)馏残渣、焚烧处理残渣等
医药及农药生产	医药废物、废药品、农药及除草剂废物、废乳化液、精(蒸)馏残渣、新化学品废物、废碱、废酸、有机磷化物废物、有机氰化物废物、含酚废物、含醚类废物、废卤化有机溶剂、废有机溶剂、含有机卤化物废物等
食品及饮料制造生产容器清洗	废碱、废酸、废非卤化有机溶剂等
制鞋行业的黏合剂涂敷	废易燃黏合剂
印刷、出版及相关工业定影显影设备清洗、制版等工艺	废碱、废酸、含汞废液，含铬废物/液，含铜废液、废卤化有机溶剂、废有机溶剂、易燃油墨废物等
化工及化学制造	废碱、废酸、废卤化溶剂、废非卤化溶剂、含农药废物、重金属废物、含氰废物、含重金属催化剂、含重金属废物、蒸馏残渣、石棉废物等
石油及煤产品制造	废卤化溶剂、废非卤化溶剂等
玻璃及玻璃制品生产	废矿物油、废卤化溶剂、废非卤化溶剂、废酸、重金属废液、废油漆等
钢铁生产与加工	重金属废物、废碱、废酸、废矿物油、含锌废液等

续表 8.1

废物产生行业	可能产生的废物类别
有色金属生产与加工	含重金属废物、废碱、废酸、废矿物油、含锌废物、废卤化溶剂、废非卤化溶剂等
金属制品与制造	废碱、废酸、含氰废液、废卤化溶剂、废非卤化溶剂、废矿物油、废油漆、易燃废物、含铬废液、含重金属废物/液等
办公及家电机械和电子设备制造、电子及通信设备制造	废碱、废酸、废卤化溶剂、废非卤化溶剂、废矿物油、含重金属废液、含氰废液、废易燃有机物等
运输部门作业及车辆保养修理	废易燃有机物、废油漆、废卤化溶剂、废矿物油、含多氯联苯废物、废酸、含重金属的废电池等
医疗部门	医院废物、医药废物、废药品等
实训室、商业和贸易部门、服务行业	废碱,废酸,废卤化溶剂,废非卤化溶剂,废矿物油,含重金属废物/液,废油漆等,损坏、过期、不合格、废弃及无机的化学药品等
废物处理工艺	废碱、废酸、废卤化溶剂、废非卤化溶剂、废矿物油、含重金属废物/液、含有机卤化物废物、废油漆、有机树脂类废物等
机械、设备、仪器、运输工具、器材、用品、产品及零件制造	废碱、废酸、废卤化溶剂、废非卤化溶剂、废矿物油、含重金属废液、含氰废液、废易燃有机物、石棉废物、废催化剂等

8.1.3 危险废物的分类

8.1.3.1 目录式分类

目录式分类是根据经验和实训分析鉴定的结果,将危险废物的品名列成一览表,用以表明某种废物是否属于危险废物,再由国家管理部门以立法形式予以公布。由于国情的不同,每个国家的名录分类的依据有所差异。

中国是《巴赛尔公约》的第一批缔约国,几乎参与了《巴塞尔公约》的全部起草过程,并在1990年批准了该公约。

中国的《国家危险废物名录》依据《巴塞尔公约》将危险废物分为49个类别,编号是从HW01到HW49,主要是根据废物的成分和来源、特性来进行分类的。HW10、HW21、HW22、HW23、HW24、HW25、HW26、HW27、HW28、HW29、HW33、HW41等都属于按所含有毒成分来进行分类的。从来源看,医药方面就包含三个类别:医院临床废物(HW01)、医药废物(HW02)和废药物、药品,按来源分的还有农药(HW04)、表面处理废物(HW17)等。

8.1.3.2 按特性分类

中国危险废物按照危险特性可以大体分为易燃性废物、腐蚀性废物、反应性废物(表8.2)。

表 8.2 部分危险废物按其特性分类及来源

危险特性	废物名称	废物来源
易燃性废物	废卤化溶剂	回收这些溶剂的蒸馏釜底物,废弃的工业化学产品、不合格产品、容器残留物和泄漏残留物

续表 8.2

危险特性	废物名称	废物来源
腐蚀性废物	废酸	冷轧带钢、糠醛生产过程、炼焦工艺、酸洗过程、集成电路处理过程、电解工艺、半导体部件制造过程、印刷制版过程、热处理、轴承生产过程等
	废碱	原油裂解、集成电路热处理、轴承生产过程、碱洗过程、中温淬火、电镀过程等
	废铬酸	皮革鞣制
	废对苯二甲酸	涤纶树脂生产过程，苯酐制造过程
	电石渣	乙炔生产过程
	硼泥	制硼酸、硼砂工艺
	锰泥	制高锰酸钾工艺
	白泥	造纸厂
	钠渣	制钠过程
反应性废物	含氰电镀废液	电镀过程产生的含氰的电镀槽废液
	含氰电镀污泥	使用氰化物的电镀过程，由镀槽底部产生
	含氰清洗槽废液	使用氰化物的电镀过程清洗槽的废液
	含氰的油浴淬火槽的残渣	使用氰化物的金属热处理过程油浴淬火槽产生
	含氰清洗废液	金属热处理过程清洗盐浴锅产生
	含丙烯腈的塔底馏出物	丙烯腈生产中废水汽提塔的底部流出物
	含乙腈的塔底馏出物	丙烯腈生产中乙腈塔的底部馏出物
	离心和蒸馏残渣	甲苯二异氰酸盐生产过程产生的离子和蒸馏残渣
	废水处理污泥	制造和加工爆炸品产生的废水处理污泥
	粉红水/红水	TNT(三硝基甲苯)生产操作产生的粉红水/红水
	含氰化物废液	矿石金属回收过程氰化槽废液
	废炭	含爆炸品的废水在处理时产生的废炭
	其他反应性废物	废弃的工业化学产品、不合格产品、容器残留物和泄漏残留物

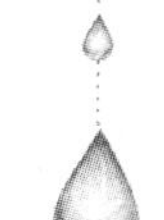

8.1.3.3　按物理和化学性质分类

按物理和化学性质分类，可把危险废物分为无机危险废物、有机危险废物、油类危险废物、其他有害废物等(表 8.3)。

表 8.3　按物理和化学性质分类的危险废物

分类名	废物名
无机危险废物	酸、碱、重金属、氰化物、电镀废水
有机危险废物	杀虫剂、石油类的烷烃和芳香烃，卤代物的卤代烃、卤代脂肪酸、卤代芳香烃化合物和多环芳香烃化合物
油类危险废物	润滑液、液压传动装置的液体、受污染的燃料油
其他有害废物	金属工艺、油漆、废水处理等方面的污染物

8.1.3.4 危险废物的污染现状

近年来，危险废物对环境和人体健康的影响日益受到公众和法律的关注。危险废物中的有害物质不仅能造成直接的危害，还会在土壤、水体、大气等自然环境中迁移、滞留、转化，污染土壤、水体、大气等人类赖以生存的生态环境，从而最终影响到人体健康。随着经济的迅速发展，我国危险废物的产生量越来越大，种类繁多、性质复杂，且产生源数量分布广泛，管理难度较大。据中国环境状况公报公布的有关数据，我国每年产生危险废物在1600万t左右，虽有约70%的危险废物得到利用，但利用还不尽合理，有些还造成二次污染。

8.2 危险废物的分析与鉴别

8.2.1 危险废物的分析

8.2.1.1 危险废物的危害

危险废物的危害概括起来有如下几点：

(1)短期急性危害

这指的是通过摄食、吸入或皮肤吸收引起急性毒性、腐蚀性，其他皮肤或眼睛接触危害性，易燃易爆的危险性等，通常是事故性危险废物。

(2)长期环境危害

它的起因是反复暴露的慢性毒性、致癌性(某种情况下由于急性暴露而会产生致癌作用，但潜伏期很长)、解毒过程受阻、对地下或地表水的潜在污染或美学上难以接受的特性(如恶臭)。如湖南衡阳一乡镇企业随意堆置炼砷废矿渣，造成当地地下饮用水水源的水质恶化，使附近居民饮用水水源受污染。

(3)难以处理

对危险废物的治理需要花费巨额费用。根据发达国家经验，在长期内消除“过去的过失”费用相当昂贵。据统计，要多花费10～1000倍费用消除过去遗留的危险废物。

8.2.1.2 危险废物的表现形态

危险废物可能作为副产品、过程残渣、用过的反应介质、生产过程中被污染的设施或装置，以及废弃的制成品出现。

8.2.2 危险废物的鉴别

危险废物的鉴别是有效管理和处理处置危险废物的首要前提。对危险废物的管理、处理与处置，首先要明确该种废物是否属于危险废物，其次要明确危险废物的性质与组成。目前世界各国的危险废物鉴别方法因其危险废物性质和国内立法的不同而存在差异。

我国于2020年1月1日开始实施的《危险废物鉴别标准　通则》(GB 5085.7—2019)中规定了危险废物的鉴别程序如图8.1所示。

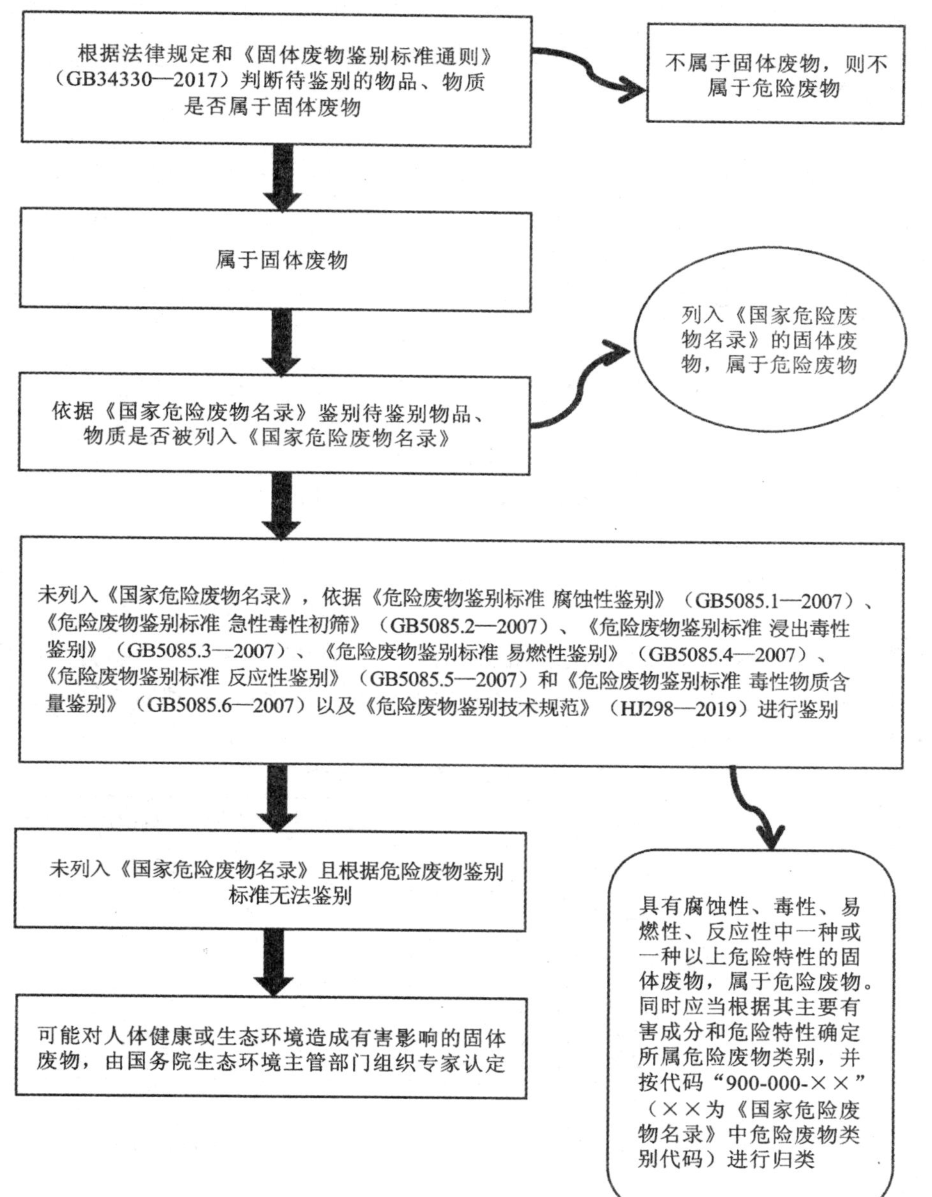

图 8.1　危险废物的鉴别程序

1. 危险废物名录

危险废物名录制度是世界各国危险废物污染防治普遍实行的危险废物污染控制法律制度，也是我国实施危险废物污染防治的基本制度，是国家对危险废物实行分类管理和控制的法律原则体现。名录制度比较正规、简便，种类较为具体，范围较明确，有较大的可靠性，使用较为方便。

中华人民共和国《国家危险废物名录（2021 年版）》已于 2021 年 1 月 1 日起施行，原环境保护部、国家发展和改革委员会、公安部发布的《国家危险废物名录（2016 年版）》（环

境保护部令第 39 号)同时废止。我国规定,凡是列入《国家危险废物名录(2021 年版)》中的废物均为危险废物,必须纳入危险废物管理体系进行统一管理。

2. 危险废物特性

(1)腐蚀性

腐蚀性是指易于腐蚀或溶解组织、金属等物质,且具有酸或碱的性质。当废物具有以下特性之一,则称其为腐蚀性危险废物:

①水溶液的 pH 值≤2 或≥12.5。

②在 55℃下,对《优质碳素结构钢》(GB T 699—2015)中规定的 20 号钢材的腐蚀速率≥6.35mm/a。

(2)毒性

①急性毒性

符合下列条件之一的固体废物,属于危险废物。

a. 经口摄取:固体 LD_{50}≤200mg/kg,液体 LD_{50}≤500mg/kg 。

b. 经皮肤接触:LD_{50}≤1000mg/kg。

c. 蒸气、烟雾或粉尘吸入:LC_{50}≤10mg/L。

②浸出毒性

按照《固体废物浸出毒性浸出方法硫酸硝酸法》(HJ/T 299—2007)制备的固体废物浸出液中任何一种危害成分含量超过表 8.4 中所列的浓度限值,则判断该固体废物是具有浸出毒性特征的危险废物。

表 8.4 浸出毒性鉴别标准值

序号	有害成分项目	浸出液中危害成分项目浓度限值(mg/L)
1	铜(以总铜计)	100
2	锌(以总锌计)	100
3	镉(以总镉计)	1
4	铅(以总铅计)	5
5	总铬	15
6	铬(六价)	5
7	烷基汞	不得检出[①]
8	汞(以总汞计)	0.1
9	铍(以总铍计)	0.02
10	钡(以总钡计)	100
11	镍(以总镍计)	5
12	总银	5
13	砷(以总砷计)	5
14	硒(以总硒计)	1

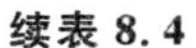

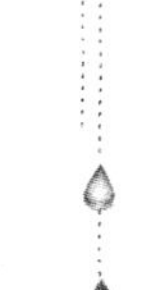

续表 8.4

序号	有害成分项目	浸出液中危害成分项目浓度限值(mg/L)
15	无机氟化物(不包含氟化钙)	100
16	氰化物(以 CN^- 计)	5
17	滴滴涕	0.1
18	六六六	0.5
19	乐果	8
20	对硫磷	0.3
21	甲基对硫磷	0.2
22	马拉硫磷	5
23	氯丹	2
24	六氯苯	5
25	毒杀芬	3
26	灭蚊灵	0.05
27	硝基苯	20
28	二硝基苯	20
29	对硝基氯苯	5
30	2,4-二硝基氯苯	5
31	五氯酚及五氯酚钠(以五氯酚计)	50
32	苯酚	3
33	2,4-二氯苯酚	6
34	2,4,6-三氯苯酚	6
35	苯并[a]芘	0.0003
36	邻苯二甲酸二丁酯	2
37	邻苯二甲酸二辛酯	3
38	多氯联苯	0.002
39	苯	1
40	甲苯	1
41	乙苯	4
42	二甲苯	4
43	氯苯	2
44	1,2-二氯苯	4
45	1,4-二氯苯	4

续表 8.4

序号	有害成分项目	浸出液中危害成分项目浓度限值(mg/L)
46	丙烯腈	20
47	三氯甲烷	3
48	四氯化碳	0.3
49	三氯乙烯	3
50	四氯乙烯	1

注:①“不得检出”指甲基汞<10ng/L,乙基汞<20ng/L。

8.3 危险废物的经营管理

危险废物的经营管理是指对危险废物进行收集、贮存、处置等经营活动。危险废物的收集是指危险废物经营单位将分散的危险废物进行集中的活动;危险废物的贮存是指危险废物经营单位在危险废物处置前,将其放置在符合环境保护标准的场所或者设施中,以及为了将分散的危险废物进行集中,在自备的临时设施或者场所每批置放重量超过 5000kg 或者置放时间超过 90 个工作日的活动;危险废物的处置是指危险废物经营单位将危险废物焚烧、煅烧、熔融、烧结、裂解、中和、消毒、蒸馏、萃取、沉淀、过滤、拆解以及用其他改变危险废物物理、化学、生物特性的方法,达到减少危险废物数量、缩小危险废物体积、减少或者消除其危险成分的活动,或者将危险废物最终置于符合环境保护规定要求的场所或者设施并不再回取的活动。

8.3.1 危险废物的经营管理资质

依据《危险废物经营许可证管理办法》规定,在中华人民共和国境内从事危险废物收集、贮存、处置经营活动的单位,应当领取危险废物经营许可证。

危险废物经营许可证按照经营方式、分为危险废物收集、贮存、处置综合经营许可证和危险废物收集经营许可证。领取危险废物综合经营许可证的单位,可以从事各类别危险废物的收集、贮存、处置经营活动;领取危险废物收集经营许可证的单位,只能从事机动车维修活动中产生的废矿物油和居民日常生活中产生的废镉镍电池的危险废物收集经营活动。危险废物综合经营许可证有效期为 5 年,危险废物收集经营许可证有效期为 3 年。危险废物经营许可证有效期届满,危险废物经营单位继续从事危险废物经营活动的,应当于危险废物经营许可证有效期届满 30 个工作日前向原发证机关提出换证申请。原发证机关应当自受理换证申请之日起 20 个工作日内进行审查,符合条件的,予以换证;不符合条件的,书面通知申请单位并说明理由。

危险废物经营许可证包括下列几部分主要内容(见图 8.2):

(1)法人名称、法定代表人、住所；

(2)危险废物经营方式；

(3)危险废物类别；

(4)年经营规模；

(5)有效期限；

(6)发证日期和证书编号；

(7)贮存、处置设施的地址。

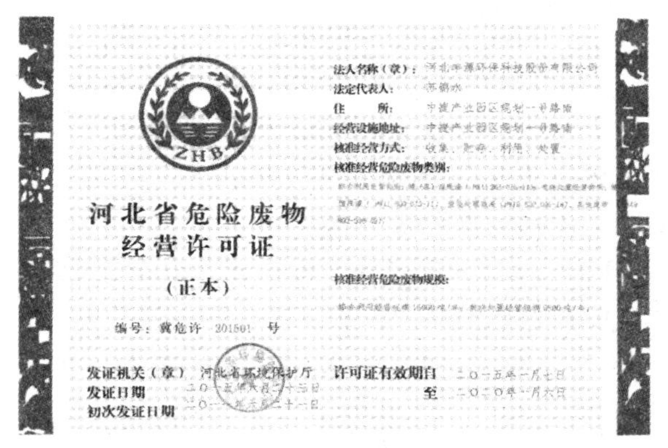

图 8.2　危险废物经营许可证

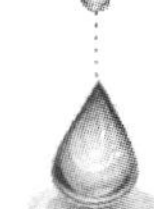

8.3.2　危险废物的收集

危险废物的收集指持有危险废物经营许可证，专门从事危险废物收集的单位，将其他企事业单位产生的危险废物，收集后暂存在其所设的防扬散、防流失、防渗漏的贮存场所，并适时转移至持有危险废物经营许可证的单位进行利用、处置的行为。

危险废物要根据其成分，用符合国家标准的专门容器分类收集，所谓分类收集是指根据废物的特点、数量、处理和处置的要求分别收集。居民生活、办公和第三产业产生的危险废物(如部分废电池、废日光灯管等)应与城市生活垃圾分类收集，通过分类收集提高其回收利用和无害化处理处置率，逐步建立和完善社会源危险废物的回收网络。

8.3.3　危险废物的标志

8.3.3.1　*危险废物标志的设置要求*

(1)危险废物贮存场所的危险废物警告标志的设置

危险废物贮存场所是指危险废物产生、临时存放、暂时存放、贮存等有危险废物短期或长期存在的场所，该物所应当设置危险废物警告标志(图 8.3)。具体设置要求是：

①危险废物贮存设施为房屋的，应将危险废物警告标志悬挂于房屋外面门的一侧，靠近门口适当的高度上；当门的两侧不便于悬挂时，则悬挂于门上水平居中、高度适当的位置上。

②危险废物贮存设施建有围墙或防护栅栏，且高度高于 150cm 的，应将危险废物警告标志挂于围墙或防护栅栏比较醒目、便于观察的位置上；当围墙或防护栅栏的高度为

图 8.3　危险废物贮存设施场所标志牌

100～150cm 时，危险废物警告标志则应靠近上沿悬挂；围墙或防护栅栏的高度不足100cm 时，应当设立独立的危险废物警告标志。

③危险废物贮存设施为其他箱、柜等独立贮存设施的，可将危险废物警告标志悬挂在该贮存设施上，或在该贮存设施附近设立独立的危险废物警告标志。

④危险废物贮存于库房一隅的，将危险废物警告标志悬挂在对应的墙壁上，或设立独立的危险废物警告标志。

⑤所产生的危险废物密封不外排存放的，可将危险废物警告标志悬挂于该贮存设施适当的位置上，也可在该贮存设施附近设立单独的危险废物警告标志。

(2)危险废物利用、处置场所的危险废物警告标志的设置

危险废物利用、处置场所是指危险废物再利用、无害化处理和最终处置的场所，该场所应当设置危险废物警告标志(图 8.4、图 8.5)。具体设置要求是：

图 8.4　危险废物利用设施场所标志牌

①危险废物处置设施外建有厂房的，危险废物警告标志设置要求同危险废物贮存设施。

②危险废物处置设施外未建厂房或不便于悬挂的，应当设立独立的危险废物警告标志。

(3)危险废物贮存场所的危险废物标签的设置和盛装危险废物的容器的危险废物标签的粘贴(图 8.6、图 8.7)

图 8.5　危险废物处置设施场所标志牌

图 8.6　危险废物警告标志

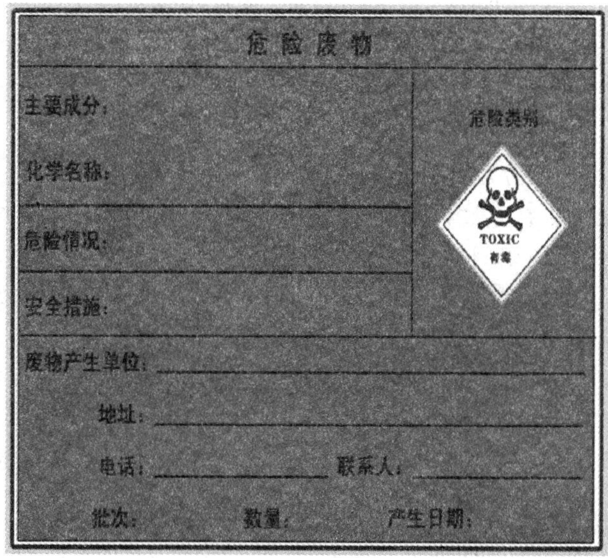

图 8.7　危险废物系挂标签

①危险废物贮存场所的危险废物标签的设置

危险废物贮存设施指按规定设计、建造或改建的用于专门存放危险废物的设施，其内必须设置危险废物标签，具体设置要求是：

危险废物贮存在库房内或建有围墙、防护栅栏的，可将危险废物标签悬挂在内部墙壁（围墙、防护栅栏）适当的位置上；当所贮存的危险废物在两种及两种以上时，危险废物标签的悬挂应与其分类相对应；当库房内不便于悬挂危险废物标签，或只贮存单一种类危险废物时，可将危险废物标签悬挂于库房外面危险废物警告标志一侧，与危险废物警告标志相协调。

危险废物贮存设施为其他箱、柜等独立贮存设施的，可将危险废物标签悬挂于危险废物警告标志左侧，与危险废物警告标志协调居中。

危险废物贮存围墙或防护栅栏的高度不足100cm的，危险废物标签与危险废物警告标志并排设置。

②盛装危险废物的容器的危险废物标签的粘贴

盛装危险废物的容器上必须粘贴危险废物标签，当采取袋装危险废物或不便于粘贴危险废物标签时，则应在适当的位置系挂危险废物标签牌。

③危险废物标签的危险类别

应根据所产生的危险废物种类和性质，依据附件相关标准确定其危险类别，如某一种危险废物的危险废物分类为两种或两种以上的，只选择最强的或最主要的一种。

(4)危险废物转运车危险废物警告标志的设置

专用危险废物转运车应当喷涂或粘贴固定的危险废物警告标志，临时租用的危险废物转运车应粘贴临时危险废物警告标志。

8.3.3.2　医疗废物标志的设置要求

(1)医疗废物暂存、处置场所警示标志

①医院医疗废物暂存库房和库房外明显处、医疗废物处置单位处置厂出入口、暂时贮存设施、处置场所的警示标志，应悬挂医疗废物警示标志和危险废物警告标志。

②医院科室医疗废物收集点，应当在相应的位置上悬挂医疗废物警示标志和危险废物警告标志。

(2)医疗废物转运车医疗废物警示标志的设置

①医疗废物转运车应在车厢的前部、后部及车厢两侧喷涂医疗废物警示标志。如车厢后部是双开门的，应在两扇门上分别喷涂，尺寸可适当缩小。

②驾驶室两侧应标明医疗废物处置或转运单位名称，并在驾驶室明显部位标注车辆运输医疗废物的警示说明，应包括但不限于以下内容：

本车仅适用于采用专用周转箱盛装专用塑料袋密封包装的医疗废物运输。

本车不适用于其他方式的医疗废物运输。

本车未经国家认可部门检验批准，禁止用于医疗废物以外的其他货物运输。

8.3.4　危险废物的贮存

对已产生的危险废物，若暂时不能回收利用或进行处理处置的，其产生单位须建设

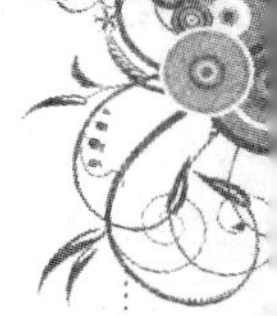

专门的危险废物贮存设施进行贮存，并设立危险废物标志，或委托具有专门危险废物贮存设施的单位进行贮存，贮存期限不得超过国家规定。贮存危险废物的单位需拥有相应的许可证。禁止将危险废物以任何形式转移给无许可证的单位，或转移到非危险废物贮存设施中。危险废物贮存设施应有相应的配套设施并按有关规定进行管理。

8.3.4.1　*危险废物贮存的基本要求*

① 所有危险废物产生者和危险废物经营者应建造专用的危险废物贮存设施，也可利用原有构筑物改建成危险废物贮存设施。

② 在常温常压下易爆、易燃及排出有毒气体的危险废物必须进行预处理，使之稳定后贮存，否则，按易爆、易燃危险品贮存。

③ 在常温常压下不水解、不挥发的固体危险废物可在贮存设施内分别堆放。

④ 遇火、遇热、遇潮能引起燃烧、爆炸或发生化学反应，产生有毒气体的危险废物不得在露天或在潮湿、积水的建筑物中贮存。

⑤ 受日光照射能发生化学反应引起燃烧、爆炸、分解、化合或能产生有毒气体的危险废物应贮存在一级建筑物中。其包装应采取避光措施。

⑥ 无法装入常用容器的危险废物可用防漏胶袋等盛装。装载液体、半固体危险废物的容器内须留足够空间，容器顶部与液体表面之间保留 100mm 以上的空间。医院产生的临床废物，必须当日消毒，消毒后装入容器，常温下贮存期不得超过 1d，于 5℃ 以下冷藏的，不得超过 7d。

⑦ 爆炸物品不准和其他类物品同贮，必须单独隔离限量贮存，仓储不准建在城镇。

⑧ 危险废物贮存设施在施工前应做环境影响评价。

⑨ 盛装危险废物的容器上必须粘贴符合标准的标签。

8.3.4.2　*危险废物的贮存方式和类型*

危险废物贮存是指危险废物再利用或无害化处理和最终处置前的存放行为。危险废物的贮存方式可分为集中贮存、隔离贮存、隔开贮存和分离贮存。集中贮存是指为危险废物集中处理、处置而附设贮存设施或设置区域性贮存设施的贮存方式；隔离贮存是指在同一房间或同一区域内，不同的物料之间分开一定的距离，非禁忌物料间用通道保持空间的贮存方式；隔开贮存是指在同一建筑或同一区域内，用隔板或墙将其与禁忌物料隔离的贮存方式；分离贮存是指在不同的建筑物或远离所有建筑的外部区域内的贮存方式。

危险废物贮存的类型主要有贮存容器、贮罐、地表蓄水池、填埋、废物堆栈和深井灌注等。贮存容器是危险废物贮存最常用的形式之一，它指任何可移动的装置，物料在其中被贮存、运输、处理或管理。

贮罐是用于贮存或处理危险废物的固定设备。因为它可累积大量的物料，有时可达数万加仑，广泛应用于危险废物的贮存或累积。

地表蓄水池是一种天然的下沉地形结构，人造坑洞，或是主要由土质材料建造的堤防围起的区域（尽管可能衬有人造材料），被用于处理、贮存或处置液态危险废物。如贮水塘、贮水井和固定塘。

填埋是一种可以在土地上或土地中安置非液态危险废物的处置类型。

废物堆栈是一种处理或贮存非液态危险废物的露天堆栈。对这种装置的要求与对填埋的要求很相似，但不同的是，废物堆栈只可被用于暂时的贮存和处理，不能用于处置。

深井灌注是指把液状废物注入地下与饮用水和矿脉层隔开的可渗透性的岩层中。在某些情况下，它是处置某些有害废物的安全处置方法。

8.3.4.3　危险废物贮存容器的要求

对于危险废物的贮存容器，除了使用符合标准的容器盛装危险废物外，应注意危险废物与贮存容器的相容性。盛装危险废物的容器材质和衬里要与危险废物相容，例如塑料容器不应用于贮存废溶剂。对于反应性危险废物，如含氰化物的废物，必须装在防湿防潮的密闭容器中，否则，一旦遇水或酸，就会产生氰化氢剧毒气体。对于腐蚀性危险废物，为防止容器泄漏，必须装在衬胶、衬玻璃或塑料的容器中，甚至用不锈钢容器。对于放射性危险废物，必须选择有安全防护屏蔽的包装容器。装载危险废物的容器及材质要满足相应的强度要求，而且必须完好无损，以防止泄露。液体危险废物可注入开孔直径不超过70mm并有放气孔的桶中进行贮存。盛装危险废物的容器上必须按《危险废物贮存污染控制标准》(GB 18597—2001)的有关规定贴上相应的标签。危险废物的贮存容器也必须满足相应的强度要求，清洁、无锈、无擦伤及损坏。

8.3.5　危险废物贮存设施的管理

8.3.5.1　危险废物贮存设施的运行与管理

① 从事危险废物贮存的单位，必须得到有资质单位出具的该危险废物样品的物理和化学性质的分析报告，认定可贮存后，方可接收。

② 危险废物贮存前必须进行检验，确保同预定接收的危险废物一致，并登记注册。

③ 从事危险废物贮存的单位不得接收未粘贴符合《危险废物贮存污染控制标准》(GB 18597—2001)的有关规定的标签或标签没按规定填写的危险废物。

④ 盛装在容器内的同类危险废物可以堆叠存放。

⑤ 每个堆间应留有搬运通道。

⑥ 不得将不相容的危险废物混合或合并存放。

⑦ 危险废物产生者和危险废物贮存设施经营者均须做好危险废物情况的记录，记录上须注明危险废物的名称、来源、数量、特性和包装容器的类别、入库日期、存放库位、危险废物出库日期及接收单位名称。危险废物的记录和货单在危险废物取回后应继续保留三年，以备核查。

⑧ 贮存设施经营者必须定期对所贮存的危险废物包装容器及贮存设施进行检查，发现破损应及时采取措施清理更换。

⑨ 泄漏液、清洗液、浸出液必须符合《污水综合排放标准》(GB 8978—1996)的要求方可排放，气体导出口排出的气体经处理后，应满足《大气污染物综合排放标准》(GB 16297—1996)和《恶臭污染物排放标准》(GB 14554—1993)的要求。

8.3.5.2　危险废物贮存设施的安全防护与监测

① 危险废物贮存设施都必须按《环境保护图形标志固体废物贮存(处置)场》(GB

15562.2—1995)的规定设置警示标志。

② 危险废物贮存设施周围应设置围墙或其他防护栅栏。

③ 危险废物贮存设施应配备通信设备、照明设施、安全防护服装及工具,并设有应急防护设施。

④ 危险废物贮存设施内清理出来的泄漏物,一律按危险废物处理。

⑤ 危险废物管理者必须按国家污染源管理要求对危险废物贮存设施进行监测。

8.4　危险废物的运输

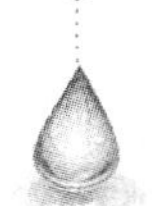

危险废物的运输是指从危险废物产生地移至处理或处置地的过程。危险废物的运输需选择合适的容器、确定装载方式、选择适宜的运输工具、确定合理的运输路线以及制定泄漏或临时事故的补救措施。

8.4.1　危险废物运输容器

装运危险废物的容器应根据危险废物的不同特性而设计,不易破损、变形老化,能有效地防止渗漏、扩散。装有危险废物的容器必须贴有标签,在标签上详细标明危险废物的名称、重量、成分、特性以及发生泄漏、扩散污染事故时的应急措施和补救方法。采用安全高效的危险废物运输系统及各种形式的专用车辆,运输车辆需有特殊标志。

危险废物运输者将危险废物从其产生地运输至其最终的处理处置点,在危险废物管理系统中扮演了一个十分重要的角色,是废物生产者与最终处理、贮存者之间的关键环节。对运输者的规定并不适用于从事生产现场危险废物运输的运输者,他们所运输的废物在生产现场接受处理处置。但必须注意的是,操作人员和运输者必须避免在生产现场附近的公共道路上运输危险废物。

8.4.2　危险废物的运输要求

《中华人民共和国固体废物污染环境防治法》规定,运输危险废物必须采取防止污染环境的措施,并遵守国家有关危险废物运输管理的规定。运输单位和个人在运输危险废物过程中,必须采取防扬散、防流失、防渗漏或其他防止污染环境的措施。禁止将危险废物与旅客在同一运输工具上载运。

8.4.3　危险废物的运输管理

危险废物的运输管理是指危险废物收集过程中的运输和收集后运送到中间贮存处理或处置厂(场)的过程所需实行的污染控制。在运输危险废物时,对装载操作人员和运输者要进行专门的培训,并进行有关危险废物的装卸技术和运输中的注意事项等方面的知识教育,同时配备必要的防护工具,以确保操作人员和运输者的安全。危险废物的运输过程中,工作人员要使用专用的工作服、手套和眼镜。对易燃或易爆炸性固体废物,应

当在专用场地上操作，场地要装配防爆装置和消除静电的设备。对于毒性、生物毒性以及可能具有致癌作用的固体废物，为防止固体废物与皮肤、眼睛或呼吸道接触，操作人员必须佩戴防毒面具。对于具有刺激性或致敏性的固体废物，也必须使用呼吸道防护器具。

公路运输是危险废物的常用运输方式。运输必须是接受过专门培训并持有证明文件的司机和拥有专用或适宜运输的车辆，即运输车辆必须经过主管单位的检查，并持有有关单位签发的许可证。指定运输危险废物的车辆，应标有适当的危险符号，以引起关注。运输者必须持有有关运输材料的必要资料，并制定废物泄露情况的应急措施，防止意外事故的发生。运输危险废物，必须采取防止污染环境的措施，并遵守国家有关危险货物运输管理的规定。经营者在运输前应认真验收运输的废物是否与运输单相符，决不允许有互不相容的危险废物混入；同时检查包装容器是否符合要求，查看标记是否清楚，尽可能熟悉产生者提供的偶然事故的应急措施。为了保证运输的安全性，运输者必须按照有关规定装载和堆积废物，若发生洒落、泄露及其他意外事故，运输者必须立即采取应急补救措施，妥善处理，并向环境保护行政主管部门呈报。在运输完之后，经营者必须认真填写危险废物转移联单，包括日期、车辆车号、运输许可证号、所运的废物种类等，以便接受主管部门的监督管理。

8.5 危险废物的转移

8.5.1 转移危险废物的污染防治

危险废物的越境转移应遵从《控制危险废物越境转移及其处置的巴赛尔公约》的要求，危险废物的国内转移应遵从《危险废物转移联单管理办法》及其他有关规定的要求。

各级环境保护行政主管部门应按照国家和地方制定的危险废物转移管理办法对危险废物的流向进行有效控制，禁止在转移过程中将危险废物排放至环境中。

8.5.2 危险废物的国内转移

危险废物的国内转移应遵从《危险废物转移联单管理办法》及其他有关规定的要求。为加强对危险废物转移的有效监督，中国1999年10月1日开始实施《危险废物转移联单管理办法》。管理办法规定国务院环境保护行政主管部门对全国危险废物转移联单实施统一监督管理。各省、自治区人民政府环境保护行政主管部门对本行政区域内的联单实施监督管理。

危险废物产生单位在转移危险废物前，须按照国家有关规定报批危险废物转移计划；经批准后，产生单位应当向移出地环境保护行政主管部门申请领取联单。产生单位应当在危险废物转移前三日内报告移出地环境保护行政主管部门，并同时将预期到达时间报告接受地环境保护行政主管部门。

转移联单共分五联，第一联：白色；第二联：红色；第三联：黄色；第四联：蓝色；第五联：绿色。联单编号由十位阿拉伯数字组成。第一位、第二位数字为省级行政区划代码，第三位、第四位数字为省辖市级行政区划代码，第五位、第六位数字为危险废物类别代码，其余四位数字由发放空白联单的危险废物移出地省辖市级人民政府环境保护行政主管部门按照危险废物转移流水号依次编制。联单由直辖市人民政府环境保护行政主管部门发放的，其编号第三位、第四位数字为零。

危险废物产生单位每转移一车、船（次）同类危险废物，应当填写一份联单。危险废物产生单位应当如实填写联单中产生单位栏目，并加盖公章，经交付危险废物运输单位核实签字后，将联单第一联副联自留存档，将联单第二联副联交移出地环境保护行政主管部门，联单其余各联交付运输单位随危险废物转移运行。

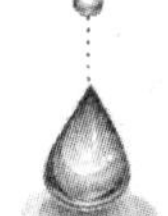

危险废物运输单位应当如实填写联单的运输单位栏目，按照国家有关危险物品运输的规定，将危险废物安全运抵联单载明的接受地点，并将联单第一联副联、第二联副联、第三联、第四联、第五联随转移的危险废物交付危险废物接受单位。

危险废物接受单位应当按照联单填写的内容对危险废物核实验收，如实填写联单中接受单位栏目并加盖公章。接受单位应当将联单第一联副联、第二联副联自接受危险废物之日起十日内交付产生单位，联单第一联副联由产生单位自留存档，联单第二联副联由产生单位在两日内报送移出地环境保护行政主管部门；接受单位将联单第三联交付运输单位存档；将联单第四联自留存档；将联单第五联自接受危险废物之日起两日内报送接受地环境保护行政主管部门。

转移危险废物采用联运方式的，前一运输单位须将联单各联交付后一运输单位随危险废物转移运行，后一运输单位必须按照联单的要求核对联单产生单位栏目事项和前一运输单位填写的运输单位栏目事项，经核对无误后填写联单的运输单位栏目并签字。经后一运输单位签字的联单第三联的复印件由前一运输单位自留存档，经接受单位签字的联单第三联由最后一运输单位自留存档。

联单保存期限为五年；贮存危险废物的，其联单保存期限与危险废物贮存期限相同。

8.5.3 危险废物的越境转移

危险废物的越境转移应遵从《控制危险废物越境转移及其处置的巴赛尔公约》的要求。

危险废物由一国向另一国转移的事件时有发生，危险废物及其他废物的越境迁移对人类和环境可能造成严重的损害，为了防止或减少其危害，1989 年 3 月，34 个国家签署了《控制危险废物越境转移及其处置的巴赛尔公约》。公约的目标在于加强各国在控制危险废物越境迁移和处置方面的合作，促进其环境安全管理，保护环境和人类的健康。

8.5.3.1 巴赛尔公约的基本原则

首先，所有国家都应禁止输入危险废物；其次，应尽量减少危险废物的产生量；第三，对于不可避免而产生的危险废物，应尽可能以对环境无害的方式处置，并应尽量在产生地处置，须帮助发展中国家建立起最有效的管理危险废物的能力；第四，只有在特殊情况下，当危险废物产生国没有合适的处置设施时，才允许将危险废物出口到其他国家，并以

对人体健康和环境更为安全的方式处置。

8.5.3.2 控制危险废物越境转移的措施

为控制危险废物的越境转移，公约主要采取以下措施：

① 缔约国有权禁止危险废物的出口。

② 建立通知制度，即在酝酿进行危险废物的越境转移时，必须将有关危险废物的详细资料通过出口国主管部门预先通知进口国和过境国的主管部门，以便有关主管部门对转移的风险进行评价。通知制度是公约的核心内容。

③ 只有在得到进口国和过境国主管部门书面答复同意后，才能允许开始危险废物的越境转移。

④ 如果进口国没有能力对进口的危险废物以对环境无害的方式进行处理，出口国的主管当局有责任拒绝危险废物的出口。

⑤ 缔约国不得允许向非缔约国出口或从非缔约国进口危险废物，除非有双边、多边或区域协定，而且这些协定与公约的规定相符。

8.6 固体废物的固化和稳定化

8.6.1 固化/稳定化处理技术概述

固化/稳定化处理技术作为废物最终处置的预处理技术在国内外的应用非常广泛，尤其是处理重金属废物和其他非金属危险废物的重要手段。固化/稳定化技术是一种将废物与能闭聚成固体的惰性基材物质混合，从而将废物捕获或固定在这个固体基材中的技术。常用的固化/稳定化技术包括水泥固化、石灰固化、塑性材料固化、熔融固化（玻璃化技术）、自胶结固化和药剂稳定化技术等。

(1)固化/稳定化处理的目的

固化/稳定化处理的目的在于改变废物的工程特性，即增加废物的机械强度，减少废物的可压缩性和渗透性，降低废物中有毒有害组分的毒性（危害性）、溶解性和迁移性，使有害物质转化成物理或化学特性更加稳定的物质，以便于废物的运输、处置和利用，降低废物对环境与健康的风险。

(2)固化/稳定化处理的定义和方法

固化/稳定化处理的过程是污染物经过化学转变，引入到某种稳定的固体物质的晶格中去，或者通过物理过程把污染物直接渗入到惰性基材中去。固化时所用的惰性材料叫固化剂；有害废物经过固化处理所形成的块状密实体称为固化体。

(3)固化/稳定化处理的基本要求

① 固化体是密实的、具有一定几何形状和稳定的物理化学性质，有一定的抗压强度；

② 有毒有害组分浸出量满足相应标准要求，即符合浸出毒性标准；

③ 固化体的体积尽可能小，即体积增加率尽可能地小于掺入的固体废物的体积；

④ 处理工艺过程简单、便于操作，无二次污染，固化剂来源丰富，价廉易得，处理费用或成本低廉；

⑤ 固化体要有较好的导热性和热稳定性，以防内热或外部环境条件改变造成固化体自融化或结构破损，污染物泄漏。尤其是放射性废物的固化体，还要有较好的耐辐射稳定性。

8.6.2 危险废物固化处理方法

根据固化基材及固化过程，目前常用的固化处理方法主要包括：水泥固化、石灰固化、塑性材料固化、有机聚合物固化、自胶结固化、熔融固化（玻璃固化）和陶瓷固化。这些方法已用于处理许多废物。

8.6.2.1 水泥固化

(1)水泥固化的基本理论

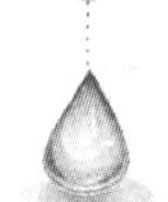

水泥是最常用的危险废物稳定剂，由于水泥是一种无机胶结材料，将废物与水泥混合，经过水化反应后可以生成坚硬的水泥固化体，从而达到降低废物中危险成分浸出的目的，所以在处理废物时最常用的是水泥固化技术。

水泥固化法应用实例比较多：以水泥为基础的固化/稳定化技术已经用来处置含不同金属的电镀污泥，诸如含 Cd、Cr、Cu、Pb、Ni、Zn 等金属的电镀污泥；水泥也用来处理复杂的污泥，如多氯联苯（氯化联苯，PCBs）、油和油泥，含有氯乙烯和二氯乙烷的废物，多种树脂，被固化/稳定化的塑料、石棉、硫化物以及其他物料。实践证明，用水泥进行的固化/稳定化处置对 As、Cd、Cu、Pb、Ni、Zn 等的稳定化是有效的。

(2)水泥固化基材及添加剂

由于废物组成的特殊性，水泥固化过程中常常会遇到混合不均、凝固过早或过晚、操作难以控制等困难，同时所得固化产品的浸出率高、强度较低。为了改善固化产品的性能，固化过程中需视废物的性质和对产品质量的要求，添加适量的必要添加剂。添加剂分为有机添加剂和无机添加剂两大类，无机添加剂有蛭石、沸石、多种黏土矿物、水玻璃、无机缓凝剂、无机速凝剂和骨料等；有机添加剂有硬脂肪酸丁酯、柠檬酸等。

(3)水泥固化的工艺过程

水泥固化工艺较为简单，通常是把有害固体废物、水泥和其他添加剂一起与水混合，经过一定的养护时间而形成坚硬的固化体。固化工艺的配方是根据水泥的种类处理要求以及废物的处理要求制定的，大多数情况下需要进行专门的试验。对于废物稳定化的最基本要求是对关键有害物质的稳定效果，它是通过低浸出速率体现的。除此之外，还需要达到一些特定的要求。影响水泥固化的因素很多，为在各种组分之间得到良好的匹配性能，在固化操作中需要严格控制以下各种条件：

①pH 值

当 pH 值较高时，许多金属离子将形成氢氧化物沉淀，且 pH 值较高时，水中的 CO_2 浓度也高，有利于生成碳酸盐沉淀。

②水、水泥和废物的量比

水分过小，则无法保证水泥的充分水化作用；水分过大，则会出现泌水现象，影响固

化块的强度。水泥与废物之间的量比需要由实验确定。

③凝固时间

为确保水泥废物混合浆料能够在混合以后有足够的时间进行输送、装桶或者浇注，必须适当控制初凝时间和终凝时间。通常设置的初凝时间大于 2 h，终凝时间在 48 h 以内。凝结时间的控制是通过加入促凝剂（偏铝酸钠、氯化钙、氢氧化铁等无机盐）、缓凝剂（有机物、泥沙、硼酸钠等）来完成的。

④其他添加剂

为使固化体达到良好的性能，还经常加入其他成分。例如，过多的硫酸盐会由于生成水化硫铝酸钙而导致固化体的膨胀和破裂，如加入适当数量的沸石或蛭石，即可消耗一定的硫酸或硫酸盐。为减小有害物质的浸出速率，也需要加入某些添加剂，如可加入少量硫化物以有效地固定重金属离子等。

⑤固化块的成型工艺

主要目的是达到预定的机械强度，尤其是当准备利用废物处理后的固化块作为建筑材料时，达到预定强度的要求就变得十分重要，通常需要达到 10MPa 以上的指标。

(4)混合方法及设备

水泥固化混合方法的经验大部分来自核废物处理，近年来逐渐应用于危险废物。混合方法的确定需要考虑废物的具体特性。

①外部混合法

将废物、水泥、添加剂和水单独在混合器中进行混合，经过充分搅拌后注入处置容器中。该法需要设备较少，可以充分利用处置容器的容积，但搅拌混合以后的混合器需要洗涤，不但耗费人力，还会产生一定数量的洗涤废水。

②容器内混合法

直接在最终处置使用的容器内进行混合，然后用可移动的搅拌装置混合。其优点是不产生二次污染物，但由于处置所用的容器体积有限（通常所用的是 200L 的桶），不但充分搅拌困难，而且势必需要留下一定的无效空间，大规模应用时，操作的控制也较为困难。该法适用于处置危害性大但数量不太多的废物，例如放射性废物。

③注入法

对于原来的粒度较大或粒度十分不均匀、不便进行搅拌的固体废物，可以先把废物放入桶内，然后再将制备好的水泥浆料注入，如果需要处理液态废物，也可以同时将废液注入。为了混合均匀，可以将容器密封以后放置在以滚动或摆动的方式运动的台架上。但应该注意的是，有时物料的拌和过程会产生气体或放热，导致容器的压力提升。此外，为了达到混匀的效果，容器不能完全充满。

8.6.2.2 石灰/粉煤灰固化

石灰固化是指以石灰、粉煤灰、水泥窑灰以及熔矿炉炉渣等具有火山灰反应或波索来反应的物质为固化基材而进行的危险废物固化/稳定化的操作。在适当的催化环境下进行波索来反应，将废物中的重金属成分吸附于所产生的胶体晶体中。常用的技术是以加入氢氧化钙（熟石灰）使污泥得到稳定。使用石灰作为稳定剂也和使用烟道灰一样具有提高 pH 值的作用。此种方法也基本应用于处理重金属污泥等无机污染物。

8.6.2.3　塑性材料固化

塑性材料固化法属于有机性固化/稳定化处理技术，由使用材料的性能不同可以把该技术划分为热固性塑料包容和热塑性材料包容两种方法。

(1)热固性塑料包容

热固性塑料是指在加热时会从液体变成固体并硬化的材料。它与一般物质的不同之处在于，这种材料即使以后再次加热也不会重新液化或软化。它实际上是一种由小分子变成大分子的交链聚合过程。处理危险废物也常常使用热固性有机聚合物达到稳定化。它是用热固性有机单体例如脲醛和已经经过粉碎处理的废物充分地混合，在助絮剂和催化剂的作用下产生聚合以形成海绵状的聚合物质，从而在每个废物颗粒的周围形成一层不透水的保护膜。该法的主要优点是与其他方法相比，大部分引入较低密度的物质，所需要的添加剂数量也较少。热固性塑料包容法在过去曾是固化低水平有机放射性废物(如放射性离子交换树脂)的重要方法之一，同时也可用于稳定非蒸发性的、液体状态的有机危险废物。由于需要对所有废物颗粒进行包封，在适当选择包容物质的条件下，可以达到十分理想的包容效果。

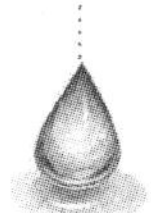

此方法的缺点是操作过程复杂，热固性材料自身价格高昂。由于操作中有机物的挥发，容易引起燃烧起火，所以通常不能在现场大规模应用。可以认为该法只能处理少量、高危害性废物，例如剧毒废物、医院或研究单位产生的少量放射性废物等。不过，仍然有人认为，未来也可能在对有机物污染土地的稳定化处理方面有大规模应用的前途。

(2)热塑性材料包容

用热塑性材料包容时可以用熔融的热塑性物质在高温下与危险废物混合，以达到对其稳定化的目的。可以使用的热塑性物质如沥青、石蜡、聚乙烯、聚丙烯等。在冷却以后，废物就为固化的热塑性物质所包容，包容后的废物可以在经过一定的包装后进行处置。在20世纪60年代末期所出现的沥青固化，因为处理价格较为低廉，被大规模应用于处理放射性的废物。由于沥青具有化学惰性，不溶于水，具有一定的可塑性和弹性，故对于废物具有典型的包容效果。在有些国家，该法被用来处理危险废物和放射性废物的混合废物，但处理后的废物是按照放射性废物的标准处置的。

该法的主要缺点是在高温下进行操作会带来很多不便之处，而且较耗费能量；操作时会产生大量的挥发性物质，其中有些是有害的物质；另外，有时在废物中含有影响稳定剂的热塑性物质或者某些溶剂，影响最终的稳定效果。

在操作时，通常是先将废物干燥脱水，然后将聚合物与废物在适当的高温下混合，并在升温的条件下将水分蒸发掉。该法可以使用间歇式工艺，也可以使用连续操作的设备。与水泥等无机材料的固化工艺相比，除了污染物的浸出率低外，由于需要的包容材料少，又在高温下蒸发了大量的水分，它的增容率也就较低。

8.6.2.4　自胶结固化

自胶结固化是利用废物自身的胶结特性来达到固化目的的方法。该技术主要用来处理含有大量硫酸钙和亚硫酸钙的废物，如磷石膏、烟道气脱硫废渣等。废物中的二水石膏的含量最好高于80%。

废物中所含有的硫酸钙与亚硫酸钙均以二水化物的形式存在，其形式为 $CaSO_4\cdot$

$2H_2O$ 与 $CaSO_3 \cdot 2H_2O$。将它们加热到107～170℃，即达到脱水温度，此时将逐渐生成 $CaSO_4 \cdot \frac{1}{2}H_2O$ 和 $CaSO_3 \cdot \frac{1}{2}H_2O$，这两种物质在遇到水以后，会重新恢复为二水化物，并迅速凝固和硬化。将含有大量硫酸钙和亚硫酸钙的废物在控制的温度下煅烧，然后与特制的添加剂和填料混合成为稀浆，经过凝结硬化过程即可形成自胶结固化体。这种固化体具有抗渗透性高、抗微生物降解和污染物浸出率低的特点。

自胶结固化法的主要优点是工艺简单，不需要加入大量添加剂。该法已经在美国大规模应用。美国泥渣固化技术公司(SFT)利用自胶结固化原理开发了一种名为Terra-Crete的技术，用以处理烟道气脱硫的泥渣。其工艺流程是：首先将泥渣送入沉降槽，进行沉淀后再将其送入真空过滤器脱水；得到的滤饼分为两路处理，一路送到混合器，另一路送到煅烧器进行煅烧，经过干燥脱水后转化为胶结剂，并被送到贮槽储藏；最后将煅烧产品、添加剂、粉煤灰一并送到混合器中混合，形成黏土状物质。添加剂与煅烧产品在物料总量中的比例应大于10%。固化产物可以送到填埋场处置。

8.6.2.5　固化/稳定化技术的适应性

不同种类的废物对不同固化/稳定化技术的适应性不同，具体情况见表8.5。

表8.5　不同种类的废物对不同固化/稳定化技术的适应性

废物成分		处理技术			
		水泥固化	石灰等材料固化	热塑性微包容法	大型包容法
有机物	有机溶剂和油	影响凝固	有机气体挥发	加热时有机气体逸出	先用固体基料吸附
	固态有机物(如塑料、树脂、沥青)	可适应，能提高固化体的耐久性	可适应，能提高固化体的耐久性	有可能作为凝结剂来使用	可适应，可作为包容材料使用
无机物	酸性废物	水泥可中和酸	可适应，能中和酸	应先进行中和处理	应先进行中和处理
	氧化剂	可适应	可适应	会引起基料的破坏甚至燃烧	会破坏包容材料
	硫酸盐	影响凝固，除非使用特殊材料，否则会引起表面剥落	可适应	会发生脱水反应和再水合反应引起泄露	可适应
	卤化物	很容易从水泥中浸出，妨碍凝固	妨碍凝固，会从水泥中浸出	会发生脱水反应和再水合反应引起泄露	可适应
	重金属盐	可适应	可适应	可适应	可适应
	放射性废物	可适应	可适应	可适应	可适应

8.6.3　药剂稳定化处理技术

8.6.3.1　概述

药剂稳定化是利用化学药剂通过化学反应使有毒有害物质转变为低溶解性、低迁移

性及低毒性物质的过程。

用药剂稳定化方法来处理危险废物，根据废物中所含重金属的种类可以采用的稳定化药剂有石膏、漂白粉、硫代硫酸钠、硫化钠和高分子有机稳定剂。

药剂稳定化技术以处理重金属废物为主，到目前为止已发展了许多重金属稳定化技术，包括 pH 控制技术、氧化/还原电势控制技术、沉淀技术、吸附技术、离子交换技术、其他技术。

8.6.3.2　重金属废物药剂稳定化技术

(1)pH 控制技术

这是一种最普遍、最简单的方法。其原理为：加入碱性药剂，将废物的 pH 值调整至使重金属离子具有最小溶解度的范围，从而实现其稳定化。常用的 pH 调整剂有石灰、苏打、氢氧化钠等。另外，除了这些常用的强碱外，大部分固化基材如普通水泥、石灰窑灰渣、硅酸钠等也都是碱性物质，它们在固化废物的同时，也有调整 pH 值的作用。另外，石灰及一些类型的黏土可用作 pH 缓冲材料。

(2)氧化/还原电势控制技术

为了使某些重金属离子更易沉淀，常需将其还原为最有利的价态。最典型的是把六价铬(Cr^{6+})还原为三价铬(Cr^{3+})、五价砷(As^{5+})还原为三价砷(As^{3+})。常用的还原剂有硫酸亚铁、硫代硫酸钠、亚硫酸氢钠、二氧化硫等。

(3)沉淀技术

常用的沉淀技术包括氧化物沉淀、硫化物沉淀、硅酸盐沉淀、碳酸盐沉淀、磷酸盐沉淀、汞沉淀、无机络合物沉淀和有机络合物沉淀。

(4)吸附技术

作为处理重金属废物的常用吸附剂有：活性炭、黏土、金属氧化物(氧化铁、氧化镁、氧化铝等)、天然材料(锯末、沙、泥炭等)、人工材料(飞灰、活性氧化铝、有机聚合物等)。研究发现，一种吸附剂往往只对某一种或某几种污染物具有优良的吸附性能，而对其他污染成分则效果不佳。例如，活性炭对吸附有机物最有效，活性氧化铝对镍离子的吸附能力较强，而其他吸附剂对这种金属离子却表现出无能为力。

(5)离子交换技术

最常见的离子交换剂是有机离子交换树脂、天然或人工合成的沸石、硅胶等。用有机树脂和其他的人工合成材料去除水中的重金属离子通常是非常昂贵的，而且和吸附一样，这种方法一般只适用于给水和废水处理。另外，还需注意的是，离子交换与吸附都是可逆的过程，如果逆反应发生的条件得到满足，污染物将会重新逸出。

可以大规模应用的重金属稳定化的方法是比较有限的，但由于重金属在危险废物中存在形态的千差万别，具体到某一种废物，需根据所要达到的处理效果选择适当的处理方法和实施工艺。

8.6.4　固化/稳定化处理效果的评价指标

危险废物在经过固化/稳定化处理以后是否真正达到了标准，需要对其进行有效的测试，以检验经过稳定化的废物是否会再次污染环境，或者固化以后的材料是否能够被

用作建筑材料等。为了评价废物稳定化的效果，各国的环保部门都制定了一系列的测试方法。

很明显，人们不可能找到一个理想的、适用于一切废物的测试技术。每种测试得到的结果都只能说明某种技术对于特定废物的某一些污染特性的稳定效果。固化/稳定化处理效果的评价指标主要有浸出率、增容比、抗压强度等。

(1)浸出率

浸出率指固化体浸于水中或其他溶液中时，其中有害物质的浸出速度。因为固化体中的有害物质对环境和水源的污染，主要是由于有害物质溶于水所造成的，所以，浸出率是评价无害化程度的指标。其数学表达式为

$$R_{\mathrm{in}} = \frac{\alpha_r / A_0}{(F/M)t} \tag{8.1}$$

式中 R_{in}——浸出率；

α_{r}——浸出时间内浸出的有害物质的量；

A_0——样品中含有的有害物质的量；

t——浸出时间；

F——样品暴露的表面积；

M——样品的质量。

(2)增容比

增容比指所形成的固化体体积与被固化有害废物体积的比值。增容比是评价减量化程度的指标，其数学表达式为

$$C_{\mathrm{i}} = \frac{V_2}{V_1} \tag{8.2}$$

式中 C_{i}——增容比；

V_2——固化体体积；

V_1——固化前有害废物的体积。

(3)抗压强度

抗压强度指固化体在静压作用下破碎时的负荷值。由于废物经过固化后，通常都要将得到的固化体进行填埋处置或用作填料，为避免出现因破碎和散裂从而增加暴露的表面积和污染环境的可能性，就要求固化体具有一定的结构强度。

对于最终进行填埋处置或装桶贮存的固化体，抗压强度要求较低，一般控制在1～5MPa；对于准备作建筑材料使用的固化体，抗压强度要求在10MPa以上，浸出率也要尽可能低。抗压强度是评价无害化和可资源化程度的指标。

8.6.5 固化/稳定化处理案例①

以某危险废物处置中心固化处理工段设计为例，采用水泥固化为主、药剂稳定化为辅的工艺技术路线，并分别从废物种类和规模、配伍方案、固化工艺流程和主体设备参数

① 案例来源：黄万金. 危险废物水泥固化处理技术工程实例. 环境卫生工程，2009，7(2).

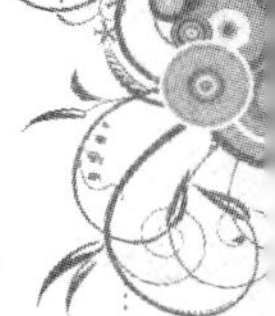

及主要技术经济指标等方面进行分析和探讨，为同类项目建设提供借鉴和参考。

8.6.5.1　废物种类、规模和配伍方案

根据对项目建设区域有关废物进行 TCLP 浸出实训的结果分析，其重金属类废物、残渣类废物等浸出浓度均高于《危险废物填埋污染控制标准》(GB 18598—2019)的限值。项目处理规模为 8404t/a，废物种类和各项废物处理规模见表 8.6。

表 8.6　废物种类和处理规模

废物种类	污染成分	性状	特性	处理量(t/a)
焚烧飞灰	重金属	固	T	2584
物化残渣	重金属	固	T	1660
回收残渣	铅、酸	固	T	750
重金属废物	铅、铬	固	T	2995
废酸残渣	酸	固	T	415
合计				8404

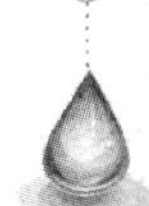

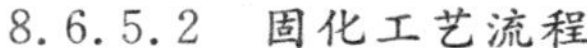

8.6.5.2　固化工艺流程

将需固化的废料及其固化剂、药剂采样送至实训室进行实训分析，并将最佳配比等参数提供给固化车间。需固化处理的含重金属、残渣类废物通过车辆运送到固化车间，倒入配料机的骨料仓，并经过卸料、计量和输送等过程进入混合搅拌机。水泥、粉煤灰药剂和水等物料按照实验所得的比例通过各自的输送系统送入搅拌机，连同废物料在混合搅拌槽内进行搅拌。其中水泥、粉煤灰和飞灰由螺旋输送机输送再称量后进入固化搅拌机拌和料槽；固化用水、药剂通过泵计量送入搅拌机料槽。物料混合搅拌均匀后，开闸卸料，通过皮带输送机输送到砌块成型机成型。成型后的砌块体放入链板机的托板上，通过叉车送入养护厂房进行养护处理。养护凝硬后取样检测，合格品用叉车直接运至安全填埋场填埋，不合格品由养护厂房返回预处理间经破碎后重新处理。固化工艺流程见图 8.8。

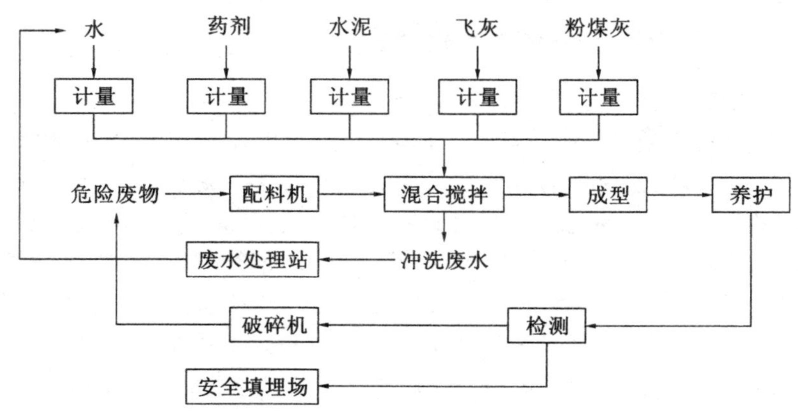

图 8.8　固化工艺流程

8.6.5.3 主要技术经济指标

本项目主要技术经济指标见表8.7。

表8.7 主要技术经济指标

处理规模(t/a)	总占地面积(m^2)	建筑面积(m^2)	硫脲消耗(t/a)	氢氧化钠消耗(t/a)	次氯酸钠消耗(t/a)	柴油消耗(t/a)	总投资(万元)	单位处理成本(元/t)
8404	1100	400	17	15	15	2	620.04	289.70

8.6.5.4 结论和建议

本项目含重金属类废物在处置废物总量中所占比例较大,考虑部分采用药剂稳定化技术进行处理,不但能大大降低由于使用水泥或石灰而增加的体积,节省大量库容,延长填埋场使用寿命,而且经药剂稳定化处理后的重金属类废物比较容易达到危险废物填埋污染控制标准要求,减少处理后废物二次污染的风险。

由于危险废物的种类繁多、成分复杂、有害物含量变化幅度大,需要通过分析、实训来确定每一批废物的处理工艺和配方,并根据配方确定药剂品种及用量。

为了方便操作和运行管理,提高物料配比的准确度,单种类型废物料应采用单一混合搅拌,不同的时段搅拌不同的废物,不同类型废物不宜同时混合搅拌。

8.7 危险废物的焚烧处理

8.7.1 概述

焚烧可以有效破坏废物中的有毒、有害、有机废物,是实现危险废物减量化、无害化的最快捷、最有效的技术。危险废物焚烧的目的是实现危险废物减量化和无害化,并可以回收利用余热。单靠焚烧不能解决问题时,还需要采取一系列其他措施:预处理、残渣处理、气体处理等。另外,训练有素的操作人员也是必不可少的。

8.7.2 危险废物焚烧炉类型及性能指标

8.7.2.1 焚烧炉类型

目前危险废物焚烧处理设施,多为石油化工、医药工业和化工企业所拥有,数量不少,但规模不大。国内目前使用的工业危险废物焚烧炉多为旋转窑焚烧炉、液体喷射焚烧炉,其次为热解焚烧炉,也有流化床焚烧炉、多层焚烧炉等。但无论哪种焚烧炉,都应符合表8.8所示的性能指标和表8.9所示的危险废物焚烧炉大气污染排放限值。用于焚烧的技术很多,目前关于焚烧炉技术普遍认为:卧式焚烧炉优于立式,炉排型焚烧炉优于回转窑和流化床焚烧炉,往复式炉排焚烧炉优于链条式炉排焚烧炉,明火燃烧方式优于焖火燃烧方式,合金钢炉排优于球墨铸铁炉排。一般焚烧炉使用年限为20年,在焚烧工艺上选择焚烧炉炉型是一个关键核心。

表 8.8　焚烧炉的技术性能指标

指标 废物类型	焚烧炉温度（℃）	烟气停留时间（s）	燃烧效率（%）	焚毁去除率（%）	焚烧残渣的热灼减率（%）
危险废物	≥1100	≥2.0	≥99.9	≥99.99	<5
多氯联苯	≥1200	≥2.0	≥99.9	≥99.9999	<5
医院临床废物	≥850	≥1.0	≥99.9	≥99.99	<5

表 8.9　危险废物焚烧炉大气污染物排放限值

序号	污染物	不同焚烧容量时的最高允许排放浓度限值（mg/m^3）		
		≤300kg/h	300～2500kg/h	≥2500kg/h
1	烟气黑度	林格曼 1 级		
2	烟尘	100	80	65
3	一氧化碳（CO）	100	80	80
4	二氧化硫（SO_2）	400	300	200
5	氟化氢（HF）	9.0	7.0	5.0
6	氯化氢（HCl）	100	70	60
7	氮氧化物（以 NO_2 计）	500		
8	汞及其化合物（以 Hg 计）	0.1		
9	镉及其化合物（以 Cd 计）	0.1		
10	砷、镍及其化合物（以 As+Ni 计）	1.0		
11	铅及其化合物（以 Pb 计）	1.0		
12	铬、锡、锑、铜、锰及其化合物（以 Cr+Sn+Sb+Cu+Mn 计）	4.0		
13	二噁英	0.5TEQ ng/m^3		

8.7.2.2　性能指标

（1）焚烧炉温度

指焚烧炉燃烧室出口中心的温度。

（2）烟气停留时间

指燃烧产生的烟气从最后的空气喷射口或燃烧器出口到换热面（如余热锅炉换热器）或烟道冷风引射出口之间的停留时间。

（3）燃烧效率（*CE*）

指烟道排出气体中二氧化碳浓度与二氧化碳和一氧化碳浓度之和的百分比。用以下公式表示：

$$CE = \frac{[CO_2]}{[CO_2]+[CO]} \times 100\% \tag{6.3}$$

(4)焚毁去除率(DRE)

指某有机物经焚烧后所减少的百分比,用以下公式表示:

$$DRE = \frac{W_i - W_0}{W_i} \times 100\% \tag{6.4}$$

式中 W_i——被焚烧物中某有机物的质量;

W_0——烟道排放气和焚烧残余物中与 W_i 相应的有机物质的质量之和。

(5)热灼减率(P)

指焚烧残渣经热灼减少的质量占原焚烧残渣质量的百分数。其计算方法如下:

$$P = \frac{A - B}{A} \times 100\% \tag{8.5}$$

式中 P——热灼减率(%);

A——干燥后原始焚烧残渣在室温下的质量(g);

B——焚烧残渣经 600℃(±25℃)3h 热灼后冷却至室温的质量(g)。

8.7.3 危险废物焚烧厂址选择条件

焚烧厂址选择须符合城市总体发展规划和环境保护专业规划,符合当地的大气污染防治、水资源保护和自然生态保护要求,并应通过环境影响和环境风险评价。同时选择应综合考虑危险废物焚烧厂的服务区域、交通、实地利用现状、基础设施状况、运输距离及公众意见等因素。

厂址条件应符合下列要求:

① 不允许建设在《地表水环境质量标准》(GB 3838—2002)中规定的地表水环境质量Ⅰ类、Ⅱ类功能区和《环境空气质量标准》(GB 3095—2012)中规定的环境空气质量一类功能区,即自然保护区、风景名胜区、人口密集的居住区、商业区、文化区和其他需要特殊保护的地区。

② 焚烧厂内危险废物处理设施距离主要居民区以及学校、医院等公共设施的距离应不小于 800m。

③ 应具备满足工程建设要求的工程地质条件和水文地质条件。不应建在受洪水、潮水或内涝威胁的地区,受条件限制,必须建在上述地区时,应具备抵御 100 年一遇洪水的防洪、排涝措施。

④ 厂址选择时,应充分考虑焚烧产生的炉渣及飞灰的处理与处置,并宜靠近危险废物安全填埋场。

⑤ 应有可靠的电力供应。

⑥ 应有可靠的供水水源和污水处理及排放系统。

⑦ 焚烧厂人流和物流的出入口设置应符合城市交通有关要求,实现人流和物流分离,方便危险废物运输车进出。

⑧ 焚烧厂生产附属设施和生活服务设施等辅助设施应根据社会化服务原则统筹考虑,避免重复建设。

⑨ 焚烧厂周围应设置围墙或其他防护栅栏,防止家畜和无关人员进入。

⑩ 焚烧厂内作业区周围应设置集水池,并且能够收集 25 年一遇暴雨的降水量。

8.7.4　危险废物焚烧工艺流程

一个管理完善的危险废物焚烧厂除了中心部分以外，还有其他一系列非常重要的装置。例如，图 8.9 显示的是一个危险废物焚烧厂的块状流程图。要焚烧处理的废物的质量和成分决定了所要采用的燃烧装置和其他装置的设计，如预处理、热量回收、废气回收等。

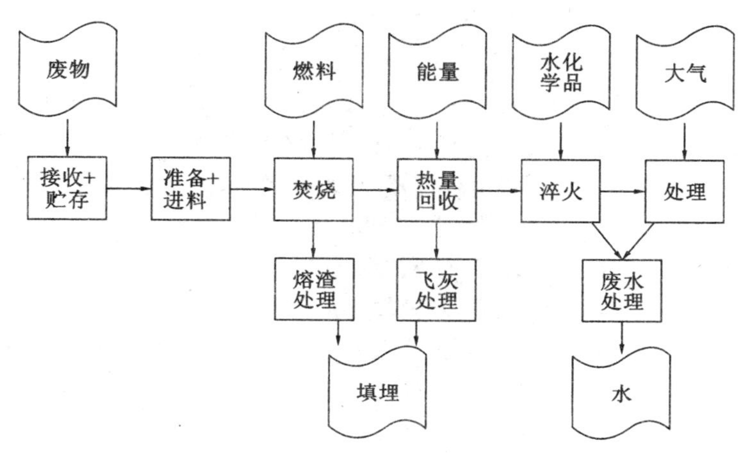

图 8.9　危险废物焚烧工艺流程

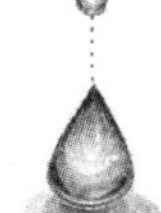

8.7.5　医疗废物的焚烧处理案例
——青岛市固体废物无害化处理中心医疗废物的处理

8.7.5.1　工艺路线

废物收集——→运输——→暂存——→进料——→热解焚烧——→烟气换热——→烟气急冷——→烟气过滤——→酸气吸收——→二噁英吸附——→烟气排放。

8.7.5.2　关键技术

焚烧装置主要包括以下几部分：进料系统、热解焚烧系统、烟气净化系统、自动控制系统、在线监测系统、应急管理系统等。其中采用了以下几个方面的关键技术：

(1)热解焚烧技术

热解焚烧技术对以下几个关键技术做了重大改进，做到了对焚烧的有效控制，以提高废物焚烧的效率：

①焚烧温度控制。一燃室、二燃室炉温均控制在 900～1100℃。

②滞留时间控制。为保证废物及产物全部分解，装置的烟气在二燃室内停留时间大于 2.0s。

③焚烧炉炉体材料。炉体采用优质高铝的耐火材料砌成，具有耐腐蚀、耐高温、高强度等优点，可以延长炉体的使用寿命，减少耐火材料的维修次数，降低运行成本。

④焚烧炉炉排结构。装置的上、下炉排均为活动炉排，并分为定排和动排，均采用耐高温不锈钢制作，耐磨、耐腐蚀性好。翻动次数、翻转角度可调。该装置运行周期长，故障少，可调性好，操作方便。

⑤有害物质销毁率。高销毁率，$DRE \geqslant 99.99\%$。

⑥空气扰动。为使废物及燃烧产物全部分解，必须加强空气与废物、空气与烟气的充分接触混合，扩大接触面积，使有害物在高温下短时间内氧化分解。焚烧炉有独特的供风系统，对废物的充分燃烧起到了有效的作用。

(2)烟气净化技术

采用先干式除尘，再进行湿式酸性气体吸收的工艺路线，既能达到较高的烟气净化效果，又最大限度地减少二次废物的产生量。

烟气净化工艺流程为：

烟气急冷⟶袋滤器除尘⟶低能文丘里填料酸气吸收⟶活性炭吸附。

烟气净化技术在以下几个关键技术点上做到了有效控制：

①烟气急冷。装置中烟气冷却由水冷器、空冷器、喷水急冷塔组成。

水冷器和空冷器主要用于高温段烟气冷却，重点在余热利用，即一方面产生热水供淋浴使用(也可根据用户要求，选用余热锅炉供应蒸汽)，另一方面将助燃空气加热到200～300℃送入焚烧炉，以提高焚烧效率、降低助燃油的消耗量。

采用喷水急冷的方法，即通过高效雾化喷水将少量冷却水雾化成极小的雾滴与烟气直接进行热交换而变成水蒸气，在1.0s之内快速将烟气冷却到200℃以下。在以往技术的基础之上又进行了改进，即将冷却水改为碱液(Na_2CO_3溶液)，可同时进行酸性气体的中和净化。

②袋滤器除尘。采用可在160～200℃下工作的特殊滤材作为过滤介质，它对于微米级的粉尘粒子具有很高的过滤效率；表面光滑，耐腐蚀、耐高温，尘饼易于脱落，有利于清灰。

③低能文丘里和填料吸收。采用Na_2CO_3溶液作为吸收液，吸收液循环使用，待吸收液接近中性后排出，然后再补充配制的新碱液。废吸收液可外送到专业污水处理厂进行处理。

④活性炭粉吸附床。在工艺设计中采取了以下几点抑制二噁英产生及净化的措施：

a.采用热解焚烧工艺，燃烧完全程度高，飞灰量低；

b.燃烧炉温度维持在900～1100℃的高温范围(文献报道，二噁英在850℃以上即发生分解)；

c.中温段(≤600℃)的烟气采用喷水急冷方式，快速跨过烟气中的二噁英生成段；

d.使用预敷活性炭的高效袋滤器进行捕集。

采取上述措施后，正常情况下应该可以满足二噁英的净化要求，但是，考虑到废物组成的波动性、袋滤器反吹清灰时活性炭预敷的滞后性、焚烧系统启动及停车状态下的不稳定性，在装置的末端增设一级后备式活性炭吸附器，确保二噁英的达标排放。间隔一段时间后更换下的废活性炭可返回焚烧炉中高温焚烧处理。

(3)辅助燃烧技术

辅助燃烧技术具有全自动管理燃烧程序、火焰检测、自动判断与提示故障等功能；出口油压稳定，燃烧均匀充分无烟炱；根据焚烧炉设定温度进行自动补偿；节省能源消耗，低成本运行。实现了自热式热解和燃气预燃烧，绝大部分情况下，无需外加辅助燃料助

燃，较国内其他同类产品运行成本明显降低。

(4)安全防腐措施

根据物料的化学成分，物料在焚烧后的烟气中含有粉尘、HCl、NO_x、水蒸气等复杂组分，酸碱交替，冷热交替，干湿交替，腐蚀与磨损并存，设备必须承受多种多样的物理化学反应及温度和机械负荷，特别是其中的 HCl 是导致设备腐蚀的主体。因此，设备的防腐直接关系到设备的使用寿命。系统在安全防腐技术上的最大特点是根据不同温度采取了分段式防腐措施，同时采取如下防护措施：

①耐火炉衬：一燃室和二燃室用抗腐蚀耐火材料砌筑而成；

②炉排采用耐高温不锈钢，它具有耐腐蚀、耐高温、耐机械磨损的性能；

③烟道：在高温段连接各设备的烟道均采用耐酸耐火浇筑材料作为烟道内衬，低温段控制烟气温度在露点以上，防止烟气结露，造成腐蚀；

④喷雾吸收设备为衬胶结构，以防止酸碱腐蚀；

⑤碱液循环冷却系统采用 ABS 和聚丙烯，有效地防止了酸碱腐蚀。

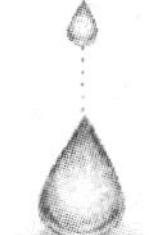

(5)装置应急系统

采取了由应急电源、应急引风机、应急控制系统等组成的应急系统。其作用主要是：

①在系统运行发生突然停电情况下应急系统自动启动，以保证装置内已投入的物料安全焚烧。

②在设备检修过程中启动应急系统可使焚烧主工艺系统处于负压状态，以防有害气体的外溢，提高检修人员的安全性。

8.8　危险废物的填埋处置

8.8.1　危险废物的填埋处置技术

目前常用的危险废物填埋处置技术主要包括共处置、单组分处置、多组分处置和预处理后再处置四种。

(1)共处置

共处置就是将难以处置的危险废物有意识地与城市生活垃圾或同类废物一起填埋。主要的目的就是利用城市生活垃圾或同类废物的特性，以减弱所处置危险废物的组分所具有的污染性和潜在危害性，达到环境可承受的程度。但是，目前在城市生活垃圾填埋场，城市生活垃圾或同类废物与危险废物共同处置已被许多国家禁止。我国城市生活垃圾卫生填埋标准也明确规定危险废物不能进入城市生活垃圾之中。

(2)单组分处置

单组分处置是指采用填埋场处置物理、化学形态相同的危险废物，废物处置后可以不保持原有的物理形态。

(3)多组分处置

多组分处置是指在处置混合危险废物时,应确保废物之间不发生反应,从而不会产生毒性更强的危险废物,或造成更严重的污染。其包括类型有:

①将被处置的混合危险废物转化成较为单一的无毒废物,一般用于化学性质相异而物理状态相似的危险废物处置。

②将难以处置的危险废物混在惰性工业固体废物中处置。

③将所接受的各种危险废物在各自区域内进行填埋处置。

(4)预处理后再处置

预处理后再处置就是将某些物理、化学性质不适于直接填埋处置的危险废物,先进行预处理,使其达到入场要求后再进行填埋处置。目前的预处理的方法有脱水、固化、稳定化技术等。

8.8.2 危险废物安全填埋场结构

8.8.2.1 危险废物安全填埋场结构

填埋场按其场地特征,可分为平地型填埋场和山谷型填埋场;按其填埋场基底标高,又可分为地上填埋场和凹坑填埋场。危险废物采用安全填埋场,全封闭型危险废物安全填埋场剖面图如图 8.10 所示。

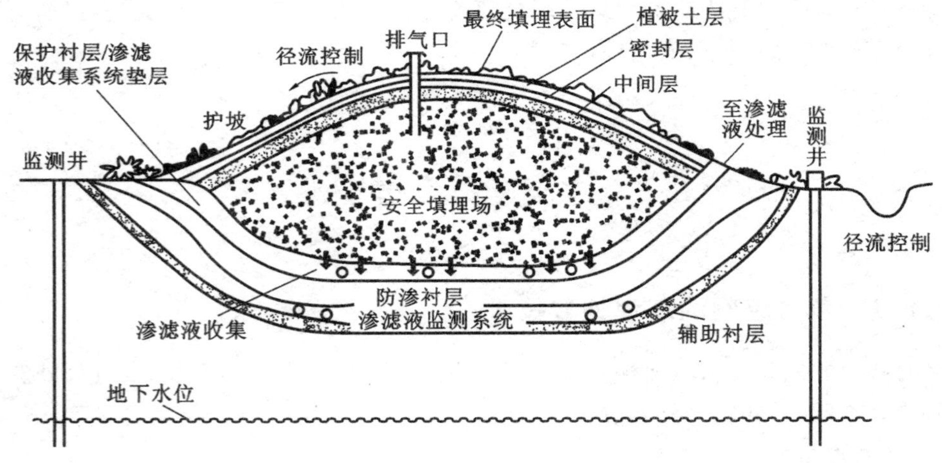

图 8.10 安全填埋场结构示意

安全填埋场是处置危险废物的一种陆地处置设施,它由若干个处置单元和构筑物组成。处置场有界限规定,主要包括废物预处理设施、废物填埋设施和渗滤液收集处理设施。它可将危险废物和渗滤液与环境隔离,将废物安全保存数十年甚至上百年的相当长一段时间。

安全填埋场必须设置满足要求的防渗层,防止造成二次污染,一般要求防渗层最底层应高于地下水位,减少渗滤液的产生量,设置渗滤液集排水系统、监测系统和处理系统;对易产生气体的危险废物填埋场,应设置一定数量的排气孔、气体收集系统、净化系统和报警系统。填埋场运行管理单位应自行或委托其他单位对填埋场地下水、地表水、

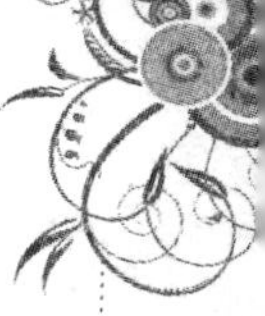

大气进行定期监测，还要认真执行封场及其管理，从而达到使处置的危险废物与环境隔绝的目的。

需要强调的是，有些国家要求安全填埋场将废物填埋于具有刚性结构的填埋场内，其目的是借助此刚性体保护所填埋的废物，以避免因地层变动、地震或水压、土压等应力作用破坏填埋场，而导致废物的失散及渗滤液的外泄。刚性体安全填埋场构造示意见图 8.11。采用刚性结构的安全填埋场其刚性体的设计需遵循以下设计要求。

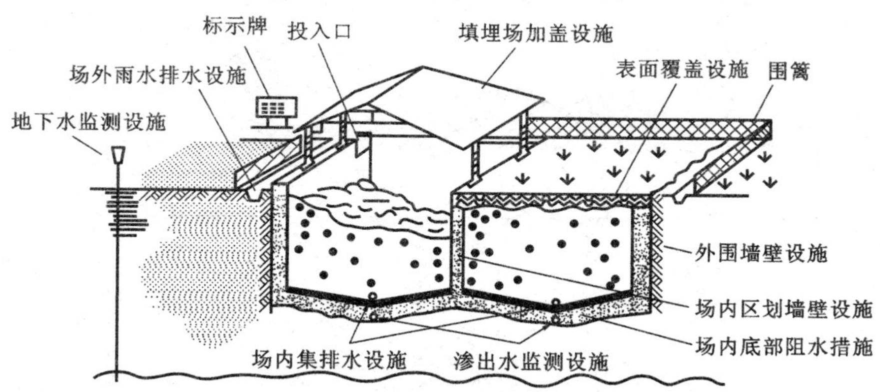

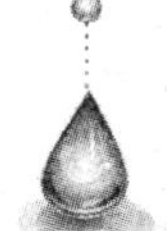

图 8.11　刚性结构安全填埋场构造示意图

① 材质。人工材料如混凝土、钢筋混凝土等结构；自然地质可资利用的天然岩磐或岩石。

② 强度。其单轴压缩强度应在 245kg/cm^2 以上。

③ 厚度。作为填埋场周围的边界墙厚度至少达 15cm 厚；单体间的隔墙厚度至少达 10cm 厚。

④ 面积。每一单体的填埋面积以不超过 50m^2 为原则。

⑤ 体积。每一单体的填埋容积以不超过 250m^3 为原则。

⑥ 在无遮雨设备的条件下，废物在实施安全填埋作业时，以一次完成一个填埋单体为原则；为避免产生巨大冲击力，填埋时应以抓吊方式作业，当贮存区饱和后，即实施刚性体的封顶工程。

8.8.2.2　*危险废物安全填埋场防渗层结构*

根据《危险废物填埋污染控制标准》(GB 18598—2019)，安全填埋场防渗层的结构设计根据现场条件分别采用刚性填埋和双人工衬层两种类型，其结构示意见图 8.12、图 8.13。

刚性填埋场设计应符合以下规定：

(1)刚性填埋场钢筋混凝土的设计应符合《混凝土结构设计规范》(GB 50010—2010)的相关规定，防水等级应符合《地下工程防水技术规范》(GB 50108—2008)一级防水标准；

(2)钢筋混凝土与废物接触的面上应覆有防渗、防腐材料；

(3)钢筋混凝土抗压强度不低于 25N/mm^2，厚度不小于 35cm；

(4)应设计成若干独立对称的填埋单元，每个填埋单元面积不得超过 50m^2 且容积不得超过 250m^3；

(5)刚性填埋区顶部应设置雨棚，杜绝雨水进入；

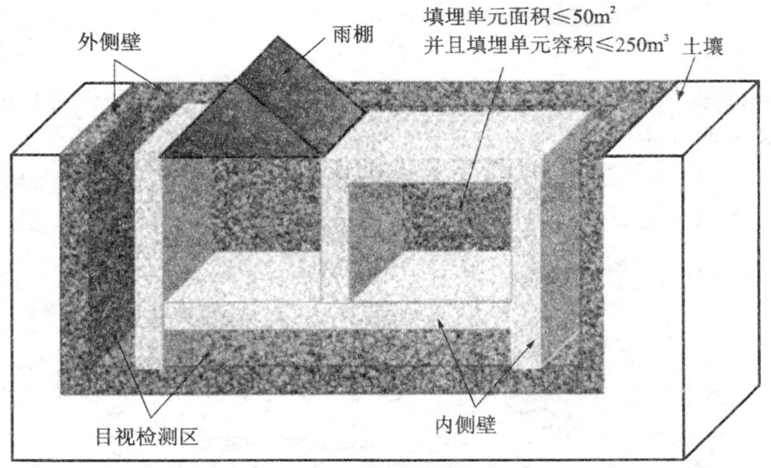

图 8.12 刚性填埋场示意图

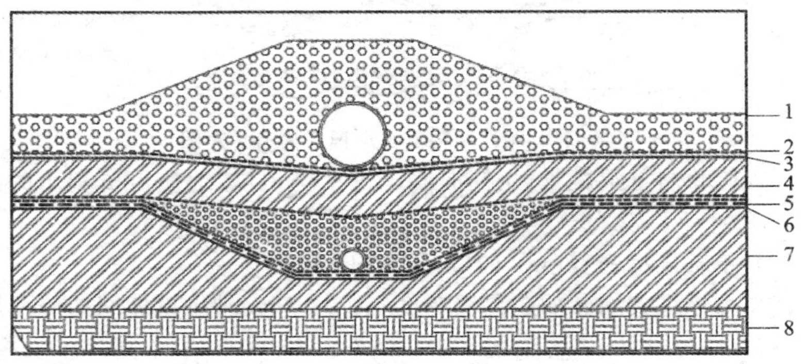

图 8.13 双人工复合衬层系统

1—渗滤液导排层；2—保护层；3—主人工衬层(HDPE)；4—压实黏土衬层；
5—渗漏检测层；6—次人工衬层(HDPE)；7—压实黏土衬层；8—基础层

(6)在人工目视条件下能观察到填埋单元的破损和渗漏情况，并能及时进行修补。

柔性填埋场应采用双人工复合衬层作为防渗层。双人工复合衬层中的人工合成材料采用高密度聚乙烯膜时应满足《垃圾填埋场用高密度聚乙烯土工膜》(CJ/T 234—2006)规定的技术指标要求，并且厚度不小于 2.0mm。双人工复合衬层中的黏土衬层应满足下列条件：

(1)主衬层应具有厚度不小于 0.3m，且其经压实、人工改性等措施处理后的饱和渗透系数不应大于 1.0×10^{-7}cm/s；

(2)次衬层应具有厚度不小于 0.5m，且其经压实、人工改性等措施处理后的饱和渗透系数不应大于 1.0×10^{-7}cm/s。

8.8.3 安全填埋场的基本要求

8.8.3.1 安全填埋场场址的选择要求

安全填埋场比卫生填埋场有更高的要求。安全填埋场场址应符合的要求有：

① 位于地下水和饮用水水源地主要补给区范围之外，且下游无集中供水井；

② 地下水位应在不透水层 3m 以下；

③ 天然地层岩性相对均匀、面积广、厚度大、渗透率低；

④ 填埋场场址距飞机场、军事基地的距离应在 3000m 以上，距地表水域的距离应大于 150m，其场界应位于居民区 800m 以外，并保证在当地气象条件下对附近居民区大气环境不产生影响；

⑤ 填埋场作为永久性的处置设施，封场后除绿化以外不能作他用。

8.8.3.2　危险废物入场要求

(1)不得填埋的废物

①医疗废物；

②与衬层具有不相容性反应的废物；

③液态废物。

(2)下列条件满足或经过预处理满足下列条件的废物，可进入柔性填埋场：

①根据《固体废物 浸出毒性浸出方法 硫酸硝酸法》(HJ/T 299—2007)制备的浸出液中有害成分浓度不超过表 8.10 中允许填埋控制限值的废物；

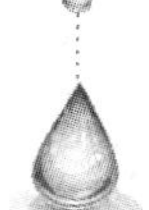

②根据《固体废物 腐蚀性测定 玻璃电极法》(GB/T 15555.12—1995)测得浸出液 pH 值为 7.0～12.0 的废物；

③含水率低于 60%的废物；

④水溶性盐总量小于 10%的废物；

⑤有机质含量小于 5%的废物；

⑥不再具有反应性、易燃性的废物。

(3)不具有反应性、易燃性或经预处理不再具有反应性、易燃性的废物，可进入刚性填埋场。

(4)砷含量大于 5%的废物，应进入刚性填埋场。

表 8.10　危险废物允许埋场的控制限值

序号	项目	浸出毒性鉴别标准值(mg/L)	检测方法
1	烷基汞	不得检出	《水质 烷基汞的测定气相色谱法》(GB/T 14204—1993)
2	汞(以总汞计)	0.12	《固体废物 总汞的测定 冷原子吸收分光光度法》(GB/T 15555.1—1995)、《固体废物 汞、砷、硒、铋、锑的测定 微波消解/原子荧光法》(HJ 702—2014)
3	铅(以总铅计)	1.2	《固体废物 金属元素的测定 电感耦合等离子体质谱法》(HJ 766—2015)、《固体废物 22 种金属元素的测定 电感耦合等离子体发射光谱法》(HJ 781—2016)、《固体废物 铅、锌和镉的测定 火焰原子吸收分光光度法》(HJ 786—2016)、《固体废物 铅和镉的测定 石墨炉原子吸收分光光度法》(HJ 787—2016)

续表 8.10

序号	项目	浸出毒性鉴别标准值(mg/L)	检测方法
4	镉(以镉铅计)	0.6	《固体废物 金属元素的测定 电感耦合等离子体质谱法》(HJ 766—2015)、《固体废物 22 种金属元素的测定 电感耦合等离子体发射光谱法》(HJ 781—2016)、《固体废物 铅、锌和镉的测定 火焰原子吸收分光光度法》(HJ 786—2016)、《固体废物 铅和镉的测定 石墨炉原子吸收分光光度法》(HJ 787—2016)
5	总铬	15	《固体废物 总铬的测定 二苯碳酰二肼分光光度法》(GB/T 15555.5—1995)、《固体废物 总铬的测定 火焰原子吸收分光光度法》(HJ 749—2015)、《固体废物 总铬的测定 石墨炉原子吸收分光光度法》(HJ 750—2015)
6	六价铬	6	《固体废物 六价铬的测定 二苯碳酰二肼分光光度法》(GB/T 15555.4—1995)、《固体废物 六价铬的测定 硫酸亚铁铵滴定法》(GB/T 15555.7—1995)、《固体废物 六价铬的测定 碱消解/火焰原子吸收分光光度法》(HJ 687—2014)
7	铜(以总铜计)	120	《固体废物 镍和铜的测定 火焰原子吸收分光光度法》(HJ 751—2015)、《固体废物 铍 镍 铜和钼的测定 石墨炉原子吸收分光光度法》(HJ 752—2015)、《固体废物 金属元素的测定 电感耦合等离子体质谱法》(HJ 766—2015)、《固体废物 22 种金属元素的测定 电感耦合等离子体发射光谱法》(HJ 781—2016)
8	锌(以总锌计)	120	《固体废物 金属元素的测定 电感耦合等离子体质谱法》(HJ 766—2015)、《固体废物 22 种金属元素的测定 电感耦合等离子体发射光谱法》(HJ 781—2016)、《固体废物 铅、锌和镉的测定 火焰原子吸收分光光度法》(HJ 786—2016)
9	铍(以总铍计)	0.2	《固体废物 铍 镍 铜和钼的测定 石墨炉原子吸收分光光度法》(HJ 752—2015)、《固体废物 金属元素的测定 电感耦合等离子体质谱法》(HJ 766—2015)、《固体废物 22 种金属元素的测定 电感耦合等离子体发射光谱法》(HJ 781—2016)
10	钡(以总钡计)	85	《固体废物 金属元素的测定 电感耦合等离子体质谱法》(HJ 766—2015)、《固体废物 钡的测定 石墨炉原子吸收分光光度法》(HJ 767—2015)、《固体废物 22 种金属元素的测定 电感耦合等离子体发射光谱法》(HJ 781—2016)

续表 8.10

序号	项目	浸出毒性鉴别标准值(mg/L)	检测方法
11	镍(以总镍计)	2	《固体废物 镍的测定 丁二酮肟分光光度法》(GB/T 15555.10—1995)、《固体废物　镍和铜的测定　火焰原子吸收分光光度法》(HJ 751—2015)、《固体废物 铍 镍 铜和钼的测定 石墨炉原子吸收分光光度法》(HJ 752—2015)、《固体废物 金属元素的测定 电感耦合等离子体质谱法》(HJ 766—2015)、《固体废物 22 种金属元素的测定 电感耦合等离子体发射光谱法》(HJ 781—2016)
12	砷(以总砷计)	1.2	《固体废物 砷的测定 二乙基二硫代氨基甲酸银分光光度法》(GB/T 15555.3—1995)、《固体废物 汞、砷、硒、铋、锑的测定 微波消解/原子荧光法》(HJ 702—2014)、《固体废物 金属元素的测定 电感耦合等离子体质谱法》(HJ 766—2015)
13	无机氟化物(不包括氟化钙)	120	《固体废物 氟化物的测定 离子选择性电极法》(GB/T 15555.11—1995)、《固体废物 氟的测定 碱熔-离子选择电极法》(HJ 999—2018)
14	氰化物(以 CN^- 计)	6	暂时按照《危险废物鉴别标准 浸出毒性鉴别》(GB 5085.3—2007)附录 G 方法执行

6.8.3.3　填埋场运行管理要求

安全填埋场要制订一套简明的运行计划，这是确保填埋场运行成功的关键。运行计划不仅要满足常规运行，还要提出应急措施，以保证填埋场能够被有效利用和环境安全。填埋场运行应满足的基本要求包括：

(1)在填埋场投入运行之前，企业应制订运行计划和突发环境事件应急预案。突发环境事件应急预案应说明各种可能发生的突发环境事件情景及应急处置措施。

(2)填埋场运行管理人员，应参加企业的岗位培训，合格后上岗。

(3)柔性填埋场应根据分区填埋原则进行日常填埋操作，填埋工作面应尽可能小，方便及时得到覆盖。填埋堆体的边坡坡度应符合堆体稳定性验算的要求。

(4)填埋场应根据废物的力学性质合理选择填埋单元，防止局部应力集中对填埋结构造成破坏。

(5)柔性填埋场应根据填埋场边坡稳定性要求对填埋废物的含水量、力学参数进行控制，避免出现连通的滑动面。

(6)柔性填埋场日常运行要采取措施保障填埋场稳定性，并根据《生活垃圾卫生填埋场岩土工程技术规范》(CJJ 176—2012)的要求对填埋堆体和边坡的稳定性进行分析。

(7)柔性填埋场运行过程中，应严格禁止外部雨水的进入。每日工作结束时，以及填埋完毕后的区域必须采用人工材料覆盖。除非设有完备的雨棚，雨天不宜开展填埋作业。

(8)填埋场运行记录应包括设备工艺控制参数，入场废物来源、种类、数量，废物填埋位置等信息，柔性填埋场还应当记录渗滤液产生量和渗漏检测层流出量等。

(9)企业应建立有关填埋场的全部档案，包括入场废物特性、填埋区域、场址选择、勘察、征地、设计、施工、验收、运行管理、封场及封场后管理、监测以及应急处置等全过程所形成的一切文件资料；必须按《国家档案管理规定办法》等法律法规进行整理与归档，并永久保存。

(10)填埋场应根据渗滤液水位、渗滤液产生量、渗滤液组分和浓度、渗漏检测层渗漏量、地下水监测结果等数据，定期对填埋场环境安全性能进行评估，并根据评估结果确定是否对填埋场后续运行计划进行修订以及采取必要的应急处置措施。填埋运行期间，评估频次不得低于两年一次；封场至设计寿命期，评估频次不得低于三年一次；设计寿命期后，评估频次不得低于一年一次。

8.8.3.4 填埋场污染控制要求

(1)填埋场废水污染物排放控制要求

①填埋场产生的渗滤液(调节池废水)等污水必须经过处理，并符合污染物排放控制要求后方可排放，禁止渗滤液回灌。

②2020 年 8 月 31 日前，对现有危险废物填埋场废水进行处理，达到《污水综合排放标准》(GB 8978—1996)中第一类污染物最高允许排放浓度标准要求及第二类污染物最高允许排放浓度标准要求后方可排放。第二类污染物排放控制项目包括：pH 值、悬浮物(SS)、五日生化需氧量(BOD_5)、化学需氧量(COD_{Cr})、氨氮(NH_3-N)、磷酸盐(以 P 计)。

③自 2020 年 9 月 1 日起，现有危险废物填埋场废水污染物排放执行表 8.11 规定的限值。

表 8.11 危险废物填埋场废水污染物排放限值

序号	污染物项目	直接排放	间接排放[1]	污染物排放监控位置
1	pH	6～9	6～9	危险废物填埋场废水总排放口
2	生化需氧量(BOD_5)	4	50	
3	化学需氧量(COD_{Cr})	20	200	
4	总有机碳(TOC)	8	30	
5	悬浮物(SS)	10	100	
6	氨氮	1	30	
7	总氮	1	50	
8	总铜	0.5	0.5	
9	总锌	1	1	
10	总钡	1	1	
11	氰化物(以 CN^- 计)	0.2	0.2	
12	总磷(TP，以 P 计)	0.3	3	
13	氟化物(以 F^- 计)	1	1	

续表 8.11

序号	污染物项目	直接排放	间接排放[1]	污染物排放监控位置
14	总汞	0.001		渗滤液调节池废水排放口
15	烷基汞	不得检出		
16	总砷	0.05		
17	总镉	0.01		
18	总铬	0.1		
19	六价铬	0.05		
20	总铅	0.05		
21	总铍	0.002		
22	总镍	0.05		
23	总银	0.5		
24	苯并[a]芘	0.00003		

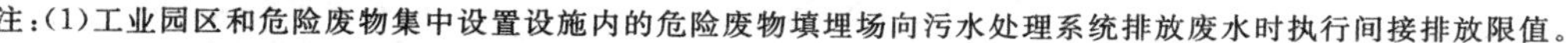

注：(1)工业园区和危险废物集中设置设施内的危险废物填埋场向污水处理系统排放废水时执行间接排放限值。

(2)填埋场有组织气体和无组织气体排放应满足《大气污染物综合排放标准》(GB 16297—1996)和《挥发性有机物无组织排放控制标准》(GB 37822—2019)的规定。

(3)危险废物填埋场不应对地下水造成污染。

8.8.3.5　封场及封场后的维护管理要求

(1)当柔性填埋场填埋作业达到设计容量后，应及时进行封场覆盖。

(2)柔性填埋场封场结构自下而上为：

①导气层：由砂砾组成，渗透系数应大于 0.01cm/s，厚度不小于 30cm。

②防渗层：厚度 1.5mm 以上的糙面高密度聚乙烯防渗膜或线性低密度聚乙烯防渗膜；采用黏土时，厚度不小于 30cm，饱和渗透系数小于 1.0×10^{-7}cm/s。

③排水层：渗透系数不应小于 0.1cm/s，边坡应采用土工复合排水网；排水层应与填埋库区四周的排水沟相连。

④植被层：由营养植被层和覆盖支持土层组成；营养植被层厚度应大于 15cm。覆盖支持土层由压实土层构成，厚度应大于 45cm。

(3)刚性填埋单元填满后应及时对单元进行封场，封场结构应包括 1.5mm 以上高密度聚乙烯防渗膜及抗渗混凝土。

(4)当发现渗漏事故及发生不可预见的自然灾害使得填埋场不能继续运行时，填埋场应启动应急预案，实行应急封场。应急封场应包括相应的防渗衬层破碎修补、渗漏控制、防止污染扩散，以及必要时的废物挖掘后异位处置等措施。

(5)填埋封场后，除绿化和场区开挖回取废物进行利用外，禁止在原场地进行开发利用作其他用途。

(6)填埋场在封场后到达设计寿命期的期间内必须进行长期维护，包括：

①维护最终覆盖层的完整性和有效性；

②继续进行渗滤液的收集和处理；

③继续监测地下水水质的变化。

封场后例行检查项目、频率和可能遇到的问题见表8.12。在封场后的长时间内，填埋场运行期间建立的，封场后仍然保留的设施应得到维护。

表8.12　封场后例行检查项目、频率和可能遇到的问题

检查项目	检查频率	可能遇到的问题
覆盖层	每年一次，每次大雨过后	合成膜衬层因腐蚀而裸露，塌方
植被	每年四次	植物死亡
边坡	每年四次	长期积水
地表水控制系统	每年四次，再次大雨之后	排水管破裂或垃圾堵塞
气体监测系统	按填埋场后期管理计划规定连续进行	出现异味，压实器故障，气体浓度异常，监测井管道破裂
地下水监测系统	按设备要求和填埋场后期管理计划进行	监测井破坏，采样设施故障
渗滤液收集处理系统	按填埋场后期管理计划规定进行	渗滤液收集泵故障，渗滤液收集管道堵塞

8.8.4　安全填埋的意义

填埋处置的主要功能废物经适当的填埋处置后，尤其是对于卫生填埋，因废物本身的特性与土壤、微生物的物理及生化反应，形成稳定的固体（类土质、腐殖质等）、液体（有机性废水、无机性废水等）及气体（甲烷、二氧化碳、硫化氢等）等产物，其体积则逐渐减少而性质趋于稳定。因此，填埋法的最终目的是将废物妥善贮存，并利用自然界的净化能力，使废物稳定化、卫生化及减量化。因此，填埋场应具备下列功能：

① 贮存功能：具有适当的空间以填埋、贮存废物。

② 阻断功能：以适当的设施将填埋的废物及其产生的渗滤液、废气等与周围的环境隔绝，避免其污染环境。

③ 处理功能：具有适当的设备以有效且安全的方式使废物趋于稳定。

④ 土地利用功能：借助填埋利用低洼地、荒地或贫瘠的农地等，以增加可利用的土地。

8.9　几种典型危险废物的处理处置方法

8.9.1　废有机溶剂处理技术

在化工、科研、建筑、制药等行业均会产生大批的废有机溶剂，废有机溶剂大多具有易燃性、腐蚀性、易挥发性和反应性等特性，被列为危险废物。这些有机溶剂中有一部分具有较高的回收利用价值，如二氯乙烯、二氯甲烷、异丙醇等，这些都是优良的溶剂。常用于金属表面的除油和金属配件的表面处理，为了节约资源、保护环境，需要对有机溶剂进行资源化利用与处理。通常采用的技术有蒸馏、萃取、吸附、焚烧以及超临界水氧化技术。

1.蒸馏法回收废有机溶剂

有机溶剂具有易挥发特性，因此可以根据废有机溶剂有机组分沸点的不同，对其采用蒸馏的方法进行回收。废有机溶剂蒸馏回收流程见图8.16。

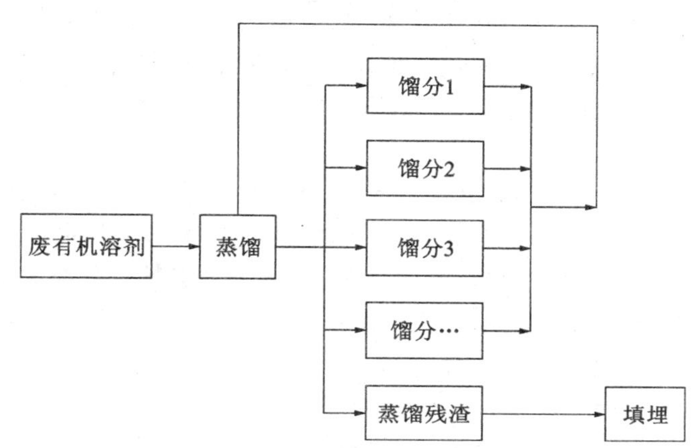

图8.16　废有机溶剂蒸馏回收流程图

蒸馏前先根据废液的相对密度分类，先加工相对密度高的废液，由高到低运行，蒸馏温度应参考纯物质的沸点，如三氯乙烯的沸点86.7℃，蒸馏温度一般控制在85～95℃之间。由于废液中含有油类物质，加热过程要缓慢升温，同时观察蒸馏釜中物料变化，防止暴沸。蒸汽经冷凝器冷却后进入接收容器。蒸馏后的残液要进行焚烧处理，以避免二次污染。

2.萃取法回收废有机溶剂

萃取是利用物质在两种互不相溶的溶剂中溶解度或分配系数的不同，使溶质物质从一种溶剂内转移到另外一种溶剂中的方法。溶剂萃取的最终结果使原溶液被分为两部分：萃取过的液体和含溶剂的液体。一般萃取包括三个步骤：

①萃取。废水和溶剂充分接触使溶质转移到溶剂中，萃取器是一种混合澄清装置，废水和溶剂在萃取器中经搅拌充分混合，澄清后分离成两个液相。

②溶剂回收。萃取过程产生的两个液相中都含有萃取剂，需进一步处理以去除或回收溶剂和溶质。如果溶剂损失较多，萃取残液中的溶剂就需要回收。

③反萃。对萃取液或含有溶质的溶剂可以进行处理，以回收溶剂并去除溶质。具体的方法可以通过两次溶剂萃取、蒸馏等。例如二次萃取，有时用氢氧化钠溶液萃取轻质油中的(苯)酚、该轻油常用于焦化厂废水的一次脱酚溶剂。

3.活性炭吸附法回收卤代烃类及酚、酮、酯、醇类有机溶剂

活性炭吸附法主要用于以下有机溶剂的回收：

①脂肪族与芳香族的碳氢化合物，C原子数在C_4～C_{14}之间。

②大多数的卤素族溶剂，包括四氯化碳、二氯乙烯、过氯乙烯、三氯乙烯等。

③大多数的酮(丙酮、甲基酮)和一些酯(乙酸乙酯、乙酸丁酯)。

④醇类(乙醇、丙醇、丁醇)。

活性炭吸附法主要由吸附和脱附再生两部分组成。吸附的原理是吸附剂具有较大的比表面积,对有机物进行吸附,此过程多为物理吸附,当吸附达到饱和后再用适当的方法脱附活性炭得到再生。

4.焚烧处置技术

焚烧法是指将废有机溶剂在高温下进行氧化分解,使有机物转化为水、二氧化碳等无害物质。焚烧法主要用于处理难生化处理、浓度高、毒性大、成分复杂的废有机溶剂。一般废有机溶剂焚烧处理工艺流程包括预处理、高温焚烧、余热回收及烟气处理等,有机物在高温下分解为无毒、无害的小分子物质,同时,焚烧产生的热量可以用于发电,既保护环境又节约资源。

焚烧废有机溶剂时,应根据其物化性质采用不同的焚烧工艺,对于不含卤素的废有机溶剂,其燃烧产物清洁,可以直接排入大气,燃烧产物中的热量可以通过锅炉回收;对于含卤素的废有机溶剂,应该根据卤素的含量、热值来决定是否需要添加辅助燃料;对于含高浓度无机盐或有机盐的废有机溶剂,由于这种废液燃烧后会产生融化盐,因此最适合焚烧此种废液的炉型是圆形立式焚烧炉。

5.超临界水氧化技术

超临界水是指当气压和温度达到一定值时,因高温而膨胀的水的密度和因高压而被压缩的水蒸气的密度正好相同时的水。这种看似气体的液体有很多性质,比如具有极强的氧化能力和很强的催化能力。超临界水氧化法,简称 SCWO 法,它的反应机理是利用超临界水作为介质和反应物来氧化分解有机物,其主要优势是能在很短的时间内,以高于 99%以上的去除效率将难降解的有机物氧化成 CO_2、N_2 和水等无毒小分子化合物。此外,反应器体积小,结构简单。

SCWO 技术面临的主要问题为腐蚀问题。在 SCWO 环境中,高浓度溶解氧、高温高压条件、反应中产生的活性自由基、极端的 pH 值以及某些种类的无机离子都对反应器有加速腐蚀作用。目前主要通过研究新型的耐压耐腐蚀材料来优化反应器。

8.9.2 医疗废物的处理与处置

医疗废物是指医疗卫生机构在医疗、预防、保健以及其他相关活动中产生的具有直接或者间接感染性、毒性以及其他危害性的废物。联合国环境署制定的《控制危险废物越境转移及其处置的巴塞尔公约》,将“从医院、医疗中心和诊所的医疗服务中产生的临床废物”列为危险废物,其危险特性等级为 6.2 级。

医疗废物来源广泛,来自医疗、卫生、科研、制药等多个领域,以医疗、卫生领域为主。根据原卫生部和国家环境保护总局制定的《医疗废物分类目录》规定,医疗废物分为感染性废物、病理性废物、损伤性废物、药物性废物、化学性废物 5 类。

感染性废物——主要是被病人血液、体液、排泄物污染的物品,含有大批的细菌、病毒、寄生虫、真菌等导致易感人群致病的病原体。

病理性废物——包括组织、器官、肢体、胎儿、畜体、血液和体液,这类废物通常属于传染性废物。

损伤性废物——能够刺伤或者割伤人体的废弃的医用锐器，这些锐器通常被认为是高危险性医疗废物。

药物性废物——过期、淘汰、变质或者被污染的废弃的药品，包括废弃的一般性药品，如抗生素、非处方类药品等；废弃的细胞毒性药物和遗传毒性药物，化学成分复杂。

化学性废物——包括废弃的呈固态、液态及气态的化学制品，如医学影像室、实验室废弃的化学试剂，废弃的过氧乙酸、戊二酸等化学消毒剂，废弃的血压计、温度计等，通常至少具有以下特性之一：有毒的、腐蚀性的、易燃的、易反应的（易爆炸的、易振的）、毒害基因的（如抑制细胞生长药品）。

1. 医疗废物机械处理

医疗废物机械处理是利用机械设备使医疗废弃物在多种机械力的作用下进行破碎、毁形，形成混合均匀、便于处理的废弃物。机械处理一般采用破碎切碎机、粉碎机、锤磨机、混合机、搅拌机等，利用其物理作用力把医疗废物破碎成为小颗粒，以便后续进一步处理。其目的是达到减容减量化，机械处置法本身无法达到杀灭医疗废弃物中病毒的目的，但作为一种辅助处置方法，提高了其他方法的处置效率。

2. 医疗废物化学处理

化学处理是应用消毒剂如二氧化氯溶液、次氯酸钠（NaClO）、过氧酸、戊二醛、氢氧化钠（NaOH）、臭氧、生石灰等通过氧化、还原、中和等化学反应来杀灭医疗废弃物中的细菌、病毒等传染性物质，实现医疗废弃物的无害化处理。化学处理可处置如下废弃物：实验室的培养物与垃圾（化学品除外）、锐器，人或动物身上的体液、血液、隔离区垃圾，外科室垃圾和辅料（如纱布、绷带、织制品等）。避免挥发性、半挥发性有机物质。化疗产生的垃圾，有毒化学药物，放射性物质混入待处理废物中。化学法处理废弃物过程中，要使化学试剂与废弃物进行充分的接触，保证适当药剂浓度和足够的消毒时间，以确保消毒的彻底完成。根据消毒剂中是否含氯元素，分为含氯处理法和无氯处理法。NaClO 是最常用的消毒剂，也是医疗废弃物处理中的首选消毒剂，但大量使用含氯消毒剂会产生一些有毒副产物，形成二次污染。无氯处理采用无氯消毒剂（如气态臭氧、液态的 NaOH 或 KOH、固态的 CaO），其处理工艺大不相同。

化学处理法方便快捷，适用于场所消毒和临时少量的医疗废弃物处理。但是，在集中处置医疗废弃物时，化学消毒剂与废弃物要有一个充分接触和渗透的过程，实施有一定的难度。同时在处置过程中可能会产生一些有毒废液（特别是含氯处置法）和废气需进一步处理。化学处置后的医疗废弃物没有达到减容减量化，还需送至安全填埋场或垃圾焚烧炉进行最终处置。在医疗废弃物集中处理上很少提倡采用化学处置法。

3. 医疗废物生物处理

利用细菌或其他微生物的氧化和细胞合成与分解代谢来稳定、去除医疗废弃物中的病菌、病原体等有害物质称为生物处理。通常是把微生物放到医疗废物中，通过调控微生物生长的环境来调节该微生物的优势种群，从而加速生物自然降解过程。最终把医疗废物中的有机质分解成二氧化碳和水。按照是否需要氧可分好氧处理和厌氧处理。好氧处理过程主要控制因素包括：控制通风量、微生物的养分、微生物浓度、pH 值、温度、接触时间和方式、医疗废物进料方式、双方的混合程度等。厌氧处理的控制因素与好氧处

理的区别是不需氧或只需少量氧，但它不能分解长链和芳香族的碳氢化合物。生物处置过程中碳是所有微生物必不可少的食源。

生物处理技术主要用来处理含水量高的有机废弃物，在工业废水的处置中是一种较成熟和经济的处理方法。微生物是依靠酶去催化有机物分解反应，而酶要有水才能保持它的活性，所以水是生物法处理过程中必不可少的中介物质。生物处理医疗废物还有许多技术问题有待解决，目前工业应用不多。

4. 医疗废物微波处理

微波是指频率为 300MHz～300GHz 的电磁波，微波的基本性质通常呈现为穿透、反射、吸收三个特性。对于玻璃、塑料和瓷器，微波几乎是穿透而不被吸收。对于水和食物等就会吸收微波而使自身发热。而对金属类物体，则会反射微波。微波透入介质时，由于介质损耗引起介质温度的升高，使介质材料内部、外部几乎同时加热升温，形成体热源状态，大大缩短了常规加热中的热传导时间。且在条件为介质损耗因数与介质温度呈负相关关系时，物料内外加热均匀一致。

物质吸收微波的能力主要由其介质损耗因数来决定。介质损耗因数大的物质对微波的吸收能力就强，相反，介质损耗因数小的物质吸收微波的能力也弱。由于各物质的损耗因数存在差异，微波加热就表现出选择性加热的特点。物质不同，产生的热效果也不同。水分子属极性分子，介电常数较大，其介质损耗因数也很大，对微波具有强吸收能力。而蛋白质、碳水化合物等的介电常数相对较小，其对微波的吸收能力比水小得多。因此，对于医疗废物来说，含水量的多少对微波加热效果影响很大。

微波产生的高强度振动产生了分子间的摩擦热，使水分蒸发且加热了废弃物，同时导致微生物细胞中的蛋白质变质，杀灭废弃物中的细菌、病毒等。在微波处置过程中，微生物的杀灭不是因为微波场，而是因为热。如果系统中没有水，微波的消毒杀菌效果会显著下降。微波处置系统的主体设备是一个内置产生微波磁电管的处理仓。医疗废弃物装入给料斗，经内置切碎机破碎进入主体仓处理，仓内的温度为 95～100℃。微波处理是一种便捷的处理技术，但还没有工业应用的示范。微波处理技术不能使废弃物减容减量化，并可能有臭味气体排出。

5. 医疗废物热处理

通过外部热源来达到杀灭医疗废物中的细菌和病原体的方法为热处理。根据处理温度的高低可分为低热、中热和高热处理法。低热处置的操作温度在 93～177℃之间，不会使废弃物产生化学热裂解或燃烧，而仅仅是杀灭细菌。中热处置的操作温度在 177～370℃之间，医疗废物中的有机质可能产生化学热裂解反应。高热处理是利用电阻丝、天然气燃烧或等离子体等产生的高温来处理医疗废物，操作温度都超过 54℃，高的可达 10000℃。在高温、高热的环境下，医疗废物中的有机与无机物质都迅速发生了很大的物理、化学变化，医疗废物减容、减量高达 90%～95%。下面介绍两种比较有代表性的热处理法。

(1)高温灭菌法

高温灭菌是用蒸汽杀菌，从而达到医疗废物无害化的目的。高温灭菌属于中低温处理方法。高温灭菌一般由高温灭菌器来完成，高温灭菌器由一个金属容器和蒸汽套层组成，可以承受较高的蒸汽压力，并且减少了蒸汽在内仓壁面的冷凝。蒸汽进入到内仓和套层,与废弃物进行充分的接触。为了提高消毒效果,废物一般需破碎预处理。在处理过程前还要求把仓内的空气排除干净。抽真空法需要额外的抽气装置,效果好。高温灭菌法可有效地杀灭医疗废物中的各种细菌、病毒,并避免形成二噁英等有害焚烧副产品,但不能使废弃物减容减量,反而会因为注入蒸汽冷凝有一定增重。高温灭菌法适合处理小批量的医疗废物。

(2)等离子体法

等离子体法是一种新型的高温处理技术。在等离子体状态下,气体被电离,呈现出高度激发的不稳定态,具有导电性,但因其电阻很大,把电能迅速转换成热能,产生1650℃以上的高温。医疗废物中的有机物在高温条件下,迅速被氧化和分解形成CO_2和水,高温条件也抑制了二噁英等还原性物质的形成,同时反应后剩下的残渣呈熔融态,使有害物质固定。等离子体法处理的优点是减量化非常明显,但其缺点是投资成本高、能耗大,目前还没有大规模地应用。

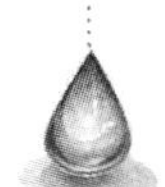

6.医疗废物的焚烧处理法

焚烧能瞬间杀灭医疗废物所有的有害微生物,同时能够做到医疗废物的减量化、稳定化、无害化,并回收能量。从商业应用来看,焚烧处理法也是医疗废弃物处理中最普遍被采用的方法。

在焚烧过程中可燃物基本上氧化成CO_2、水和灰,废物中所含的硫、氮、金属、卤素和其他元素杂质转化成各种最终产物。焚烧要由焚烧设备来完成。要求对焚烧炉采取"3T+E"控制模式,即足够的温度、停留时间和良好的混合,同时还要保证一定的过剩空气系数。对于焚烧产生的尾气,着重从三个方面进行控制:一个是粉尘的控制;另一个是酸性气体控制,如HCl和HF等控制;对于PCDDs和PCDFs的控制,目前工程上更多采用的是烟道内喷射活性炭再在后部进行脱除的方式解决。

和一般的生活垃圾焚烧比较,由于医疗废物的特性不同,决定了应该采用合适的方式焚烧医疗废物。医疗废物的特点是成分复杂,可能含有一定数量的医疗器械,还可能含有挥发性有机物质。对医疗废物的焚烧,目前采用直接焚烧的方式比较少,更多地是采用二段焚烧,即医疗废物首先进入一燃室在供氧充足的状况下焚烧,产生的烟气再进入二燃室内进一步高温焚烧,焚烧炉燃烧室内的温度应控制在850℃以上。炉内停留时间超过1s。高温焚烧能使一燃室出来烟气中的少量未燃尽有机物完全分解、燃烧。根据医疗废物的热值不同,要求各燃烧室内安装一台或多台燃烧器,保证炉子的正常运行。这种焚烧方法原理简单、技术成熟、易于控制,过去经常被使用,但它在焚烧过程中,由于一燃室带入大量的烟尘进入二燃室,造成焚烧过程污染比较严重,同时需要在二燃室中进行补燃,运行能耗相对较高,而且这些焚烧炉因处理批少、间隙运行,大多无尾部烟气处理系统和控制系统,很难满足环保要求。

热解/气化-焚烧方法应用于处理医疗废物具有良好的效果。其处理过程为:医疗废物首先进入一个热解/气化炉中,炉内温度控制在100～600℃,在无氧或缺氧(一般为理论空气量的40%～60%)的工况下,医疗废物中的有机物质和挥发物被热解、气化,形成的可燃气体进入第二段高温焚烧炉进行高温焚烧。高温焚烧炉的热量比较好控制,能容易保持在850℃以上,烟气炉内停留时间超过1s,彻底控制有机物和二噁英的形成。而在热解/气化炉中剩下的炉渣，通过冷却后排出。在热解/气化炉上可以通过内热和外热两种方式提供反应所需的热能，内热式一般是在炉内加辅助燃烧器或通入高温气体，外热式是用电加热或高温气体与炉外表面进行热交换来实现，工业应用以内热式为主。在二燃室中配有辅助燃烧器，当炉子启动和当热解/气化炉产生气体的热值较低时，可以维持炉内高温。热解/气化-焚烧法的优点是热解/气化炉中无机物大部分停留在里面没有进入二燃室，能耗低，同时烟气中含带的飞灰少，有利于对二噁英等有害气体的生成控制。但该系统反应机理较为复杂，要求有先进的控制系统，保证配风和温度随物料物性的变化而进行调节。

7. 医疗废物的安全填埋处置

安全填埋是一种改进的卫生填埋方法，也称安全化学填埋。医疗废物经过各种处理方法，包括杀菌、减容减量处理后最终都流向安全填埋场，安全填埋是医疗废物的终处置场所。

为了防止有毒有害物质释出和减少环境污染，安全填埋场地的设计、建造及操作必须严格符合有关的技术规范。土地填埋场必须设置人造或天然衬里，下层土壤或土壤同衬里相结合渗透率小于 10^{-8} cm/s，厚度至少 1.5m，人工合成有机衬里的渗透系数小于 10^{-18} cm/s，厚度不小于 0.5mm。最下层的土地填埋物要位于地下水位之上；要采取适当的措施控制和引出地表水；要配备浸出液收集、处理及监测系统；如果需要，还要采用覆盖材料或衬里以防止气体释出；要记录所处置废物的来源、性质及数量，把不相容的废物分开处置。

场地的设计和规划中要注意的主要问题有：①废弃物处置前的预处理；②浸出液的收集及处理；③地下水保护；④场地及其周围地表径流水的控制管理等。

安全填埋场也有占用大量的土地资源、处理周期长、投资成本高等特点。如果医疗废物直接进入安全填埋场，容易滋生各种有害细菌、病毒并加剧缩短安全填埋场的使用寿命，提高了处理成本。医疗废物一般经过焚烧、高温处置后，再将处理残渣送到安全填埋场处置。

小　　结

本章着重介绍了危险废物的来源、分类、危害特性和危险废物的分析与鉴别，提出了危险废物的运输要求和相关要求，危险废物的转移管理等，重点是掌握危险废物的固化/稳定化的技术原理。

思考题与习题

一、名词解释

危险废物；固化；稳定化；增容比。

二、简答题

1. 简述对危险废物的贮存容器的具体要求。
2. 简述国内危险废物转移的要求。
3. 简述危险废物的固化/稳定化处理原理和水泥固化的应用。
4. 安全填埋场场址的选择要求有哪些？

三、思考题

1. 如何才能对危险废物加强管理以及规范化处置？

2. 某工业废水处理厂，处理后中水含盐量较高，因此通过多效蒸发的方式，将中水里的盐蒸发出来，那么经过结晶的盐类是否属于危险废物？如果属于危险废物，归属于危险废物的哪一种类？

第 9 章　固体废物的最终处置技术

学习目标

了解固体废物最终处置的概念、方法；熟悉并掌握卫生填埋场和安全填埋场的选址原则，重点掌握填埋场的填埋工艺、防渗结构、污染控制、封场等内容。

必备知识

填埋场的分类；填埋场废物入场要求及填埋工艺；填埋场的污染控制；填埋场运行管理要求及内容。

选修知识

固体废物的其他处置方式；填埋场的平面布局设计；填埋场的封场及监测；填埋场的可持续发展。

探访上海老港：全球最大垃圾焚烧厂和医废处置设施如何运作？

节选自 2021-09-24 澎湃新闻

如果有人问，上海每天产生的垃圾去哪了？拥有全球最大垃圾焚烧厂、医废焚烧设施，全国最先进湿垃圾综合利用设施的老港基地，会是最常听到的答案。上海老港生态环保基地(以下简称“老港基地”)位于上海市浦东新区老港镇，距市中心约 70km。基地面积 15.3km^2，是上海市“一主多点”固废处置体系布局的“主基地”。目前，老港基地承担着上海市约 50%的生活垃圾末端处理和 50%以上医疗废弃物处理的重任，同时还是建筑垃圾等废弃物资源综合利用的重要末端。从全国看，老港基地是固废处理能力最大、处理对象最多元、资源能源利用产业链最完善的综合处置基地。

2021 年 9 月 22 日，澎湃新闻记者探访上海老港基地，实地了解这里垃圾焚烧、医废处置及湿垃圾综合利用的现场情况。

• 全球最大垃圾焚烧厂

上海环境集团再生能源运营管理公司老港分公司总经理朱四六向记者介绍，老港再生能源利用中心分一期和二期，一期于2013年5月投运，日处理能力3000t。二期规模翻倍，于2019年9月底全量投运，拥有8条世界先进水平的生活垃圾焚烧线，日处理能力6000t，日发电量超过300万kW·h时。值得一提的是，目前单单二期项目每日消纳的生活垃圾就占上海市生活垃圾产生量的近1/4，是全世界最大的生活垃圾焚烧发电厂。

• 医废可追溯到科室

距离老港再生能源利用中心不远处，全球最大的医废处置项目——上海市固体废物处置有限公司老港基地，已于2021年1月底投运。

上海市固体废物处置有限公司承担着全上海医疗废物收—运—处全链条的服务与管理工作。多年来，在上海市委、市政府的总体部署下，按照“一南一北一岛”合理布局，逐步建成嘉定、崇明和老港三位一体分布式医废处置设施，总处置能力392t/d。其中，老港日处置能力为240t、嘉定为122t，崇明的医疗垃圾不出岛，日处置能力为30t。

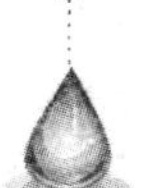

• 湿垃圾每天发电72000kW·h

2019年上海将垃圾分类纳入法治化轨道以来，分类实效显著，而湿垃圾的末端综合利用，一直是市民特别关心的问题：分出来的湿垃圾能否得到处置？如何进行资源化利用？

上海有多个湿垃圾处置项目，老港基地是其中之一。记者从老港生物能源再利用中心获悉，该项目负责处理进入老港基地的湿垃圾，目前已建成运营的一期项目日处理能力1000t/d，其中餐饮垃圾400t、厨余垃圾600t。这些湿垃圾如何处理？上海老港废弃物处置有限公司渗沥液处理厂联合党支部副书记汪莉表示，湿垃圾项目采用“预处理＋干式、湿式厌氧消化协同处置”的处理工艺。

从资源化利用的角度来讲，湿垃圾处置过程通过产生的沼气可供应锅炉燃烧，热能供应整个项目的运行，还可供应相关外围需求。目前，老港基地有两台发电机通过沼气运行，每天发电72000kW·h，这些电能首先满足了老港基地内部使用，余量并入国家电网统一使用。

值得期待的是，老港生物能源再利用中心（二期）计划2021年年底全量投运，设计处理规模为1500t/d，比一期项目更大。而且二期项目的设计充分考虑了垃圾分类成效进一步提升、湿垃圾有机质含量提高的情况，因此对主要系统能力进行了优化，增加了黑水虻生物转化、生物柴油制备示范工程，将最大限度实现湿垃圾全量资源化。

上海城投集团表示，未来，老港基地将全力打造成为“韧性安全”的固废综合处置战略保障基地、“低碳循环”的资源循环利用示范基地、“科创科普”的环保先导基地、“智慧生态”的特色化绿色园区。

课前思考题

1. 什么是固体废物的最终处置？固体废物主要的处置方法有哪些？

2.填埋场有哪些类型？它们各有何特点？

3.填埋场的渗滤液有何危害？如何对其进行污染控制？

4.填埋场气体的主要组成成分是什么？有何危害？

5.可持续城市生活垃圾填埋技术的含义是什么？

9.1 概　　述

对固体废物实行污染控制的目标是尽量减少或避免其产生，并对已经产生的废物实行资源化、减量化和无害化管理。但是，就目前世界各国的技术水平来看，无论采用任何先进的污染控制技术，都不可能对固体废物实现百分之百的回收利用，最终必将产生一部分无法进一步处理或利用的废物，如焚烧、热解、堆肥等处理后，剩余下来的无再利用价值的残渣等。为了防止日益增多的各种固体废物对环境和人类健康造成危害，需要给这些废物提供一条最终出路，即解决固体废物的处置问题。安全、可靠地处置这些固体废物残渣，是固体废物污染控制的末端环节，是固体废物全过程管理中的最重要环节，是解决固体废物的归宿问题。

9.1.1　固体废物处置的定义

固体废物处置是指将固体废物焚烧和用其他改变固体废物的物理、化学、生物特性的方法，达到减少已产生的固体废物数量、缩小固体废物体积、减少或者消除其危险成分的活动，或者将固体废物最终置于符合环境保护规定要求的填埋场的活动。

从以上处置的定义可以看出固体废物的处置包括处理和处置两个部分，适宜的处置设施或措施往往包括一个或数个处理和处置过程。经过预处理或处理后的固体废物大大降低了固体废物的数量，减小了体积，回收了其中储存的能源及有用的物质，同时也缓解了废物对环境污染造成的压力。

9.1.2　固体废物处置的基本要求

固体废物的处置原则是使其最大限度地与生物圈隔离，防止有毒有害物质对环境的扩散污染，确保现在和将来都不会对人类造成危害或影响甚微。其基本方法是通过多重屏障来实现的。固体废物的处置操作有如下基本要求：

(1)处置场所要安全可靠，通过天然或者人工屏障使固体废物被有效隔离，使污染物质不会对附近的生态环境造成危害，更不能对人类活动造成影响。

(2)处置场所要设施结构合理，设有必需的环境保护监测设备，要便于管理和维护。

(3)被处置的固体废物中有害组分含量要尽可能少，体积要尽量小，以方便安全处理，并减少处置成本。

(4)处置方法要尽量简便、经济，既要符合现有的经济水准和环保要求，也要考虑长远的环境效益。

9.1.3　固体废物处置的类型

按处置废物场所的不同，最终处置方法可分为海洋处置和陆地处置两大类。

9.1.3.1　海洋处置

海洋处置是利用海洋巨大的环境容量和自净能力处置固体废物的一种方法，主要分为海洋倾倒与远洋焚烧两种方法。

海洋倾倒是将固体废弃物直接投入海洋的一种处置方法。进行海洋倾倒时，首先要根据有关法律规定，选择处置场地，然后再根据处置区的海洋学特性、海洋保护水质标准、处置废弃物的种类及倾倒方式进行技术可行性研究和经济分析，最后按照设计的倾倒方案进行投弃。

远洋焚烧是利用焚烧船将固体废弃物进行船上焚烧的处置方法。废物焚烧后产生的废气通过净化装置与冷凝器，冷凝液排入海中，气体排入大气，残渣倾入海洋。这种技术适于处置易燃性废物，如含氯的有机废弃物。

20 世纪 50～60 年代，以美国为首的工业化国家，向海洋倾倒了大量有害固体废物。近年来，随着人们对保护环境生态重要性认识的加深和总体环境意识的提高，将固体废物不加以限制地向海洋投弃已经受到国际舆论的强烈谴责。为此，海洋处置已受到越来越多的限制。我国政府对海洋处置持否定态度并制定了一系列有关海洋倾倒的管理条例。

9.1.3.2　陆地处置

陆地处置的方法有多种，包括土地耕作、工程库或贮留池贮存、深井灌注以及土地填埋等几种，其中土地填埋法是一种最常用的方法。

(1)土地耕作

土地耕作处置是指利用现有的耕作土地，将固体废物分散在其中，利用表层土壤的离子交换、吸附、微生物降解以及渗滤水浸出、降解产物的挥发、植物吸收及风化等综合作用使固体废物污染指数逐渐达到背景程度的一种方法。该技术具有工艺简单、费用适宜、设备易于维护、对环境影响很小、能够改善土壤结构、增长肥效等优点，主要用于处置含盐量低、不含毒物、可生物降解的固体废物。如污泥和粉煤灰施用于农田作为一种处理方法已引起重视。生产实践和科学研究工作证明，施污泥、粉煤灰于农田可以肥田，起到改良土壤和增产的作用。需要注意的是，含重金属等有毒、有害物质绝不可施用，以防进入生物循环系统。

(2)工程库或贮留池贮存

工程库或贮留池贮存是指利用具有一定拦截、阻滞作用的构筑物来对固体废物实施贮存的一种处置方式。该技术具有容量大、工艺简单、费用低、操作方便等特点。常见的有用于一般工业固体废物的筑坝堆存方式以及危险废物贮存设施。如粉煤灰等湿排灰的筑坝堆存，例如多级坝技术，利用天然土石方堆筑母坝，然后贮灰，贮满后再在其上利用已贮好的部分灰、粉作为堆筑子坝的材料不断逐层堆筑子坝。此法以灰、粉筑坝，且能贮存灰粉，较一次筑坝可节省投资、缩短工期。在对危险废物进行贮存过程中，要贯彻《固废法》，加强监督管理，防止造成环境污染。

(3)深井灌注

深井灌注又称为地下灌注，是通过深井将液体污染物注入地下多孔的岩石或土壤地层的污染物处理技术，是一种利用地质方法处理污染物的技术。该法将固体废物液化形成真溶液或乳浊液，用强制性措施注入地下与饮用水和矿脉层隔开的可渗性岩层内。其剖面示意图如图 9.1 所示。

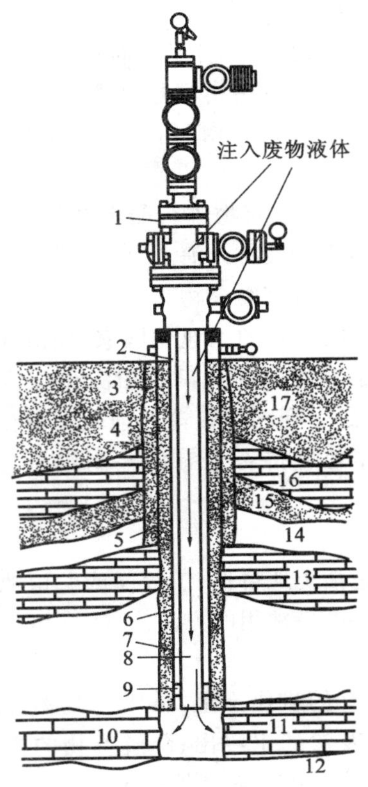

图 9.1　深井灌注处置剖面示意图

1—井盖；2—充满杀虫剂和缓冲剂的环形通道；3—表面孔；4，7—水泥；5—表面套管；6—保护套管；8—注入通道；9—密封环；10—保护套管安装深度；11—石灰石或白云岩处置区；12，14—油页岩；13，16—石灰石；15—可饮用水层；17—砾石与饮用水层

深井灌注不是简单的地下排放，它是将废液置于生物圈以外的一种安全的环境处置手段。具体方法是在地质条件适合的地方构建一个非常深并由多重密闭的材料制成的一个灌注井，一般为双壁的钢铁与混凝土结构，以阻断地下水与废料之间的任何接触。然后将废料灌注到地下 400～3200m，并与地下可饮用水源通过 100m 左右的非渗透岩层(隔挡层)隔开的地下深层构造中。当深井达到服务年限后用水泥或其他材料妥善将其封闭。在封闭的地质储存空间中，废弃物不参与人类和生物的物质循环，达到安全处置废液目的。此外，还具有以下优点：减轻对大气、水体和浅地层环境压力；置换出地表环境容量；当环境容量高度稀缺和处理成本较高时，可以减少污染物处理成本。

深井灌注的程序主要包括地层的选择，井的钻探与施工、操作与监测等。其中，地层

的选择尤为关键。适宜的灌注层应满足以下条件：

①处置区必须位于地下饮用水层之下，应与饮用水区水平以及纵向有安全的隔离层；废液灌注不会危及现在或将来的矿物资源的开发使用。

②岩层需要有足够的厚度、孔隙率，有足够的容量，面积较大，能在一定的压力下将灌注液以适宜的速度注入。

③岩层结构地质条件应该简单，没有复杂的断层和褶皱现象；灌注区受地震破坏影响小，地震活动少。

④废物同岩层间的液体、建筑材料及岩层本身具有相容性等。

(4)土地填埋

土地填埋是从传统的堆放和填埋处置发展起来的一项最终处置技术。因其工艺简单、成本较低、适于处置多种类型的废物，目前已成为一种处置固体废物的主要方法。近年来，对垃圾处理的“减量化、资源化、无害化”要求逐步提高，因此，还需要加大填埋处置技术的研究力度，加快符合环境保护要求的城镇垃圾处理设施的建设，对城市生活垃圾进行无害化处理。

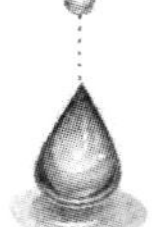

现行的土地填埋技术有不同的分类方法，例如，根据废物填埋的深度可以划分为浅地层填埋和深地层填埋；按填埋区所利用自然地形条件的不同，填埋场可大致分为山谷型填埋场、平原型填埋场和滩涂型填埋场三种类型；根据填埋场中垃圾降解的机理和填埋场内部状态，可划分为厌氧填埋场、好氧填埋场和准好氧填埋场；根据处置对象的性质和填埋场的结构形式可以分为惰性填埋、卫生填埋和安全填埋等。但目前被普遍承认的分类法是将其分为卫生填埋和安全填埋两种。前者主要处置城市生活垃圾等一般固体废物，而后者则主要以危险废物为处置对象。这两种处置方式的基本原则是相同的，事实上安全填埋在技术上完全可以包含卫生填埋的内容。

9.2 卫生填埋

9.2.1 概述

卫生填埋是指按卫生填埋工程技术标准处理城市生活垃圾的一种方法。主要是防止对地下水及周围环境的污染，区别于过去的裸卸堆弃和自然填垫等旧式的垃圾处理法。

应用卫生填埋法处理城市生活垃圾有以下优点：

① 与其他处理方法相比，卫生填埋法是垃圾无害化处理最简单、费用较低的方法。

② 与需要对残渣和无机杂质等进行附加处理的焚烧和堆肥法相比较，卫生填埋是一种完全的、最终的处理方法。

③ 卫生填埋法适用性广，可接受各种类型的城市生活垃圾而不需要对其分类收集。

④ 该法工艺简单，处理量大，日处理量可达上千吨。

⑤ 填埋场气体经过收集净化处理后，可进行发电等再利用，带来经济效益。

⑥ 城市生活垃圾在经过若干年填埋后形成矿化垃圾，可以开采和利用，使填埋场成为城市生活垃圾的巨大生物处理反应器和资源贮存器。

⑦ 边缘土地可重新用作停车处、游乐场、高尔夫球场、航空站等。

因此，我国大多数城市在考虑解决城市生活垃圾出路时，首先应当考虑卫生填埋。卫生填埋场的选址、建设周期较短，处理量大，总投资和运行费用相对较低，通过卫生填埋场的建设和运营，可以迅速解决城市生活垃圾的出路问题，解决城市卫生面貌。每座城市或一定区域内，至少应该有一座卫生填埋场。目前，由于可持续发展和循环经济日益深入人心，城市生活垃圾的减量化和资源化受到高度重视。但是，无论如何减量化和资源化，总有部分固体废物需要填埋。因此，填埋场是必备的。

当然，卫生填埋也存在一些缺陷，一是占地面积大，场址选择困难。每个垃圾填埋场都有一定的库容与处理年限，一旦达到极限就要封场，而一个垃圾填埋场，占用土地动辄数百亩。比如长沙市固体废弃物处理场总占地 2610 亩，库容 4500 万 m^3，其设计服务年限才 34 年，并且随着长沙产生的日均城市生活垃圾量的增加，其服务年限已不足 25 年。现已有不少专家在研究填埋场的可持续运行技术，但目前技术还不成熟。另外，不是所有城市近郊都能找到合适的填埋场地，而远离城市的填埋场将增加更多的垃圾运输费用；若操作管理不当，容易产生二次污染。垃圾降解产生的渗滤液水质复杂，含有多种有毒有害的无机物和有机物，COD_{Cr}、BOD_5 浓度最高值可达数千至几万，和城市污水相比，浓度高得多，很难处理。全国绝大部分填埋场的渗滤液处理均未达到国家二级排放标准，而许多城市却要求渗滤液处理达到一级排放标准，这将使处理成本大大增加。根据经验，使 1t 渗滤液处理达到国家一级排放标准，处理费用至少为 50～100 元。同时，垃圾在填埋过程中分解产生的沼气、二氧化碳、硫化氢等气体，操作不当容易给环境带来污染，并存在安全隐患。含重金属等有毒有害物质的填埋将造成填埋场土地污染严重，给填埋场的开发再利用带来难题。某些地区的填埋场管理不严，出现在填埋场或堆放场放牧或饲养畜禽的情况，若有毒有害物质被动物食用吸收，后果非常严重。

目前，真正意义上的卫生填埋场在我国较少。卫生填埋场是否真正的“卫生”，主要判断依据有以下六条：是否达到了国家规定的防渗要求；是否落实了卫生填埋作业工艺，如推平、压实、覆盖等；污水是否处理达标排放；填埋场气体是否得到了有效处理；蚊蝇是否得到有效的控制；是否考虑终场利用。在建设和运行卫生填埋场的过程中，如果严格按照卫生填埋场的标准执行，是能有效解决渗滤液以及填埋场气体的污染问题，不产生二次污染的。因此，卫生填埋作为一种卫生、可靠、安全的城市生活垃圾处理方式仍是我国大多数城市的首要选择。

9.2.2 卫生填埋场的选址

垃圾卫生填埋处理是一项综合的工程技术，涉及多学科领域。科学地选择适宜的场地，采用成熟、有效的勘察方法和手段，正确评价场地的主要工程地质问题，为填埋场的设计、施工和安全运营提供可靠的工程参数，是选择最佳安全填埋场、严谨设计填埋场结构和保证整个系统正常运转的关键。它影响到填埋场的构造、布局、建设和运

行管理，关系着填埋处置是否能真正实现垃圾处理的减量化、资源化和无害化总目标要求。选址有利将降低对工程防渗密封的依赖性，大大减少整个工程造价以及垃圾填埋费用。

9.2.2.1　选址相关标准及原则

关于卫生填埋场的选址，现行国家标准《生活垃圾卫生填埋处理技术规范》(GB 50869—2013)、《城市生活垃圾卫生填埋处理工程项目建设标准》(建标〔2001〕101号)、《城市生活垃圾填埋场污染控制标准》(GB 16889—2008)均对填埋场选址应满足的要求做了具体的规定。对于这些标准中强制性的规定，必须严格执行。

场址的选择主要遵循两个原则：一是从防止污染角度考虑的安全原则；二是从经济角度考虑的经济合理原则。也就是说要以合理的技术、经济方案，尽量少的投资达到最理想的经济效果，实现环保目的。

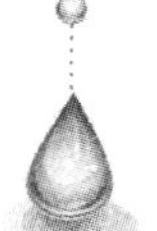

9.2.2.2　选址的影响因素

卫生填埋场的选址是一项综合性工作，技术强，难度大。影响选址的因素有环境学、工程学、经济学以及社会和法律等多个方面。

(1)环境学因素

建设卫生填埋场是为了妥善处理垃圾，改善环境质量，因此在卫生填埋场的选址和建设过程也要充分考虑对周围环境的影响。在场址的选择过程中，应当考虑到尽可能地减少对周围景观、地形地貌、生态环境等的破坏，也需要考虑与居民区的距离，避免对周边居民造成饮用水、大气以及安全等方面的影响。

(2)工程学因素

工程学影响因素是填埋场选址中的主要影响因素，包括自然地理因素、地质因素、水文地质因素以及工程地质因素等。这些因素决定了填埋场的建设工程对填埋场的正常运行以及周围环境产生的影响。

(3)经济学因素

从选址角度来看，经济学因素主要包括填埋场的建设费用、垃圾运输费用、土地的征用费和土地资源化等方面。因此，选址过程要根据垃圾的来源、种类、性质和数量确定场地的规模，使其具有足够的库容量，可满足一定年限的填埋量，以降低填埋场的单位库容量投资。

填埋场建设规模按总容量可分四类：

Ⅰ类　　总容量为1200万m^3以上；

Ⅱ类　　总容量为500万～1200万m^3；

Ⅲ类　　总容量为200万～500万m^3；

Ⅳ类　　总容量为100万～200万m^3。

填埋场建设规模按日处理能力分为四级：

Ⅰ级　　处理量为1200t/d以上；

Ⅱ级　　处理量为500～1200t/d；

Ⅲ级　　处理量为200～500t/d；

Ⅳ级　　处理量为200t/d以下。

(4)社会和法律影响因素

社会和法律影响因素主要是指要考虑填埋场的选址应不妨碍城市、区域的发展规划，考虑公众的反应，以及符合现行的关于环境保护的有关法律和法规。

为了方便选址及工程设计，表 9.1 列出了卫生填埋场选址的影响因素及指标以供参考。

表 9.1　卫生填埋场选址的影响因素及指标

项目	名称	推荐性指标	排除性指标	参考资料
地质条件	基岩深度	>15m	<9m	相关资料
	地质性质	页岩，非常细密均质透水性差的岩层	有裂缝的、破裂的碳酸岩层，任何破裂的其他岩层	
	地震	0～1 级地区（其他震级或烈度在 4 级以上应有防震抗震措施）	3 级以上地震区（其他震级或烈度在 4 级以上应有防震抗震措施）	
	地壳结构	距现有断层>1600m	<1600m，在考古、古生物学方面的重要意义地区	
自然地理条件	场地位置	高地，黏土盆地	湿地、洼地、洪水、漫滩	
	地势	平地或平缓的坡地，平面作业法坡度<10%为宜	石坑，沙坑，卵石坑，与陡坡相邻或冲沟，坡度>25%	
	土壤层深度	>100cm	<25cm	CJJ 17—2004
	土壤层结构	淤泥、沃土、黄黏土渗透系数 $k<1.0\times10^{-7}$ cm/s	经人工碾压后渗透系数 $k>1.0\times10^{-7}$ cm/s	
	土壤层排水	较畅通	很不畅通	
水文条件	排水条件	易于排水的地表及干燥地表	易受洪水泛滥、受淹地区、洪泛平原	
	地表水影响	离河岸距离>1000m	湿地、河岸边的平地及 50 年一遇的洪水漫滩	GB 3838—2002 标准Ⅰ～Ⅴ
	分割距离	与湖泊、沼泽相距至少 1000m，与河流相距至少 600m	与任何河流距离<50m、至流域分水岭 8km 以内	GB 3838—2002
	地下水	地下水较深地区	地下水渗漏、喷泉、沼泽等	GB/T 14848—1993
	地下水水源	具有较深的基岩和不透水覆盖层厚度>2m	不透水覆盖层厚度<2m，$k>1.0\times10^{-7}$ cm/s	GB 5749—2006 GB/T 14848—1993
	水流方向	流向场址	流离场址	相关资料
	距水源距离	距具备饮水水源>800m	<800m	CJ 3020—1993

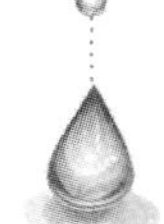

续表 9.1

项目	名称	推荐性指标	排除性指标	参考资料
气象条件	降雨量	蒸发量超过降雨量 10cm	降雨量超过蒸发量地区应做相应处理	相关资料
	暴风雨	发生率较低的地区	位于龙卷风和台风经过地区	
	风力	具有较好的大气混合扩散作用下风向，白天人口不密集地区	空气流不畅，在下风向 500m 处有人口密集区	参照德国标准
交通条件	距离公用设施	>25m	<25m	相关资料
	距离国家主要公路	>300m	<50m	
	距离飞机场	>10km	<8km	
资源条件	土地利用	与现有农田相距>30m	与现有农田相距<30m	GB 8172—1987
	黏土资源	丰富、较丰富	贫土、外运不经济	相关资料
	人文环境条件，人口位置	人口密度较低地区>500m，离城市水源>10km	与公园文化娱乐场<500m，距饮水井 800m 以内，距地表水取水口 1000m 内	CJ 3020—1993 GB 5749—2006
	生态条件	生态价值低，不具有多样性、独特性的生态地区	稀有、濒危物种保护区	《固废法》第二十二条
	使用年限	>10 年	≤8 年	CJJ 17—2004

9.2.3　卫生填埋场总体设计

9.2.3.1　卫生填埋场设计的工程内容

填埋场总图中的主体设施布置内容应包括计量设施，基础处理与防渗系统，地表水及地下水导排系统，场区道路，垃圾坝，渗滤液导流系统，渗滤液处理系统，填埋气体导排及处理系统，封场工程及监测设施等。

填埋场配套工程及辅助设施和设备应包括进场道路，备料场，供配电，给排水设施，生活和管理设施，设备维修、消防和安全卫生设施，车辆冲洗、通信、监控等附属设施或设备。填埋场宜设置环境监测室、停车场，并宜设置应急设施（包括垃圾临时存放、紧急照明等设施）。

生产、生活服务设施包括办公、宿舍、食堂、浴室、交通、绿化等。

图 9.2 为填埋场典型布置示意图。

9.2.3.2　设计程序

进行填埋场设计时，首先应进行填埋场地的初步布局，勾画出填埋场主体及配套设施的大致方位，然后根据基础资料确定填埋区容量、占地面积及填埋区构造，并做出填埋

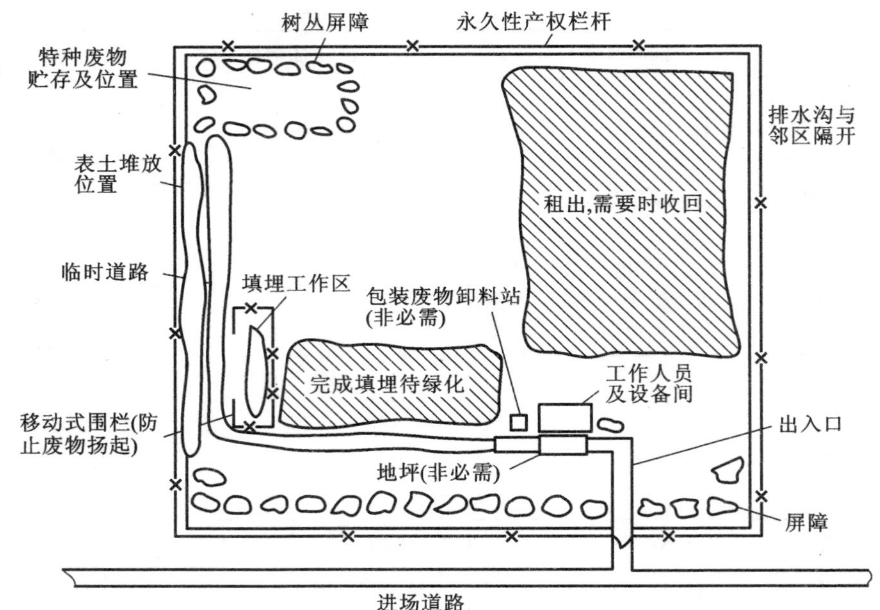

图 9.2　填埋场典型布置示意图

作业的年度计划表。再分项进行渗滤液控制、填埋气体控制、填埋分区、防渗工程、防洪及地表水导排、地下水导排、土方平衡、进场道路、垃圾坝、环境监测设施、绿化及生产生活服务设施、配套设施的设计,提出设备的配置表,精心规划合理布局,最终形成总平面布置图,并提出封场的规划设计。垃圾填埋场由于所处的自然条件和垃圾性质的不同,其堆高、运输、排水、防渗等各有差异,工艺上也有一些变化。这些外部的条件造成填埋场的投资和运营费用相差很大,需精心设计。总体设计思路如图 9.3 所示。

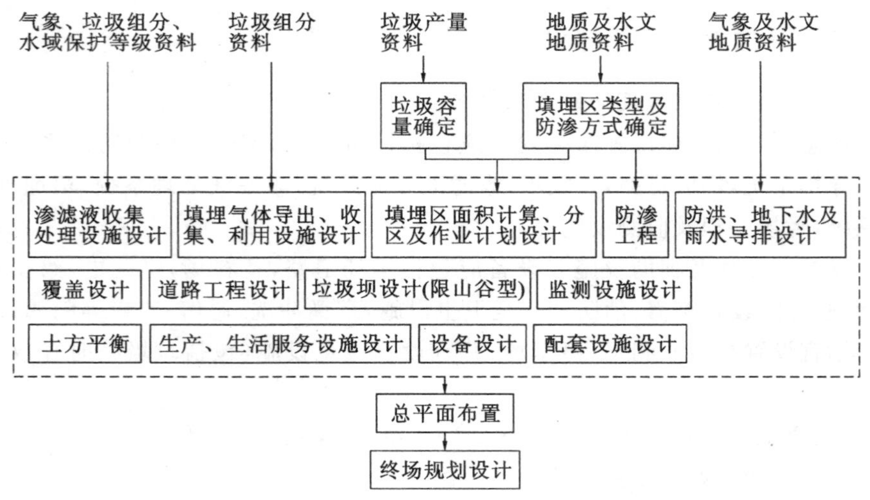

图 9.3　填埋场总体设计思路

9.2.3.3　卫生填埋场的防渗系统

在填埋场设计中,衬层的处理是一个关键问题,其类型取决于当地的工程地质和水

文地质条件。为了阻隔渗滤液和填埋气体污染周围的水体、空气和土壤环境，常常在填埋场底部和周边铺设低渗透性材料建立衬层系统来达到密封目的。一般来说，无论是哪种类型的填埋场都必须加设一种合适的防渗层，除非在干旱地区，那里的填埋场能确保不污染地下水。

(1)防渗系统的构成及其作用

填埋场防渗系统从上至下通常包括过滤层、排水层(包括渗滤液收集系统)、保护层和防渗层等。

过滤层的作用是保护排水层，过滤掉渗滤液中的悬浮物和其他固态、半固态物质，否则这些物质会在排水层中积聚，造成排水系统堵塞，使排水系统效率降低甚至完全失效。

排水层的作用是及时将被阻隔的渗滤液排出，减轻对防渗层的压力，降低渗滤液外渗可能性。

保护层的功能是对防渗层提供合适的保护，防止防渗层受到外界影响而被破坏。如石料或垃圾对其上表面的刺穿、应力集中造成膜破损、黏土等矿物质受侵蚀等。

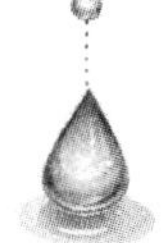

防渗层的功能是通过铺设渗透性低的材料来阻隔渗滤液于填埋场中，防止其迁移到填埋场之外的环境中，同时也可以防止外部的地表水和地下水进入填埋场中。防渗层是衬层系统的关键层。

(2)防渗材料

任何材料都有一定的渗透性，填埋场所选用的防渗衬层材料通常可分为以下三类：

①无机天然防渗材料。无机天然防渗材料主要有黏土、亚黏土、膨润土等。在有条件的地区，黏土衬层较为经济，曾被认为是废物填埋场唯一的防渗衬层材料，至今仍在填埋场中被广泛采用。在实际工程中还广泛将该类材料加以改性后作为防渗层材料，统称为黏土衬层。天然黏土和人工改性黏土是构筑填埋场结构的理想材料，但严格地说，黏土只能延缓渗滤液的渗漏，而不能阻止渗滤液的渗漏，除非黏土的渗透性极低(通常为 1.0×10^{-7} cm/s 或更小)且有较大的厚度。天然黏土单独作为防渗材料必须符合一定的标准，黏土的选择主要根据现场条件下所能达到的压实渗透系数来确定。

②天然和有机复合防渗材料。天然和有机复合防渗材料主要有聚合物水泥混凝土(PCC)、沥青水泥混凝土。

③人工合成有机材料。人工合成有机材料主要有塑料卷材、橡胶、沥青涂层等，这类人工合成有机材料通常称为柔性膜。高密度聚乙烯(HDPE)是最常用的柔性膜，渗透系数达到 1.0×10^{-12} cm/s，甚至更低。几种主要柔性膜的性能列于表9.2。

表9.2 几种主要柔性膜的性能

项目	密度(g/cm³)	热膨胀系数	抗拉强度(MPa)	抗刺穿强度(Pa)
高密度聚乙烯	>0.935	1.25×10^{-5}	33.08	245
氯化聚乙烯	1.3～1.37	4×10^{-5}	12.41	98
聚氯乙烯	1.24～1.3	4×10^{-5}	15.16	1932

(3)防渗系统的类型

根据填埋场场底防渗设施(或材料)铺设方向的不同，可将场底防渗分为垂直防渗和水平防渗，根据所用防渗材料的来源不同又可将水平防渗分为自然防渗和人工防渗两种，详细分类如图 9.4 所示。

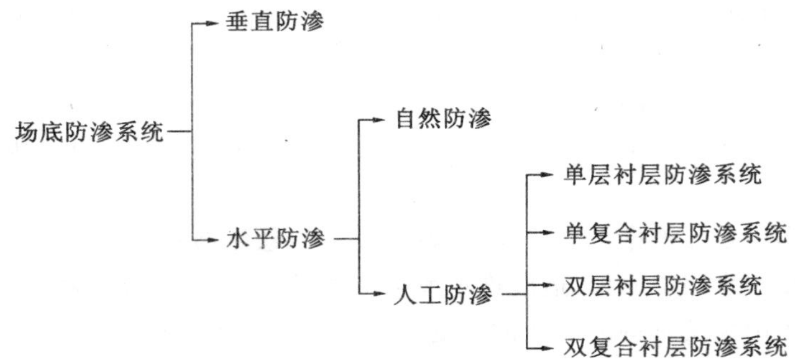

图 9.4　填埋场场底防渗系统分类

①垂直防渗系统：填埋场的垂直防渗系统是根据填埋场的工程、水文地质特征，利用填埋场基础下方存在的独立水文地质单元、不透水或弱透水层等，在填埋场一边或周边设置垂直的防渗工程（如防渗墙、防渗板、注浆帷幕等），将垃圾渗滤液封闭于填埋场中进行有控导出，防止渗滤液向周围渗透污染地下水和填埋场气体无控释放，同时也有阻止周围地下水流入填埋场的功能。

垂直防渗系统在山谷型填埋场中应用较多，这主要是由于山谷型填埋场大多数具备独立的水文地质单元条件，在平原区填埋场中也有应用，但应用时必须十分谨慎。垂直防渗系统可以用于新建填埋场的防渗工程，也可以用于老填埋场的污染治理工程；尤其对不准备清除已填垃圾的老填埋场，其基地防渗是不可能的，此时周边垂直防渗就特别重要。

根据施工方法的不同，通常采用的垂直防渗工程有土层改性法防渗墙、打入法防渗墙和工程开挖法防渗墙等。

②水平防渗系统：填埋场的水平防渗系统是在填埋场场底及其四壁基础表面铺设防渗衬层（如黏土、膨润土、人工合成防渗材料等），将垃圾渗滤液封闭于填埋场中进行有控导出，防止渗滤液向周围渗透污染地下水和填埋场气体无控释放，同时也有阻止周围地下水流入填埋场的功能。

自然防渗系统主要是利用黏土来作为防渗衬层，一般可分为单层与双层黏土防渗系统。

人工防渗系统是指采用人工合成有机材料（柔性膜）与黏土结合作为防渗衬层的防渗系统。根据填埋场渗滤液收集系统、防渗系统和保护层、过滤层的不同组合，一般可分为单层衬层防渗系统、单复合衬层防渗系统、双层衬层防渗系统和双复合衬层防渗系统。

单层衬层防渗系统（图 9.5）只有一层防渗层，其上是埋设了渗滤液收集管道的排水层和保护层，必要时其下有一个地下水收集系统和一个保护层。

单复合衬层防渗系统（图 9.6）整体结构与单层衬层防渗系统相似，但采用的是复合防渗层，即由两种防渗材料相贴而成的防渗层。比较典型的复合结构是其上为柔性膜，其下为黏土层。复合衬层系统综合了物理、水力特点不同的两种材料的优点。当柔性膜局部破损渗漏时，黏土层还能阻滞渗滤液的下渗。

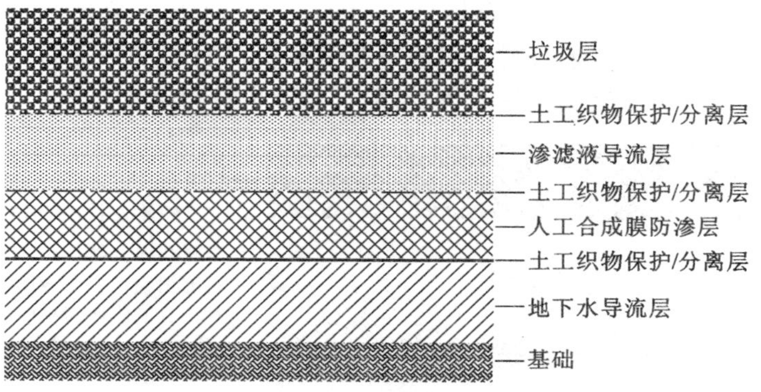

图 9.5　单层衬层防渗系统

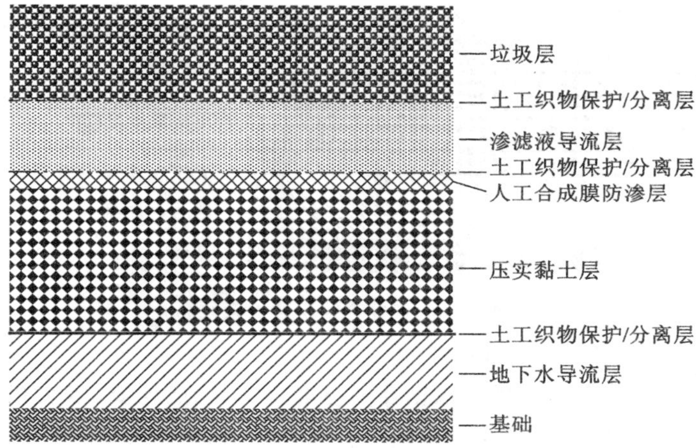

图 9.6　单复合衬层防渗系统

双层衬层防渗系统(图 9.7)有两层防渗层，主次渗滤液导流层和两层防渗层相间安排，有利于渗滤液的进一步收集，防渗效果优于单层防渗系统，但土方工程费用很高。

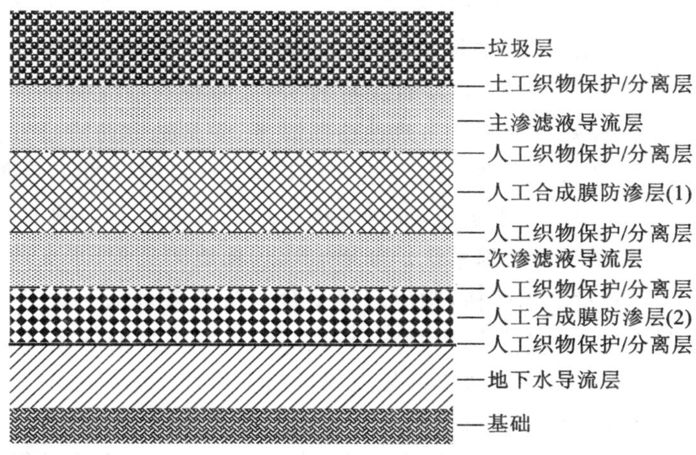

图 9.7　双层衬层防渗系统

双复合衬层防渗系统(图 9.8)整体结构与双层衬层防渗系统相似,但采用的是复合防渗层。这种结构结合了单复合衬层防渗系统和双层衬层防渗系统的优点,防渗效果最好,还具有抗损坏能力强、坚固性好等优点,但其造价也最为昂贵。

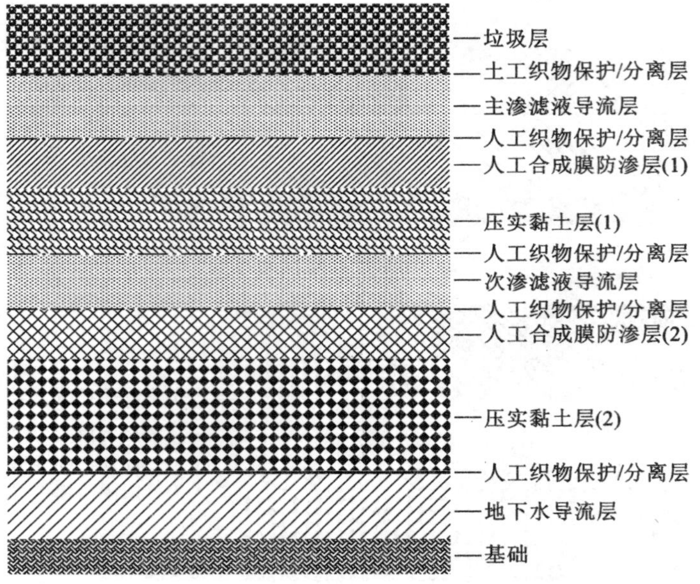

图 9.8　双复合衬层防渗系统

(4)衬层系统的选择及设计步骤

填埋场场地防渗系统的选择应根据环境标准要求、场区地质、水文和工程地质条件、衬层系统材料来源、废物的性质及衬层材料的兼容性、施工条件、经济可行性等因素进行综合考虑。

一般来说,垂直防渗系统的造价比水平防渗系统的低,自然防渗系统的造价比人工防渗系统的低,单层衬层防渗系统、单复合衬层防渗系统、双层衬层防渗系统及双复合衬层防渗系统的造价依次增大。在场区地质、水文、工程地质满足要求的条件下,尤其是场区具有单独的水文地质条件,可选择垂直防渗系统。如果在场区附近有黏土,应使用黏土作衬层系统的防渗层和保护层,以降低工程投资;如果没有质量高的黏土,但有粉质黏土,则衬层可采用质量较好的膨润土来改性粉质黏土,使其达到防渗设计要求;如果没有足够的天然防渗材料,则采用柔性膜或天然与人工合成材料组成的人工防渗系统。

如果填埋场场地高于地下水水位,或场地低于地下水但地下水的上升压力不至于破坏衬垫层时,可采用单层衬层防渗系统。如果填埋场场地的工程、水文地质条件不理想,或者对场地周边环境质量要求严格,则应选择复合衬层防渗系统。双层衬层防渗系统和双复合衬层防渗系统一般用于危险废物安全填埋场,在我国目前的经济、技术条件下,这两种防渗系统近期很难在我国城市生活垃圾填埋场中得到广泛应用。

另外,根据填埋场地质情况,可采用垂直与水平防渗相结合的技术。例如,上海老港填埋场地处沿海,地下水水位很高,由于地下水的浮托作用,水平防渗很难施工,其防渗层极易被破坏。因此,在老港填埋场四期,采用了垂直与水平相结合的工程措施,确保防

渗膜的安全。

人工衬层如果失效，主要原因大多数在铺设过程中，只有底面具备一定规定铺设条件才能进行铺设作业，常采用的保护措施包括排出场底积水、用下垫料防止地基的凹凸不平、用上垫料防止外来的机械损伤，以及在坡脚和坡顶处的锚固沟等。表9.3为可能影响衬层可靠性的主要因素。

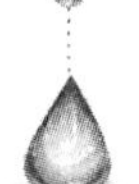

表9.3　可能影响衬层可靠性的主要因素

不利因素		可能会引起的问题
水文地质条件	地震地带	不稳定，衬层易破坏
	地面沉降地区	黏土层裂缝，人造层接缝处开裂
	地下水位高	衬层被抬高或破裂
	有孔隙	衬层破裂
	灰岩坑	衬层破坏
	浅表水层有气体	回填之前衬层被抬升
	上层渗透性高	地基需要铺设管道
气候条件	冰冻	裂缝、破裂
	大风	衬层扬起和撕裂
	日晒	使黏土层过于干裂，裂缝进一步扩大，某些人工衬层受紫外线影响而破坏
	温度高	由于溶剂吸收水分而引起衬层接缝不牢固

物理性损坏一般是由于底部地基不理想、下层土壤的移动、不适当的操作以及水力压差的改变等因素造成的；化学性的损坏则是由于垃圾与衬层材料的化学性质不相容造成的。衬层应铺设在能够支撑在其上部和下部耐力发生变化的地基上，防止由于废物的堆压或底层上升造成的垫层损坏。在铺设衬层以前，应清理基础上可能损坏衬层的物质，如树桩、树根、硬物、尖石块等；地基应保持一定的干燥度，以承受在铺设衬层过程中的压力；应检查材料本身的质量是否均匀，有无破损和缺陷，如洞眼、裂缝等；铺设后，应立即检查衬层的接缝是否焊接牢固。

(5)衬层系统设计步骤

①确定填埋场类型；②确定场区地下水功能和保护等级；③确定衬层材料及衬层构造；④在现场水文地质勘查的基础上，根据场址降雨量及场内渗滤液产生的情况，建立废物浸出液分配模型，以确定防渗层的有关设计参数；⑤考虑衬层的施工及其对衬层的质量的影响。

9.2.4　卫生填埋工艺

垃圾处理总体要求是减量化、资源化、无害化。垃圾处理作业程序是计量称重—卸料—摊铺—压实—消杀—覆土—封场—绿化。具体来说是垃圾进入填埋场，首先经地衡称重计量，再按规定的速度、线路运至填埋作业单元，在管理人员指挥下，进行卸料、摊铺、压实并覆盖，最终完成填埋作业。其中摊铺由推土机操作，压实由垃圾专用压实机完成。每天垃圾作业完成后，应及时进行覆盖操作，填埋场单元操作结束后，及时进行终场覆盖，以利于填埋场地的生态恢复和终场利用。城市生活垃圾卫生填埋典型工艺如图9.9所示。

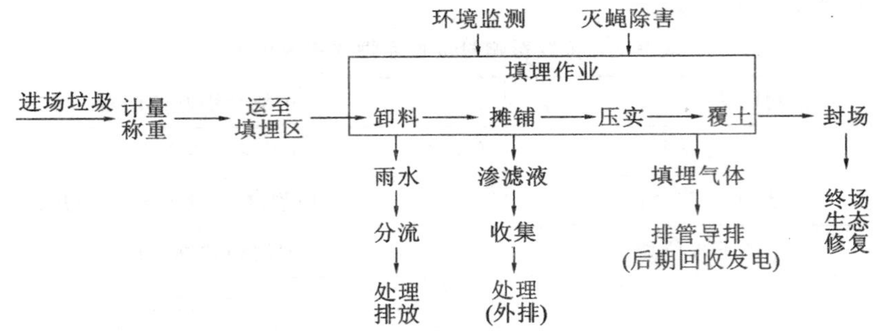

图 9.9　卫生填埋典型工艺

9.2.4.1　计量称重

城市生活垃圾清运车由城区各地进入填埋场，先经过填埋场的地磅房称重，然后沿指定线路进入指定作业区倾倒，倾倒完成后，经清洗干净方可出场。地磅房计量电脑储存每日每辆垃圾清运车的净清运垃圾量、运输单位、进出场时间、垃圾来源及性质，同时计算累计出每日全市各清运公司及各车的垃圾量，并储存原始数据于资料库，为政府核拨计算各清运公司的年度经费和垃圾场年度经费提供依据。同时，可通过每年每月的垃圾量反映出当地城市生活垃圾的产生量和增减趋势，为日后垃圾的处理处置提供科学的原始数据。另外，地磅房应与垃圾场环境监测人员配合，不定期地对进场垃圾进行垃圾成分的检测，检查是否有违禁废物进入填埋库区，若有应及时上报场部，以便及时发现问题及时处理。

9.2.4.2　卸料

通过控制垃圾运输车辆倾倒垃圾的位置，可以使垃圾摊铺、压实和覆盖作业变得规划有序。如果运输车辆通过以前填平的区域，这个区域将被压得更实。采用填坑作业法卸料时，往往设置过渡平台和卸料平台；而采用倾斜面作业法时，则可直接卸料。

9.2.4.3　摊铺

卸下的垃圾的摊铺由推土机完成，一般每次垃圾摊铺厚度达到30～60cm时，进行压实。垃圾堆填摊铺作业方法有三种：上行法、下行法和平推法。上行法压实密度强，但设备损耗大、耗油量多、成本较高、作业难度较大；下行法压实密度强、设备损耗小、耗油量少、成本较低；平推法使操作面前部形成陡峭的垃圾断面，垃圾堆体稳固性差、压实密度达不到要求，难以形成堆体坡度的要求，此方法为错误作业法。

9.2.4.4　压实

压实是填埋场作业中一道重要工序。填埋体垃圾的初始密度因废物组成、压实程度等因素有所不同，一般为300～800kg/m^3，通过实施压实作业，密度可达到1t/m^3，这能有效增加填埋场的容量，延长填埋场的使用年限以及对土地资源的开发利用。通过压实作业还能减小垃圾孔隙率，有利于形成厌氧环境，减少渗入垃圾的降水量及蚊蝇、蛆的滋

生，还有利于运输车辆进入作业区。另外，充分压实对填埋场的不均匀沉降现象也有一定的抑制作用。

为了得到最佳的压实密度，废物摊铺厚度一般不能超过 6m，压实机的通过遍数（即压实机在一个方向通过垃圾的次数）最好为 3～4 次，一般无论何种类型的压实机的通过遍数超过 4 次，压实密度变化不大，在经济上不合理。压实时，坡度应当保持小一点，一般为 4∶1 或更小一些。另外，对垃圾进行破碎也有利于压实，而且，垃圾破碎后降解速度会加快，从而加速其稳定化进程。

9.2.4.5 覆土

卫生填埋场与露天垃圾堆放场的根本区别之一就是卫生填埋场的垃圾除了每日用一层土或其他覆盖材料覆盖以外，还要求进行中间覆盖和终场覆盖。

日覆盖的主要目的是控制疾病、垃圾飞扬、臭味和渗滤液，同时还可控制火灾。日覆盖要求确保填埋层稳定且不阻碍垃圾的生物分解，因而要求覆盖材料具有良好的透气性能，一般选用砂质土。垃圾经压实后，形成平坦的垃圾面，当压实厚度达 30cm 以上，可进行适时覆盖，避免垃圾长时间暴露，在每日的填埋工作结束后还要及时进行日覆盖，其覆盖厚度不小于 15cm。在填埋区扩展延伸时，顶部和斜坡也要覆盖，以防止垃圾到处飞扬。

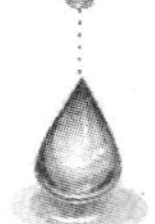

中间覆盖常用于填埋场的部分区域需要长期维持开放（2 年以上）的特殊情况，它的作用是可以防止填埋气体的无序排放，防止雨水下渗，将层面的降雨排出填埋场外等。中间覆盖要求覆盖材料的渗透性能较差，一般选用黏土，覆盖厚度为 30cm 以上。

终场覆盖是填埋场运行的最后阶段，也是最关键阶段，它可减少雨水和其他外来水渗入填埋场内，能控制填埋场气体从填埋场上部释放，抑制病原菌的繁殖，避免地表径流水的污染及垃圾的扩散，避免垃圾与人和动物的直接接触，还有利于表面景观美化和土地再利用等。

9.2.4.6 杀虫

当填埋场温度条件适宜时，幼虫在垃圾层被覆盖之前就能孵出，以致在倾倒区附近出现一群群的苍蝇，以新鲜垃圾处最多，应作为灭蝇重点。灭蝇药物中混剂相对于单剂具有明显的增效作用，但药物的使用会给环境带来一定的污染，因此需掌握药物传播途径，正确使用药剂，控制药剂污染，尽可能减少药剂使用。认真执行填埋工艺，对垃圾的压实、覆盖能有效地降低蝇密度，还可以在填埋场针对性地种植一些驱蝇诱蝇植物，以减少填埋场的灭蝇用药量，防止苍蝇向周边扩散。

图 9.10 为填埋场剖面示意图。通常，垃圾填埋应采用分区、分单元、分层作业方法进行。分区是指管理者应根据填埋库区的地形，划定若干个片区。每个片区确定若干个填埋单元，每一单元的垃圾高度一般为 2～4m，最高不得超过 6m。填埋作业时应将工作面尽可能控制到最小，以减少垃圾裸露面，同时也减少垃圾体表面临时覆盖的材料用量，单元作业宽度应根据垃圾进场高峰期车辆数量和作业设备的情况来确定，最小宽度不宜小于 6m，单元的坡度不宜大于 1∶3。每一单元作业完成后，应及时进行覆盖，覆盖层厚度宜根据覆盖材料确定，土覆盖层厚度宜为 20～25cm；每一作业区完成阶段性高度后，若暂时不在其上继续进行垃圾填埋，应进行中间覆盖，土覆盖层厚度宜大于 30cm。分层

是指垃圾倾倒后要进行摊铺，摊铺厚度应根据压实设备性能、压实次数及垃圾的可压缩性确定，厚度一般不超过 50cm，压实次数不少于 3～4 次，确保垃圾压实密度大于 600kg/m^3。

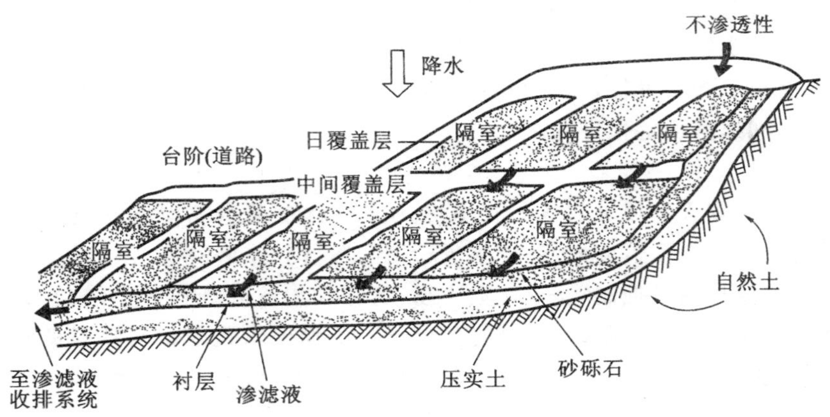

图 9.10 填埋场剖面示意图

分区作业使每个填埋区能在尽可能短的时间内封顶覆盖；有利于填埋计划有序进行，各个时期的垃圾分布清楚；单独封闭的分区有利于清污分流，大大减少渗滤液的产生。在分区计划中，要明确标明填土方向，以防混乱。一个或几个填埋单元层完工之后，应在表面上铺设渗滤液及填埋场气体收集设施。完工的填埋区段要铺设覆盖层，覆盖层用于尽量减少降雨的入渗量并把降水排离填埋场工作区段，并且将各部分的渗滤液及填埋场气体收集设施进行连接，以便最终形成一个完整的系统继续使用和维护。

9.2.5 卫生填埋场的污染控制

固体废物填埋场对环境的影响，主要是废物在填埋处置过程中产生的含有大量污染物的渗滤液和填埋场气体所造成。渗滤液的污染控制和填埋气体的收集利用是填埋场设计、运行的关键性问题。

9.2.5.1 渗滤液的产生与控制

(1)渗滤液的产生

垃圾渗滤液是指垃圾在堆放和填埋过程中由于压实、发酵等生物化学降解作用，同时在降水和地下水的渗流作用下产生了一种高浓度的有机或无机成分的液体。垃圾渗滤液水质复杂，含有多种有毒有害的无机物和有机物。其中有机污染物经技术检测有 99 种之多，还有 22 种已经被列入我国和美国国家环保署的重点控制名单，一种可直接致癌，五种可诱发致癌。除此之外渗滤液中还含有难以生物降解的萘、菲等非氯化芳香族化合物，氯化芳香族化合物，磷酸酯，酚类化合物和苯胺类化合物等。

垃圾渗滤液中 COD_{Cr}、BOD_5 浓度最高值可达数千甚至几万，和城市污水相比，浓度高得多，所以渗滤液不经过严格的处理、处置是不可以直接排入城市污水处理管道的。一般而言，COD_{Cr}、BOD_5、BOD_5/COD_{Cr}随填埋场的“年龄”增长而降低，碱度含量则升高。

渗滤液的产生来源主要有降水入渗、外部地表水入渗、地下水入渗、垃圾自身的水分、覆盖材料含水以及有机物分解生成水等(图 9.11)，其中降水是渗滤液的主要来源。

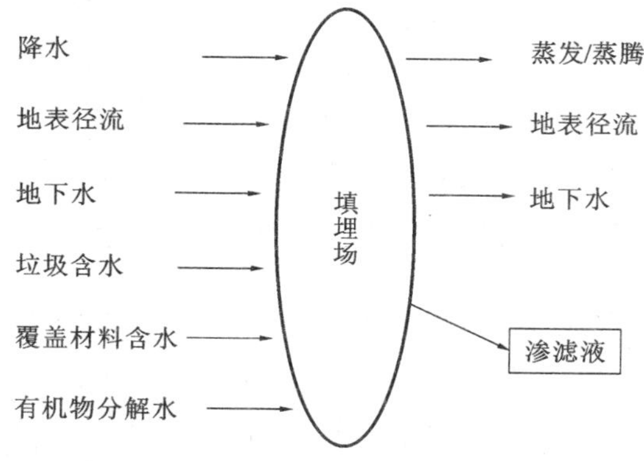

图 9.11　渗滤液产生示意图

从图 9.11 中可看出，填埋场渗滤液的控制思路主要是尽可能减小渗滤液的产生量，而对产生的渗滤液则需要采取措施进行收集处理，并设置隔离措施，避免其进入地表径流或地下水造成污染。

影响渗滤液产生的因素很多，主要有区域降水及气候状况；场地地形、地貌及水文地质条件；填埋垃圾的性质与组分；填埋场构造；操作条件等，并受其他一些因素制约。

在填埋场的实际设计与施工中，可采用由降雨量和地表径流的关系式所推算的经验模型来简单计算渗滤液产生量。

$$Q = C \times I \times A/1000 \tag{9.1}$$

式中　Q——渗滤液水量(m^3/d)；

C——浸出系数，填埋区 0.4～0.6，封场区 0.2～0.4；

I——降雨量(mm/d)；

A——填埋面积(m^2)。

(2)渗滤液的性质

由于渗滤液的来源特殊，使得渗滤液具有与城市污水不同的性质。渗滤液的性质主要包含以下几个方面：

①水质复杂。不同地区的卫生填埋场以及同一卫生填埋场不同时段的渗滤液水质均有很大变化，且水量波动也比较大。渗滤液是一种高浓度的有机废水，除有机污染物外，还含有重金属和氮、磷等植物营养元素。影响渗滤液水质的因素主要为垃圾的成分、颗粒直径、压实程度、填埋年限以及填埋场所处位置的水文气象条件等。

②金属含量高。渗滤液中含有汞、铬、镉、铅等多种有毒有害的重金属离子。一般情况下，渗滤液中重金属离子的浓度不是很高，但重金属具有富集效应，重金属的富集对环境和人体健康危害比较严重。

③COD_{Cr}和 BOD_5 浓度高。渗滤液中有机污染指标浓度变化范围很大，如 COD_{Cr} 最高可达到 90000mg/L、BOD_5 最高可达到 38000mg/L。BOD_5/COD_{Cr} 的比值与填埋场运行时间有关，一般 BOD_5/COD_{Cr} 开始的 3～5 年比较高，可达 0.3 以上，但随着运行时间的

持续，其比值逐渐下降，最后可能小于 0.1 使可生化性降低。

④氨氮含量较高。渗滤液中氨氮浓度很高，占总氮的 90%以上，且氨氮浓度在一定时期随时间的延长会有所升高，主要是因为有机氮转化为氨氮。在中晚期卫生填埋场中，渗滤液中氨氮浓度一般比较高，有时可达到 1000～2000mg/L，这也是导致处理难度增大的一个重要原因。

卫生填埋场渗滤液的性质随着填埋场使用年限的不同而发生变化，渗滤液的性质与垃圾的稳定过程有着密切的关系。对于卫生填埋场而言，其稳定过程一般可以分为五个阶段。

①最初调节阶段。水分在固体垃圾中积累，为微生物的生存、活动提供了必要的条件，这一阶段的时间极短暂，因此，对渗滤液的最终产生量和水质影响不是很大。

②转化阶段。垃圾中的水分超过其含水能力后便开始渗沥，同时由于大量微生物的活动，系统从有氧状态转化为无氧状态。这一阶段所经历的时间也较短暂，因此，填埋场渗滤液水质在前期污染负荷普遍偏低，对于大型卫生填埋场最终的垃圾渗滤液水质而言影响不很明显，持续时间难以推测。

③酸性发酵阶段。此阶段碳氢化合物分解成有机酸，并进一步分解为低级脂肪酸，而且渗滤液中主要含的是低级脂肪酸，pH 值随之下降。这一阶段持续的时间受填埋场垃圾中有机成分含量的多少、填埋方式、渗滤液回灌情况的影响，一般厌氧型卫生填埋场在没有渗滤液回灌的情况下持续时间可达 4 年以上，这使得在较长的时间内，渗滤液水质呈黑色，恶臭，SS 高，具有 pH 值较低、BOD_5 和 COD_{Cr}浓度高、BOD_5 与 COD_{Cr}的比值大和金属离子浓度较高等特点，其有机物中约 90%为可溶的短链挥发性脂肪酸，以乙、丙、丁酸为多，其次是带有较多羧基、羟基和芳香基团的灰黄霉酸。

④产甲烷阶段。在酸化过程中，由于氨化细菌的活动，使氨氮浓度逐渐增高，氧化还原电位降低，pH 值上升，为产甲烷菌的活动创造适宜的条件，专性产甲烷菌将酸化阶段的代谢产物分解成甲烷和二氧化碳。这一阶段主要受填埋垃圾中有机物的影响，持续的时间一般比较长，渗滤液的特点表现为：BOD_5 和 COD_{Cr}浓度都较低，BOD_5 与 COD_{Cr}比值较低，pH 值在 7 左右，NH_3-N 浓度高，金属离子浓度低，但剩余有机物中大多为难降解有机物。

⑤稳定阶段。本阶段垃圾及渗滤液中有机物得到稳定，氧化还原电位上升，系统缓慢转为有氧状态。此时渗滤液中的 COD_{Cr}、BOD_5 等各项污染指标均较低，氯离子浓度较高，但水质稳定。在填埋场的实际运营过程中，不同位置产生渗滤液的水质也不相同。

因此，在填埋场运营期内，整个填埋场的渗滤液水质是不同阶段的渗滤液综合的结果。

(3)控制渗滤液产生量的措施

①入场垃圾含水率的控制。垃圾进行压实处理后可去除相当一部分的垃圾含水。一般要求控制入场垃圾的含水率小于 30%(质量分数)。

②控制地表水。地表水的渗入是渗滤液的主要来源之一，对包括降水、地表径流、间歇河和上升泉等所有地表水进行有效控制，可以减少填埋场渗滤液的产生量。可采取的措施有：对间歇暴露地区产生的临时性侵蚀和淤塞进行控制；最终覆盖区域采取土壤加固、植被整修边坡等控制侵蚀；设置截洪沟、溢洪道、排水沟、导流渠、涵洞、雨水贮存塘等

阻滞降水进入填埋场区，实行清污分流等。

③控制地下水的入渗量。通过设置隔离层、地下水排水管以及抽取地下水等方法来控制浅层地下水的横向流动，使之不进入填埋区。

(4)渗滤液的收集系统

渗滤液收集系统的主要功能是将填埋库区内产生的渗滤液收集起来，并通过调节池输送至渗滤液处理系统进行处理，同时向填埋堆体供给空气，以利于垃圾体的稳定化。渗滤液收集系统一般布置于防渗系统的排水层，通常由导流层、收集沟(盲沟)、多孔收集管、集水池、提升多孔管、潜水泵和调节池组成，如果渗滤液收集管直接穿过垃圾主坝接入调节池，则集水池、提升多孔管和潜水泵可省略。

①导流层。导流层的目的就是将全场的渗滤液顺利导入收集沟内的渗滤液收集管内，防止渗滤液在填埋库区场底蓄积，其厚度不小于 300mm，由粒径 40～60mm 的卵石铺设而成，在卵石来源困难的地区，可考虑用碎石代替，但碎石表面粗糙，易使渗滤液中的颗粒物沉积下来，长时间情况下可能堵塞碎石之间的空隙，对渗滤液的下渗不利。

②收集沟。收集沟设置于导流层的最低标高处，并贯穿整个场底，断面通常采用等腰梯形或菱形，铺设于场底中轴线上的为主沟，在主沟上依间距 30～50m 设置支沟，支沟与主沟的夹角采用 15 的倍数(通常采用 60)，以利于将来渗滤液收集管弯头的加工与安装，同时在设计时应尽量把收集管道设置成直管段，中间不要出现反弯折点。收集沟中填充卵石或碎石，粒径按上大下小形成反滤，一般上部卵石粒径采用 40～60mm，下部采用 25～40mm。

③多孔收集管。多孔收集管按照埋设位置分为主管和支管，分别埋设在主沟和支沟中，管道需进行水力和静力作用测定或计算以确定管径和材质，其公称直径应不小于 100mm。开孔率为 2%～5%，为了使垃圾体内的渗滤液水头尽可能低，管道安装时要使开孔的管道部分朝下，但孔口不能靠近起拱线，否则会降低管身的纵向刚度和强度。典型的渗滤液多孔收集管断面见图 9.12。

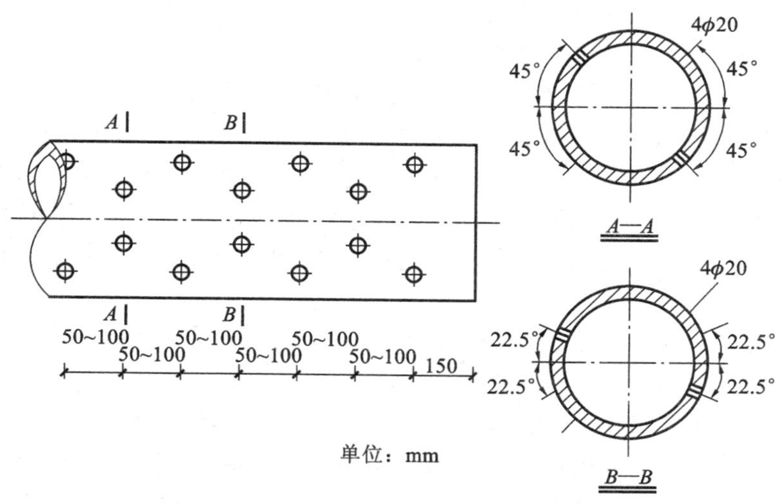

图 9.12　渗滤液多孔收集管断面

④渗滤液集水池。渗滤液集水池位于垃圾主坝的最低洼处，以砾石堆填以支承上覆废弃物、覆盖封场系统等荷载，全场的垃圾渗滤液汇集到此并通过提升系统越过垃圾主坝进入调节池。山谷型填埋场可利用自然地形的坡降，采用渗滤液收集管直接穿过垃圾主坝的方式，穿坝管不开孔，采用与渗滤液收集管相同的管材，管径不小于渗滤液收集主管的直径。

⑤调节池。调节池是渗滤液收集系统的最后环节，主要作用是对渗滤液进行水质和水量的调节，平衡丰水期和枯水期的差异，为渗滤液处理系统提供恒定的水量，同时可对渗滤液水质起到预处理的作用。

(5)渗滤液的处理方法

垃圾渗滤液的成分比较复杂，含有大量的有机污染物，属于高浓度污水，BOD_5/COD_{Cr}的比值较低，并且有恶臭及少量的 Hg、Pb、As、Cd 等重金属，细菌、大肠杆菌数也远远超过 3 类水体标准，所有这些对地表水和地下水都构成了严重威胁。

渗滤液的处理一直是卫生填埋场所关注的问题，它制约着填埋场进一步的推广应用。为了解决渗滤液的达标排放问题，需要在技术、经济和环保都可行的基础上确定渗滤液的处理方案。

目前，国内外渗滤液的处理方法一般分为两类，即合并处理和单独处理。

①合并处理。当填埋场附近有城市生活污水处理厂时，可以选择使用合并处理，这样能够减少填埋场的投资和运行费用。所谓合并处理就是将渗滤液引入城市生活污水处理厂进行处理，有时也包括在填埋场内进行必要的预处理。由于渗滤液的成分比较复杂，该方法必须选择性地采用，否则会造成城市生活污水处理厂的冲击负荷，影响污水处理厂的正常运行。一般认为，进入污水处理厂内的渗滤液的体积不超过生活污水体积的0.5%时是比较安全的，而且国内外的研究表明根据不同渗滤液的浓度，这个比例可以提高到 4%～10%，最终的控制标准取决于处理系统的污泥负荷，只要加入渗滤液后污泥负荷不超过 10%就可以采用该方法。

②单独处理。渗滤液单独处理的方法包括物理化学法、生物法和土地法等，有时需要几种工艺的组合处理才能达到所要求的排放标准。

a. 物理化学法。物理化学法主要有活性炭吸附、化学沉淀、化学氧化、化学还原、离子交换、膜渗析、气浮及湿式氧化法等多种方法，在COD_{Cr}为 2000～4000mg/L 时，物理化学法的COD_{Cr}去除率可达 50%～87%。和生物法相比，物理化学法不受水质水量变动的影响，出水水质比较稳定，尤其是对BOD_5/COD_{Cr}比值较低(0.07～0.20)、难以生物处理的垃圾渗滤液有较好的处理效果，但是物理化学法处理成本较高，不适于大量垃圾渗滤液的处理。

b. 生物法。生物法分为好氧生物处理、厌氧生物处理以及二者的结合。好氧生物处理包括好氧活性污泥法、好氧稳定塘、生物转盘和滴滤池等。厌氧生物处理包括上向流污泥床、厌氧生物滤池、厌氧固定化生物反应器、混合反应器及厌氧稳定塘等。生物法的运行处理费用相对较低，有机物在微生物的作用下被降解，主要的产物为水、CO_2、CH_4和微生物的生物体等对环境影响较小的物质(其中 CH_4 可作为能源回收利用)，不会产生化学污泥造成环境的二次污染问题。

目前国内外广泛使用生物法，不过该方法用于处理渗滤液中的氨氮比较困难。一般情况下，当 COD_{Cr} 值在 50000mg/L 以上的高浓度时，建议采用厌氧生物法（后接好氧处理）处理垃圾渗滤液；当 COD_{Cr} 浓度在 5000mg/L 以下时，建议采用好氧生物法处理垃圾渗滤液。对于 COD_{Cr} 在 5000～50000mg/L 之间的垃圾渗滤液，好氧或厌氧生物法均可，主要考虑其他相关因素来选择适宜的处理工艺。

c. 土地法。土地法是利用土壤中微生物的降解作用使渗滤液中的有机物和氨氮进行转化，在土壤中有机物和无机胶体的吸附、络合、整合、颗粒的过滤、离子交换和吸附的作用下去除渗滤液中的悬浮固体和溶解成分，而且通过蒸发作用减少渗滤液的产生量。作为最早采用的污水处理方法，土地法主要包括填埋场回灌处理系统和土壤植物处理(S-P)系统。

(6)填埋场处理渗滤液的处理工艺

①MBR（反硝化＋硝化＋UF）＋双膜法（NF/RO）。该工艺是近年发展较快的一种新型组合工艺，是以 MBR 单元为工作核心的一种新型系统。膜分离技术与活性污泥法相结合是该工艺的技术特点。MBR 能有效降解主要污染物 COD、BOD 和氨氮；100％生物菌体分离，使出水无细菌和固性物；反应器高效集成，占地面积小；剩余污泥量小，不存在浓缩液处理的问题；运行费用小等优点。然而，单一的 MBR 工艺出水不能达到国家二级以上的排放标准，往往需要配合 NF、RO 等后续处理工艺以满足新的渗滤液排放标准。MBR 之后，采用 NF 单元还是 RO 单元应该根据当地排放标准的情况确定。青岛小涧西垃圾填埋场、北京北神树垃圾填埋场、佛山高明白石坳填埋场、苏州七子山、山东泰安等多家垃圾处理厂采用 MBR＋双膜组合工艺处理垃圾渗滤液，都取得了良好的处理效果，山东滕州垃圾场采用的分体式 MBR（A/O＋UF）＋双膜（NF/RO）组合工艺也已调试成功，运行稳定，出水达标。

②中温厌氧＋MBR（反硝化＋硝化＋UF）＋NF＋RO。该工艺用泵把渗滤液从调节池提升至中温厌氧系统主设备厌氧罐内，经过酸化、产酸、产甲烷等过程，把渗滤液中大部分有机污染物去除，使 COD 得到充分降低，出水自流进入浸没式 MBR 段，在此阶段充分硝化与反硝化，脱除氨氮及总氮。MBR 出水相继进入 NF 和 RO 系统，利用膜过滤作用，使各项污染指标达到规定要求，出水达标排放，也可以储存，用于地面冲刷和绿化。剩余及老化污泥回灌至填埋区，NF 浓缩液回至调节池，RO 浓缩液回至填埋区。该工艺在北京安定垃圾卫生填埋场渗滤液处理工程、山东省文登市固体废弃物综合处理场渗滤液处理站工程、北京阿苏卫垃圾综合处理场渗滤液处理工程、北京六里屯垃圾卫生填埋场渗滤液处理工程、北京市丰台区马家楼垃圾转运站渗滤液处理工程、四川省峨眉山市垃圾填埋场渗滤液处理工程等均取得了良好的效果。

③多级物化＋生化处理法——UASB＋立环氧化沟＋纯氧生化＋臭氧催化氧化＋混凝＋膜处理。该工艺采用上流式厌氧污泥床（UASB）技术，对 COD 及 BOD 进行去除，降低好氧生化段的进水浓度。采用活性污泥处理技术对易降解有机污染物（以 BOD、NH_3-N、TN 为代表）进行去除。臭氧催化氧化采用强氧化剂——臭氧对污水中的极难降解和不可降解有机污染物进行改性处理，以改变其可生化性，出水回流至前生化段进一步完成去除。混凝将提高水泥分离效果，膜技术的应用将进一步提高出水水质。该工艺在天

津滨海新区汉沽垃圾填埋场渗滤液处理工程、宁波大岙垃圾填埋场渗滤液处理工程、黄山市垃圾处理场渗滤液处理站工程、马鞍山向山垃圾场渗滤液处理改扩建等工程中均取得了较好的效果。

9.2.5.2　填埋气体的控制与利用

在垃圾填埋的最初几周，垃圾体中的氧气被好氧微生物消耗掉，形成了厌氧环境。垃圾中的有机物在厌氧微生物分解作用下产生了以 CH_4 和 CO_2 为主，含有少量 N_2、H_2S、NH_3、易挥发的有机物质、氯氟烃、乙醛、甲苯、苯甲吲哚类、硫醇、硫醚的气体，统称为填埋气体。

填埋场产生的填埋气体在大气中排放是有害的，不仅其中的挥发性有机物对空气造成毒性，而且影响周围居民的生存，增加大气温室效应；填埋气体容易聚集迁移，引起垃圾填埋场以及附近地区发生沼气爆炸事故；填埋气体还会影响地下水水质，溶于水中的二氧化碳，增加了地下水的硬度和矿物质的成分。

为阻止填埋场气体的直接向上或是通过填埋场周围土壤的侧向和竖向迁移，进而通过扩散进入大气层，在填埋场内一般设有气体控制系统，用以收集场中填埋废物所产生的气体，并将其用于生产能量或是在有控条件下放空或火化，其目的在于减少对大气的污染。

(1)填埋气体的控制系统

填埋场气体的控制系统的作用是减少填埋场气体向大气的排放量和在地下的横向迁移，并回收利用甲烷气体。填埋场气体的导排方式一般有两种，即主动导排和被动导排。

①主动导排。主动导排是采用抽真空的方法来控制气体的运动，其方法是在填埋场内铺设一些垂直导气井或水平的盲沟（抽气沟），用这些管道连接至抽气设备，从而将填埋场气体导排出来。主动导排系统中，抽气流量和负压可以随产气速率的变化进行调整，可最大限度将填埋气体导排出来，抽出的气体可直接利用，具有一定的经济效益，但由于利用机械抽气，运行成本较大。

主动导排系统主要由抽气井、集气管、冷凝水收集井和泵站、真空源、气体处理站（回收或焚烧）以及气体监测设备等组成。

填埋废气可用竖井或水平沟从填埋场抽出，典型的垂直抽气井和水平抽气沟的剖面示意图分别见图 9.13 和图 9.14。竖井应先在填埋场中打孔，水平暗沟则必须与填埋场的垃圾层一样成层布置。在井或槽中放置部分多孔收集管，然后用砾石回填，形成气体收集带，在井口表面套管的顶部应装上气流控制阀，也可以装气流测量设备和气体取样口。集气管井相互连接形成填埋场抽气系统。

抽气需要的真空压力和气流均通过预埋管网输送至抽气井，主要的气体收集管应设计成环状网络，如图 9.15 所示。这样可调节气流的分配和降低整个系统的压差。

从气流中控制和排除冷凝水对气体收集系统的有效使用非常重要。通常垃圾填埋场内部填埋场气体温度为 16～52℃，收集管道系统内的填埋场气体温度则接近周边环境温度。在输送过程中，填埋场气体会逐渐冷却，冷凝液含多种有机和无机化学物质，具有腐蚀性。填埋废气中的冷凝液集中在气体收集系统的低处，会切断气井中的真空，破坏

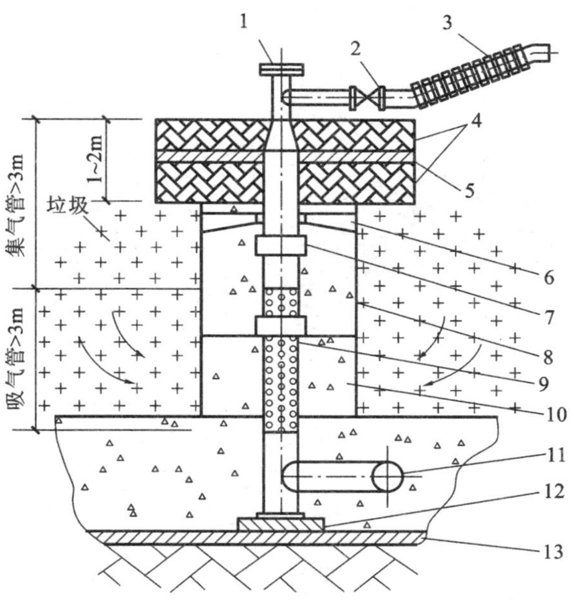

图 9.13　垂直抽气井

1—接点火燃烧器；2—阀门；3—柔性管；4—膨润土；5，13—HDPE 薄膜；
6—导向块；7—管接头；8—外套管；9—多孔管；10—砾石；11—渗滤液收集管；12—基座

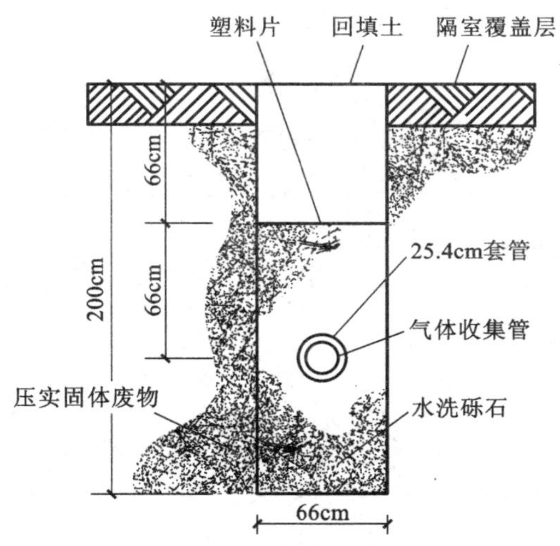

图 9.14　水平抽气沟示意图

系统的正常运行。冷凝水分离器可以促进液体水滴的形成并将其从气流中分离出来，重新返回到填埋场或收集到收集池中，每隔一段时间将冷凝液从收集池中抽出一次，处理后排入下水系统。每产生 10000m^3 气体大约可产生 70～800L 冷凝水，每间隔 60～150m 设置一个冷凝水收集井，及时将这些随气流移动的冷凝水从集气管中分离出来，以防止集气管堵塞。

如果填埋场气体收集井群调配不当，填埋废气就会迁离填埋场向周边土层扩散。由于填埋气体易引起爆炸，因此沿填埋场周边的天然土层内均应埋设气体监测设备。

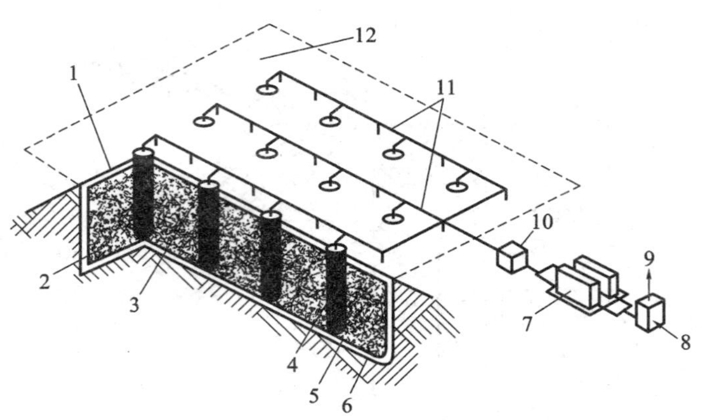

图 9.15 气体收集管网络示意图

1—不透水覆盖层；2—穿孔管；3—黏土填充；4—砾石填充气井；5—压实垃圾；6—不透水衬层；7—气体净化设备和发电机组；8—变电站；9—电能输送到电网或用户；10—风机；11—气体收集主管；12—完成的填埋场或隔室

②被动导排。被动导排就是不用机械抽气设备，填埋气体依靠自身的压力沿导排井和盲沟排向填埋场外。被动导排系统示意图如图 9.16 所示。被动导排系统适用于小型填埋和垃圾填埋深度较小的填埋场，可用于填埋场的内部和外部。该系统不需机械抽气设备，运行费用低，但排气效率低，有一部分气体仍可能无序迁移，导排出的气体无法利用，也不利于火炬排放，只能直接排放，对环境的污染较大。

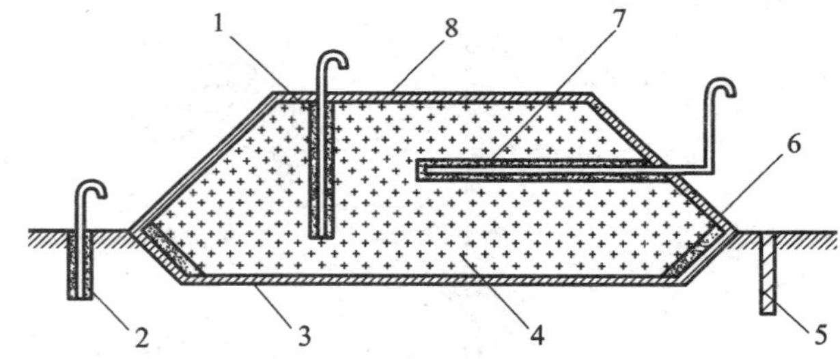

图 9.16 被动导排系统示意图

1—场内集气井；2—场外集气井；3—场底防渗层；4—垃圾；5—隔断墙；6—场外集气斜沟；7—水平集气沟；8—终场覆盖层

被动导排系统需要在填埋场周边设置排气沟和管路来阻止气体通过土体侧向迁移排放。也可根据填埋场的土体类型，在排气沟外侧设置实体的透水性很小的隔墙、柔性膜、泥浆墙等来增加排气沟的被动排气。

被动排气设施根据设置方向分为竖向收集方式(图 9.17)和水平收集方式(图 9.18)两种类型。多孔收集管置于废物之上的砂砾排气层内，一般用粗砂做排气层，但有时也用土工布和土工网的混合物代替。水平排气管和垂直提升管通过 90°的弯管连接，气体经过垂直提升管排至场外。排气层的上面要覆盖一层隔离层，以使气体停留在土工膜或黏土的表面并侧向进入收集管，然后向上排入大气。排气口可以与侧向气体收集管连接，也可不连接。为防止霜冻膨胀破坏，管子要埋得足够深，要采取措施保护好排气口，以防地表水通过管子进入到废物中。为防止填埋气体直接排放对大气的污染，在竖井上方常安装气体燃烧器。燃烧器可高出最终覆盖层数米以上，可人工或连续引燃装置点火。

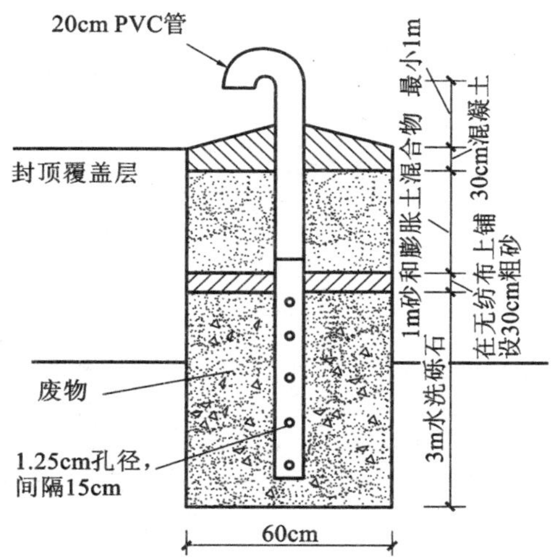

图 9.17　竖向收集方式(单个排气口)

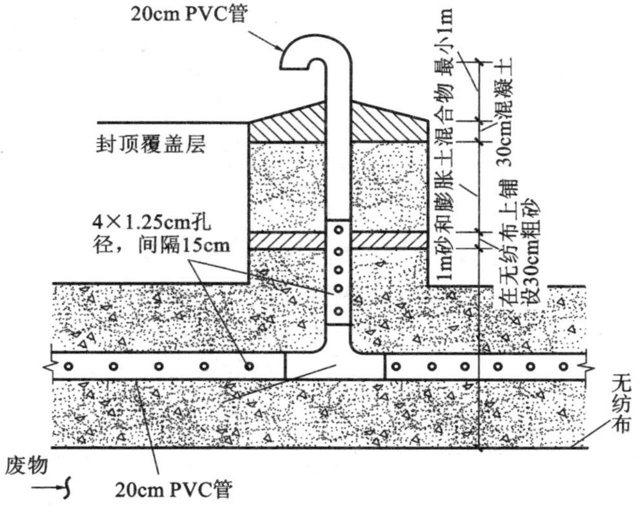

图 9.18　水平收集方式

(2)填埋气体的净化

填埋场气体一般在前期甲烷浓度较低时进入火炬燃烧系统燃烧后排空，在后期才进行开发利用。填埋场气体在利用或直接燃烧前，常需要进行净化处理，去除其中的水、二氧化碳、氮气及硫化氢等一些有害物质。

现有的填埋气体净化技术都是从天然气净化工艺及传统的化工处理工艺发展而来，按反应类型和净化剂种类，填埋气体的净化技术见表 9.4。

表 9.4 填埋气体的净化技术

净化技术		水	硫化氢	二氧化碳
固体物理吸附		活性氧化铝硅胶	活性炭	—
液体物理吸收		氯化物 乙二醇	水洗 丙烯酯	水洗
化学吸收	固体	生石灰 氯化钙	生石灰 熟石灰	生石灰
	液体		氢氧化钠 碳酸钠 铁盐 乙醇胺 氧化还原物	氢氧化钠 碳酸钠 乙醇胺
其他		冷凝 压缩和冷凝	膜分离 微生物氧化	膜分离 分子筛

(3)填埋气体的利用

填埋场释放气体会对环境和人类造成严重的危害,但填埋气体中甲烷约占 50%。甲烷是一种宝贵的清洁能源,具有很高的热值。表 9.5 为填埋气体与气体燃料发热量比较。

表 9.5 填埋气体与气体燃料发热量比较

燃料种类	纯甲烷	填埋气体	煤气	汽油	柴油
发热量(kJ/m^3)	35916	9395	6744	30557	39276

由表 9.5 可见,填埋气体的热值与城市煤气的热值接近,每 1L 填埋气体中所含的能量约相当于 0.45L 柴油或 0.6L 汽油的能量。

常用的填埋气体利用方式有以下几种:锅炉燃料、民用或工业燃气、汽车燃料、发电等。填埋气体,即沼气,作内燃发动机的燃料,通过燃烧膨胀做功产生原动力,使发动机带动发电机进行发电。目前尚无专用沼气发电机,大多是由柴油或汽油发电机改装而成,容量为 5～120kW。每发 1kW・h 电约消耗 0.6～0.7m^3 沼气,热效率为 25%～30%。沼气发电的成本略高于火电,但比油料发电便宜得多,如果考虑到环境因素,它将是一个很好的利用方式。沼气发电的简要流程为:沼气→净化装置→贮气罐→内燃发动机→发电机→供电。

9.2.6 封场及土地利用

垃圾填埋场到了使用寿命以后,需要按有关规定进行封场和后期管理。封场是卫生填埋场建设中的一个重要环节。封场的目的在于防止雨水大量下渗而造成填埋场收集到的渗滤液体积剧增,加大渗滤液处理的难度和投入,避免垃圾降解过程中产生的有害气体和臭气直接释放到空气中造成空气污染;避免有害固体废物直接与人体接触;阻止或减少蚊蝇的滋生;封场覆土上栽种植被,进行复垦或作其他用途。封场质量的高低对于填埋场能否处于良好的封闭状态、封场后的日常管理与维护能否安全地进行、后续的终场规划能否顺利实施有至关重要的影响。

填埋场的终场覆盖应由五层组成，从上至下为表层、保护层、排水层、防渗层（包括底土层）和排气层。其中，排水层和排气层并不一定要有，应根据具体情况来确定。排水层只有当通过保护层入渗的水量（来自雨水、融化雪水、地表水、渗滤液回灌等）较多或者对防渗层的渗透压力较大时才是必要的。而排气层只有当填埋废物降解产生较大量的填埋气体时才需要。各结构层的作用、材料和适用条件列于表 9.6 中。

表 9.6 填埋场终场覆盖系统

结构层	主要功能	常用材料	备注
表层	取决于填埋场封场后的土地利用规划，能生长植物并保证植物根系不破坏下面的保护层和排水层，具有抗侵蚀能力，可能需要地表排水管道等建筑	可生长植物的土壤以及其他天然土壤	需要有地表水控制层； 在冻结区表层土壤层的厚度必须保证防渗层位于霜冻带以下，表层的最小厚度不应小于 50cm。在干旱区可以使用鹅卵石替代植被层，鹅卵石层的厚度为 10～30cm
保护层	防止上部植物根系以及挖洞动物对下层的破坏，保护防渗层不受干燥收缩、冻结、解冻等破坏，防止排水层的堵塞，维持稳定	天然土等	需要有保护层，保护层和表层有时可以合并使用一种材料
排水层	排泄入渗进来的地表水等，降低入渗层对下部防渗层的水压力，还可以有气体导排管道和渗滤液回收管道等	砂、砾石、土工网格、土工合成材料、土工布	此层并非是必需的，只有通过保护层入渗的水量较多或者对防渗层的渗透压力较大时才是必要的； 排水层中还可以有排水管道系统等设施，其最小透水率为 10^{-2} cm/s，倾斜度一般≥3%
防渗层	防止入渗水进入填埋废物中，防止填埋气体逸出	压实黏土、柔性膜、人工改性防渗材料和复合材料等	需要有防渗层，通常有保护层、柔性膜和土工布来保护防渗层，常用复合防渗层； 防渗层的渗透系数要求 $k \leqslant 1.0 \times 10^{-7}$ cm/s，铺设坡度≥2%
排气层	控制填埋气体，将其导入填埋气体收集设施进行处理或利用	砂、土工网格、土工布	只有当废物产生大量填埋气体时才是必需的

覆盖材料的用量与垃圾填埋量的关系为 1∶4 或 1∶3。覆盖材料包括自然土、工业渣土、建筑渣土和矿化垃圾等。自然土是最常用的覆盖材料，它的渗透系数小，能有效地阻止渗滤液和填埋气体的扩散，但除了掘埋法外，其他类型的填埋场都存在着大量取土而导致的占地和破坏植被问题。用工业渣土和建筑渣土覆盖，不仅能解决自然土取用问题，而且能为废弃渣土的处理提供出路。矿化垃圾筛分后的细小颗粒作为覆盖土也能有效地延长填埋场的使用年限，增加填埋容量，因此矿化垃圾可以作为垃圾填埋覆盖材料的来源。

目前，由于人口的高速增长和经济的快速发展，一些大城市急需开发新的闲置地段来满足其对土地日益增长的需求，因此填埋场成为土地开发使用的热点。填埋场封场后，根据现场调查和城市规划，该地可作为公园、植物园、自然保护区和娱乐场所，甚至是商用设施。

9.3 安全填埋

9.3.1 概述

安全填埋与卫生填埋的主要区别就在于，安全填埋必须设置人造或天然衬里，下层土壤或与衬里相结合处的渗透率应小于 10^{-8} cm/s；最下层的土地填埋场要位于该处地下水位之上；要配备浸出液收集、处理及监测系统，要记录入场废物的来源、性质、数量，分开处置不相容的废物；填埋场一般由若干个处置单元和构筑物组成，单元之间采用工程措施相互隔离，通常隔离层由天然黏土构成，能有效限制有害组分纵向或水平方向的迁移。图 9.19 为典型的安全填埋场示意图。其显著的特点是有效地保护了地下水免受污染，因此，称之为安全填埋，实际上就是改进的卫生填埋。安全填埋主要是针对有害有毒废物的处理而发展起来的。

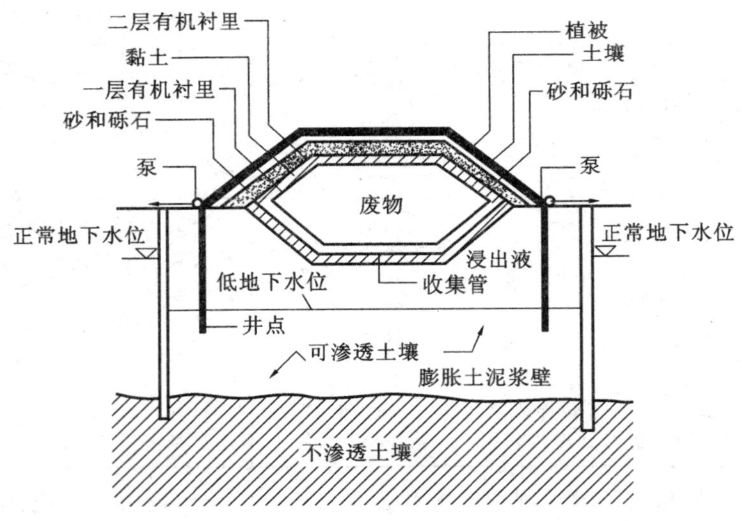

图 9.19　典型的安全填埋场示意图

安全填埋场的建设是一个复杂的系统工程，如图 9.20 所示，其选址、设计、筹建、运行管理、封场以及后期管理等与卫生填埋场有很大的相似之处，但由于其接受的为危险废物，故有其独特之处，一般要求比卫生填埋场更为严苛，应严格按照国家有关法律法规和标准的要求执行，其构造类型一般为全封闭型。

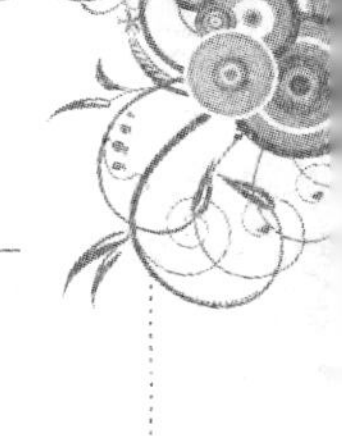

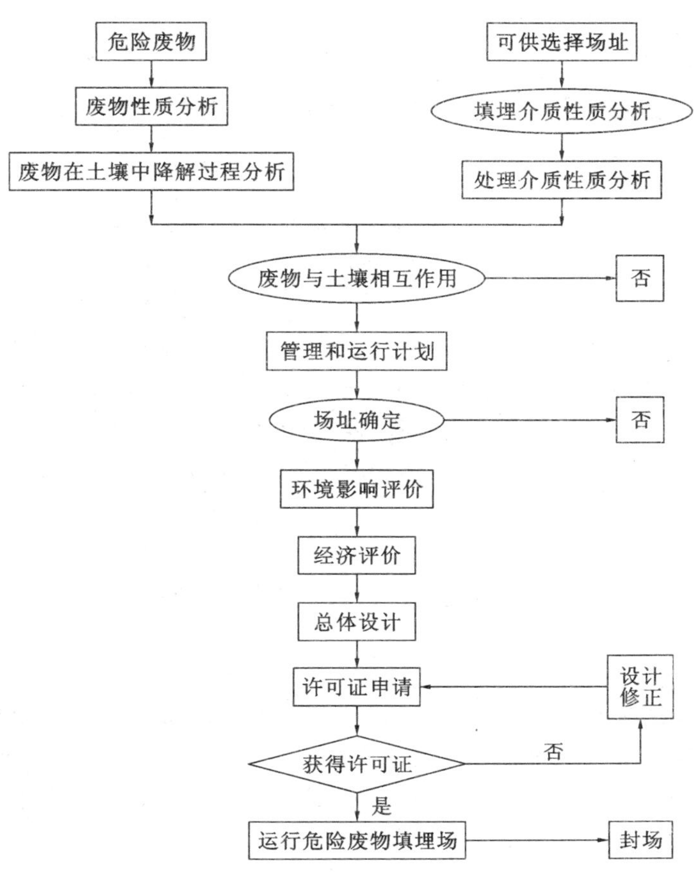

图 9.20　安全填埋场建设框架

9.3.2　安全填埋场的选址

一个安全填埋场实质上是一个巨大的危险废物贮存器，除了少数可以降解的有机物以外，所填埋的固体废物将长期存在于填埋场之中。因此，选择安全填埋场位置应遵循两条基本的原则：一是以安全为重，二是经济合理。

9.3.2.1　选址影响因素

(1)自然地理因素

①场址选择中，地形因素是最直观的影响因素，其中地形的坡度、起伏、沟谷的发育程度直接关系到施工的难易和建筑投资的大小。另外，分水岭的延伸及泄水面积也直接关系到地表水及地下水冲蚀、运移、堆积的能力和范围，对固体废物填埋后是否再扩散、污染周边地区都起重要作用。

②场址不宜选在地形高程低的地域和低洼汇水处。场地的可利用面积应满足使用年限内可预测的有害物质填埋量和其他预处理设施的占地，并为长远发展规划的需要留有余地。

③场址应选择在渗透性弱的、具有一定厚度的黏土及砂质黏土地带，该底层的渗透

系数应小于1.0×10^{-7}cm/s，且对有害物质迁移、扩散有一定的阻滞能力。

(2)地质因素

场址应避开滑坡、崩塌、泥石流等不稳定地质带。场址的地基应保证稳定、安全，沉降量小，周围的边坡应保持稳定。

(3)水文地质因素

水文主要指地表水系发育情况，如地表水发育可能导致水土流失和洪水泛滥，造成场地破坏或淹没。此外，地表水的发育程度也直接关系到地下水的发育情况，如果地表水与地下水存在着水力联系，那么填埋场就可能存在污染和扩散问题，故应在场址选择上特别注意。

此外，安全填埋场场址如果拥有方便的外部交通、可靠的供电电源、充足的供水条件，不仅可以减少安全填埋场辅助工程的投资，加快填埋场的建设进程，让城市建设有限的资金发挥最大的社会效益，而且对于提高填埋场的环境效益和经济效益将十分有利。

9.3.2.2 选址流程

(1)确定选址的区域范围

该范围必须根据所要处置的废物生产厂家的分布情况来确定，要尽量使选择的区域与生产厂家的距离足够短。

(2)收集该区域有关的资料

包括区域地形图(1∶10000)、地质图(比例尺最好是1∶50000，如果没有，则至少需收集到1∶20000地质图)以及相应的水文地质和工程地质图件、地震资料、气象资料、发洪情况、市政公用设施的分布情况、土地利用和开发现状及其远期规划、区内名胜古迹及各类保护区的分布以及工厂和居民区的分布情况等。

(3)全面分析该区域的收集资料

根据选址标准，对该区域的上述资料进行全面分析，把所有按入选标准不适于作填埋场的地址排除。例如，属于排除的地点有地下水保护区、居民区、自然保护区等。根据环境条件找出有可能适合的地址，环境条件是指道路连接情况、地域大小、地形情况等。

(4)初步评估候选场址

对几个候选场址的数据加以收集、整理以后，要先按场地标准进行初步评估，初步评估中包括确定基本的候选场地、评估财政可行性和进一步的场地调查等，筛选出几个预选场址。

(5)实际调查、完善资料

对所选择的预选场址进行实际考察，同时进行一些必要的访问调查，以补充资料的不足。

(6)筛选、初步勘探优选场址

根据掌握的情况，对几个预选场址做进一步筛选，优选出一到两个场址进行初步地质勘探，通过初勘主要了解基底岩石类型、产状、厚度等资料以及基底含水层特征。

(7)综合评价、优选较为理想的安全填埋场场址

根据初勘结果，结合以前的资料，对两个预选场址进行技术经济方面的综合评价和对比，通过对比优选出较为理想的安全填埋场场址。

(8)详细勘探、提交报告

场址一经确定，应立即进行委托设计，着手详细勘探工作，详细勘探时必须充分利用先进的技术手段查清场址的天然地质、水文地质和工程地质等条件，提交相应的勘探报告和各种图件。

(9)撰写选址可行性报告

由负责选址的技术人员根据上述工作成果撰写出选址可行性报告，为填埋场工程的环境影响评价、场地规划及其总体结构设计提供依据。

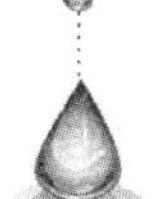

9.3.3　安全填埋场总体设计

安全填埋场应包括接收与贮存系统、分析与鉴别系统、预处理系统、防渗系统、渗滤液控制系统、填埋场气体控制系统、监测系统、应急系统及其他道路等公用工程等，随着填埋场资源化建设总目标的实现，还将包括综合回收利用系统。与卫生填埋场相比，安全填埋场在设计、施工的项目内容上多了危险废物的贮存、鉴别、预处理和综合回收设施。因此，安全填埋场在进行初步设计时需要综合考虑更多的因素。图 9.21 为典型安全填埋场总平面布置示意图。

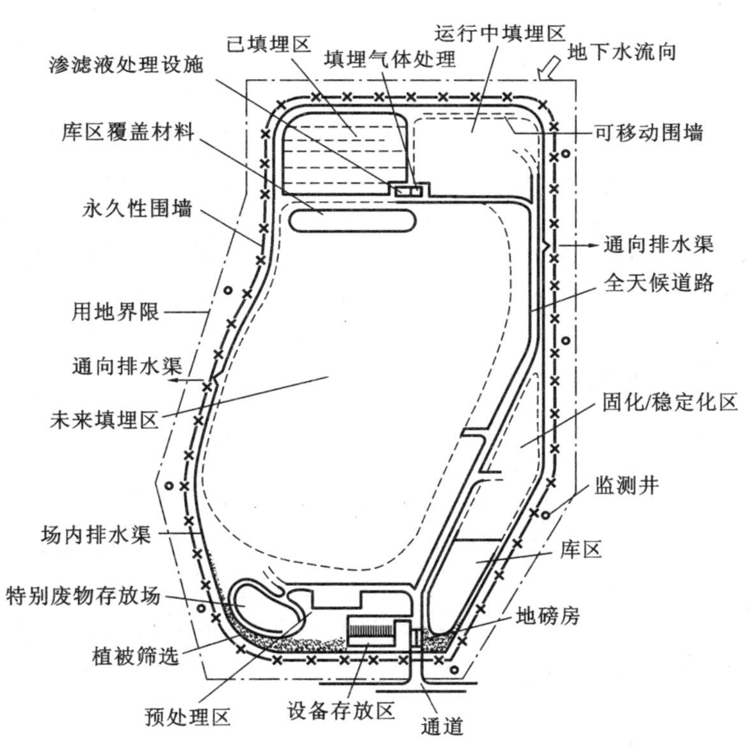

图 9.21　典型安全填埋场总平面布置示意图

9.3.3.1　危险废物的数量与性质

待处置废物种类是影响平面布置方案的重要因素。对危险废物而言，有的废物需要进行固化/稳定化，有的可以直接填埋，还要考虑到不同废物之间存在相容性的问题，不相容的废物需要分开填埋。12 类常见危险废物之间的反应及其不利后果汇总于表 9.7。

表 9.7 危险废物之间相容性一览表

1	氧化性无机物	1										
2	氢氧化钠	H	2									
3	芳烃	H F	H GF	3								
4	卤代有机物	H/F/ GT			4							
5	碱金属和碱土金属	GF/ H/F			H F	5						
6	有毒重金属	S	S				6					
7	饱和脂肪烃	H F						7				
8	酚类	H F							8			
9	强氧化剂		H	H F		H F		H		9		
10	强还原剂	H/F/ GT			H GT				GF H		10	
11	水与含水混合物	H					S				GF GT	11
12	与水反应物	极易与水反应，严禁与任何废物混合										12

注：F 为起火；GF 为释放可燃气体；GT 为释放有毒气体；H 为放热；S 为有毒物质重新溶出。

当不同类型的废物堆存到填埋场相同位置一起处置时，为达到安全处置要求，在进行危险废物填埋操作前，应了解各种待处置危险废物的所有组分，并借助于文献资料或现场小规模相容性试验，了解各组分间的相容性，确保废物中能起反应的组分具有足够低的浓度，并将不相容废物隔离开。

9.3.3.2 预处理设施

在安全填埋场中，预处理设施的设置是必不可少的，预处理设施包括固化/稳定化车间、危险废物暂时贮存库、固化/稳定化药剂仓库等。由于危险废物进场的不稳定性，部分危险废物需要贮存达到一定数量后进行固化/稳定化操作。固化/稳定化设备与车间以及贮存库的大小是相互联系的，固化/稳定化能力越强，需要贮存的量相对小；固化/稳定化能力弱，则贮存量需要大一些。对我国目前而言，由于需要填埋的危险废物产生量的不稳定，采用小固化/稳定化能力、大贮存容量的设计方案是比较合适的。

9.3.3.3 场地防渗系统的选择

有毒有害废物对环境的污染主要有两个途径，一是直接进入环境造成的一次污染，二是渗滤液进入土壤或水环境造成的二次污染。实践证明，控制有毒有害废物的一次污染并不难，然而控制由渗滤液引起的二次污染则必须在工程上采取必要的安全防渗措施。现代的危险废物安全填埋场通常都有水平衬层排水系统和表面密封系统，必要时还需要在填埋场的周边建造垂直密封系统，衬层材料多使用黏土和柔性膜（通常为高密度聚乙烯膜 HDPE)，此种方案称之为柔性防渗方案。对于某些特殊情况下的填埋场，也有使用钢筋混凝土盒子的情况，此种方案称之为刚性方案。

安全填埋比卫生填埋更注重对地下水的保护系统的设置，在设计时应依据被处置废物的性质、场地的水文地质条件、建造的费用等选择合适的衬层结构。例如上海危险废物安全填埋场场址选在朱家桥镇雨化村，场址的地层条件是埋深 6m 以下有 3～4m 厚的淤泥层，水文地质条件是地下水位埋深仅为 0.4～1.5m，上海的土地资源紧张，地价昂贵，选址困难，经对各方案论证后，最终采用刚柔结合防渗方案。目前国内外安全填埋场防渗方案采用较多的是柔性方案。一方面，柔性方案的工程造价低，技术成熟；另一方面，其工艺技术组合灵活，对场址的地形、地质及水文条件适应性强。

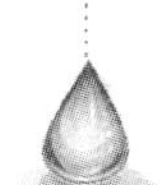

采用单层衬里防渗还是双层衬里防渗一直是国内外专家学者争论的焦点，采用单层衬里防渗，施工方便、简单，工程造价低，但对场地的工程地质和水文地质条件要求严格，场地的地下水丰水位线与防渗层间应相距 2m 以上，且防渗层下的黏土层厚度不小于 1m，渗透系数小于 1.0×10^{-7} cm/s；采用双层衬里防渗系统，施工复杂，工程造价高，预防污染能力强。国内目前实施的几个安全填埋场采用较多的是双层衬里防渗系统。不同的填埋分区所填埋的危险废物的种类相异，所产生的渗滤液组分相差较大。从严格意义上讲，防渗系统的基本作用是防止渗滤液对土壤和地下水的污染，因此，防渗系统结构的设计还与填埋分区有关，不同组分的渗滤液对防渗结构和防渗材料要求不同。

9.3.3.4　填埋气体控制系统的选择

危险废物填埋场气体具有成分复杂、危害性大的特点，因此必须进行收集处理。对于安全填埋场填埋气体收集系统而言，存在的主要问题是由于填埋废物种类复杂，产气量无法类比城市生活垃圾填埋场进行预测，因此对收集系统的设计影响很大。由于安全填埋场填埋的主要是无机废物，产气量相对较少，因此目前多采用被动导排的竖向收集方式，渗滤液竖向收集与填埋气体导排共同采用导气石笼，从而减少施工难度，提高填埋容量。

除此之外，填埋场的初步设计还需要考虑填埋容量的估算、覆盖层结构选择、表面排水系统的布置、景观的考虑、环境监测系统、运行计划的制订以及终场场地的利用等。

9.3.4　安全填埋工艺

图 9.22 为安全填埋的简易工艺流程。

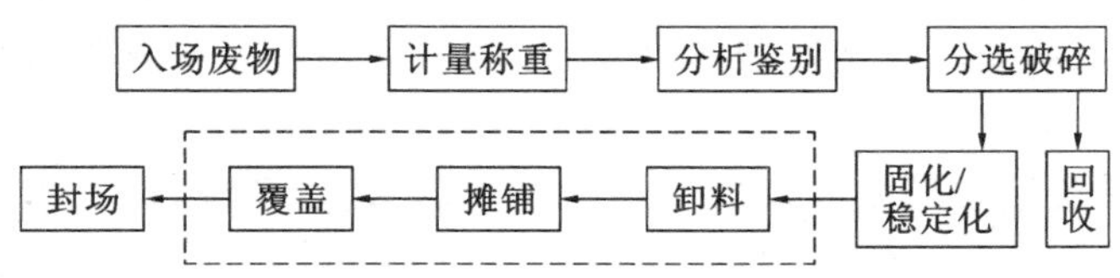

图 9.22　安全填埋工艺流程

废物运抵安全填埋场后先进行称重和检测，检测目的在于分析鉴别不允许接受废物和难处置废物，对接纳废物进行分析的项目有废物来源、数量、物理性质、化学成分、生物毒性等。符合要求的危险废物被运至适当的工作面或指定的作业区进行填埋；如果对危险废物的分析表明可以经过一定的预处理达到处置要求，必须进行合适的预处理再运至

填埋作业区。预处理的方法通常有强酸性或强碱性的废物通过中和的方法解决；含水率过高的废物用脱水法处理；黏性过强的废物(如煤焦油)可以通过掺入土壤的方法解决；另外，也会用到固化/稳定化等处理方法。

与卫生填埋场类似，安全填埋场也采用分区、分单元、分层作业方法。安全填埋场分区是将不相容性废物分别设置不同填埋区分开填埋，每区之间设有隔离设施。如沈阳工业危险废物填埋场为避免化学性质不相容的废物一同填埋，填埋坑内设置了3个填埋区，区与区之间为混凝土隔墙，分别填埋重金属、酸碱废物、金属及有机物。对于面积过小、难以分区的填埋场，不相容性废物可分类用容器盛放后填埋，容器材料与所接触的物质相互不发生化学反应。此时，不需要压实，但要有规律地放置容器，使其开口朝上，并在四周填满足够的吸附剂，以吸收容器可能渗漏出来的有害物质。

分区作业还有利于每个填埋区在尽量短的时间内得到封闭，有利于减少渗滤液产生量以及危险废物裸露环境的作业面，使危险废物对环境的影响降到最低。故应合理划分作业单元，使分区的顺序有利于废物的运输和调度，分区的大小、位置都应与整个处理场整体布置协调一致。

9.3.5 安全填埋场的污染控制

9.3.5.1 渗滤液的产生与控制

对安全填埋场而言，渗滤液是重大的污染源。与卫生填埋场类似，渗滤液的来源主要有降水的入渗、外部地表水入渗、地下水入渗、废物含水、覆盖材料含水以及废物中有机物分解生成水等。但由于安全填埋场填埋废物的复杂性，渗滤液水质特性规律较差。

对渗滤液污染进行控制，减少其渗漏进入环境的量，主要有三种方法：选用渗透系数低的衬垫；减少水头；增加衬垫厚度。在工程上一是通过衬层的阻隔作用，选用低渗透系数衬垫和加大衬垫厚度(但一般不超过2mm)，使渗滤液向环境中渗透最小化，减少对环境的影响；二是通过渗滤液控制系统来减少渗滤液产生量，并对排出渗滤液进行处理，降低填埋场内渗滤液水位。因此，渗滤液控制系统具有与衬层系统同等重要的作用，并与衬层系统协同作用。特别是衬层系统出现破损时，采取的应急措施之一就是加快渗滤液的排出量。

渗滤液收集系统的主要功能是将填埋库区内产生的渗滤液收集起来，并通过调节池输送至渗滤液处理系统进行处理。及时将渗滤液导排出来，可以减少危险废物中的有害物质的浸出量，降低渗滤液净化处理的难度，还可以减小渗滤液造成的对下部防渗衬层的荷载。

渗滤液控制系统包括渗滤液集排水系统、雨水集排水系统、地下水集排水系统以及渗滤液处理系统。类似于卫生填埋场，安全填埋场的渗滤液收集系统也通常由导流层、收集沟、多孔收集管、集水池、提升多孔管、潜水泵和调节池等构成，如果渗滤液收集管直接穿过垃圾主坝接入调节池，则集水池、提升多孔管和潜水泵可省略。各层的功能与卫生填埋场的层次相同，布局、施工及选材等都可借鉴卫生填埋场的相关内容。

安全填埋场的渗滤液成分复杂、浓度高、变化大，处理的难度和复杂程度都高于卫生填埋场的渗滤液。一般可采用多种处理技术：对新近形成的渗滤液，最好的处理方法是

好氧和厌氧生物学的处理方法；对于已稳定填埋场产生的渗滤液或重金属含量高的渗滤液来说，最好的处理方法为物理-化学处理法；此外，还可选择超滤方式，使渗滤液达标排放，或直接作为反冲洗水用于填埋场回灌；渗滤液也可用超声波振荡，通过电解法处理达标排放。

9.3.5.2　填埋气体的污染控制

安全填埋场产生的填埋气体虽没有卫生填埋场的量大，但其危害与卫生填埋产生的填埋气体的危害相同，因此，需要对填埋气体进行导排。

填埋深度较浅或填埋容积较小的填埋场，由于填埋气体中甲烷浓度较低，往往利用导气石笼将填埋气体直接排放。填埋气体导排管理的关键问题是产气量估算、气体收集系统的设计和气体净化系统设计。当然，通过固化/稳定化处理后填埋的危险废物安全填埋场，废物相对稳定，产气量小，所要求的导排系统相对简单，而且不经净化直接排放就能满足要求。

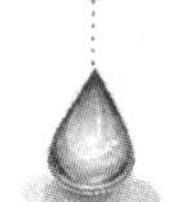

9.3.6　封场与监测

9.3.6.1　封场

当填埋场处置的废物数量达到填埋场设计容量时，应实行填埋封场。填埋场的最终覆盖层应为多层结构。

① 底层(兼作导气层)。厚度不应小于20cm，倾斜度不小于2%，由透气性好的颗粒物质组成。

② 防渗层。天然材料防渗层厚度不应小于50cm，渗透系数不大于1.0×10^{-7}cm/s；若采用复合防渗层，人工合成材料层厚度不应小于10mm，天然材料层厚度不应小于30cm。其他设计要求同衬层相同。

③ 排水层及排水系统。排水层和排水系统的要求同底部渗滤液集排水系统相同，设计时采用的暴雨强度不应小于50年。

④ 保护层。保护层厚度不应小于20cm，由粗砾性坚硬鹅卵石组成。

⑤ 植被恢复层。植被层厚度一般不应小于60cm，其土质应有利于植物生长和场地恢复；同时植被层的坡度不应超过33%。在坡度超过10%的地方，须建造水平台阶。坡度小于20%时，标高每升高3m，建造一个台阶；坡度大于20%时，标高每升高2m，建造一个台阶。台阶应有足够的宽度和坡度，要能经受暴雨的冲刷。

9.3.6.2　环境监测

监测系统的设立主要为了保证填埋废物的成分与安全填埋场的设计填埋物一致；废物成分没有从填埋场中渗漏出去；填埋场区地下水未受到填埋废物污染；如果安全填埋场的植被收割则不会对食物链造成危害。

监测内容包括入场废物例行监测、地表水监测、气体监测、土壤和植被监测、最终覆盖层的稳定性监测等。

小　　结

本章主要介绍了固体废物处置技术的分类，重点介绍了卫生填埋和安全填埋技术。

内容包括卫生填埋场及安全填埋场的选址、设计、填埋操作、污染控制、封场以及封场后期检查与维护管理等。

思考题与习题

1. 卫生填埋场地如何选择?
2. 论述填埋场防渗系统的结构、功能及选择防渗系统时应考虑的因素。
3. 简述卫生填埋场渗滤液及填埋气体的控制方法。
4. 简述卫生填埋终场覆盖的结构及其功能。
5. 安全填埋场设计包括哪些内容?
6. 简述安全填埋防渗系统的构成及其与卫生填埋防渗系统的区别。
7. 简述安全填埋场渗滤液的收集、控制系统。

第 10 章　实训项目

学习目标

掌握固体废弃物预处理的方法及固体废物处理与资源化利用途径，了解常见的固体废物处理方法，并能合理制定固体废物处理方案。

必备知识

在掌握固体废物分类的基础上，重点掌握固体废物处理的途径及方法。

选修知识

关注国内外典型固体废弃物处理及资源化利用方法。

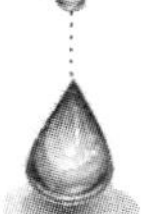

随着社会生产和生活产生的固体废弃物的量日益增多，固体废弃物的处理及资源化利用无论是从经济角度还是从环境保护角度出发，都显得有必要。

本部分主要介绍固体废物预处理的方法和固体废物的资源化利用的途径及方法。内容包括固体废物的破碎筛分、垃圾热值的测定、废塑料的热解实验、危险废物重金属含量及浸出毒性测定实验、固体废物的好氧堆肥实验、农作物秸秆制备活性炭等等。

实训项目 1　固体废物的预处理方法

固体废物在资源化利用前往往需要对固体废物进行预处理，主要包括：压实、破碎筛分、脱水，本部分主要进行破碎筛分的实训操作。

一、实验目的

固体废物的破碎、粉磨和筛分是固体废物处理的常用方法，通过破碎、粉磨和筛分实验，掌握固体废物破碎、粉磨、筛分过程，计算破碎、粉磨后不同粒径范围内的固体废物所占的百分数。

二、实验原理

利用破碎、粉磨工具对固体废物施力而将其粉碎，所得产物根据粒度的不同，利用不同筛孔尺寸的筛子将物料中小于筛孔尺寸的细物粒透过筛面，大于筛孔尺寸的粗物粒留在筛面上，从而完成粗、细分离的过程。

三、实验设备

1. 颚式破碎机；
2. 8411 型电动振筛机（标准筛一套）；ZBSX-92A 震击式标准振摆仪（标准筛一套）；
3. 电子天平 1 台；
4. 烘箱 1 台。

四、实验步骤

1. 称取干燥物料 1kg 左右，加入到颚式破碎机破碎，破碎后的固体分两份放入封闭式破碎机的两个破碎室中破碎 1min；将标准套筛，按筛目由大到小的顺序安装在振筛机上，将封闭式破碎机中一个破碎室中的物料加入位于顶部的标准筛中，开动振筛机筛分 2min；分别称取不同筛孔尺寸筛子的筛上产物质量，记录数据。
2. 将另外一个破碎室中的样品清出，加入到球磨机中粉磨 5min。
3. 将粉磨后物料清出，称重。
4. 将标准套筛，按筛目由大到小的顺序安装在振筛机上，并将粉磨称重的物料加入位于顶部的标准筛中，开动振筛机筛分 2min。
5. 分别称取不同筛孔尺寸筛子的筛上产物质量，记录数据。

五、思考题

1. 常用的破碎机械有哪些？破碎原理和适用领域各有何不同？
2. 固体废物进行破碎和筛分的目的是什么？
3. 为什么要在试样干燥后进行粉碎筛分？

实训项目 2　垃圾的热值测定

一、实验目的

掌握热值测定的方法和热量仪的基本操作方法。

二、实验原理

任何一种物质，在一定的温度下，物料所获得的热量(Q)：

$$Q = C \cdot \Delta t = mq$$

式中　C——热容量，J/K；

m——质量，g

Δt——初始温度与燃烧温度之差，K；

q——物料发热量，J/g。

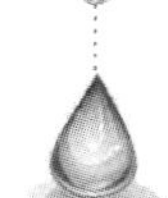

所以

$$C=\frac{mq}{\Delta t}$$

在操作温度为 20℃、热量仪中水体积一定、水纯度稳定的条件下，C 为常数，氧弹热量仪系统的热容量是固定的，当可燃垃圾燃烧发热时，会引起热量仪中水温变化(Δt)，通过探头而得到垃圾的发热量：

$$q = \frac{C \cdot \Delta t}{m}$$

式中　m——待测物质量。

三、实验设备

氧弹式热量计。

四、实验步骤

1. 启动电脑及氧弹热量仪，按屏幕提示，从内桶中慢慢加注蒸馏水或去离子水，让内桶水位保持在 2/3 水位左右，直至屏幕提示“将溢水口打开”，放置 24h 使水温与室温平衡；
2. 仪器预热 30min；
3. 称取待测样 0.3000～1.5000g，放入燃烧锅内，装好点火丝；
4. 装好氧弹头，放入自动桶内待测；
5. 在电脑软件中设置好参数后，开始测定；
6. 测试完毕后，读数即可。

五、思考题

1. 为何氧弹每次工作之前要加 10mL 水？

2. 影响热值测定的因素有哪些?
3. 热值达到多少固体废物才能采用焚烧法处理?

实训项目3　废塑料的热解实验

一、实验目的

1. 通过对废塑料热解,回收轻质汽油;
2. 初步掌握热解的实验研究方法。

二、实验原理

在无氧下加热,使得大分子裂解和小分子聚合交叉进行,最后可分别得到气、液、固三种形态的产品。

三、实验设备

热解装置。

四、实验步骤

1. 称取10g废塑料碎片放入干燥的蒸馏烧瓶中,密封;
2. 安装好实验装置;
3. 接好冷凝管,开冷却水;
4. 加热至完全分解;
5. 称量有机液体质量及残渣质量。

五、思考题

1. 如何可以使加热均匀,不致外焦内生?
2. 根据实验数据分析,如何可以获得更多的液体产物呢?

实训项目4　危险废物重金属含量及浸出毒性测定实验

一、实验目的

1. 掌握危险废物中重金属含量的测定方法;
2. 掌握危险废物浸出毒性的测定方法;

3. 了解危险废物浸出毒性对环境的污染与危害。

二、实验原理

固体废物浸出是指可溶性的组分通过溶解或扩散的方式从固体废物中进入浸出液的过程。当填埋或堆放的废物和液体接触时，固相中的组分就会溶解到液相中形成浸出液。组分溶解的程度取决于液固相接触的点位、废物的特性和接触的时间。浸出实验是对这一自然现象的模拟实验。当浸出的有害物质的量值超过相关法规提出的阈值时，则该废物具有浸出毒性。

三、实验设备

1. 加热装置：板式电炉及 100mL 瓷质坩埚；
2. 硝化试剂：浓硝酸、王水、氢氟酸、高氯酸；
3. 定容装置：50mL 容量瓶或比色皿；
4. 提取瓶：2L 具旋盖和内盖的广口瓶，由不能浸出或吸附样品所含成分的惰性材料（如玻璃或聚乙烯等）制成；
5. 浸取装置：频率可调的往复式水平振荡机；
6. 浸取剂：去离子水或同等纯度的蒸馏水；
7. 滤膜：0.45μm 微孔滤膜或中速定量滤纸；
8. 过滤装置：加压过滤装置、真空过滤装置或离心分离装置；
9. 筛：涂 Teflon 的筛网，孔径 3mm。

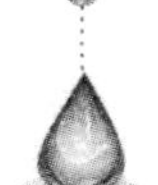

四、实验步骤

1. 重金属含量的测定

(1)准确称取 0.1g 试样，置于瓷坩埚中，用少许水润湿，加入浓硝酸 0.5mL 和王水 10mL；

(2)将瓷坩埚置于电炉上加热，反应至冷却，使残液不少于 1mL；

(3)在残液中再加入 5mL HF，进行低温加热近 1mL；

(4)最后加入 5mL 高氯酸加热至 1mL；

(5)取下瓷坩埚，冷却，加入去离子水，继续煮沸使盐类溶解，再进行冷却；

(6)将最终残液移至于 50mL 容量瓶中，水洗坩埚加入硝酸至酸度为 2%，定容至刻度。用原子吸收火焰分光光度法或 ICP-AES 测试溶液中重金属 Cr、Cd、Cu、Ni、Pb 和 Zn 的浓度。

2. 重金属含量的测定

浸出液的制备方法根据国家标准 HJ 557—2010《固体废物浸出毒性浸出方法——水平振荡法》执行。

(1)样品中含有初始液相时，应用压力过滤器和滤膜对样品进行过滤。干固体百分率小于或等于 9%的，所得到的初始液相即为浸出液，直接进行分析；干固体百分率大于 9%的，将滤渣按步骤(2)浸出，初始液相和全部浸出液混合后进行分析。

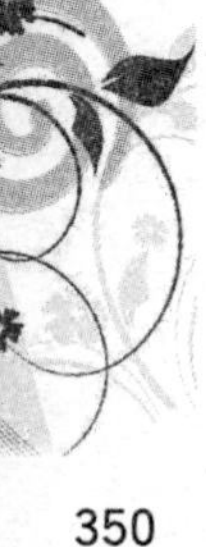

(2)称取干基重量为100g的试样，置于2L提取瓶中，根据样品的含水率，按液固比为10∶1(L/kg)计算出所需浸提剂的体积，加入浸提剂，盖紧瓶盖后垂直固定在水平振荡装置上，调节振荡频率为110次/min±10次/min、振幅为40mm，在室温下振荡8h后取下提取瓶，静置16h。在振荡过程中有气体产生时，应定时在通风橱中打开提取瓶，释放过度的压力。

(3)在压力过滤器上装好滤膜，过滤并收集浸出液，按照各待测物的要求进行保存。

(4)除非消解会造成待测金属的损失，用于金属分析的浸出液应按分析方法的要求进行消解。

(5)用原子吸收火焰分光光度法或ICP-AES测试溶液中重金属的浓度C。

根据测定的危险废物浸出液中重金属的浓度，计算得出危险废物的重金属Cr、Cd、Cu、Ni、Pb和Zn的浸出率$\eta_{浸}$：

$$\eta_{浸} = \frac{M}{M_0} \times 100\%$$

式中 M_0——危险废物中重金属物质的量，mg/g；

M——危险废物浸出的重金属物质的量，mg/g。

五、思考题

1. 测试危险废物的重金属浸出毒性有何意义？
2. 有哪些因素会影响危险废物的浸出率？

实训项目5　固体废物的好氧堆肥实验

一、实验目的

有机固体废物的堆肥技术是一种最常用的固体废物生物转换技术，是对固体废物进行稳定化、无害化处理的重要方式之一。

1. 掌握垃圾好氧堆肥的基本流程；
2. 加深对好氧堆肥的了解；
3. 掌握堆肥影响因素在实际操作过程的控制方法。

二、实验原理

好氧堆肥是在有氧条件下，依靠好氧微生物的作用来转化有机废物。有机废物中的可溶性有机物质可透过微生物的细胞壁和细胞膜被微生物直接吸收，不溶性的胶体有机物质则先吸附在微生物体外，依靠微生物分泌的胞外酶分解为可溶性物质，再渗入细胞。微生物通过自身的生命活动进行分解代谢和合成代谢，把一部分被吸收的有机物质氧化成简单的无机物，并释放生物生长、活动所需要的能量；把另一部分有机物转化合成新的

细胞物质，使微生物繁殖，产生更多的生物体。

三、实验设备

实验设备如图10.1所示。主要包括反应器主体、供气系统、渗滤液分离收集系统。

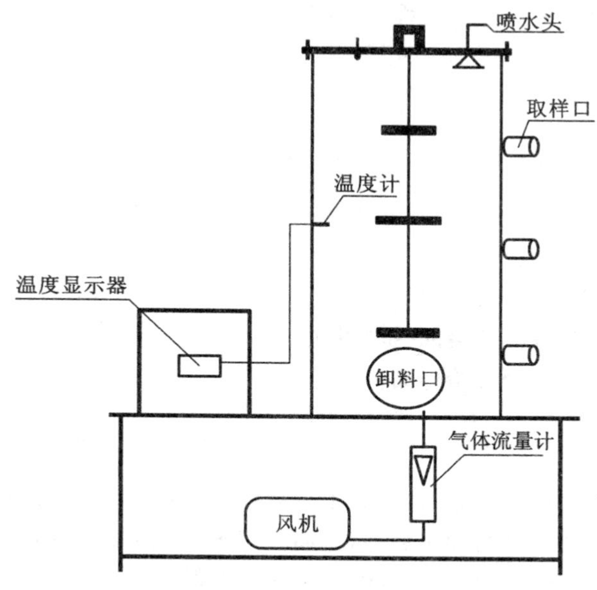

图10.1 好氧堆肥实验装置示意图

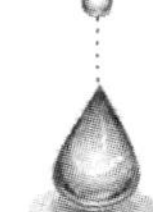

1.反应器主体

反应的核心装置是一次发酵反应器，设计采用有机玻璃制成罐，侧面设有采样口，可定期采样。反应器顶部设有气体收集管，此外，反应器上还配有测温装置。

2.供气系统

风机经过气体流量计定量后从反应器底部供气。供气管为直径10mm的蛇皮管。为达到相对均匀供气，把供气管在反应器内的部分加工为多孔板，并采用单路供气的方式。

3.渗滤液分离收集系统

反应器的底部设有多孔板，以分离渗滤液。多孔板用有机玻璃制成，板上布满直径为5mm的小孔。在多孔板下部的集水区底部为锥面，可随时排出渗滤液。渗滤液储存在渗滤液收集槽中，以调节堆肥物含水率。

四、实验步骤

1.将40kg有机垃圾进行破碎，使垃圾粒度小于10mm；

2.测定有机垃圾的含水率；

3.将破碎后的有机垃圾投加到反应器中，控制供气流量为$1m^3/(h\cdot t)$；

4.在堆肥开始第1、3、5、8、10、15天分别取样测定堆体的含水率，记录堆体中央温度，从气体取样口取样测定CO_2和O_2浓度；

5.再调节供气流量分别为 $1m^3/(h \cdot t)$ 和 $1.5m^3/(h \cdot t)$，重复上述实验步骤。

五、思考题

1.堆肥过程中堆体的含水率主要受哪些因素影响？

2.分析堆肥中通气量对堆肥过程的影响？

实训项目6　农作物秸秆制备活性炭

一、实验目的

1.掌握废弃秸秆制备活性炭的一般方法；

2.学会使用马弗炉处理实验样品。

二、实验原理

将干燥过的玉米秸秆作为原料，皮芯不分离粉碎，称取一定量粉碎过的玉米秸秆，然后加入一定量的氧化锌活化剂和添加剂，室温下浸泡适当时间，然后在一定温度下活化，将得到的产品水洗，调整 pH 值，干燥，得到活性炭吸附剂。

三、实验设备及试剂

实验设备：剪刀、电子天平、烘箱、马弗炉、陶瓷坩埚。

实验试剂：3mol/L 氧化锌溶液；1＋9 盐酸溶液。

四、操作步骤

1.取新鲜收割的玉米秸秆，自然晾干，并用小刀切成圆柱状或片状，备用；

2.取上述一定质量的玉米秸秆浸渍于 3mol/L 氧化锌溶液中，充分浸泡后搅拌捣碎，浸渍 24h 后于 80℃下烘干；

3.取出烘干后的样品，将其放入带盖的坩埚中，置于马弗炉中以 10℃/min 的升温速率升温至 600℃，保持 90min；

4.待其冷却至室温后取出，先用 1∶9 稀盐酸溶液洗涤，再用 70～80℃的去离子水反复冲洗至中性，之后干燥至恒重，经研磨并筛选出小于 200 目的活性炭备用。

五、思考题

1.简述农作物秸秆制备活性炭的意义？

2.简述农作物秸秆制备活性炭的一般实验方法？

附　　录

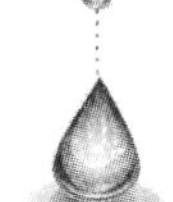

我国有关固体废物的法规、标准和规范

一、《中华人民共和国环境保护法》

于1989年12月26日第七届全国人民代表大会常务委员会第十一次会议通过，并于同日以中华人民共和国主席令第22号予以公布，自公布之日起实施。于2014年4月24日第十二届全国人民代表大会常务委员会第八次会议修订，自2015年1月1日起施行。该法是我国环境保护最重要的指导性国家法律。

二、《中华人民共和国固体废物污染环境防治法》

于1995年10月30日第八届全国人民代表大会常务委员会第十六次会议通过，并于同日以中华人民共和国主席令第58号予以公布，自1996年4月1日起实施。该法简称《固废法》。

于2020年4月29日第十三届全国人民代表大会常务委员会第十七次会议修订通过，自2020年9月1日起施行。

三、固体废物污染控制标准

（一）固体废物分类标准

[1]《危险废物鉴别技术规范》(HJ 298—2019)

[2]《国家危险废物名录》(2021年版)

（二）固体废物监测标准和规范

[1]《危险废物鉴别标准 腐蚀性鉴别》(GB 5085.1—2007)

[2]《危险废物鉴别标准 急性毒性初筛》(GB 5085.2—2007)

[3]《危险废物鉴别标准 浸出毒性鉴别》(GB 5085.3—2007)

[4]《危险废物鉴别标准 易燃性鉴别》(GB 5085.4—2007)

[5]《危险废物鉴别标准 反应性鉴别》(GB 5085.5—2007)

[6]《危险废物鉴别标准 毒性物质含量鉴别》(GB 5085.6—2007)

[7]《工业固体废物采样制样技术规范》(HJ/T 20—1998)
[8]《城市生活垃圾采样和物理分析方法》(CJ/T 3039—1995)
[9]《生活垃圾填埋场环境监测技术标准》(CJ/T 3037—1995)

(三)固体废物污染控制标准

[1]《生活垃圾填埋污染控制标准》(GB 16889—2008)
[2]《生活垃圾焚烧污染控制标准》(GB 18485—2014)
[3]《危险废物贮存污染控制标准》(GB 18597—2001)
[4]《危险废物填埋污染控制标准》(GB 18598—2019)
[5]《危险废物焚烧污染控制标准》(GB 18484—2020)
[6]《一般工业固体废物贮存和填埋污染控制标准》(GB 18599—2020)
[7]《医疗废物处理处置污染控制标准》(GB 39707—2020)
[8]《农用污泥污染物控制标准》(GB 4284—2018)
[9]《含多氯联苯废物污染控制标准》(GB 13015—2017)
[10]《废电池污染防治技术政策》(环发〔2003〕163 号)
[11]《废弃家用电器与电子产品污染防治技术政策》(环发〔2006〕115 号)
[12]《环境空气质量标准》(GB 3095—2012)
[13]《大气污染物综合排放标准》(GB 16297—1996)
[14]《恶臭污染物排放标准》(GB 14554—1993)
[15]《地表水环境质量标准》(GB 3838—2002)
[16]《污水综合排放标准》(GB 8978—1996)

(四)固体废物处理与处置标准和规范

[1]《环境保护图形标志 固体废物贮存(处置)场》(GB 15562.2—1995)
[2]《生活垃圾卫生填埋处理技术规范》(GB 50869—2013)
[3]《城市生活垃圾好氧静态堆肥处理技术规程》(CJJ/T 52—1993)
[4]《粪便无害化卫生要求》(GB 7959—2012)
[5]《包装与包装废弃物 第 1 部分:处理与利用通则》(GB/T 16716.1—2008)
[6]《废弃机电产品集中拆解利用处置区环境保护技术规范(试行)》(HJ/T 181—2005)
[7]《危险废物集中焚烧处置工程建设技术规范》(HJ/T 176—2005)
[8]《医疗废物集中焚烧处置工程建设技术规范》(HJ/T 177—2005)
[9]《医疗废物焚烧炉技术要求(试行)》(GB 19218—2003)
[10]《医疗废物转运车技术要求(试行)》(GB 19217—2003)
[11]《医疗废物化学消毒集中处理工程技术规范》(HJ 228—2021)
[12]《医疗废物微波消毒集中处理工程技术规范》(HJ 229—2021)
[13]《医疗废物高温蒸汽消毒集中处理工程技术规范》(HJ 276—2021)
[14]《低中水平放射性固体废物的岩洞处置规定》(GB 13600—1992)
[15]《低、中水平放射性固体废物近地表处置安全规定》(GB 9132—2018)
[16]《低、中水平放射性废物近地表处置设施的选址》(HJ/T 23—1998)
[17]《长江三峡水库库底固体废物清理技术规范》(HJ 85—2005)

参考文献

[1] 聂永丰. 三废处理工程技术手册:固体废物卷[M]. 北京:化学工业出版社,2000.
[2] 沈华. 固体废物资源化利用与处理处置[M]. 北京:科学出版社,2011.
[3] 庄伟强. 固体废物处理与处置[M]. 北京:化学工业出版社,2004.
[4] 杨慧芬. 固体废物处理技术及工程应用[M]. 北京:机械工业出版社, 2004.
[5] 徐惠忠. 固体废弃物资源化技术[M]. 北京:化学工业出版社,2004.
[6] 杨国清. 固体废物处理工程[M]. 北京:科学出版社,2000.
[7] 李秀金. 固体废物工程[M]. 北京:中国环境科学出版社,2003.
[8] 娄性义. 固体废物处理与利用[M]. 北京:冶金工业出版社,1996.
[9] 蒋展鹏. 环境工程学[M]. 北京:高等教育出版社,1992.
[10] 徐蕾. 固体废物污染控制[M]. 武汉:武汉工业大学出版社,1998.
[11] 宁平. 固体废物处理与处置[M]. 北京:高等教育出版社,2007.
[12] 赵由才. 实用环境工程手册. 固体废物污染控制与资源化[M]. 北京:化学工业出版社,2002.
[13] 国家环境保护总局污染控制司. 城市固体废物管理与处理处置技术[M]. 北京:中国石化出版社,2001.
[14] 刘长礼,张云,王秀艳. 垃圾卫生填埋处置的理论方法和工程技术[M]. 北京:地质出版社,1999.
[15] 杨慧芬,张强. 固体废物资源化[M]. 北京:化学工业出版社,2004.
[16] 林肇信,刘天齐,刘逸农. 环境保护概论(修订版)[M]. 北京:高等教育出版社,1999.
[17] 韩怀强,蒋挺大. 粉煤灰利用技术[M]. 北京:化学工业出版社,2001.
[18] 赵由才. 城市生活垃圾资源化原理与技术[M]. 北京:化学工业出版社,2002.
[19] 顾金土,陈云,苏杰,等. 建筑垃圾资源化生产线的设计和实践[J]. 新型建筑材料,2021,48(4):36-39.